中等职业教育国家规划教材
全国中等职业教育教材审定委员会审定

FADIANCHANG BIANDIANZHAN DIANQI SHEBEI

发电厂变电站电气设备

（第三版）

主　编　卢文鹏
编　写　徐　超
责任主审　孙保民
审　稿　徐丽杰　文　俊　刘淑娟

中国电力出版社
CHINA ELECTRIC POWER PRESS

内容提要

本书为“电厂及变电站电气运行”专业以及相关专业的专业教材，共有十七个单元，其主要内容包括发电厂、变电站以及电力系统的概述，电力系统中性点运行方式，电力系统短路及短路电流计算，开关电器，互感器，母线、绝缘子、电力电缆，电气主接线，自用电，配电装置，保护接地，过电压及过电压保护设备，操作电源，测量监察回路，控制回路，信号回路，同期回路，二次回路接线图等内容。

本书主要作为电厂及变电站电气运行专业的教材，也可作为电力类其他专业的参考书，并可供电力系统工人和技术人员参考。

图书在版编目（CIP）数据

发电厂变电站电气设备/卢文鹏主编．—3版．—北京：中国电力出版社，2026．1

中等职业教育国家规划教材

ISBN 978-7-5123-9550-3

Ⅰ．①发…　Ⅱ．①卢…　Ⅲ．①发电厂-电气设备-中等专业学校-教材②变电所-电气设备-中等专业学校-教材　Ⅳ．①TM62②TM63

中国版本图书馆 CIP 数据核字（2016）第 160980 号

中国电力出版社出版、发行

（北京市东城区北京站西街 19 号　100005　http://www.cepp.sgcc.com.cn）

北京雁林吉兆印刷有限公司印刷

各地新华书店经售

*

2002 年 1 月第一版

2016 年 8 月第三版　2026 年 1 月北京第四十二次印刷

787 毫米×1092 毫米　16 开本　18 印张　439 千字

定价 **49.00** 元

中等职业教育国家规划教材

发电厂变电站电气设备（第三版）

编委会

中等职业教育国家规划教材

发电厂变电站电气设备（第三版）

出版说明

为了贯彻《中共中央国务院关于深化教育改革全面推进素质教育的决定》精神，落实《面向21世纪教育振兴行动计划》中提出的职业教育课程改革和教材建设规划，根据教育部关于《中等职业教育国家规划教材申报、立项及管理意见》（教职成［2001］1号）的精神，我们组织力量对实现中等职业教育培养目标和保证基本教学规格起保障作用的德育课程、文化基础课程、专业技术基础课程和80个重点建设专业主干课程的教材进行了规划和编写，从2001年秋季开学起，国家规划教材将陆续提供给各类中等职业学校选用。

国家规划教材是根据教育部最新颁布的德育课程、文化基础课程、专业技术基础课程和80个重点建设专业主干课程的教学大纲（课程教学基本要求）编写，并经全国中等职业教育教材审定委员会审定。新教材全面贯彻素质教育思想，从社会发展对高素质劳动者和中初级专门人才需要的实际出发，注重对学生的创新精神和实践能力的培养。新教材在理论体系、组织结构和阐述方法等方面均作了一些新的尝试。新教材实行一纲多本，努力为教材选用提供比较和选择，满足不同学制、不同专业和不同办学条件的教学需要。

希望各地、各部门积极推广和选用国家规划教材，并在使用过程中，注意总结经验，及时提出修改意见和建议，使之不断完善和提高。

教育部职业教育与成人教育司

二〇〇一年十月

前言

电力工业的发展突飞猛进、日新月异，尤其是近些年新能源的不断涌现，新型电力的生产形式越来越宽广，电力设备也在更新换代。在此形势下对本书进行重新修订。

本次修订在原来基础上详细介绍了核电的生产过程，对光伏发电、风力发电、地热发电、潮汐发电等也做了较详细的说明；开关电器部分增加了智能断路器的介绍；互感器部分增加了新型互感器内容；在配电装置单元，更详细地介绍了高压开关柜，增加箱式变电站内容。修订后，本书更加接近实际的电力发展。

本书修订过程中，在征求原来一些编作者意见的基础上，主要由保定电力职业技术学院的卢文鹏、徐超两位老师完成，最终由卢文鹏统稿。同时，得到了北海银河开关设备有限公司尹新延提供的部分技术资料，在此表示感谢。

由于编者水平和时间所限，还有一些内容需要改进，希望读者多提宝贵意见。

编　者

2016 年 2 月

第二版前言

《发电厂变电站电气设备》是教育部80个重点建设专业主干课程之一，是根据教育部最新颁布的中等职业学校电厂及变电站电气运行专业“发电厂变电站电气设备”课程教学大纲编写的。

本书以培养学生的创新精神和实践能力为重点，以培养在生产、服务、技术和管理第一线工作的高素质劳动者和中初级专门人才为目标。教材的内容适应劳动就业、教育发展和构建人才成长“立交桥”的需要，通过学习使学生能够具有综合职业能力、继续学习的能力和适应职业变化的能力。

发电厂变电站电气设备课程是实践性较强的课程，教学中应结合实习基地、一体化教学以及多媒体教学手段，加强学生对电气设备的感性认识，学生也可以根据实习条件适当地做些动手练习。本书采用了单元—课题的编写方式，便于进行模块教学。书中删除了一些理论性强和计算复杂的章节；增加了中性点经低阻抗接地运行方式，自动重合器、自动分段器新设备，以及二次设备新产品的使用等；增加了“过电压及其保护设备”一个单元内容。本书在编写过程中，充分体现了“宽、浅、用、新、能、活”的六字原则，为使学生能够成为具备高素质的劳动者和成为发电厂和变电站一、二次系统所需的中、初级专门人才，书中讲述了相应的专门知识和基本技能，为后续专业课的学习、强化职业技能、增强工作能力，打下坚实的基础。

本书第一版的第一、五、十、十四单元由武汉电力学校的章运鹏同志编写，第二、六、九、十五、十六、十七单元由上海电力工业学校的陈珏同志编写，第三、四、七、八、十一、十二、十三单元由保定电力学校的卢文鹏同志编写。全书由卢文鹏同志统稿，上海电力工业学校邵子刚副教授主审。

在编写过程中，得到了河北保定中汇电气公司杨润武工程师、保定热电厂李长盛高级工程师的帮助，并提供了部分资料，在此表示感谢。

根据最近中国电力出版社教材编写会议精神，在武汉电力职业技术学院的章运鹏提供修改意见的基础上，对本教材进行了修订，增加了部分插图，更换了一些单元和课题的内容，以适应电力工业的发展和职业教育的需要。本次由保定电力职业技术学院的卢文鹏和王志惠修订统稿，河北保定天威集团的刘淑娟进行审阅。

本书可作为中等职业学校（普通中专、成人中专、技工学校、职业高中）教材，也可作为职工培训用书或供电厂及变电站电气运行人员参考。

限于编者水平，时间十分仓促，书中难免有些缺点，希望读者批评指正。

编　者

2006年11月

目 录

第一单元

发电厂、变电站及电力系统概述

电能是联系整个社会的特殊商品，已经广泛应用于现代工农业、交通运输、科学技术、国防建设及日常生活中；电能又是能量的一种形式，它易于生产和输送，便于集中和分散，容易转换成其他形式的各种能量；并且对电能的控制能够实现自动化和远动化。电气设备是电能流通各个环节的重要组成部分，它实现了电能的生产、输送、分配及控制等。本单元从电能生产的特点出发，对发电厂、变电站、电力系统进行简要的介绍，熟悉主要电气设备，了解电压等级、额定电流、额定容量等，并树立电力安全生产的意识。

课题一　电力系统概述

一、中国电力工业的发展概述

国民经济要发展，电力工业必须先行，电力工业已成为衡量一个国家综合国力和现代化水平的标志之一。我国电力工业发展的起点很低，但近年来得到了迅速的发展。

1. 发电装机持续快速增长

自1882年至1949年底，经过67年的发展，我国的总装机容量仅达到185万kW，年发电量43亿kWh，分别居世界第21位和第25位。2003年全国总装机容量达到38450万kW，年发电量19080亿kWh。2004年全国总装机容量达到44700万kW。从2005年末的5.2亿kW发展到2010年的9.6亿kW，年新增装机超过9000万kW，其中2006、2007年新投产装机均超过1亿kW，与“十五”末比较、“十一五”装机规模接近翻番。

到2010年底，全国发电设备容量9.66亿kW，比上年增长10.56%，发电装机规模连续15年居世界第二位，并且全年总发电量已经超过美国，跃居全球第一。

2. 电网网架发展迅速

“十一五”期间，我国220kV及以上输电线路增长74.5%，公用变压器设备容量增长134%，分别从2005年末的25.4万km、8.43亿kVA发展到2010年的44.3万km、19.74亿kVA。

3. 用电水平明显提高

“十一五”期间，我国全社会用电量从2005年的2.48万亿kWh增长到2010年的4.19万亿kWh，年均增长11%。人均用电量从2005年的1632kWh/人年，提升到2009年的2742kWh/人年、2010年达到3100kWh/人年。2012年我国人均年用电量3430kWh，相当于2010年世界人均年用电量的1.2倍，约为加拿大的1/5、美国的1/4。

4. 电力供需紧张局面基本缓解

截止到2016年，预计宏观经济增速总体将呈现稳中缓降态势，电力消费增速将维持低速增长；全年新增装机1亿kW左右，预计年底发电装机容量将达到16.1亿kW，其中非化石能源发电装机比重进一步提高至36%左右；全国电力供应能力总体富余、部分地区过剩。

5. 清洁能源发电比重进一步提高

2010年底，水电装机容量2.1亿kW，占全国电力总装机的22%。核电装机容量1082万kW，在建施工规模（26台2914万kW）居世界第一，风电装机容量连年翻倍增长，并网装机容量3107万kW。水电、核电、风电、太阳能发电等清洁能源发电装机比重由2005年的24.2%，上升到目前的26.5%。

哥本哈根世界气候变化会议后，中国已向世界作出减排承诺，到2020年中国单位国内生产总值二氧化碳排放比2005年下降40%～45%。为此，新能源投资成为世人瞩目的焦点。从用电增速、碳减排承诺、新兴产业规划等多个角度来看，新能源、低碳经济都是电力设备行业的主要看点。大量事实表明，电力设备市场已向清洁能源设备制造转型。

根据预计，2020年中国可再生能源装机将达到5.7亿kW，占总装机容量的35%，每年可减少煤炭消耗4.7亿t标准煤，减排二氧化碳13.8亿t。其中，风能、太阳能等非水电的可再生能源比例将大大提高，而这些间歇性可再生能源的大规模利用将对传统电网提出挑战，智能电网可以很好地解决这个问题。

6. 智能电网建设

全球金融危机引发加速了我国机械工业转型的步伐，电气行业也不例外。电气行业调整结构、转型升级的重点目标还包括如何应对气候变化，而调整电源结构，则是应对气候变化的重要方面。智能电网的诞生为调整电源结构指明了新的方向。

我国正处在工业化加速发展的阶段，后发优势体现在对新技术的应用上。智能电网的建设给我们提供了一个加快进入电网建设先进大国的契机，也为我国电力装备进入世界先进行列提供了机会。

智能电网对设备要求很高，传统设备无法支撑智能电网。因此，传统电力设备怎样适应智能电网的建设要求，如何优化升级是目前的重要课题。

7. 电网优化配置资源能力显著提升

特高压、跨大区电网、区域和省级电网主网架、城乡电网建设统筹推进，电网结构得到改善，电网资源配置能力不足和"卡脖子"问题得到缓解，电网的安全性、可靠性和经济性不断提高。

特高压交直流示范工程投入运行，750kV成为西北电网主网架，500kV成为各省级电网主网架，直流输电线路总长度和输送容量跃居世界第一，电网大范围、大规模、高效率优化资源配置的能力大幅提升。2010年全国跨区跨省交易电量达到5000亿kWh，比"十五"提高近90%。

二、我国电力工业的几个之最

（1）目前我国最大的汽轮发电机组容量为90万kW，安装在外高桥第二发电厂（世界上最大135万kW）。

（2）最大的水轮发电机组容量为70万kW，安装在三峡水力发电厂（世界上最大80万kW）。

（3）最大的核电发电机组容量为100万kW，安装在岭澳核电厂（世界上最大145万kW）。

（4）最高交流输电电压为750kV，如全长146km的青海官亭—兰州东750kV输电示范工程（世界上最高为1150kV）。

（5）最高直流输电电压为±500kV，如湖北宜昌葛洲坝到上海南桥的±500kV直流输电线路（世界上最高为±750kV）。

(6) 目前我国最大的水力发电厂，也是世界上最大的水力发电厂是三峡水力发电厂，装有 26 台单机容量为 70 万 kW 的水轮发电机组，总装机容量 1820 万 kW，年均发电量 847 亿 kWh。三峡大坝采用混凝重力坝，坝高 185m，坝长（轴线长）2309m，坝顶总长 3035m，总投资约 2039 亿。

(7) 我国最大的火力发电厂是北仓港电厂，装机容量 300 万 kW，单机容量 60 万 kW。

(8) 我国最大的核能发电厂是岭澳核电厂，装机容量 200 万 kW，单机容量 100 万 kW。

以上这些都说明我国电力工业已进入大机组、大电厂、大电网、超高压、高度自动化的发展时期和向跨大区联网、推进全国联网的新阶段。

三、电力系统与电力网

1. 电力系统的概念

发电厂将一次能源转变成电能（又称二次能源），发电厂生产的电能需要输送给电力用户。在由发电厂向用户供电过程中，为了提高供电的可靠性和经济性，广泛通过升压、降压变电站，输电线路将多个发电厂用电力网连接起来并联工作，向用户送电。这种由发电厂，升压、降压变电站，输配电线路和用户在电气上连成的整体称为电力系统。电力系统的骨架部分是电力网，它是电力系统除去各种类型的发电厂、用户外，由各级电压的输配电线路和变电站在电气上连成的整体，电力系统与电力网示意图如图 1-1 所示。

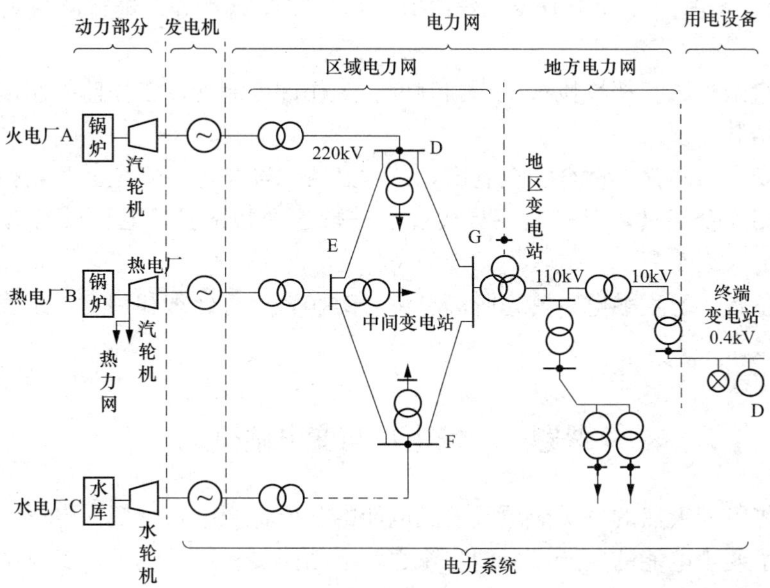

图 1-1　电力系统与电力网示意图

2. 电力系统的优越性

随着电力工业的不断发展，电力系统的容量不断增加，电压等级不断提高，所跨的区域不断扩大，形成强大的联合电力系统。联合电力系统具有以下优越性：

(1) 可以提高电力网运行的可靠性。

(2) 可以保证供电的电能质量。

(3) 可以提高电力设备的利用率，减少备用总容量。

(4) 便于采用技术经济性能好的大机组。

（5）可以充分利用各种自然能源，发挥各类发电厂的特点，提高电力系统的整体经济性。

3. 电力生产的特点

（1）电能生产、输送、分配、使用的连续性。

（2）运行方式改变引起电磁暂态和机电暂态的短暂性。

（3）对国民经济发展和人民生活的重要性。

4. 电力系统的运行要求

为了保证为用户提供电能，电力系统的运行必须满足的基本要求：

（1）必须满足用户的最大要求。

（2）保证供电的可靠性。

（3）保证电能质量。

（4）保证电力系统运行的经济性。

（5）保证运行人员和设备的安全。

5. 电力安全生产

人身安全、设备安全是电力系统运行的最高宗旨，发电厂和变电站的一切工作必须以发供电的安全为出发点。

（1）安全技术措施。对设备是否停电工作进行分类；设备检修时，应完成停电（或不停电和部分停电）、验电、装设接地线、悬挂指示牌和装设遮栏等；进行测量时认真执行安全测量规程。

（2）安全组织措施。严格执行工作票制度、工作许可制度、工作监护制度，以及工作间断、转移和终结制度。

（3）电气安全与防火。健全安全制度，有章必行。经常进行安全教育，树立安全生产的观念。正确使用安全工具，对安全工具按规定进行管理和试验。电气设备着火应先切断电源，使用合适的灭火工具。

（4）触电急救。发生触电，首先脱离电源，对伤者进行处理和判定，正确运用“心肺复苏法”进行急救。

课题二　发电厂与变电站概述

发电厂是将各种天然的一次能源转换成电能的工厂，变电站是变换电压、传输和分配电能的场所。为了便于电能的生产、分配和输送，下面简要叙述发电厂、变电站的类型及生产过程。

一、发电厂

发电厂是把各种一次能源转换成二次能源（即电能）的场所，是电力系统的中心环节。

一次能源是指直接由自然界采用的能源，如煤、石油、天然气、水利资源、核原料、风能、太阳能、地热能等。

二次能源是由一次能源经加工转换而获得的另一种形态的能源，如电力、煤气、蒸汽、焦炭等。

根据电厂的装机容量及在电力系统内地位的不同，发电厂可分为区域性发电厂、地方性发电厂及自备专用电厂等；按照发电厂所消耗一次能源的不同，发电厂分为以下几种。

（一）火力发电厂

火力发电厂是将燃料的化学能转换成电能的工厂，常见的燃料是煤、重油和天然气。20世纪80年代以来，为了开发新的能源，变废为宝，将沼气、树木、垃圾等都作为燃料进行发电。火力发电厂中的原动机大都为汽轮机，现在柴油机和燃气轮机都得到了应用。火力发电厂又可以分为：

1. 凝汽式火力发电厂

凝汽式火力发电厂通常称为火电厂。燃料在炉膛内燃烧发出热量，被锅炉本体内的水吸收后产生蒸汽，送到汽轮机，带动发电机发出电能。已做过功的蒸汽进入汽轮机末端的凝汽器被冷却水还原为水后再送回锅炉。凝汽式电厂中的工质在发电过程中经历了水→汽→水的反复循环，不断将燃料在化学能→热能→机械能→电能中转换。在凝汽器中，大量的热量被冷却水带走，所以效率较低，只有30%～40%。火电厂发电的流程图如图1-2所示。

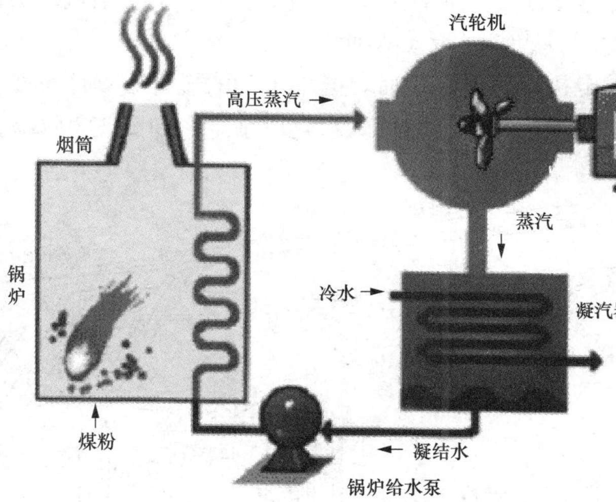

图1-2 火电厂发电流程图

根据火电厂发电流程，其基本组成包括燃烧系统、汽水系统（燃气轮机发电和柴油机发电无此系统，但这二者在火力发电中所占比重都不大）、电气系统、控制系统。

（1）燃烧系统主要由锅炉的燃烧室（即炉膛）、送风装置，送煤（或油、天然气）装置、灰渣排放装置等组成。主要功能是完成燃料的燃烧过程，将燃料所含能量以热能形式释放出来，用于加热锅炉里的水。

（2）汽水系统主要由给水泵、循环泵、给水加热器、凝汽器、除氧器、水冷壁及管道系统等组成，其功能是利用燃料的燃烧使水变成高温高压蒸汽，并使水进行循环。

（3）电气系统主要由电厂主接线、汽轮发电机、主变压器、配电设备、开关设备、发电机引出线、厂用接线、厂用变压器和电抗器、厂用电动机、保安电源、蓄电池直流系统及通信设备、照明设备等组成。基本功能是保证按电能质量要求向负荷或电力系统供电。

（4）控制系统主要由锅炉及其辅机系统、汽轮机及其辅机系统、发电机及电工设备、附属系统组成。基本功能是对火电厂各生产环节实行自动化的调节、控制，以协调各部分的工况，使整个火电厂安全、合理、经济运行，降低劳动强度，提高生产率，遇有故障时能迅速、正确处理，以避免酿成事故。

2. 供热式火力发电厂

供热式火力发电厂通常称为热电厂，与火电厂不同的是热电厂中将部分做了功的蒸汽从汽轮机中段抽出供给电厂附近的热用户，减少了凝汽器中的热量损失，使电厂的效率提高到60%～70%。

3. 燃气轮机发电厂

燃气轮机与汽轮机工作原理相似，所不同的是燃气轮机的工质是高温高压的气体而不是蒸汽。这些作为工质的气体可以是用清洁煤技术将煤炭转化成的清洁煤气，也可以是天然气等。

（二）水力发电厂

水电厂也称水电站，是将水的位能或动能转换为电能的工厂。水电厂中发电机的原动机是水轮机，水流冲动水轮机旋转，带动发电机发电，按取水方式的不同，水电厂可以分为：

1. 堤坝式水电厂

在河流上的适当位置上修建水坝，形成水库，利用坝的上下游水位较大的落差，引水发电。堤坝式水电厂可以分为坝后式和河床式两种。

（1）坝后式水电厂。发电机厂房建在坝后，全部水头的压力由坝体承受，水库的水由压力水管引入厂房，推动水轮发电机发电。坝后式水电厂示意图如图 1-3 所示。

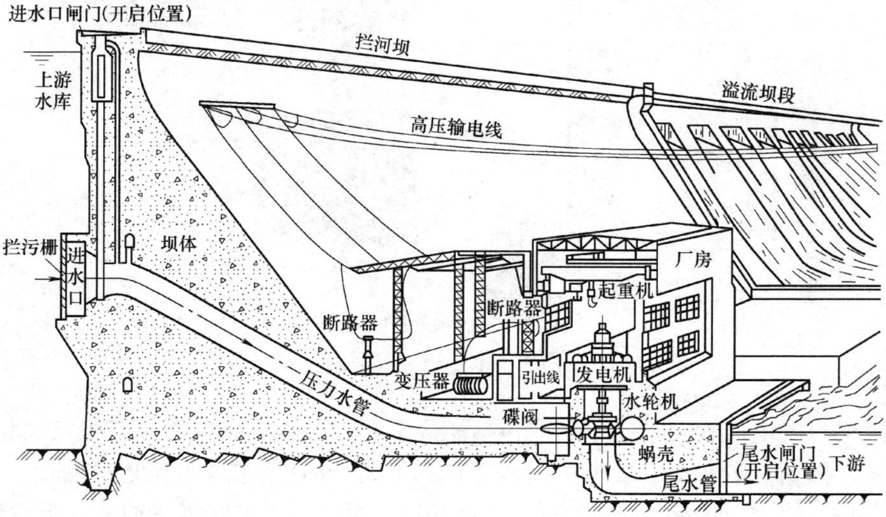

图 1-3　坝后式水电厂示意图

（2）河床式水电厂。河床式水电厂的厂房与大坝联合成一体，厂房是大坝的一个组成部分，要承受水的压力，由于厂房修建在河床中，故称河床式。河床式水电厂示意图如图 1-4 所示。

2. 引水式水电厂

建在山区水流湍急的河道上或河床坡度较陡的地段，由引水渠道提供水头，一般不需要修建堤坝，或只修低堰，适用于水头比较高的情况。引水式水电厂示意图如图 1-5 所示。

3. 径流式水电厂

利用有较高水位落差的急流江河建坝，但不形成水库直接将水引入水轮机发电。这种水电厂只能按天然江河的水流量及水头落差来发电，受季节的影响较大，如长江中游的葛洲坝水电厂。

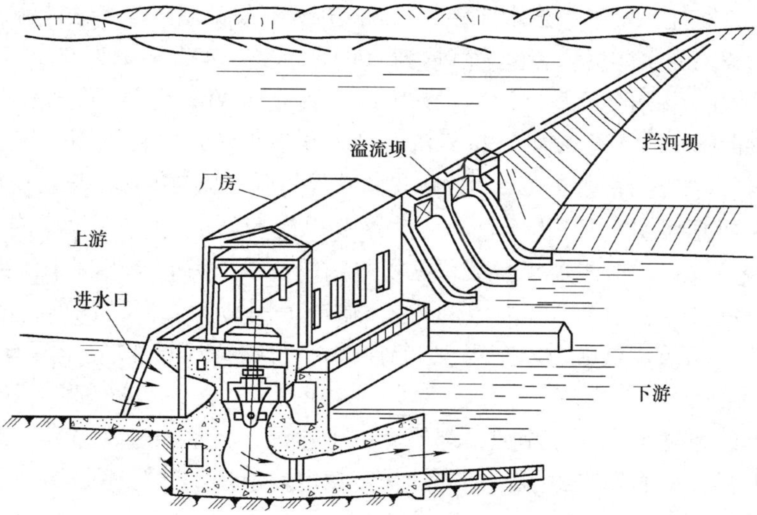

图 1-4　河床式水电厂示意图

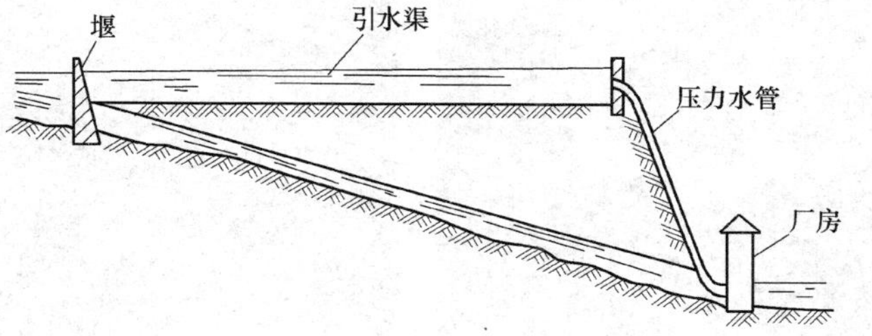

图 1-5　引水式水电厂示意图

当来水流量大于电站水轮机过水能力时，水电站满出力运行，多余的水量不通过机组发电，直接经泄水道泄向下游，称为弃水；当来水较少时，全部来水通过机组发电，但有部分装机容量因缺水而未被利用。

与径流式水电厂相对应的是调节式水电厂，其运行方式是用水库调节径流，根据用电要求发电，来水多于需要时，水库蓄水；不足时，水库补水。

4. 抽水蓄能电厂

抽水蓄能电厂是一种特殊形式的发电厂，由高落差的上下水库和水轮—发电机—抽水机的可逆机组构成。抽水蓄能电厂的作用是蓄水、发电。当系统处于低负荷运行时，电厂利用系统富余的有功将下水库的水抽到上水库中储存能量，此时机组按电动机—水泵方式工作；待电力系统处于高负荷、电力不足时，上水库放水释放能量发电，此时机组按水轮机—发电机的方式工作。抽水蓄能电厂可以作调频、调相和作系统的备用容量，一般可与发电输出功率较稳定的核电厂配合设置。抽水蓄能电厂示意图如图 1-6 所示。

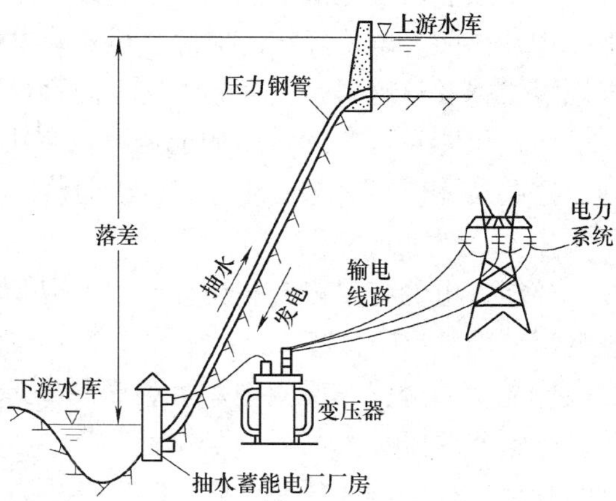

图 1-6　抽水蓄能电厂示意图

水电是我国现有能源中唯一技术成熟、可以大规模开发的可再生清洁能源。根据全国水力资源复查成果，我国的水能资源理论蕴藏量为6.94亿kW，年发电量为6.08万亿kWh；技术可开发装机容量为5.42亿kW，年发电量为2.47万亿kWh；经济可开发装机容量为4.02亿kW，年发电量为1.75万亿kWh。按经济可开发年发电量重复使用100年计算，水能资源约占我国能源剩余可采总储量的36.5%，在我国常规能源资源中仅次于煤炭位居第二。

三峡电站装机总容量2250万kW，是世界上规模最大的水电站和清洁能源生产基地。我国东部地区经济发达，能源需求量大，三峡电站的建设，有利于发挥中西部地区的资源和能源优势。三峡电站年发电量近900亿kWh，输电范围覆盖上海、江苏、浙江、安徽、河南、湖南、湖北、江西，重庆、广东等10个省市，对保障我国能源安全具有重要意义。

（三）核电站

核电站发电的原理与火电厂相似，都要有一个热源，将水加热成蒸汽，进而推动汽轮机旋转并带动发电机转动而发出电能。不同的是，核电站所用的热源不是煤或石油，而是原子核的裂变能。核能发电厂外景如图1-7所示。

图1-7　核电站外景图

国际经验证明，核电是一种经济、清洁、高效、安全的新能源。

当前，人们对核电的安全和环保性已给予了一定的认可和较高的评价，核能作为一种安全、清洁、经济、可持续发展的发电方式，已为社会所接受。

(1) 核能发电是清洁能源。核电站不排放有害物质，不会造成“温室效应”。

(2) 核能发电是经济的能源。虽然核电站的投资高于燃煤电厂，但由于核燃料的成本低于燃煤成本及核燃料是长期起作用等因素，所以目前核电站的总发电成本低于燃煤电站。

(3) 核能是可持续发展的能源。世界上已探明的铀储量约490万吨，钍储量约275万吨。这些裂变燃料足够使用到聚变能时代。

1. 核能发电原理

核能发电的能量来自核反应堆中可裂变材料（核燃料）进行裂变反应所释放的裂变能。裂变反应指铀-235、钚-239、铀-233等重元素在中子作用下分裂为两个碎片，同时放出中子和大量能量的过程。反应中，可裂变物的原子核吸收一个中子后发生裂变并放出两三个中子。若这些中子除去消耗，至少有一个中子能引起另一个原子核裂变，使裂变自持地进行，则这种反应称为链式裂变反应。实现链式裂变反应是核能发电的前提。核能发电的能量转换示意图如图1-8所示。

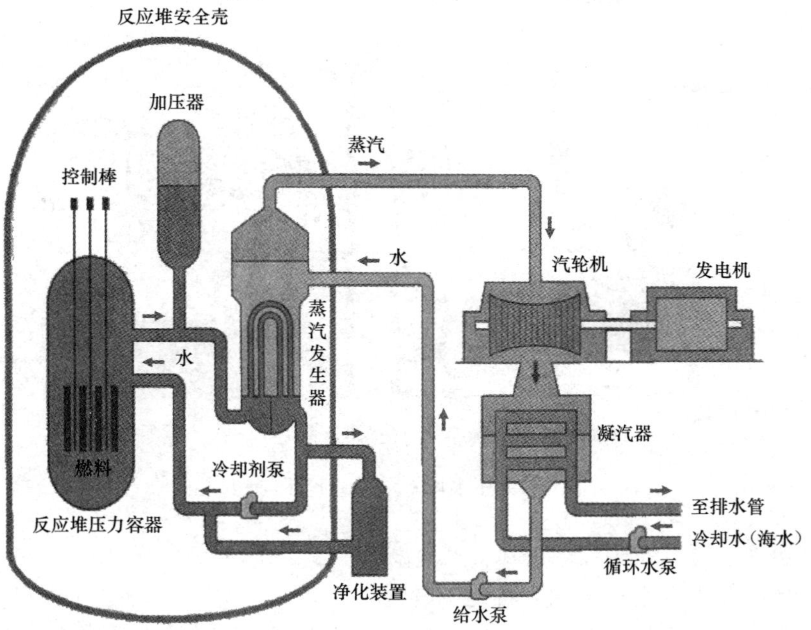

图 1-8　核能发电的能量转换示意图

2. 核电站的基本组成

核电站由堆芯、冷却回路、发电机组三部分组成。

堆芯：核燃料在此低速燃烧，产生热量。

冷却回路：堆芯产生的热量通过回路里的介质传导出去，使得堆芯保持一个稳定的反应度，持续工作。

发电机组：把冷却回路中的热量通过汽轮机的方式转换成电能。

3. 核能发电的分类

按反应堆冷却剂和中子慢化剂的不同反应堆可分很多种，目前核电站的反应堆型主要是压水堆、沸水堆、重水堆、高温气冷堆和快中子堆五种堆型。中国核电发展的技术路线和战略路线早已明确并正在执行，当前发展压水堆，中期发展快中子堆，远期发展聚变堆。

（1）压水堆。压水堆（PWR）最初是美国为核潜艇设计的一种热中子堆堆型。40 多年来，这种堆型得到了很大的发展，经过一系列的重大改进，已经成为技术上最成熟的一种堆型。压水堆核电站原理示意图如图 1-9 所示。

压水堆核电站有两个回路，在反应堆中通过核裂变产生的热量由一回路的冷却剂带到蒸汽发生器传热管的内侧，通过热交换将热量传递给蒸汽发生器传热管的外侧从而产生蒸汽，而蒸汽则驱动汽轮发电机发电。

压水堆的冷却剂是轻水。轻水不仅价格便宜，而且具有优良的热传输性能。所以在压水堆中，轻水不仅作为中子的慢化剂，同时也用作冷却剂。

高温水从压力容器上部离开反应堆堆芯以后，进入蒸汽发生器。压水堆堆芯和蒸汽发生器总体上像一台大锅炉，核反应堆堆芯内的燃料元件相当于加热炉，而蒸汽发生器相当于生产蒸汽的锅，通过冷却剂回路将锅与炉连接在一起。

冷却剂从蒸汽发生器的管内流过后，经过一回路的冷却剂回路循环泵又回到反应堆堆

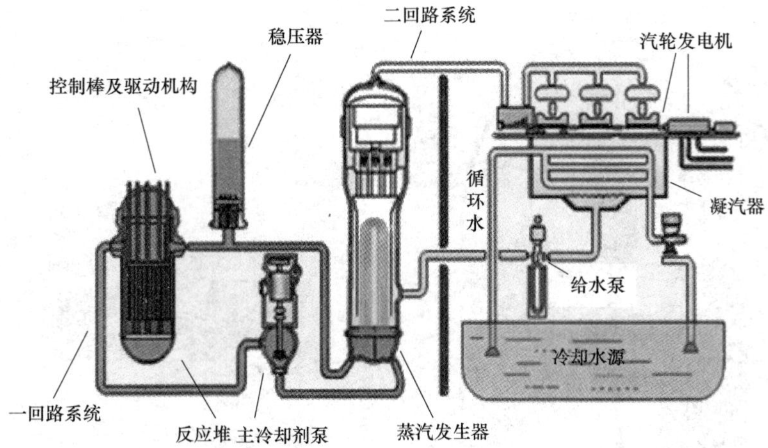

图 1-9　压水堆核电站原理示意图

芯。包括压力容器、蒸汽发生器、主泵、稳压器及有关阀门的整个系统，是冷却剂回路的压力边界。它们都被安置在安全壳内，称之为核岛。

蒸汽发生器内有很多传热管，冷却剂回路和二回路通过蒸汽发生器传递热量。传热管外为二回路的水，冷却剂回路的水流过蒸汽发生器传热管内时，将携带的热量传输给二回路内流动的水，从而使二回路的水变成 280℃左右、6～7MPa 的高温蒸汽。所以在蒸汽发生器里，冷却剂回路与二回路的水在互不交混的情况下，通过管壁发生了热交换。蒸汽发生器是分隔冷却剂回路和二回路的关键设备。

从蒸汽发生器产生的高温蒸汽，流过汽轮机，带动发电机组发电。余下的大部分不能利用的能量交给冷凝器，通过三回路排放到最近的江、河、湖、海或大气。

从 20 世纪 60 年代第一代商用压水堆核电站诞生以来，压水堆的发展和它的燃料元件一样，都经历了几代的改进。压水堆的单堆电功率已由 18.5 万 kW 增加到 130 万 kW，热能利用效率由 28%提高到 33%，堆芯体积释热率由 $50MW/m^3$ 提高到约 $100MW/m^3$，燃料元件的燃耗也增加了大约 3 倍。为减少基建投资和降低发电成本，目前一座反应堆只配一台汽轮机，随着反应堆功率的增加，汽轮机也越造越大。

1）压水堆核电站的优点。

a. 结构紧凑，堆芯的功率密度大。水不仅是良好的慢化剂，也是良好的冷却剂。它比热容大，热导率高，在堆内不易活化，不容易腐蚀不锈钢等结构材料。这是压水堆的主要优点。

b. 经济上基建费用低、建设周期短。

2）压水堆核电站的缺点。

a. 必须采用高压的压力容器，导致压力容器的制作难度和制作费用的提高。

b. 必须采用有一定富集度的核燃料，压水堆核电站要付出较高的燃料费用。

美国通过多种堆型的比较分析，在 20 世纪 50 年代确定首先重点发展压水堆。除国内建造外，还向国外大量出口，曾垄断了反应堆的国际市场。所以压水堆目前在核反应堆中占据统治地位，已建、在建和将建的核电站中，压水堆占 64%左右。

（2）沸水堆。沸水堆核电站工作流程是冷却剂（水）从堆芯下部流进，在沿堆芯上升的过程中，从燃料棒处得到了热量，使冷却剂变成了蒸汽和水的混合物，经过汽水分离器和蒸汽干燥器，用分离出的蒸汽来推动汽轮发电机组发电。沸水堆核电站原理示意图如图 1-10 所示。

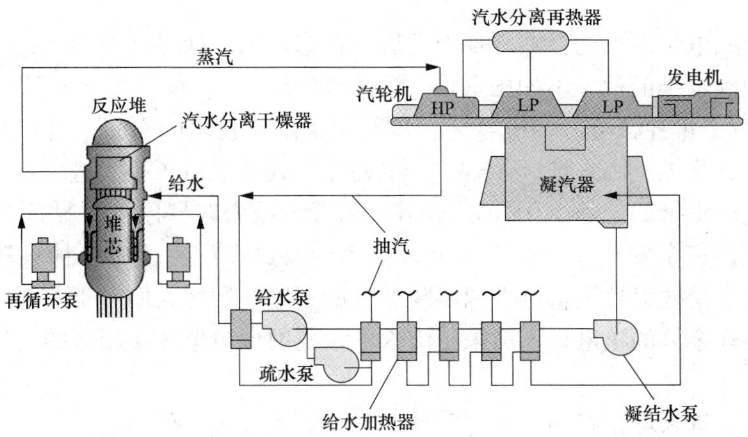

图 1-10　沸水堆核电站原理示意图

沸水堆核电站只有一个回路，即在反应堆中通过核裂变产生的热量在反应堆中产生蒸汽，然后直接输送到汽轮发电机发电。

沸水堆与压水堆同属于轻水堆家族，都使用轻水作慢化剂和冷却剂，低富集度铀作燃料，燃料形态均为二氧化铀陶瓷芯块，外包锆合金包壳。

沸水堆的特点是堆芯内具有一个冷却剂再循环系统。流经堆芯的水仅有部分变成水蒸气，其余的水必须再循环。从圆筒区的下端抽出一部分水由再循环泵将其送入喷射泵。大多数沸水堆都设置两台再循环泵，每台泵通过一个联箱给 10～12 台喷射泵提供“驰动流”，带动其余的水进行再循环。冷却剂的再循环流量取决于向喷射泵注水率，后者可由再循环泵的转速来控制。

1）沸水堆的优点。

a. 直接循环。核反应堆产生的蒸汽被直接引入蒸汽轮机，推动汽轮发电机组发电。这是沸水堆核电站与压水堆核电站的最大区别。沸水堆核电站省去一个回路，因而不再需要昂贵的、压水堆中易出事故的蒸汽发生器和稳压器，减少大量回路设备。

b. 工作压力可以降低。将冷却水在堆芯沸腾直接推动蒸汽轮机的技术方案可以有效降低堆芯工作压力。这使系统得到极大地简化，能显著地降低投资。

c. 堆芯出现空泡。与压水堆相比，沸水堆最大的特点是堆内有气泡，运行经验的积累表明，在任何工况下慢化剂反应性空泡系数均为负值，空泡的反应性负反馈是沸水堆的固有特性。它可以使反应堆运行更稳定，自动展平径向功率分布，具有较好的控制调节性能等。

2）沸水堆的缺点。

a. 辐射防护和废物处理较复杂。由于沸水堆核电站只有一个回路，反应堆内流出的有一定放射性的冷却剂被直接引入蒸汽轮机，导致放射性物质直接进入蒸汽轮机等设备，使得辐射防护和废物处理变得较复杂。汽轮机需要进行屏蔽，使得汽轮机检修时困难较大；检修时需要停堆的时间也较长，从而影响核电站的设备利用率。福岛核事故中发生事故的均为沸水堆。

b. 功率密度比压水堆小。水沸腾后密度降低，慢化能力减弱，因此沸水堆需要的核燃料比相同功率的压水堆多，堆芯及压力壳体积都比相同功率的压水堆大，导致功率密度比压水堆小。

由于沸水堆核电站缺点的存在，加上发展不普遍，因而缺乏必要的运行经验反馈，使得在过去几十年中沸水堆的地位不如压水堆。到 1997 年年底，世界上已经运行的沸水堆核电机组有 93 个，仅占世界核电总装机容量的 23%。但随着技术的不断改进，沸水堆核电站性能越来越好。尤其是先进沸水堆（ABWR）的建造这几年取得了很大进展，在经济性、安全性等方面有超过压水堆的趋势。例如，ABWR 用置于压力容器内的再循环泵代替原先外置的再循环泵大大提高了安全性。由于水处理技术的改进和广泛使用各种自动工具，ABWR 检修时工作人员所受放射性剂量已大幅度降低，所有这一切使人们对于沸水堆核电站技术已经刮目相看。日本今后的核电计划都采用沸水堆，我国台湾地区拟新建的电站也决定采用沸水堆。

（3）重水堆。重水堆是指用重水（D_2O）作慢化剂的反应堆。

重水是非常优异的慢化剂，它与石墨并列为最常用的慢化剂。重水与普通水看起来十分相像，是无臭无味的液体，它们的化学性质也一样，不过某些物理性质却不相同。普通水能够滋养生命，培育万物，而重水则不能使种子发芽。人和动物若是喝了重水，还会引起死亡。不过，重水的特殊价值体现在核技术应用中。制造威力巨大的核武器，就需要重水作为原子核裂变反应中的减速剂，作中子的减速剂，也可作为制重氢的材料，普通水中含量约为 0.02%（质量分数）。

重水可以通过多种方法生产。最初的方法是用电解法，因为重水无法电解，这样可以从普通水中把它分离出来。还有一种简单方法是利用重水沸点高于普通水，通过反复蒸馏得到。后来又发展了一些其他较佳的方法，例如水—硫化氢交换法（GS 法）和氨—氢交换法。

重水堆按其结构形式可分为压力壳式和压力管式两种。

1）压力壳式重水堆。压力壳式的冷却剂只用重水，它的内部结构材料比压力管式少，但中子经济性好，生成新燃料钚-239 的净产量比较高。这种堆一般用天然铀作燃料，结构类似压水堆，但因栅格节距大，压力壳比同样功率的压水堆要大得多，因此单堆功率最大只能做到 30 万 kW。

2）压力管式重水堆。压力管式重水堆的冷却剂不受限制，可用重水、轻水、气体或有机化合物。它的尺寸也不受限制，虽然压力管带来了伴生吸收中子损失，但由于堆芯大，可使中子的泄漏损失减小。此外，这种堆便于实行不停堆装卸和连续换料，可省去补偿燃耗的控制棒。

压力管式重水堆主要包括重水慢化、重水冷却和重水慢化、沸腾轻水冷却两种反应堆。这两种堆的结构大致相同。

a. 重水慢化、重水冷却堆的反应堆容器不承受压力。重水慢化剂充满反应堆容器，有许多容器管贯穿反应堆容器，并与其成为一体。在容器管中，放有锆合金制的压力管。用天然二氧化铀制成的芯块，被装到燃料棒的锆合金包壳管中，然后再组成短棒束型燃料元件。棒束型燃料元件放在压力管中，它借助支承垫可在水平的压力管中来回滑动。在反应堆的两端，各设置有一座遥控定位的装卸料机，可在反应堆运行期间连续地装卸燃料元件。

发电原理是既作慢化剂又作冷却剂的重水，在压力管中流动，冷却燃料。像压水堆那样，为了不使重水沸腾，必须保持在高压（约150～160kgf/cm²）状态下。这样，流过压力管的高温（约300℃）高压的重水，把裂变产生的热量带出堆芯，在蒸汽发生器内传给二回路的轻水，以产生蒸汽，带动汽轮发电机组发电。原理示意简图如图1-11所示。

重水慢化、重水冷却堆是加拿大开发的一种反应堆。对工业技术要求较低（除了重水生产技术），不需要核燃料循环体系。

b. 重水慢化、沸腾轻水冷却堆是在重水慢化、重水冷却堆的基础上发展起来的。重水慢化、重水冷却反应堆的容器和压力管都是水平布置的，而重水慢化、沸腾轻水冷却反应堆都是垂直布置的。它的燃料管道内流动的轻水冷却剂，在堆芯内上升的过程中引起沸腾，所产生的蒸汽直接送进汽轮机，并带动发电机组发电。

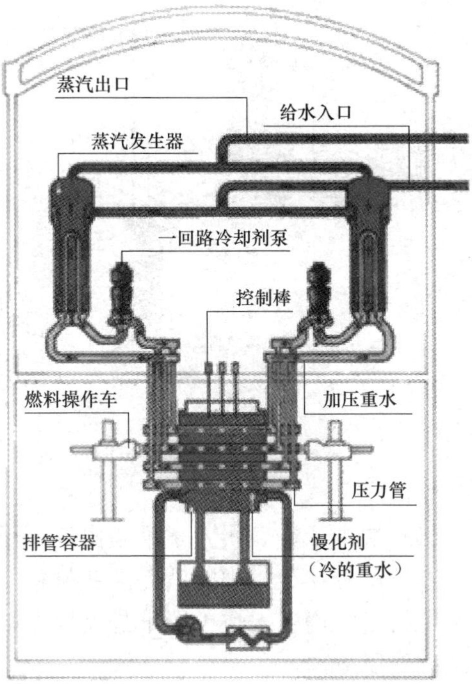

图1-11　重水慢化、重水冷却堆原理示意简图

重水堆的突出优点是能最有效地利用天然铀。由于重水慢化性能好，吸收中子少，不仅可直接用天然铀作燃料，而且燃料烧得比较透。重水堆比轻水堆消耗天然铀的量要少，如果采用低浓度铀，可节省天然铀38%。在各种热中子堆中，重水堆需要的天然铀量最小。此外，重水堆对燃料的适应性强，能很容易地改用另一种核燃料。它的主要缺点是体积比轻水堆大。建造费用高，重水昂贵，发电成本也比较高。

（4）高温气冷堆。高温气冷堆是由普通的石墨气冷堆发展而来的反应堆。工作原理是利用石墨作为慢化剂，用气体氦作为冷却剂（气冷），氦气的温度高达800°左右（高温）。

当反应堆内的核燃料进行核反应时，放出中子，速度太快的中子经过石墨碰撞便慢下来（因为在此堆里只有慢中子才能与铀燃料发生有效反应），以维持核反应。核反应时要释放出大量的热量，如果不把热量带走，就会烧毁反应堆，所以用气体氦流经堆芯，把热量带到热交换器，再由另一路冷却剂把氦气冷却，降温后的氦气又回到堆芯继续冷却反应堆，形成闭式循环回路。

高温气冷堆具有固有安全性、系统简单、发电效率高、用途广泛、具有潜在的经济竞争性，在国际上受到广泛的重视，它是国际核能领域第四代核能系统中六种备选堆型之一，是能够适应未来能源市场需求的新型核反应堆堆型。高温气冷堆系统流程图如图1-12所示。

高温气冷堆是国际公认的具有先进技术的新型核反应堆，我国的高温气冷堆研究技术处于国际领先地位。其主要特点是固有安全性能好、热效率高、系统简单。目前已成功地建设了10MW实验电站，并完成了多项安全性实验工作，在向商业化转化的过程中，得到国家有关部门的大力扶持。

山东荣成石岛湾核电站项目是我国第一座高温气冷堆示范电站。2006年12月25日，华能山东石岛湾核电有限公司股东出资协议书和章程在北京钓鱼台国宾馆签订。

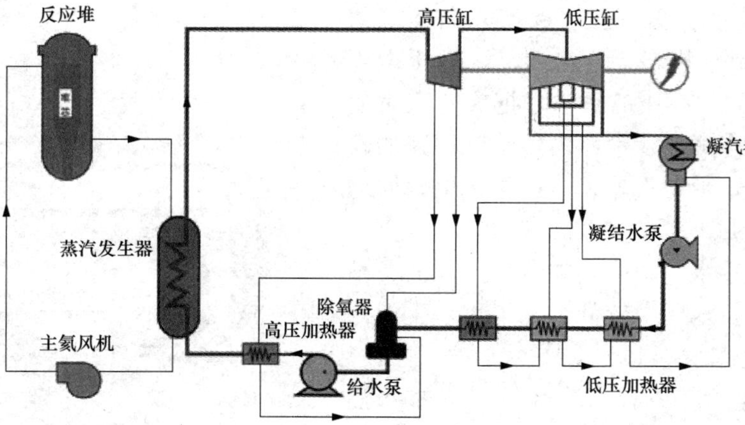

图 1-12　高温气冷堆系统流程图

(5) 快中子堆。快中子堆是由快中子引起链式裂变反应所释放出热的反应堆。

快中子堆在运行中既消耗裂变材料，又生产新裂变材料，而且所产可多于所耗，能实现核裂变材料的增殖。快中子堆是世界上第四代先进核能系统的首选堆型，代表了第四代核能系统的发展方向。

1) 快中子堆的结构。快中子堆一般采用氧化铀和氧化钚混合燃料（或采用碳化铀和碳化钚混合物），将二氧化铀与二氧化钚混合燃料加工成圆柱状芯块，装入到直径约为 6mm 的不锈钢包壳内，构成燃料元件细棒。燃料组件是由多达几十到几百根燃料元件细棒组合排列成六角形的燃料盒。

由于堆内要求的中子能量较高，所以快中子堆中无需特别添加慢化中子的材料，即快中子堆中无慢化剂。目前快中子堆中的冷却剂主要有：液态金属钠或氦气两种。根据冷却剂的种类，可将快中子堆分为钠冷快中子堆和气冷快中子堆。气冷快中子堆由于缺乏工业基础，而且高速气流引起的振动以及氦气泄漏后堆芯失冷时的问题较大，所以目前仅处于探索阶段。

钠冷快中子堆用液态金属钠作为冷却剂，通过流经堆芯的液态钠将核反应释放的热量带出堆外。结构图如图 1-13 所示。

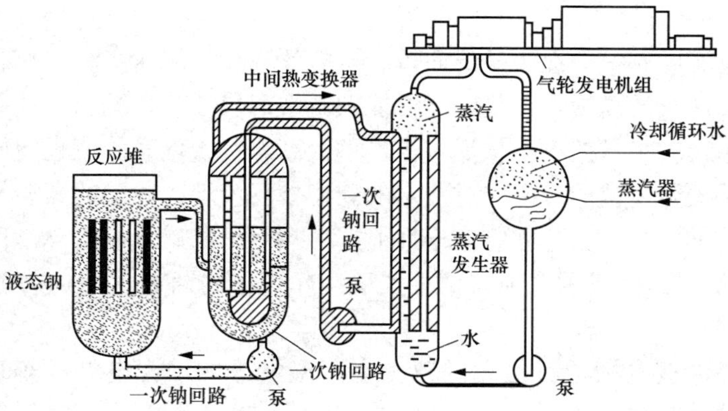

图 1-13　快中子堆结构图

2）快中子堆的发展历程。现用的核反应堆多数为轻水堆（分压水堆和沸水堆）两类，采用铀-235为原料，一般自然界铀-235的蕴藏量为0.7%，为保证核反应正常进行，一般轻水堆采用3%～4%浓缩铀235为原料，也就是说真正参与核反应的原料只有3%～4%，余下是会产生辐射的铀-238废料。铀-238不能由中子直接激发裂变产生能量，长期以来核废料的处理一直是一大难题。

在早期核反应实验时，有人发现铀-238在参与裂变时，会少量吸收高速中子变为铀-239，但铀-239极不稳定，会快速衰变为较为稳定的钚-239，钚-239也可作为与铀-235相似的裂变原料。

基于此特性，20世纪60年代末法国科学家首先通过加大快中子产生量，制造出了第一台快中子堆。以较为普遍的浓缩铀-235为原料，通过快中子使原料中铀-238不断转化为钚-239，产生大于消耗，使得原料实现不断增值。

目前，世界上已商业运行的核电站堆型，如压水堆、沸水堆、重水堆、石墨气冷堆等都是非增殖堆型，主要利用核裂变燃料，即使再利用转换出来的钚-239等易裂变材料，它对铀资源的利用率也只有1%～2%；但在快中子堆中，铀-238原则上都能转换成钚-239而得以使用，但考虑到各种损耗，快中子堆可将铀资源的利用率提高到60%～70%。

2010年7月21日，中国核工业集团公司在北京宣布，由中核集团中国原子能科学研究院自主研发的中国第一座快中子反应堆——中国实验快堆（CEFR）达到首次临界。这是中国核电领域的重大自主创新成果，意味着中国第四代先进核能系统技术实现了重大突破。由此，中国成为世界上少数几个掌握快中子堆技术的国家之一。

核电发展到现在经历了三代，并已经规划出了第四代核电的技术指标。1954年苏联及1957年美国建成了实验性原子电站，国际上把它们称为第一代核电站；20世纪60年代中期，在试验性和原型核电机组基础上，陆续建成电功率在30万kW以上的核电机组，目前世界上商业运行的400多座核电机组绝大部分是在这段时期建成的，称为第二代核电机组；第三代是核电技术吸取了二代核电运行经验，充分利用近几十年的科技成果而研发成功的。

我国核电起步并不晚，但与国际先进水平相比还有一定的差距，2015年6月中国反应堆有26座、美国（99座）、法国（58座）、日本（43座）、俄罗斯（34座），居世界第五位。中国国家发展改革委员会正在制定中国核电发展民用工业规划，准备到2020年中国电力总装机容量预计为9亿kWh，核电的比重将占电力总容量的4%，即是中国核电在2020年时将为3600万～4000万kW。也就是说，到2020年，中国将建成40座相当于大亚湾那样的百万千瓦级的核电站。

（四）太阳能发电厂

太阳能是一种潜力无限的清洁、高效而且可持续的可再生能源，是全人类节能环保的首选。太阳的能源非常巨大，大约40min照射在地球上的太阳光所产生的能量相当于全球人类一年消耗的能量。可以说太阳能是真正取之不尽、用之不竭的能源。

目前，全球能源危机日益加剧，各国都在寻找新的能源，以取代即将枯竭的煤、石油、天然气等地球上所剩无几的不可再生能源，利用太阳能发电是开拓新能源和保护环境、节能减排的有效途径。

太阳能发电分为太阳能热发电和太阳能光发电两种。

1. 太阳能热发电

太阳能热发电是利用光学系统聚集太阳辐射能，用以加热工质产生蒸汽，驱动汽轮发电机组发电，其基本组成与常规火力电厂相似。它与光伏发电相比，具有效率高、结构紧凑、运行成本低等优点。太阳能热发电原理图如图 1-14 所示。

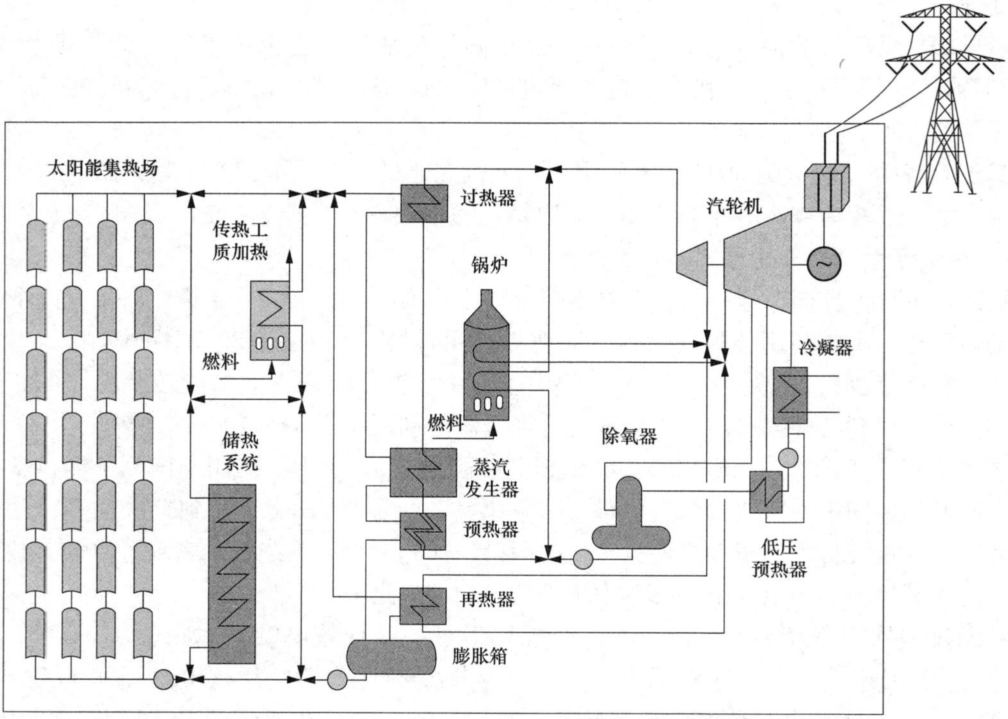

图 1-14　太阳能热发电原理图

根据聚光方式的不同，太阳能热发电可分为塔式（power tower）太阳能热发电、槽式（parabolic trough）太阳能热发电和碟式（parabolic dish）太阳能热发电。

（1）塔式太阳能热发电系统。塔式太阳能热发电系统的基本形式是利用独立跟踪太阳的定日镜群，将阳光聚集到一个固定的塔顶部的接收器上，产生的高温传热介质，高温传热介质来加热蒸汽以驱动常规的汽轮发电机组发电。这种发电方式无需常规能源，动力供给完全来源于集热系统内因太阳辐射产生的高温传热介质。这种光热发电系统主要有定日镜阵列、高塔、受热器、传热流体、换热部件、蓄热系统、控制系统、汽轮机和发电系统等组成。

（2）槽式太阳能热发电系统。槽式太阳能热发电系统是利用槽式抛物面反射镜聚光的太阳能热发电系统的简称。该聚光镜面从几何上看是将抛物线平移而形成的槽式抛物面，它将太阳光聚在一条线上，在这条焦线上安装有管状集热器，以吸收聚焦后的太阳辐射能，并常常将众多的槽式抛物面串并联成聚光集热器阵列。该系统中机热油回路和动力蒸汽回路分离开来，经过一系列换热器来交换热量。当太阳能供应不足时，利用一个辅助加热器将油回路中的导热油加热，从而实现系统的稳定连续运行。

（3）碟式太阳能热发电系统。碟式太阳能热发电系统借助双轴跟踪，利用旋转抛物面反射镜，将入射的太阳辐射进行点聚，聚光点的温度一般为 500℃～1000℃，吸热器吸收这部分辐射能并将其转换成热能，加热工质以驱动热机（如燃气轮机、斯特林发动机或其他类型透平等)，从而将热能转换成电能。该方式的优点是转化效率最高，可模块化，可以混合发电。

2. 太阳能光发电

太阳能光发电不通过热过程而直接将太阳的光能转换成电能，这里主要介绍由光伏电池作为主要发电形式的光伏发电，外景图如图 1-15 所示。

图 1-15　光伏发电外景图

光伏发电是把照射到太阳能电池上的光直接转换成电能的一种发电形式，它是目前太阳能发电研究的方向。太阳能发电原理图如图 1-16 所示。

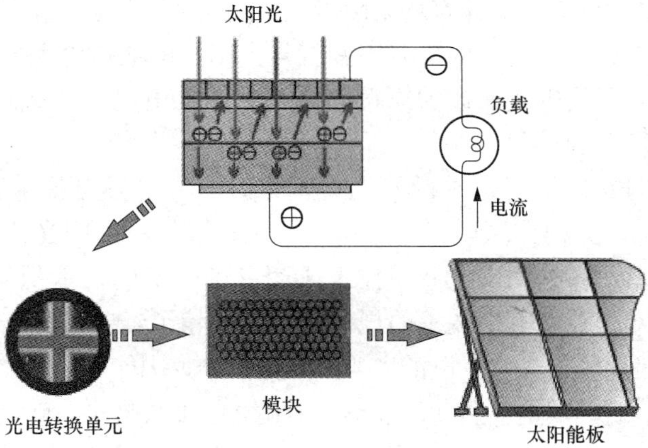

图 1-16　太阳能发电原理图

对于独立发电系统来说，太阳能光伏发电系统的基本结构主要包括太阳能电池阵列、蓄电池、逆变器、负载等，其中太阳能电池阵列是光伏发电系统的核心。太阳能电池用半导体材料制成，在半导体上照射光后，由于半导体吸收光能会激发出电子和空穴（正电荷)，从而半导体中有电流流过，称为光伏效应。太阳能光伏发电是无需通过热过程直接将光能转换为电能的发电方式。

目前应用较广的太阳能电池主要有单晶硅太阳能电池、多晶硅太阳能电池和薄膜（非晶硅）太阳能电池三种，近年来也出现了硅以外的化合物材料，如磷化铟、砷化镓、铟硒铜等。

(1）单晶硅电池建立在高质量单晶硅材料和相关的加工处理工艺基础上，它的转换效率最高，技术也最为成熟。在实验室里最高的转换效率为 23%，而规模生产的单晶硅太阳能电池，其效率为 15%。硅电池进展的重要原因之一是表面钝化技术的提高。此外，倒金字塔技术、双层减反射膜技术及陷光理论的完善也是单晶硅电池发展的主要原因。

(2）多晶硅电池与单晶硅比较，由于所使用的硅远比单晶硅少，其成本远低于单晶硅电池，具有独特的优势。但它存在晶粒界面和晶格错位的明显缺陷，造成多晶硅电池光电转换率一直无法突破20%的关口，低于单晶硅电池。

(3) 薄膜太阳能电池发电是另一种光伏发电方式。由于受到原材料、加工工艺和制造过程的制约，若要再大幅度地降低单晶硅太阳电池成本是非常困难的，作为单晶硅电池的替代产品，发展了薄膜太阳电池。目前薄膜电池主要有硅基薄膜太阳电池、化合物半导体薄膜电池、染料敏化太阳电池等。

太阳能光伏发电系统的主要优点有：

1）可有效利用建筑物屋顶和幕墙，无需占用土地资源。

2）可原地发电，原地使用，减少电力输送的线路损耗。

3）各种彩色光伏组件可取代和节约外饰材料（如玻璃幕墙等），在白天用电高峰期供电，从而舒缓高峰电力需求。

4）配备蓄电池后，还能满足安全用电设施的不断电要求。

5）太阳能发电板阵列直接吸收太阳能，降低墙面及屋顶的温升，减轻建筑空调负荷。

太阳能光伏发电系统除了独立发电系统外还有并网光伏发电系统。并网光伏发电系统的优点是取消了蓄电池，并且在晚上或阴雨天，太阳能发电电力小于家庭使用电力时，可通过电网来弥补电力不足。例如：北京鸟巢体育场太阳能光伏发电系统就是采用了这种并网系统。

目前限制太阳能光伏发电发展的主要因素就是太阳能电池造价太高。但是，很多国家都在加大投入，积极研究开发以非晶硅为原料的薄膜太阳能电池，若成功，成本将大幅降低，这将有利于推动光伏发电的进程。

国家“十五”期间安排了屋顶并网发电技术、高压并网发电技术科技攻关，建成一批10～50kW的屋顶系统，分别在深圳、拉萨建成了兆瓦级低压并网光伏发电站一座，100kW的高压并网发电站一座。在光伏发电并网技术方面有了坚实的技术积累，为2010～2020年屋顶光伏并网发电技术和沙漠电站技术的规模化发展积累了经验。

在产业化方面，目前国内光伏发电的主要产品是晶硅太阳能电池及非晶硅太阳能电池，其中晶硅太阳能电池中早期基本是单晶硅，近年来新建立的多数是多晶硅太阳能电池生产线。到2005年底，我国已建成十多个具有一定规模的太阳能电池专业生产厂，太阳能电池组件的年生产能力超过200MW。尤其是晶体硅太阳能电池组件的封装能力大大加强，10MW规模及以上的太阳能电池封装技术及其配套装备已经成为商业化的工业装备。“十五”期间，仅在我国的河北、江苏、上海和浙江等地，就已形成了上百兆瓦太阳能电池组件的封装能力。

3. 我国太阳能发电的优势

发展太阳能发电的需求主要来自满足农村和边远地区的生产与生活用电及21世纪持续发展我国电力事业两个方面。在太阳能发电上我国具有得天独厚的有利条件：

(1) 丰富的太阳能资源。我国总面积2/3以上的地区年平均日照时数在2000h以上，年平均日辐射量在4000MJ/m^{2}以上，要优于欧洲和日本，与美国相近。如此丰富的太阳能资源可以节省太阳能电池的用量，有利于太阳能发电在较低成本下加以推广。

(2) 我国太阳能电池的生产能力超过日本、美国和欧洲，居世界第一位。2007年我国太阳能电池的产量约为1180MW。2007年在全球太阳能生产企业16强中，我国占据了6席。

(3) 逆变技术是太阳能发电的关键技术之一，由于在大功率开关器件开发和逆变技术的应用等方面我国已取得长足进步，生产出适用于光伏并网、高效率、高可靠性、低污染、低成本的逆变器成为可能。

4. 我国太阳能发电存在的难点

为了太阳能发电产业的快速发展，必须解决以下几个问题：

（1）我国生产太阳能电池的原材料主要依靠进口，而绝大多数太阳能电池和切片用于出口，这种不利于产业发展的加工业局面必须尽快扭转。

（2）太阳能发电的成本在 3 元/kWh 以上，远远高于目前居民电网用电 0.5 元/kWh，这也是发展太阳能发电不利的一面。

（3）目前，太阳能电池的光电转换效率较低，比如小尺寸（$1cm^2$）多晶硅太阳能电池的光电转换效率为 19.8%，而大尺寸（$1000cm^2$）多晶硅太阳能电池的光电转换效率为 12%，为了降低太阳能发电的成本必须提高太阳能电池的光电转换效率。

（4）我国的太阳能发电产业起步于独立型太阳能发电设备（10kW 以下），主要用于解决太阳能资源丰富而又无电的边远地区的居民用电。而更大容量（MW 级）的并网型太阳能发电设备的投产是降低成本的途径之一。

5. 我国太阳能发电的前景

太阳能发电对于我国农村与边远地区发展的重要性已经深入人心，取得了显著成绩。在近期内，应用的重点仍应是解决农村及边远地区的供电。太阳能发电对于我国电力发展的重要作用也已开始被认识，独立光伏电站已开始示范运行。

2002 年国家发改委启动的“送电到乡”项目，安装了共计 800 座 17MW 的光伏和风光互补发电系统，极大地刺激了我国光伏市场的扩大，并推动了我国光伏产业的发展。未来我国的光伏市场仍旧有着巨大的开发空间，目前我国尚有大约 800 多万户，3000 多万的农牧民生活在无电的农牧区，60%的有电县处于缺电甚至严重缺电状态，这些电网难以延伸到的地区太阳能资源丰富，将是光伏发电的主要市场之一。

2013 年上半年全国光伏装机量仅为 2.8GW，但因 2014 年西部地区上网电价会由 1 元/kWh 降低至 0.9 元/kWh，各企业在 2013 年下半年加紧抢装光伏发电装置，希望能在年底前并网发电，仅 2013 年国内新增光伏装机量达 8～10GW。中国国家能源局于 2013 年发《关于征求 2013、2014 年光伏发电建设规模意见的函》，要求在不出现弃光限电的情况下，2014 年光伏发电的建设规模较 2013 年提高两成，达到 12GW。其中，分布式光伏 8GW，光伏电站 4GW。2013 年国务院发布的《关于促进光伏产业健康发展的若干意见》指出，到 2015 年中国光伏发电总装机容量要达到 35GW。这也就意味着 2013～2015 年每年新增光伏装机量将达到 10GW。

（五）风力发电厂

将风能转换成电能的发电方式称为风力发电。风能属于可再生能源，又是一种过程性的能源，无法直接储存，还具有随机性，所以对风能的应用在技术上比较复杂。

风能作为一种清洁的可再生能源，越来越受到世界各国的重视。其蕴量巨大，全球的风能约为 2.74×10^9MW，其中可利用的风能为 2×10^7MW，比地球上可开发利用的水能总量还要大 10 倍。目前全世界每年燃烧煤所获得的能量，只有风力在一年内所提供能量的 1/3。因此，国内外都很重视利用风力来发电，开发新能源。

利用风力发电的尝试，早在 20 世纪初就已经开始了。20 世纪 30 年代，丹麦、瑞典、苏联和美国应用航空工业的旋翼技术，成功地研制了一些小型风力发电装置。这种小型风力发电机，广泛在多风的海岛和偏僻的乡村使用，它所获得的电力成本比小型内燃机的发电成本低得多。不过，当时的发电量较低，大都在 5kW 以下。

目前，每年全球至少有 50000 个风力涡轮机共发电 500 亿 kWh，发出的电力相当于 8 个大型核电站。这不仅包括大规模的涡轮机，还包括为各家各户或企业发电的小型涡轮机（有时与光电太阳能一起使用）。一个功率为 10kW 的小型涡轮机每年可以发电高达 16000kWh。在理想条件下，通常的大型风力涡轮机每年可产生高达 1.8MW 电力或 520 万 kWh，足以为近 600 个家庭供电。

1. 风力发电的工作原理

把风的动能转变成机械动能，再把机械能转化为电力动能，这就是风力发电。风力发电的原理是利用风力带动风车叶片旋转，再透过增速机将旋转的速度提升，来促使发电机发电。依据目前的风车技术，大约是 3m/s 的微风速度（微风的程度）便可开始发电。风力发电正在世界上形成一股热潮，因为风力发电不需要使用燃料，也不会产生辐射或空气污染。

2. 风力发电装置的基本结构

风力发电所需要的装置称作风力发电机组，也称风力涡轮机。现代风力涡轮机有两种设计，水平轴风力涡轮机和垂直轴风力涡轮机。我们通常见到的是水平轴风力涡轮机（HAWT），外形如图 1-17 所示。垂直轴风力涡轮机（VAWT）罕见，当前唯一的商业产品是 Darrieus 涡轮机，这种涡轮机像打蛋器，其外形如图 1-18 所示。

图 1-17　水平轴风力涡轮机外形

图 1-18　垂直轴风力涡轮机外形

（1）水平轴风力涡轮机的结构。水平轴风力涡轮机的转轴是水平安装的，与地面平行。水平轴风力涡轮机需要使用偏航调整装置，时刻根据风向进行调整。偏航系统通常包括电机和变速箱，用于缓慢左右移动整个转子。水平轴风力涡轮机的电子控制器读取风向标设备（机械或电子风向标）的位置，并调整转子位置以尽量捕获最大的风能。水平轴风力涡轮机使用塔架将涡轮机组件上升到最适合风速的高度（这样叶片便不会碰到地面），并且占用非常少的地面空间，因为几乎所有组件都在高达 80m 的空中。

大型水平轴风力涡轮机主要由转子叶片、发动机箱、转轴、塔架和电力设备等组成。大型水平轴风力涡轮机基本上没有尾舵，为保持风轮始终对准风向以获得最大的功率，小型风力涡轮机还需在风轮的后面装一个类似风向标的尾舵。结构如图 1-19、图 1-20 所示。

1）转子叶片可捕获风能并将其转换为转轴的转动能。它由两只（或更多只）螺旋桨形的叶轮组成。当风吹向桨叶时，桨叶上产生气动力驱动风轮转动。桨叶的材料要求强度高、重量轻，目前多用玻璃钢或其他复合材料（如碳纤维）来制造。现在还有一些垂直风轮，s 型旋转叶片等，其作用也与常规螺旋桨型叶片相同。

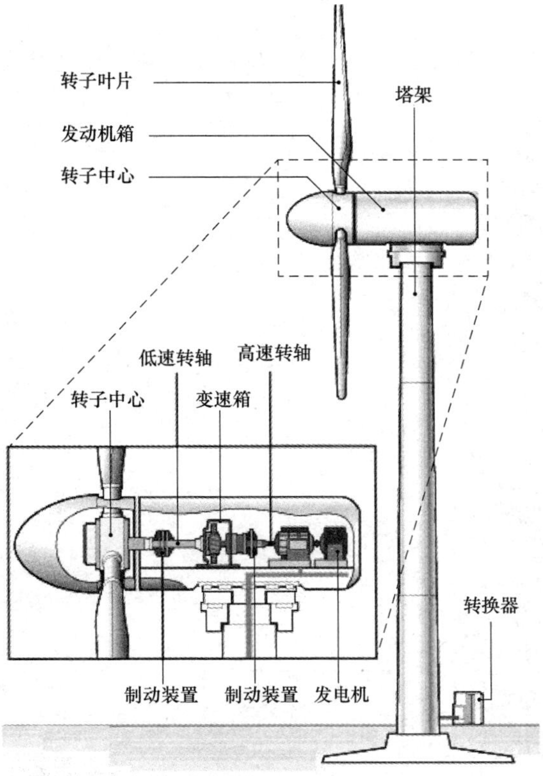

图 1-19　大型风力涡轮机的结构

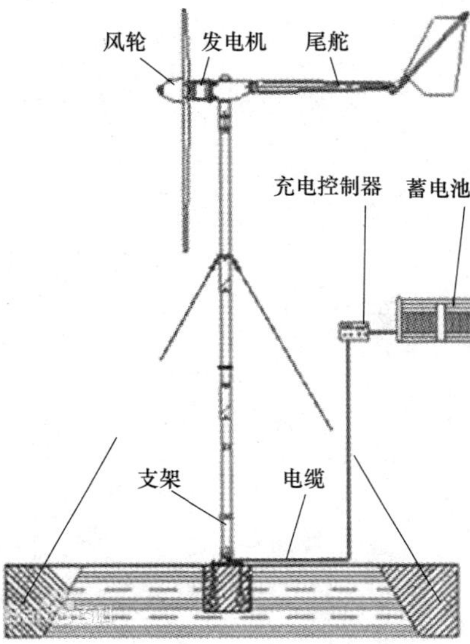

图 1-20　小型风力涡轮机的结构

2）发动机箱包含变速箱、发电机、电子控制装置、偏航控制器和制动装置。

a. 变速箱用于增加转子中心和发电机之间的转轴速度。

由于风轮的转速比较低，而且风力的大小和方向经常变化，这又使转速不稳定；所以，在带动发电机之前，还必须附加一个把转速提高到发电机额定转速的齿轮变速箱，再加一个调速机构使转速保持稳定，然后再连接到发电机上。

b. 发电机。利用转轴的转动能，通过电磁感应发电。通常被称为感应电机或异步发电机。在现代风力发电机上，最大电力输出通常为 500～1500kW。

c. 电子控制装置是监视系统，用于在出现故障时关闭涡轮和控制偏航装置。

d. 偏航控制器。发电机偏航装置借助电动机转动机舱，以使转子正对着风。偏航装置由电子控制器操作，电子控制器可以通过风向标来感觉风向。通常，在风改变其方向时，风力发电机一次只会偏转几度。

e. 制动装置在出现电力超载或系统故障时停止转轴旋转。

3）转轴。将转动能转移到发电机内。

4）塔架是支承风轮、尾舵和发电机的构架。它一般修建得比较高，为的是获得较大的和较均匀的风力，又要有足够的强度。塔架高度视地面障碍物对风速影响的情况，以及风轮的直径大小而定，一般在 6～20m 范围内。

冷却元件：包含一个风扇，用于冷却发电机。一个油冷却元件，用于冷却齿轮箱内的油。

5）电力设备，从发电机向下通过塔架输送电流，还可控制涡轮机的多个安全部件。

6）风速计及风向标用于测量风速及风向。

（2）垂直轴风力涡轮机的结构。在垂直轴风力涡轮机中，转轴安装在垂直轴上与地面垂直，其结构如图 1-21 所示。

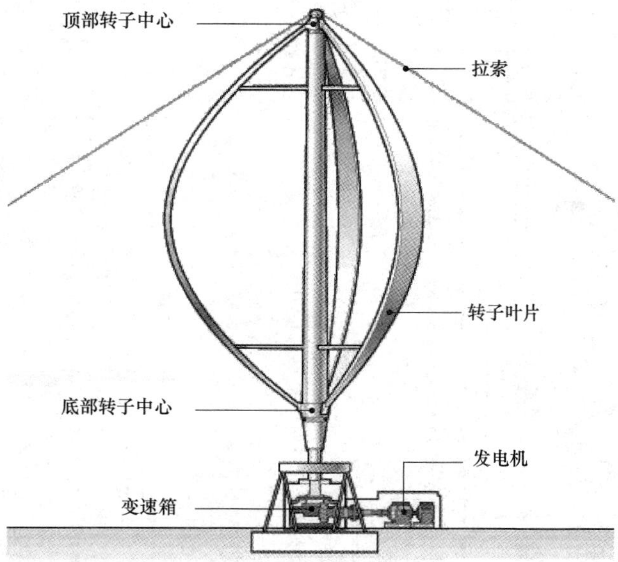

图 1-21　垂直轴风力涡轮机的结构

与水平轴式的同类产品不同，垂直轴风力涡轮机始终与风向保持一致，因此当风向改变时无需调整。垂直轴风力涡轮机不能自己启动，它需要电力系统的推动才能启动。它通常使用拉索而不是塔架进行支撑，因此转子高度较低。较低的高度意味着风速因地面阻碍而较慢，所以垂直轴风力涡轮机的效率通常要比水平轴风力涡轮机低。其有利的一面是所有设备都处于地面高度便于安装和维修，但这意味着涡轮机的占地面积较大，对于农作物种植区来说，也是相当不利的一面。垂直轴风力涡轮机可以用于小型涡轮机，也可以用于在农村地区泵水，但所有商业生产的大规模风力涡轮机都是水平轴风力涡轮机。

3. 小型风力发电系统

小型风力发电系统效率很高，它不只是由一个发电机头组成的，而是一个有一定科技含量的小系统，由风力发电机、充电器、数字逆变器组合而成。风力发电机由叶片、尾翼、转体、机头、组成，每一部分都很重要，各部分功能为叶片用来接受风力并通过机头转为电能；尾翼使叶片始终对着来风的方向从而获得最大的风能；转体能使机头灵活地转动以实现尾翼调整方向的功能；机头的转子是永磁体，定子绕组切割磁力线产生电能。

机械连接与功率传递水平轴风机桨叶通过齿轮箱及其高速轴与万能弹性联轴节相连，将转矩传递到发电机的传动轴，此联轴节应具有很好的吸收阻尼和震动的特性，表现为吸收适量的径向、轴向和一定角度的偏移，并且联轴器可阻止机械装置的过载。另一种为直驱型风机桨叶不通过齿轮箱直接与电机相连。

4. 风力发电的输出

风力发电机因风量不稳定，故其输出的是 13～25V 变化的交流电，须经充电器整流，再对蓄电瓶充电，使风力发电机产生的电能变成化学能。然后用有保护电路的逆变电源，把电瓶里的化学能转变成交流220V市电，才能保证稳定使用。

通常人们认为，风力发电的功率完全由风力发电机的功率决定，总想选购大一点的风力发电机，而这是不正确的。目前的风力发电机只是给电瓶充电，而由电瓶把电能储存起来，人们最终使用电功率的大小与电瓶大小有更密切的关系。功率的大小更主要取决于风量的大小，而不仅是机头功率的大小。在内陆地区，小的风力发电机会比大的更合适。因为它更容易被小风量带动而发电，持续不断的小风，会比一时狂风更能供给较大的能量。当无风时人们还可以正常使用风力带来的电能，也就是说一台200W风力发电机也可以通过大电瓶与逆变器的配合使用，获得500W甚至1000W乃至更大的功率输出。

据了解，我国“十三五”海上风电规划装机目标将在1000万～1500万kW。到2020年规划风力发电总装机容量为30000MW，也是规划太阳能发电总装机容量的15倍。

（六）潮汐发电厂

潮汐发电是水力发电的一种。在有条件的海湾或感潮口建筑堤坝、闸门和厂房，围成水库，水库水位与外海潮位之间形成一定的潮差，从而可驱动水轮发电机组发电。

海水或江水每天有两次的涨落现象，早上的称为潮，晚上的称为汐。这种现象主要是由月球、太阳的引潮力及地球自转效应所造成的。潮汐是一种蕴藏量极大、取之不尽、用之不竭、不需开采和运输、洁净无污染的可再生能源。建设潮汐电站，不需要移民，不淹没土地，没有环境污染问题，还可以结合潮汐发电发展围垦、水生养殖和海洋化工等综合利用项目。

1. 潮汐能发电的原理及形式

（1）潮汐发电的基本原理。潮汐发电与普通水利发电原理类似，通过出水库，在涨潮时将海水储存在水库内，以势能的形式保存，然后，在落潮时放出海水，利用高、低潮位之间的落差，推动水轮机旋转，带动发电机发电。差别在于海水与河水不同，蓄积的海水落差不大，但流量较大，并且呈间歇性；一般水力发电的水流方向是单向的，而潮汐发电可以是单向的也可以双向。潮汐发电的原理图如图1-22所示。

（2）潮汐发电的形式。潮汐发电可按能量形式的不同分为：

1）利用潮汐的动能发电，就是利用涨落潮水的流速直接去冲击水轮机发电。

2）利用潮汐的势能发电，就是在海湾或河口修筑拦潮大坝，利用坝内外涨、落潮时的水位差来发电。

按其开发方式的不同分为：

1）单库单向型，只能在落潮时发电。

2）单库双向型，在涨潮、落潮时都能发电。

3）双库单向型，需要建造两座相互毗邻的水库（高水库和低水库），两三座堤坝和两座水闸，可以连续发电，其效率较单库单向型的电站要高34%左右。同时，也易于和火电、水电或核电站并网，联合调节，但经济上不合算。

4）发电结合抽水蓄能式，涨潮时将水抽入水库，落潮时将水库内的水往海中抽、以增加发电的有效水头，提高发电量。

2. 潮汐发电站的组成及作用

潮汐发电站是由几个单项工程综合而成的建设工程，主要由拦水堤坝、水闸和发电厂三部分组成，有通航要求的潮汐发电站还应设置船闸。

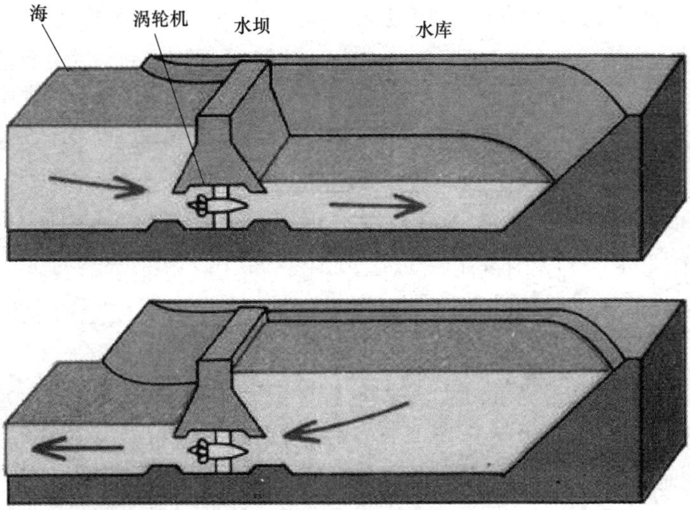

（a）

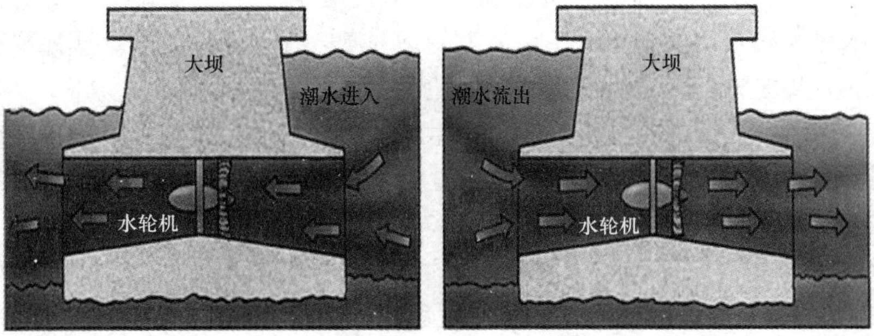

（b）

图 1-22　潮汐能发电的原理图

（1）拦水堤坝利用堤坝构成水库内、外的水位差，并控制水库内的水量，为发电提供条件。按所用材料的不同，可分为土坝、石坝和钢筋混凝土坝等。

（2）水闸的一种作用是用来调节水库的进出水量，在涨潮时向水库进水，在落潮时从水库往外放水，以调节水库的水位，加速涨潮、落潮时水库内、外水位差的形成，从而缩短电站的停机时间，增加发电量。

另一种作用是在洪涝和大潮期间用以加速库内水量的外排，或阻挡潮水侵入，控制库内最高、最低水位，使水库迅速恢复到正常的蓄水状态，同时满足防洪、排涝、挡潮、抗旱、航运等多方面的水利要求。

（3）发电厂的主要设备包括水轮发电机组、输配电设备、起吊设备、中央控制室和下层的水流通道及阀门等。

发电厂的作用是直接将潮汐能转换为电能的机构，其中最关键的设备是水轮发电机组。

3. 潮汐发电站的发展与未来

1961 年，法国在英吉利海峡沿岸的朗斯河河口靠近圣马诺城建了一座潮汐发电站。中国从 20 世纪 80 年代开始，在沿海各地区陆续兴建了一批中小型潮汐发电厂并投入运行发电。其中最大的潮汐发电站是 1980 年 5 月在浙江省温岭县建成的江夏潮汐发电站，它也是世界已建成的较大双向潮汐发电站之一。江厦潮汐发电站每年可为温岭、黄岩电力网提供100亿Wh的电能。中国另一座较大规模的潮汐发电站是福建平潭幸福洋潮汐发电站，潮差平均为4.54m，最大7.16m，该站年发电量可达31.5亿Wh。

关于潮汐发电的最大争议，就在于高昂的发电成本。如钱江晚报于2013年5月30日的报道中提到，1999年宣布启动的台州三门湾健跳港潮汐发电站，至今没有拿到发改委的建设批条。据了解，原因是发电站的建设报价过高，静态总投资约6.8亿，申报的上网电价是2.3元/kWh。估算下来，每年国家需要补贴的电价将近9000万元。潮汐发电不可能成为主力电源，无论是从装机规模、还是年发电量，跟太阳能、风电、煤电相比，占比较小。

（七）地热发电厂

地热发电是利用地下热水和蒸汽为动力源的一种新型发电技术，地热电站为清洁能源。地热几乎是取之不尽、用之不竭的，并能随时随地被利用。它的发电成本比水电和火电都低，而且地热发电后排出的热水还可以供采暖、医疗、提取化学物质等利用，所以目前地热发电发展很快。地热发电厂的外景图如图1-23所示。

图1-23　地热发电厂的外景图

地球本身是个大热库，地热资源遍布世界各地。仅地表10km以内就有可供开采的热能，地热能的储量很大，它的总量大约是煤炭的170000000倍。但是，目前世界上实际能利用的地热资源很少，主要限于蒸汽田和热水田，这两者统称为地热田。

1. 地热发电的基本原理

地热发电的基本原理与火力发电类似，也是根据能量转换原理，首先把地热能转换为机械能，再把机械能转换为电能。地热发电实际上就是把地下的热能转换为机械能，然后再将机械能转换为电能的能量转变过程，原理如图1-24所示。

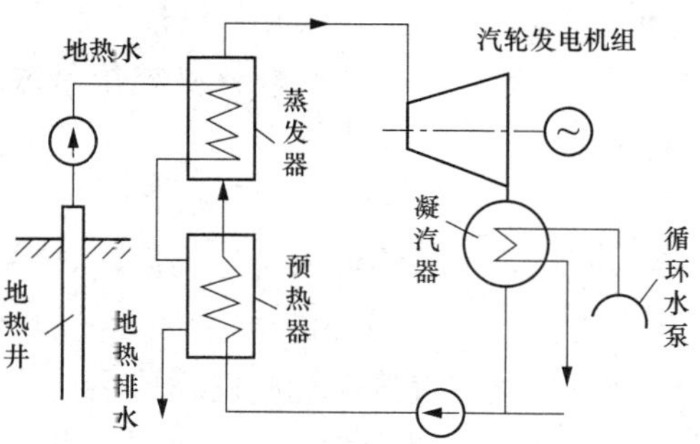

图1-24　地热发电的原理图

2. 地热发电的种类

地热发电分为地热蒸汽型发电和地热热水型发电两大类。

（1）地热蒸汽型发电法。地热蒸汽型发电有一次蒸汽法和二次蒸汽法两种。

1）一次蒸汽法直接利用地下的干饱和（或稍具过热度）蒸汽，或者利用从汽、水混合物中分离出来的蒸汽发电。

2）二次蒸汽法有两种含义，一种是不直接利用比较脏的天然蒸汽（一次蒸汽），而是让它通过换热器汽化洁净水，再利用洁净蒸汽（二次蒸汽）发电。

第二种含义是将从第一次汽水分离出来的高温热水进行减压扩容生产二次蒸汽，压力仍高于当地大气压力，和一次蒸汽分别进入汽轮机发电。

（2）地热热水型发电法。地热热水型发电主要有降压扩容法和中间介质法两种。

1）降压扩容法。根据热水的汽化温度与压力有关的原理而设计的，如在 0.3 绝对大气压下水的汽化温度是 68.7℃。通过降低压力而使热水沸腾变为蒸汽，以推动汽轮发电机转动而发电。

2）中间介质法。利用地下热水间接加热某些“低沸点物质”来推动汽轮机做功的发电方式。如在常压下水的沸点为 100℃，而有些物质如氯乙烷和氟里昂在常压下的沸点温度分别为 12.4℃及－29.8℃，这些物质被称为低沸点物质。根据这些物质在低温下沸腾的特性，可将它们作为中间介质进行地热热水型发电。利用中间介质发电方法，既可以用 100℃以上的地下热水（汽），也可以用 100℃以下的地下热水。对于温度较低的地下热水来说，采用降压扩容法效率较低，而且在技术上存在一定困难，利用中间介质法较为合适。

地下热水往往含有大量的腐蚀性气体，其中危害性最大的是硫化氢、二氧化碳、氧等，它们是导致腐蚀的主要因素，这些气体进入汽轮机、附属设备和管道，使其受到强烈的腐蚀。此外，地下热水中含有结垢的成分（如硅、钙、镁、铁等），以及对结垢有影响的气体（如二氧化碳、氧和硫化氢等），结垢经常以碳酸钙、二氧化硅等化合物出现。因此，在利用地下热水发电中要注意解决腐蚀和结垢问题。

3. 地热发电的优势与发展

在各种可再生能源的应用中，地热能显得较为低调，人们更多地关注来自太空的太阳能量，却忽略了地球本身赋予人类的丰富资源，地热能将有可能成为未来能源的重要组成部分。

相对于太阳能和风能的不稳定性，地热能是较为可靠的可再生能源，这让人们相信地热能可作为煤炭、天然气和核能的最佳替代能源。另外，地热能蕴藏丰富并且在使用过程中不会产生温室气体，对地球环境不产生危害。

位于藏北羊井草原深处的羊八井地热电厂，是我国目前最大的地热试验基地，也是当今世界唯一利用中温浅层热储资源进行工业性发电的电厂，同时，羊八井地热电厂还是藏中电网的骨干电源之一，年发电量在拉萨电网中占 45％。

2012 年 7 月，国家发展改革委发布《可再生能源发展“十二五”规划》指出，“十二五”期间可再生能源投资需求估算总计约 1.8 万亿元。而地热能“十二五”发展目标是到 2015 年，各类地热能开发利用总量达到 1500 万 t 标准煤，其中，地热发电装机容量争取达到 10 万 kW，浅层地温能建筑供热制冷面积达到 5 亿 m^2。

（八）生物质发电厂

生物质发电主要是利用农业、林业和工业废弃物为原料，也可将城市垃圾为原料，采取直接燃烧或气化的发电方式。

生物质发电也就是利用秸秆、稻草、蔗渣、木糠等植物燃料直接燃烧或发酵成沼气后燃烧，燃烧产生的热量使水蒸气带动汽轮机发电。目前国内最大的机组为 1.5 万 kW，主要是将平原地带农民废弃的麦秆、稻草拿来燃烧发电，燃烧后的草木灰作为肥料，国家视作清洁能源。

生物质是植物通过光合作用生成的有机物，包括植物、动物排泄物，垃圾及有机废水等，是生物质能的载体，是唯一一种可储存和可运输的可再生能源。它与常规的矿物能源如石油、煤等是同类，（煤和石油都是生物质经过长期转化而来的），所以它的特性和利用方式与矿物燃料有很大的相似性，可以充分利用已经发展起来的常规能源技术开发利用生物质能。

生物质是仅次于煤炭、石油、天然气的第四大能源，在整个能源系统占有重要地位生物质能一直是人类赖以生存的重要能源之一，就其能源当量而言，是仅次于煤、油、天然气而列第四位的能源，在世界能源消耗中，生物质能占总能耗的 14%，但在发展中国家占 40% 以上。

广义的生物质能包括一切以生物质为载体的能量，具有可再生性。据估计，全球每年水、陆生物质产量的热当量为 3×10^{12}J 左右，是全球目前总能耗量的 10 倍；据有关专家预测，生物质能在未来能源结构中具有举足轻重的地位，采用新技术生产的各种生物质替代燃料，主要用于生活、供热和发电等方面。

中国是一个农业大国，生物质资源十分丰富，各种农作物每年产生秸秆 6 亿多 t，其中可作为能源使用的约 4 亿 t，全国林木总生物量约 190 亿 t，可获得量为 9 亿 t，可作为能源利用的总量约为 3 亿 t。如加以有效利用，开发潜力将巨大。

根据国家“十一五”规划纲要提出的发展目标，未来将建设生物质发电 550 万 kW 装机容量，已公布的《可再生能源中长期发展规划》也确定了到 2020 年生物质发电装机 3000 万 kW 的发展目标。此外，国家已经决定，将安排资金支持可再生能源的技术研发、设备制造及检测认证等产业服务体系建设。总的说来，生物质能发电行业有着广阔的发展前景。

二、变电站

变电站是电力系统的中间环节，是通过变换电压、传输和分配电能的场所。从发电厂送出的电能一般经过升压远距离输送，再经过多次降压后才供给用户使用，所以电力系统中变电站的数量多于发电厂，变压器的容量约是发电机容量的 7～10 倍。

根据变电站在电力系统中的地位和作用，可以分成以下几类：

(1) 枢纽变电站。枢纽变电站位于电力系统的枢纽点，电压等级一般为 330kV 及以上，联系多个电源，出线回路多，变电容量大；全站停电后将造成大面积停电或系统瓦解，枢纽变电站对电力系统运行的稳定和可靠性起着重要作用。

(2) 中间变电站。中间变电站位于系统主干环行线路或系统主要干线的接口处，电压等级一般为 330～220kV，汇集 2～3 个电源和若干线路，高压侧以穿越功率为主，同时降压侧向站内地区用户供电，如图 1-1 所示。全站停电后，将引起区域电网的解列。

(3) 地区变电站。地区变电站是一个地区和一个中、小城市的主要变电站，电压等级一般为 220kV，全站停电后将造成该地区或城市供电的紊乱。

(4) 企业变电站。企业变电站是大中型企业的专用变电站，电压等级 35～220kV，1～2 回进线。

(5) 终端变电站。终端变电站位于配电线路的终端，接近负荷处，高压侧 10～110kV 引入线，经降压后向用户供电。

课题三　发电厂变电站电气设备概述

一、主要电气设备

为了满足用户对电力的要求和保证电力系统运行的安全稳定和经济性，发电厂电气部分的主要工作是启、停机组，调整负荷，切换设备和线路，发生异常和故障时及时处理等。以上所有的工作都是靠操作主要电气设备来完成的。按主要电气设备作用的不同，可分成两大类型。

1. 一次设备

一次设备为直接产生、输送和分配电能的设备，包括以下几个方面：

（1）生产和转换电能的设备。如将机械能变成电能的发电机，变换电压、传输电能的变压器，将电能变成机械能的电动机等。

（2）接通和断开电路的开关设备。如高低压断路器、负荷开关、熔断器、隔离开关、磁力启动器等。

（3）保护电器。如限制短路电流的电抗器、防御过电压的避雷器等。

（4）载流导体。如传输电能的软导体、硬导体及电缆等，它们按设计的要求，将各电气设备连接起来，组成整个电力系统。

（5）接地装置。

通常一次设备用规定的图形和文字符号表示，见表 1-1 所示。

表 1-1　　常用一次设备图形与用途

设备名称	图形符号	文字符号	用途
直流发电机		GD	将机械能转变成电能
交流发电机		GA	将机械能转变成电能
直流电动机		MD	将电能转变成机械能
交流电动机		MA	将电能转变成机械能
双绕组变压器	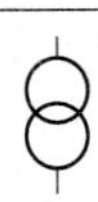	TM	变换电压，传输电能
三绕组变压器	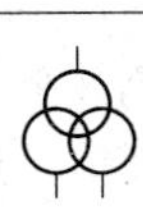	TM	变换电压，传输电能
自耦变压器		TM	变换电压，传输电能
电抗器		L	限制短路电流
分裂电抗器	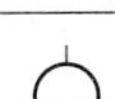	L	限制短路电流
电流互感器	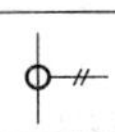	TA	测量电流
电压互感器	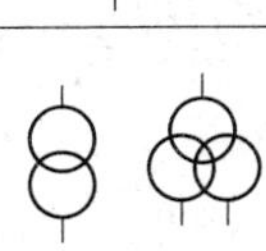	TV	测量电压
高压断路器		QF	投、切高压电路（控制、保护）

续表

设备名称	图形符号	文字符号	用途
低压断路器		QF	投、切低压电路（控制、保护）
隔离开关	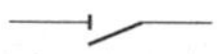	QS	检修隔离电源
负荷开关	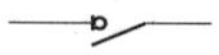	QL	投、切电路（控制）
接触器	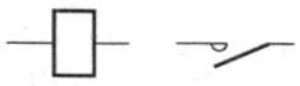	KM	投、切低压电路（控制）
熔断器		FU	保护短路
避雷器		F	保护过电压
终端电缆头	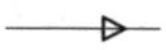	X	电缆接头
接地		E	安全保护
保护接地		PE	保护人身安全

2. 二次设备

对一次设备和系统的运行状况进行测量、控制、保护和监察的设备。二次设备包括：

（1）测量互感器。如电流互感器、电压互感器等，将一次系统的高电压、大电流转换成低电压、小电流，向测量仪表和继电保护装置供电。

（2）测量表计。如电压表、电流表、功率表、电能表等，用于测量电路中的电气参数。

（3）继电保护和自动装置。如各种继电器、自动装置等，用于监视一次系统的运行状况，迅速反应异常和事故，作用于断路器，进行保护控制。

（4）操作电器。如各类型的操作把手、按钮等实现对电路的操作控制。

（5）直流电源设备。如蓄电池组、直流发电机、硅整流装置等，供给控制、保护用的直流电源及厂用直流负荷和事故照明用电等。

二、电气接线和装置

在发电厂变电站中，各个电气设备必须用导体连成一个整体，并与必要的辅助设备实行安装，才能发供电，这即是电气接线和电气装置。

1. 电气接线

在发电厂变电站中，根据各种电气设备的作用及要求，按一定的方式用导体连接起来所形成的电路称为电气接线。其中一次设备所连成的电路称为一次电路或电气主接线；二次设备所连成的电路称为二次电路或二次接线。电气接线通常用电气接线图来表示，故又可分出一次、二次接线图。

电力工程技术中，常用两种图表示电气接线情况。一种是电路图，它是以图形和文字符号按实际工作顺序排列，表示电路设备的全部组成情况和连接方式，并不考虑设备的具体布置位置，目的是便于详细理解作用原理及分析和计算电路特性。另一种是电气接线图，与电路图不同之处在于图中所表示设备的位置宜与设备实际布置的位图相一致，接线图是用于安装接线和检查的。

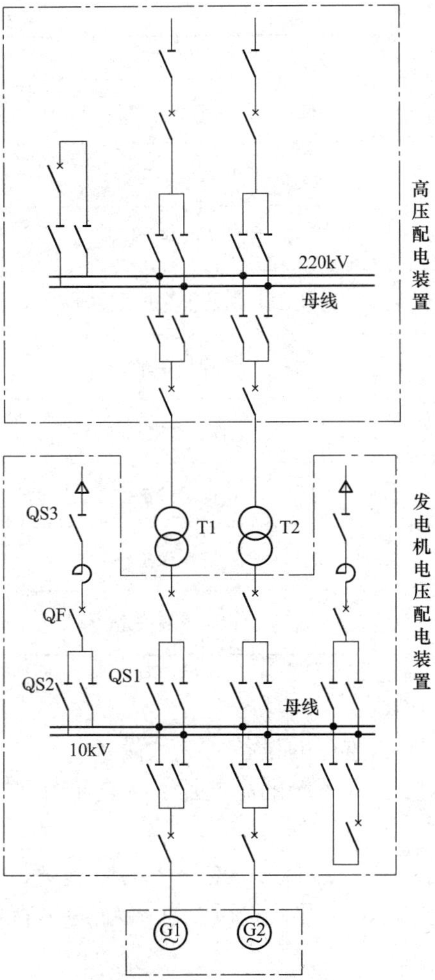

图 1-25　火电厂电气主接线图

电气接线图可画成三线图，也可画成单线图。三线图给出各相的所有设备的全图，比较复杂，故电气主接线图通常用单线图表示，只有需要时才绘制全图。

值得注意的是，单线图虽然绘出的是单相电路的连接情况，实际上却表示三相电路。在图中所有电气元件用“正常状态”表示，例如高压断路器、隔离开关均在断开位置画出，读图时应引以注意。

图 1-25 是一个火电厂的电气主接线图。

由图可知，发电机经高压断路器、隔离开关与 10kV 母线相连，10kV 母线上除接有带电抗器（L）用电缆送电的馈线外，通过两个支路、两台变压器（T）升高电压后与 220kV 母线相连接；220kV 母线上没有二回线路与系统相连接。

2. 配电装置

上述发电机、变压器、母线、开关设备等布置在不同的地方，与它们相配套的辅助设备及必要的建筑物组成的整体即为配电装置。

由图可见，两台发电机布置在汽机房（车间）内，发出的电能输送到 10kV 配电装置中的 10kV 母线上。在 10kV 配电装置中，母线一方面经开关、电抗器、电缆向附近的用户供电，多余的电能经布置在变压器间（户外）的两台主变压器送到 220kV 配电装置中。在 220kV 母线上将电能通过两回出线送往电力系统。

有关电气主接线和配电装置的专业知识以后单元介绍。

课题四　电气设备的主要参数

电气设备种类繁多，作用不同参数也不同，但额定电压、额定电流和额定容量是最重要的设备参数。

一、额定电压

额定电压是国家根据国民经济发展的需要，技术经济合理性及电机、电器制造等因素所规定的电气设备标准的电压等级。电气设备在额定电压下工作时，其技术性能与经济性能最佳。额定电压是电气设备各参数中的第一参数，常标在设备铭牌及使用说明书上。

我国规定的额定电压，按电压高低及使用范围可分为三类。

第一类是 100V 及以下的电压等级，见表 1-2 所示，主要用于安全动力、照明、蓄电池及其他特殊设备。

表 1-2　　**第一类额定电压**　　（V）

直流	交流	
	单相	三相
6		
12	12	
24		
	36	36
48		

第二类是 100V 至 1000V 之间的电压等级，见表 1-3 所示。它的应用最广、数量最多，如电动机、工业、民用、照明、普通电器、动力及控制设备等都采用此类电压。

表 1-3　　**第二类额定电压**　　（V）

用电设备			发电机		变压器			
直流	三相交流		直流	三相交流	单相		三相	
	线电压	相电压			一次绕组	二次绕组	一次绕组	二次绕组
110			115					
	(127)			(133)	(127)			
						(133)	(127)	(133)
		127	230	230	220			
220	220					230	220	230
		220	400	400	380			
	380						380	400
440								

第三类是 1000V 及以上的电压等级。电力系统的发电、供电、输电、配电、用电都采用这个电压等级，见表 1-4 所示。

表 1-4　　**第三类额定电压**　　（kV）

用电设备	交流发电机	变压器		用电设备	变压器	
		一次绕组	二次绕组		一次绕组	二次绕组
3	3.15	3 及 3.15*	3.15 及 3.3	(60)	(60)	(66)
6	6.3	6 及 6.3*	6.3 及 6.6	110	110	121
10	10.5	10 及 10.5*	10.5 及 11	(154)	(154)	(169)
	13.8	13.8		220	220	242
	15.75	15.75		330	330	363
	18	18		500	500	550
35		35	38.5	750	750	825

注　1. 表中所列均为线电压。
2. 括号内的电压仅用于特殊地区。
3. 水轮发电机允许用非标准额定电压。
4. “*”适用于升压变压器。

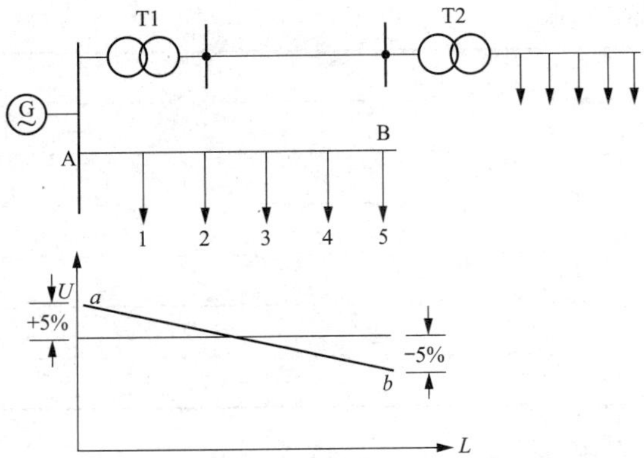

图 1-26　额定电压的解释图

由表可见，同一电压等级下，各电气设备的额定电压不尽相同，故可分为用电设备、电力网、发电机和变压器四种额定电压，现以图 1-26 为例说明。

1. 电力网和用电设备的额定电压

设发电机在额定电压下运行，给电力网 AB 供电。由于线路有电压损失，所以负荷 1～5 点所受的电压各不相同，线路首端电压 U_a 大于末端电压 U_b。若负荷沿线路分布均匀，则电压沿线路分布情况大致如图中斜线 ab 所示。各处用电设备所受的电压不同，也不可能按上述分布电压制造，而且电力网各点的电压也是经常变化的，所以用电设备的额定电压只能力求接近于实际工作电压。通常用线路首、末两端电压的算术平均值 1/2 (U_A+U_B) 作为用电设备的额定电压，这个电压也即是该电力网的额定电压，用电设备的额定电压就等于其所在电力网的额定电压。

目前，我国电力网的额定电压等级有 0.22、0.38、3、6、10、35、60、110、220、330、500、750、1000kV 等。

一般城市对中小型企业的供电，可采用 10kV 电压等级的配电网络，对大中型企业的供电，可采用 35～110kV 电压等级的配电网络；大中型企业内部，可采用 10kV 电压等级的配电网络。35kV、110kV 电压等级，适用于中距离输电；220～500kV 电压等级，适用于远距离大容量的输电。大、中容量的电动机可采用 3kV、6kV 和 10kV 的额定电压等级；小容量的电动机可采用 0.38/0.22kV 的额定电压等级；并采用 0.38、0.22kV 三相四线制供电网络，照明灯及其他单相负载接在相电压上。直流 220、110V 电压等级，广泛使用在发电厂、变电站的控制、信号及自动装置回路中。

2. 发电机的额定电压

由表 1-3、1-4 可见，发电机的额定电压比其所在电力网的额定电压高出 5%，这是考虑到一般电力网的电压损失为 10%，如果线路首端电压比电力网额定电压高 5%，则到末端，其电压比电力网额定电压会低 5%，从而保证末端用电设备工作电压的偏移不会超出允许的范围，一般为±5%。

目前，我国发电机额定电压的使用范围为 6.3～10.5kV 用于 100MW 及以下的小容量机组，13.8kV 用于 12.5MW 的汽轮机和 72.5MW 的水轮发电机，15.75kV 用于 200MW 的发电机，18kV 及以上的电压等级用于 300MW 及以上的大容量发电机。

3. 变压器的额定电压

变压器一次绕组的额定电压根据升压还是降压变压器有所不同。一般升压变压器是与发电机电压母线或与发电机直接相连接，如图 1-28 所示，所以升压变压器的一次绕组的额定电压应高出其所在电力网额定电压的 5%，见表 1-4 中注“＊”的数字。降压变压器对电力网而言相当于用电设备，如图 1-28 中的 T2，所以其一次绕组的额定电压等于所接电力网的额定电压。但厂用变压器一次绕组的额定电压取所接电力网额定电压的 1.05 倍。

考虑到带满负载时，变压器绕组本身有 5%的电压损失，变压器所接输电线路有 5%～

10%的电压损失，所以对二次侧电压等级较高时，二次绕组的额定电压比所接电力网的额定电压高出10%、对35kV及以下较低的电压等级，视所接线路的长短分别高出所接电力网额定电压的5%～10%。

此外，习惯上1000V及以上的电压等级叫高压，小于1000V的电压等级叫低压。这样分是由于这两种电压等级的电气设备及装置，在构造和使用规则上有所不同，并不表明对人身安全的危害程度。

二、额定电流

电气设备的额定电流是指在规定的外界环境温度条件下，允许长期通过的最大电流值，此时设备的绝缘和载流部分的长期发热温度不会超过规定的允许值。

我国规定的外界环境温度为电力变压器和电器（周围空气温度）40C°，发电机（冷却空气的温度）35～40C°，裸导线、绝缘导线和裸母线25C°，空气中敷设电力电缆30C°，直埋敷设电力电缆25C°。

三、额定容量

发电机、变压器、电动机是用于转换功率的，所以都相应规定有额定容量，其规定条件与额定电流相同。

发电机的原动机只能提供有功功率，所以一般以有功功率（kW）表示，当用视在功率（kVA）表示时，需表明额定功率因数（$\cos\varphi$）。变压器的额定功率用视在功率（kVA）表示，标明的是最大输出容量。电动机由于铭牌上指的是输出功率，所以用有功功率（kW）表示，同时应标明额定功率因数（$\cos\varphi$）和效率（η）。

小　结

电力是现代生活中不可离开的一种能源。由于不能大量储存，因此必须由发电、供电、用电的电气设备在电气上互相连接起来，组成电力系统，而将发电和用电之间的中间环节称为电力系统。

电力系统中常见的发电厂是火力、水力和核能发电厂，火电厂又可以分为一般火电厂和热电厂，热电厂效益高，运用较多。

近年来，核电、太阳能发电、风力发电、地热发电、潮汐发电、生物质发电等新的电力能源迅速发展。

变电站是电力系统的中间环节，用于变换电压、传输和分配电能。按其在电力系统的地位和作用的不同，可分成枢纽变电站、中间变电站、地区变电站、企业变电站和终端变电站。

按作用的不同，发电厂中的主要电气设备可分成一次设备和二次设备，一次设备是发供电的主体，二次设备是电力系统运行不可缺少的部分。

电气接线可分成一次接线和二次接线，一次接线是发电、供电的通路，二次接线对一次系统起测量、监察、控制和保护的作用。一次设备和二次设备按设计的要求安装建造成各种电气装置，组成发电厂和变电站的电气部分。因此，电气工作人员了解各主要电气设备的结构和运行特点，对发电厂、变电站运行安全可靠性是十分重要的。

电气设备的主要技术参数是额定电压、额定电流和额定容量。

习 题

1-1 什么是发电厂、变电站、电力系统和电力网？

1-2 为什么要建电力系统，对电力系统的运行有哪些要求？

1-3 发电厂、变电站分哪些类型？

1-4 简述各类型发电厂的生产过程及特点。

1-5 什么是一次设备和二次设备？它们各包含哪些内容？

1-6 熟记表 1-1 中的全部内容。

1-7 什么是额定电压、额定电流和额定容量？一次设备的额定电压是如何规定的？

1-8 如图 1-27 所示电路中，母线上标出的是电力网的额定电压，试写出图中电气设备的额定电压。

1-9 电力安全生产有哪几方面的内容？

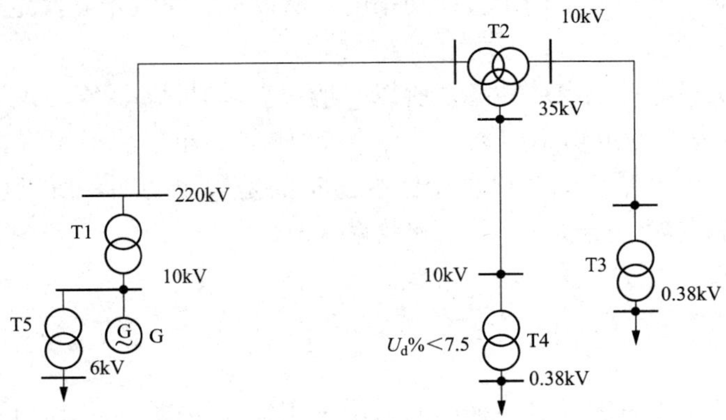

图 1-27 习题 1-8 的电路图

第二单元

电力系统中性点运行方式

电力系统的中性点是指三相系统作星形连接的变压器和发电机的中性点。目前，我国电力系统常见的中性点运行方式（即中性点接地方式）可分为中性点非有效接地和有效接地两大类。中性点非有效接地包括不接地、经消弧线圈接地和经高阻抗接地。中性点有效接地包括直接接地和经低阻抗接地。

中性点采用不同的接地方式，会影响到电力系统许多方面的技术经济问题，如电网的绝缘水平、供电可靠性、对通信系统的干扰、继电保护的动作特性等。因此，选择电力系统的中性点运行方式是一个综合性问题。本单元就中性点不同运行方式的三相系统作一般综合介绍。

课题一　中性点不接地的三相系统

一、中性点不接地系统的正常运行

电力系统运行时，三相导体之间和各相导体对地之间，沿导体全长分布着电容，这些电容在电压的作用下将引起附加的电容电流。各相导体间的电容及其所引起的电容电流较小，并且对以后所讨论的问题没有影响，故不予考虑。各相导体对地之间的分布电容，分别用集中的等效电容 C_u、C_v 和 C_w 代替。图 2-1（a）为中性点不接地系统正常运行的电路图。图中断路器 QF 正常运行时处于合闸状态。

假设正常运行时，三相系统对称，同时三相导体经过完全换位，各相对地电容相等，故中性点 N 对地电位 $\dot{U}_n$ 为 0。各相对地电压分别用 $\dot{U}_{ud}$、$\dot{U}_{vd}$、$\dot{U}_{wd}$ 表示，则

$$\dot{U}_{ud}=\dot{U}_u+\dot{U}_n=\dot{U}_u$$

$$\dot{U}_{vd}=\dot{U}_v+\dot{U}_n=\dot{U}_v$$

$$\dot{U}_{wd}=\dot{U}_w+\dot{U}_n=\dot{U}_w$$

各相对地的电压分别为电源各相的相电压。在此对地电压下，各相对地电容电流 $\dot{I}_{Cu}$、$\dot{I}_{Cv}$、$\dot{I}_{Cw}$ 大小相等、相位差为 120°，如图 2-1（c）所示。各相对地电容电流之和为零，所以没有电容电流流过大地。各相电源电流 $\dot{I}_u$、$\dot{I}_v$、$\dot{I}_w$ 应为各相负荷电流 $\dot{I}_{fhu}$、$\dot{I}_{fhv}$、$\dot{I}_{fhw}$ 与对地电容电流 $\dot{I}_{Cu}$、$\dot{I}_{Cv}$、$\dot{I}_{Cw}$ 的相量和，如图 2-1

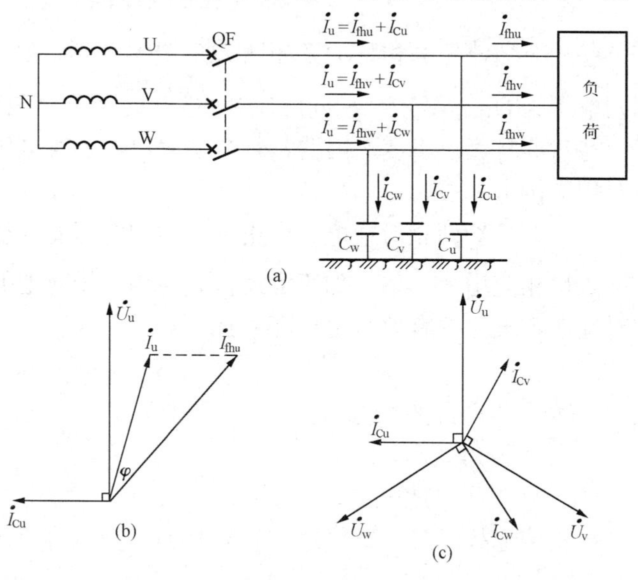

图 2-1　中性点不接地三相系统的正常运行情况

（a）电路图；（b）、（c）相量图

(b) 所示，图中仅画出 U 相情况。

二、单相接地故障

在中性点不接地三相系统中，当由于绝缘损坏等原因发生单相接地故障时，情况将发生明显变化。图 2-2 所示为 W 相 k 点发生完全接地的情况。所谓完全接地，也称为金属性接地，即认为接地处的电阻近似于零。

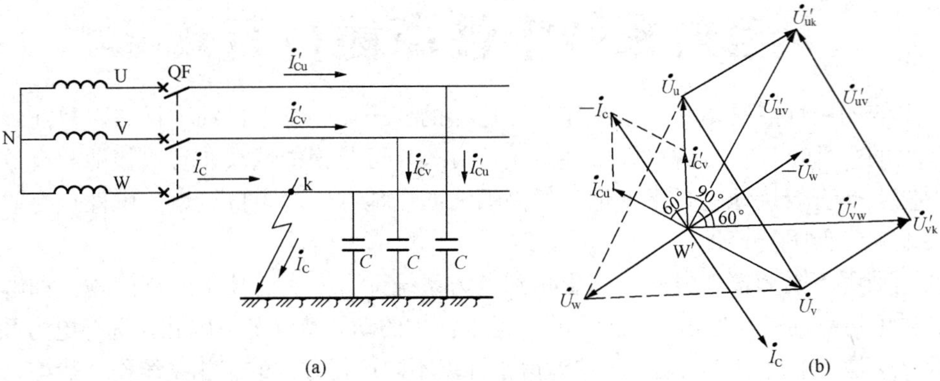

图 2-2　中性点不接地三相系统单相接地

(a) 电路；(b) 相量图

当 W 相完全接地时，故障相对地电压为零，即 $\dot{U}'_{wk}=0$

$$\dot{U}'_{wk}=\dot{U}'_{n}+\dot{U}_{w}$$

$$\dot{U}'_{n}=-\dot{U}_{w}$$

上式表明，当 W 相完全接地时，中性点对地的电压不再为零，而上升到相电压，且与接地相的电源电压相位相反。于是非故障相 U 相和 V 相的对地电压 $\dot{U}'_{uk}$、$\dot{U}'_{vk}$分别为

$$\dot{U}'_{uk}=\dot{U}_{u}+\dot{U}'_{n}=\dot{U}_{u}-\dot{U}_{w}$$

$$\dot{U}'_{vk}=\dot{U}_{v}+\dot{U}'_{n}=\dot{U}_{v}-\dot{U}_{w}$$

各相对地电压的相量关系如图 2-2 (b) 所示，$\dot{U}'_{uk}$和$\dot{U}'_{vk}$之间的夹角为 60°。此时 U、W 相间电压为$\dot{U}'_{uk}$，V、W 相间电压为$\dot{U}'_{vk}$，而 U、V 相间电压等于$\dot{U}'_{uv}$。此时，三相的线电压仍保持对称且大小不变。因此，对电力用户接于线电压的设备的工作并无影响，无须立即中断对用户供电。

由于 U、V 两相对地电压由正常时的相电压变为故障后的线电压，则非故障相对地的电容电流也相应增大$\sqrt{3}$倍。如正常运行时各相导线对地的电容相等，设为 C，则正常运行时各相对地电容电流的有效值也相等，且

$$I_{Cu}=I_{Cv}=I_{Cw}=\omega CU_{x}$$

式中　U_x——电源的相电压；

ω——角频率；

C——相对地电容。

单相接地故障时，未接地 U、V 相的对地电容电流的有效值为

$$I'_{Cu}=I'_{Cv}=\sqrt{3}\omega CU_{x}$$

W 相接地时，该相对地电容被短接，W 相对地电容电流为零。

此时三相对地电容电流之和不再为零，大地中有电流流过，并通过接地点成为回路，如图 2-2（a）所示，如选择电流的参考方向为从电源到负荷的方向及线路到大地方向，则 W 相接地处的电流，简称为接地电流，用 $\dot{I}_{C}$ 表示，则

$$\dot{I}_{C}=-(\dot{I}'_{Cu}+\dot{I}'_{Cv})$$

图 2-2（b）可见，$\dot{I}'_{Cu}$和 $\dot{I}'_{Cv}$分别超前$\dot{U}'_{uk}$和$\dot{U}'_{vk}$90°，$\dot{I}'_{Cu}$和 $\dot{I}'_{Cv}$之间的夹角为 60°，两者的相量和为$-\dot{I}_{C}$。接地电流 $\dot{I}_{C}$ 超前 $\dot{U}_{w}$90°，为电容电流，接地电流的有效值为

$$I_{C}=\sqrt{3}I'_{Cu}=3\omega CU_{x}$$

可见，单相接地故障时的接地电流，等于正常运行时一相对地电容电流的三倍。接地电流 I_{C} 的值与网络的电压、频率和对地电容有关，而对地电容又与线路的结构（电缆或架空线）、布置方式和长度有关。实用计算中 I_{C} 可计算为

对架空线路
$$I_{C}=\frac{UL}{350}$$

对电缆线路
$$I_{C}=\frac{UL}{10}$$

式中　I_{C}——接地电流，A；

U——网络的线电压，kV；

L——与电压为 U 具有电联系的所有线路的总长度，km。

以上分析是完全接地时的情况。当发生不完全接地时，即通过一定的电阻接地，接地相对地电压大于零而小于相电压，未接地相对地电压大于相电压而小于线电压，中性点对地电压大于零而小于相电压，线电压仍保持不变，但此时接地电流要小一些。

综上所述，中性点不接地系统发生单相接地故障时产生的影响可从以下几个方面来分析。

单相接地故障时，由于线电压保持不变，使负荷电流不变，电力用户能继续工作，提高了供电可靠性。但要防止由于接地点的电弧或者过电压引起故障扩大，而发展成为多相接地故障。所以在这种系统中应装设交流绝缘监察装置，当发生单相接地故障时，立即发出信号通知值班人员及时处理。规程规定：在中性点不接地的三相系统中发生单相接地时，继续运行的时间不得超过 2h，并要加强监视。

由于非故障相电压升高到线电压，所以在这种系统中，电气设备和线路的对地绝缘应按能承受线电压考虑设计，从而相应地增加了投资。

接地处有接地电流流过，会引起电弧。当接地电流不大时，交流电流过零值时电弧将自行熄灭，接地故障随之消失。如在 10kV 电网中接地电流大于 30A 时，将产生稳定电弧，此电弧的大小与接地电流成正比，从而形成持续的电弧接地。高温的电弧可能损坏设备，甚至导致相间短路，尤其在电机或电器内部发生单相接地出现电弧时最危险。在接地电流小于 30A 而大于 10A 时，可能产生一种周期性熄灭与复燃的间歇性电弧，这是由于网络中的电感和电容形成的振荡回路所致，随着间歇性电弧的产生将出现网络电压不应有的升高，引起过电压，其幅值可达 2.5～3 倍的相电压，足以危及整个网络的绝缘。

三、中性点不接地系统的适用范围

当线路不长、电压不高时，接地电流数值较小，接地电弧一般均能自动熄灭。特别是在 35kV 以下的系统中，绝缘方面投资增加不多，而供电可靠性较高的优点突出，所以中性点采用不接地运行方式较适合。

目前我国中性点不接地系统的适用范围如下：

（1）电压在 500V 以下的三相三线制装置。

（2）3～10kV 系统当接地电流 $I_C \leqslant 30A$ 时。

（3）20～60kV 系统当接地电流 $I_C \leqslant 10A$ 时。

（4）与发电机有直接电气联系的 3～20kV 系统，如要求发电机带内部单相接地故障运行，当接地电流 $I_C \leqslant 5A$ 时。

课题二　中性点经消弧线圈接地的三相系统

中性点不接地系统，具有单相接地故障时可继续给用户供电的优点，但当接地电流较大时容易产生电弧接地而造成危害。为了克服这一缺点，可设法减少接地处的接地电流。采用的方法是在出现单相接地故障时，使接地处流过一个与接地电流相反的感性电流，因而出现了中性点经消弧线圈接地的运行方式。

一、消弧线圈的工作原理

消弧线圈是一个具有铁芯的可调电感线圈，线圈的电阻很小，电抗很大，电抗值可用改变线圈的匝数来调节。它装在系统中发电机或变压器的中性点与大地之间，其工作情况如图 2-3 所示。

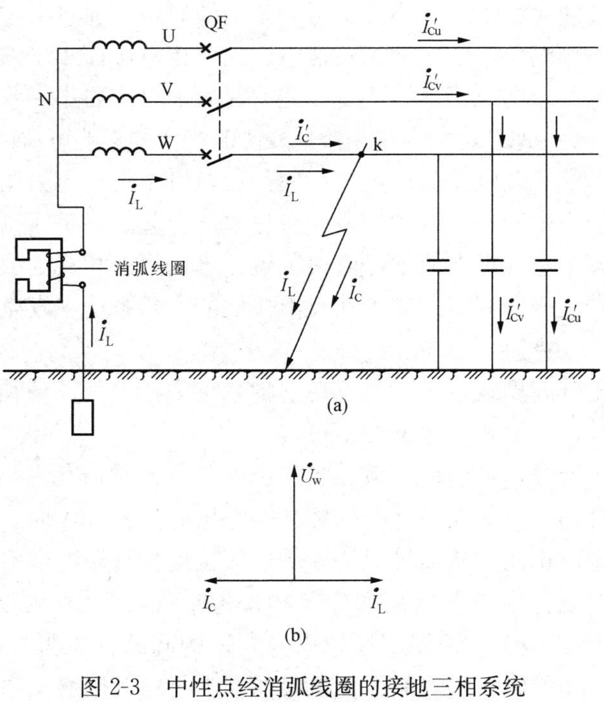

图 2-3　中性点经消弧线圈的接地三相系统

（a）电路图；（b）相量图

正常运行时，中性点对地电压为零，消弧线圈中没有电流通过。

单相接地故障时，如 W 相接地，中性点对地电压 $\dot{U}'_n = -\dot{U}_w$，非故障相对地电压升高$\sqrt{3}$倍，网络的线电压不变。此时，消弧线圈处于电源 W 相相电压作用下，有电感电流 $\dot{I}_L$ 通过，此电感电流必定通过接地点成为回路，所以接地处的电流为接地电流 $\dot{I}_C$ 与电感电流 $\dot{I}_L$ 的相量和，如图 2-3（a）所示。接地电流 $\dot{I}_C$ 超前 $\dot{U}_w$ 90°，电感电流 $\dot{I}_L$ 滞后 $\dot{U}_w$ 90°，$\dot{I}_C$ 和 $\dot{I}_L$ 相角差 180°，方向相反，如图 2-3（b）所示，在接地处 $\dot{I}_C$ 和 $\dot{I}_L$ 相互抵消，称为电感电流对接地电流的补偿。如果适当选择消弧线圈的匝数，可使接地处的电流变得很小或等于零，从而消除了接地处的电弧以及由它所产生的危害。消弧线圈也正因此得名。

通过消弧线圈的电感电流 $I_L=\frac{U_x}{\omega L}$。其中 L 为消弧线圈的电感。

消弧线圈的外形和小容量变压器相似；为了绝缘和散热，铁芯和线圈浸放在油箱内；为避免铁芯饱和，保持电流与电压的线性关系，采用具有空气隙的铁芯，气隙沿整个铁芯柱均匀放置．为调节线圈匝数，通常有 5～9 个分接头可供选用，以改变补偿的程度。

二、消弧线圈的补偿方式

根据单相接地故障时消弧线圈电感电流 I_L 对接地电流 I_C 的补偿程度不同，可有三种补偿方式：完全补偿、欠补偿和过补偿。

1. 完全补偿

完全补偿是使电感电流等于接地电流，即 $I_L=I_C$，即 $\frac{1}{\omega L}=3\omega C$，接地处电流为零。

从消弧角度来看，完全补偿方式十分理想，但实际上却存在着严重问题。因为正常运行时，在某些条件下，如线路三相的对地电容不完全相等或断路器接通时三相触头未能同时闭合等，中性点与地之间会出现一定的电压。此电压作用在消弧线圈通过大地与三相对地电容构成的串联回路中，因此时感抗 X_L 与容抗 X_C 相等，满足谐振条件，形成串联谐振，产生过电压，危及设备绝缘。因此，一般不采用完全补偿方式。

2. 欠补偿

欠补偿是使电感电流小于接地电流，即 $I_L<I_C$，即 $\frac{1}{\omega L}<3\omega C$。单相接地故障时接地处有容性的欠补偿电流（$I_C-I_L$），但在这种方式下运行，若因停电检修部分线路或系统频率降低等原因使接地电流 I_C 减少，又可能出现完全补偿，产生满足谐振的条件，因此，一般电网中变压器中性点不采用欠补偿方式，而大容量发电机中性点有时采用欠补偿方式。

3. 过补偿

过补偿是使电感电流大于接地电流，即 $I_L>I_C$，即 $\frac{1}{\omega L}>3\omega C$。单相接地故障时接地处有感性过补偿电流（$I_L-I_C$），这种补偿方式不会有上述缺点，因为当接地电流减小时，过补偿电流更大不会变为完全补偿。即使将来电网发展使电容电流增加，由于消弧线圈留有一定裕度也可继续使用一段时间，故过补偿方式在电网中得到广泛使用。但应指出，由于过补偿方式在接地处有一定的过补偿电流，这一电流值不能超过 10A，否则接地处的电弧便不能自动熄灭。

消弧线圈补偿容量的计算式为

$$Q = KI_C\frac{U_N}{\sqrt{3}}$$

式中　Q——消弧线圈补偿容量，kVA；

　　　K——系数，过补偿取 1.35；

I_C——电网或发电机回路的接地电流，A；

U_N——电网或发电机回路的额定线电压，kV。

三、中性点经消弧线圈接地系统的适用范围

中性点经消弧线圈接地系统与不接地系统一样在发生单相接地故障时可继续供电 2h，提高供电可靠性，电气设备和线路的对地绝缘除考虑了按能承受线电压的特点外，还考虑了由于中性点经消弧线圈接地后能有效地减少单相接地故障时接地处的电流、迅速熄灭接地处电弧、防止间歇性电弧接地时所产生的过电压，故广泛应用在不适合采用中性点不接地的以架空线路为主体的 3～60kV 系统。

课题三　中性点直接接地的三相系统

随着输电电压的增高和线路的增长，接地电流会随之增大，使中性点不接地或经消弧线圈接地的运行方式不能满足电力系统正常、安全、经济运行的要求。针对这样的情况，中性点可以采用直接接地的运行方式，即中性点经过非常小的电阻与大地连接。图 2-4 所示为中性点直接接地三相系统的电路图。

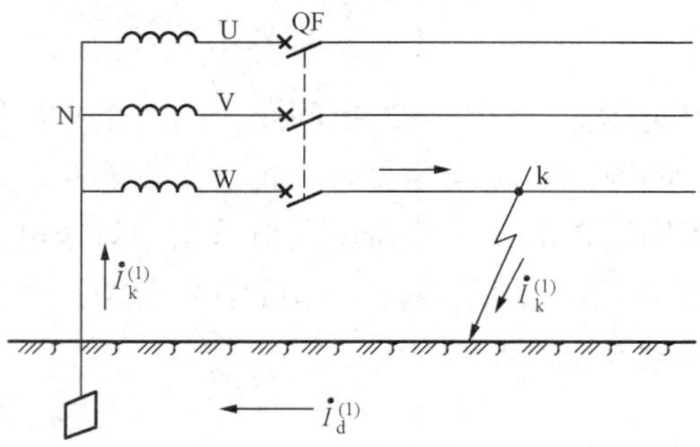

图 2-4　中性点直接接地三相系统

一、中性点直接接地系统的工作原理

正常运行时，由于三相系统对称，中性点对地电压为零。中性点无电流流过。在发生单相接地故障时，由于接地相直接经过地对电源构成单相短路，故称此故障为单相短路。单相短路电流 I_k 很大，继电保护装置应立即动作，使断路器断开，迅速切除故障部分，以防止 I_k 引起的危害。

当中性点直接接地时，接地电阻近似为 0，所以中性点与地之间的电位永远相同，即 $\dot{U}_n \approx 0$。单相短路时，故障相对地电压为零，非故障相对地电压基本不变，仍接近于相电压。

二、中性点直接接地系统的优缺点及适用范围

中性点直接接地的主要优点是在单相接地时中性点的电位近于零，非故障相对地电压接近相电压，这样设备和线路对地绝缘可以按相电压设计，从而降低了造价。研究表明，中性点直接接地系统的绝缘水平与中性点不接地时相比，大约可降低 20%造价。电压等级愈高，其经济效益愈显著。

中性点直接接地系统的缺点是：

(1) 由于中性点直接接地系统在单相短路时必须断开故障线路，中断用户供电，将影响供电的可靠性。为了消除这一缺点，目前在中性点直接接地系统的线路上，广泛装设有自动重合闸装置。当发生单相短路时，在继电保护作用下断路器迅速断开，经一段时间后，在自动重合闸装置作用下断路器自动合闸。如果单相接地是暂时性的，则线路接通后用户恢复供电；如果单相接地是永久性的，继电保护将再次使断路器断开。据统计，采用一次重合闸的成功率在 70%以上。

(2) 单相短路时短路电流很大，甚至会超过三相短路电流，有可能需选用较大容量的开关设备。为了限制单相短路电流，通常只将系统中一部分变压器的中性点接地或经阻抗接地。

(3) 由于较大的单相短路电流只在一相内通过，在三相导线周围将形成较强的单相磁场，对附近通信线路会产生电磁干扰。因此，在设计线路时必须考虑电力线路在一定距离内避免和通信线路平行，以减少可能产生的电磁干扰。

目前我国电压为110kV及以上的系统，广泛采用中性点直接接地的运行方式。

课题四 中性点经阻抗接地的三相系统

一、中性点经低电阻接地的三相系统

在以电缆为主体的35、10kV城市电网，由于电缆线路对地电容较大，随着线路长度的增加，单相接地电容电流也随之增大。采用消弧线圈补偿的方法很难有效地实现熄灭接地处的电弧。同时由于电缆线路发生瞬时故障的概率很小，如带单相接地故障运行时间过长，很容易使故障发展，而形成相间短路，使设备损坏，甚至引起火灾。根据供电可靠性要求，故障时暂态电压、暂态电流对设备的影响、对通信的影响和对继电保护技术要求以及本地的运行经验等，可采用经低电阻（单相接地故障瞬时跳闸）接地方式。如图2-5所示。

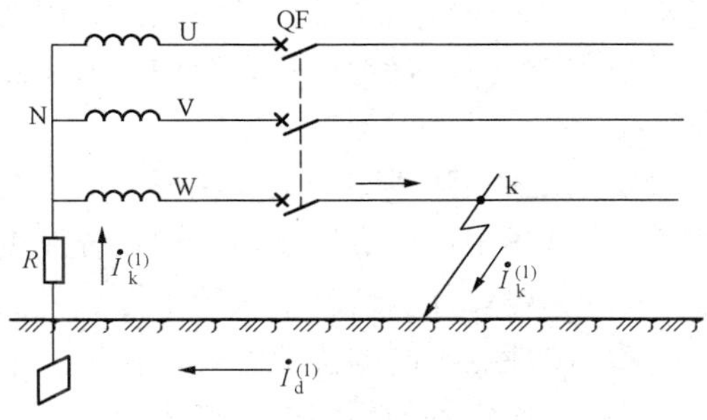

图2-5 中性点经低电阻接地的三相系统

采用中性点经低电阻接地方式运行时，为限制接地相回路的电流，减少对周围通信线路的干扰，中性点所接接地电阻的大小以限制接地相电流在600～1000A范围内为宜。

同时，由于电缆线路的永久性故障概率较大，不使用线路自动重合闸。此外，采用经低电阻接地的配电网，必须从电网结构、自动化装置上采取措施以达到跳闸后迅速恢复供电或对用户不断电的目的，从而保证可以被用户接受的供电可靠性。

二、中性点经高阻抗接地的三相系统

对发电机变压器组单元接线的200MW及以上发电机，当接地电流超过允许值时，常采用中性点经过电压互感器一次绕组形成高电阻接地的方式，电阻接在电压互感器二次侧。此种接线方式可改变接地电流的相位，加速泄放回路中的残余电荷，促使接地电弧的熄灭，限制间歇电弧过电压。同时经电压互感器提供零序电压，便于实现对发电机定子绕组的100%范围的保护。

另外，较小城市的配电网一般以架空线路为主，除采用中性点经消弧线圈接地方式外，也可考虑采用经高阻抗接地方式（一相接地时不跳闸，可以继续运行较长时间），以降低设备投资、简化运行工作并维持适当的供电可靠性。

中性点经高阻抗接地运行方式尚需在配电网上进行试验性运行，检验其效果，取得经验，以作出进一步的改进和完善。

小 结

目前，我国电力系统的中性点运行方式分有效接地和非有效接地两大类。

中性点不接地三相系统、经消弧线圈接地三相系统和经高阻抗接地三相系统，统称为中性点非有效接地系统。在单相接地故障时，中性点对地电压、各相对地电压都发生变化。但线电压不变，用户可继续工作，提高了供电的可靠性。但在这种系统中，设备和线路的对地绝缘由线电压决定，使投资增大。在电压较低、线路不长的情况下，投资增加不多，故这种接地方式多用在 35kV 及以下的系统。在这种系统中，必须装设交流绝缘监察装置，在发生单相接地故障时发出信号，通知工作人员。

中性点直接接地三相系统和经低电阻接地三相系统，统称为中性点有效接地系统。在单相接地故障时，相对地电压仍为相电压，设备和线路的对地绝缘可由相电压决定，使投资减少。但形成单相短路，为此必须立即切除故障部分，中断用户供电。110kV 及以上系统，在电压较高，线路较长的情况下，采用中性点直接接地的运行方式。以电缆为主体的 35kV、10kV 城市电网采用经低电阻接地运行方式。

习 题

2-1 什么叫电力系统的中性点？我国电力系统中性点运行方式有哪几种？

2-2 中性点不接地三相系统中，发生单相接地故障时，各种电压和电流如何变化？画出相量图。

2-3 试述消弧线圈的工作原理。消弧线圈有哪几种补偿方式？常采用哪一种？为什么？

2-4 试述中性点直接接地三相系统发生单相接地故障时，电压和电流变化情况。

2-5 一般在什么情况下采用中性点经低电阻接地？满足什么要求？

2-6 中性点不同的接地方式，在发生单相接地故障时如何处理？

2-7 试比较各种不同中性点运行方式的优缺点，并说明适用范围。

第三单元

电力系统短路及短路电流计算

短路是电力系统中最常见的，并且对电力系统运行产生严重影响的故障。短路的结果将使系统电压降低，短路回路中电流大大增加，可能破坏电力系统的稳定运行和损坏电气设备。所以，电气设计和运行中，都需要对短路电流进行分析计算，本单元主要介绍无限大容量供电系统三相短路和常见的不对称短路电流实用计算。

课题一　概　　述

一、短路的定义和种类

电力系统的不正常工作，大多是由于短路故障造成的。所谓短路是指电力系统中带电部分与大地（包括设备的外壳、变压器的铁芯、低压线路的中线等）之间，以及不同相之间的短接。这种短接可能是通过小阻抗的回路，或者是由电弧形成的。

在中性点非直接接地系统中，短路故障主要是指各种相间短路，包括不同相的多点接地。单相接地不会造成短路，仅有不大的接地电流流过接地点，系统仍可继续运行，故不称其为短路故障（属于一种运行障碍）。

三相系统中短路的基本类型及代表符号为三相短路 $k^{(3)}$、两相短路 $k^{(2)}$、单相短路 $k^{(1)}$、两相接地短路 $k^{(1,1)}$。图 3-1 所示为各种短路的示意图，图中 X 表示电路的电抗，R 表示电阻。为区别各种短路的电流、电压、功率等，图中在表示这些量文字符号的右上角也注明相应的短路代表符号。

三相短路时，因为短路回路各相的阻抗相等，三相的短路电流比正常时大幅度增大，电压较正常时大幅度降低，但三相仍是对称的，故称为对称短路。除三相短路外，其他几种短路，在短路时各相电流、电压数值不相等，其相角也不相同，这些短路称为不对称短路。

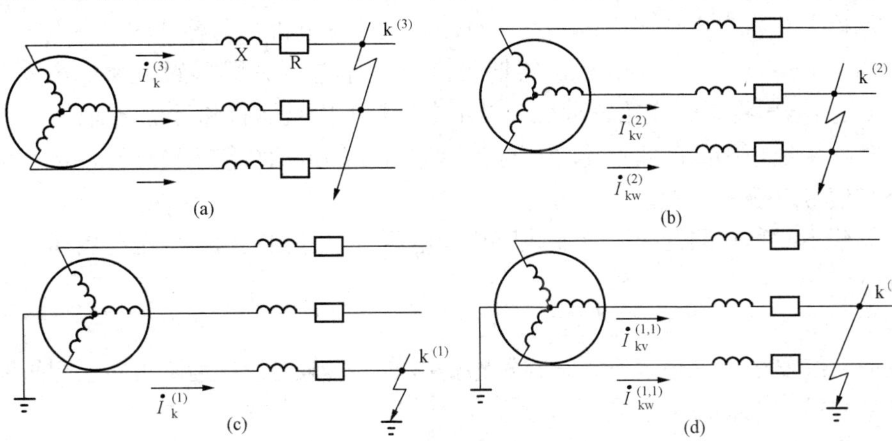

图 3-1　短路的基本类型

（a）三相短路；（b）两相短路；（c）单相短路；（d）两相接地短路

运行经验表明，在中性点直接接地系统中，单相短路故障最多。根据电力系统运行中出现各种故障次数的统计，不同短路故障发生的概率：三相短路为5%；两相短路为4%；两相接地短路为8%；单相短路为83%。虽然各种相间短路所占比例较小，但并不能因此轻视相间短路，特别是三相短路。因为三相短路所造成的后果严重，因此本单元主要研究三相短路电流及其计算。另外，不对称短路电流计算是在三相短路电流计算的基础上进行的。

二、短路的危害及预防

1. 短路的危害

造成短路的主要原因是电气设备载流部分的绝缘被损坏。引起绝缘损坏的原因有过电压、绝缘的自然老化和污秽、运行人员维护不周及直接的机械损伤。电力系统其他一些故障也可能导致短路，如输电线路断线和倒杆事故、运行人员违章操作、鸟类和小动物等跨接裸导体等，都可能造成短路。

短路对电力系统的影响主要有以下几方面：

(1) 电力系统发生短路时，短路回路的电流剧烈增大，此电流称为短路电流。短路电流可能达到正常工作电流的几倍到几十倍，绝对值可达到几万甚至几十万安。巨大的短路电流通过导体时，一方面会使导体大量发热，造成导体过热甚至熔化，损坏设备绝缘；另一方面，巨大的短路电流还将产生很大的电动力作用于导体，使导体变形或损坏。

(2) 短路时往往会有电弧产生，它不仅能烧坏故障元件本身，还可能烧坏周围设备危及人身安全。

(3) 短路时，由于短路电流来势迅猛，电路中阻抗主要表现为感性，产生的电流基本上是感性的，它产生去磁性的电枢反应，使发电机的端电压下降；同时很大的短路电流会增大系统中各元件的电压损耗，使系统电压大幅度下降。严重时可能造成系统电压崩溃，出现大面积停电。

(4) 电力系统发生短路时，系统中功率分布的突然变化和电压严重下降，可能破坏各发电厂并联工作的稳定性，使整个系统被解列为几个异步运行的部分。这时某些发电机可能过负荷，因此必须切除部分用户。短路时电压下降愈大、持续时间愈长，破坏整个系统稳定运行的可能性就愈大。

(5) 不对称短路将产生负序电流和负序电压。汽轮发电机长期容许的负序电压一般不超过额定电压的8%～10%，异步电动机长期容许的负序电压一般不超过额定电压的2%～5%。过大的负序电压将影响汽轮发电机和异步电动机的安全运行和运行寿命。

(6) 不对称接地短路故障将产生零序电流，它会在邻近的线路内产生感应电动势，造成对通信线路和信号系统的干扰。

(7) 在某些不对称短路情况下，非故障相的电压将超过额定值，引起过电压，从而加大了系统的过电压水平。

2. 短路的预防和限制措施

为了保证系统安全可靠地运行，减轻短路的影响，应努力设法消除可能引起短路的一切原因，同时采取措施限制短路电流。一般应从以下几个方面考虑：

(1) 认真执行运行规程，不断学习以提高电业人员的素质。严格遵守操作技术规程和安全规程，避免误操作；在短路发生时，采取有效的措施将短路的影响限制在最小的范围内。

（2）做好设备的维护、巡视、检查，做好事故的预想和预防。

（3）采用快速动作的继电保护和断路器，迅速隔离故障，使系统电压在较短的时间内恢复到正常值。

（4）发电机装设自动调节励磁装置，当发电机端电压改变时，自动地调节励磁电流，相应地改变发电机的端电动势，维持发电机的端电压在规定的范围内。

（5）增大短路回路的阻抗，如在电路中装设限流电抗器等。

（6）合理选择电气主接线和限流设备（具体在第七单元课题四中讲述）。

三、短路电流计算的目的及基本假设

1. 短路电流计算的目的

（1）在电气主接线设计时，为了比较各种方案，确定某种接线方案是否需要采取限制短路电流的措施等，均需进行必要的短路电流计算。

（2）在选择电气设备和载流导体时，为了保证各种电气设备和导体在正常运行和故障情况下都能安全、可靠地工作，同时又要力求节约资金，这就需要用短路电流进行校验。

（3）在继电保护装置的选择和整定计算时，要以各种短路时的短路电流为依据。

（4）设计屋外高压配电装置时，要按短路条件校验软导线的相间和相对地的安全距离。

（5）接地装置的设计。

（6）系统运行和故障情况的分析等。

选择电气设备时，只需近似计算出通过所选设备可能的最大三相短路电流值。设计继电保护和系统故障分析时，要对各种短路情况下各支路中的电流和各点电压进行计算。在现代电力系统的实际情况下，要进行极准确的短路计算是相当复杂的，同时，对解决大部分实际工程问题，并不要求极准确的计算结果。为了简化和便于计算，实际中多采用近似计算方法。本单元介绍这种短路电流实用计算，就是建立在一系列基本假设条件基础上的，计算结果有些误差，但不会超过实际工程计算中的允许范围。

2. 短路电流实用计算的基本假设条件

（1）系统在正常工作时三相是对称的。

（2）电力系统各元件的磁路不饱和，即各元件的电抗值与电流大小无关，所以在计算中可以应用叠加原理。

（3）电力系统各元件电阻，一般在高压电路中都略去不计，但在计算短路电流的衰减时间常数时应计及电阻的作用。此外，在计算低压网络的短路电流时，应计及元件电阻，但可以不计算复阻抗，而是用阻抗的绝对值进行计算。

（4）输电线路的电容忽略不计。

（5）变压器的励磁电流略去不计，相当于励磁阻抗回路开路，这样可以简化变压器的等值电路。

（6）电力系统中所有发电机电动势的相位在短路过程中都相同，频率与正常工作时相等。

实际上，当发生短路时由于电路阻抗的突然变化，使发电机输出的电磁功率也随之变化，使电力系统电压下降，导致所供短路电流减少。故实用计算法计算所得短路电流要比实际值大。

课题二　电力系统短路电流计算的方法

一、短路电流计算的有名值和标幺值计算

短路电流的计算方法可以用有名值，也可以用标幺值。有名值法是在短路计算中的各物理量均采用有名值（因各阻抗的单位都用欧姆，又有人称之为欧姆法）。其特点是直接利用各量计算，在小型系统短路电流计算中比较直接、方便。而标幺值法是指短路计算中的阻抗、电压、电流均采用标幺值，即用实际值与所选定的基准值的比值来运算。其特点是在多电压等级系统中计算比较方便。

1. 有名值法

电力系统发生三相短路时，其短路电流计算式为

$$I_k^{(3)} = \frac{U_k}{\sqrt{3}X_\Sigma} \tag{3-1}$$

式中　U_k——短路点的计算电压（平均额定电压），即 0.4、10.5、37、63、115、230、347、525kV；

X_Σ——短路回路的总电抗值。

各元件电抗计算方法如下：

（1）电力系统电抗。可由电力系统变电站高压送电线路出口断路器的断流容量 S_k 来估算，即

$$X_X = \frac{U_k^2}{S_k} \tag{3-2}$$

式中　U_k——短路计算点的平均电压（用于计算时的线路电压），kV；

S_k——出口断路器的断流容量，MVA，可查断路器铭牌。

（2）发电机电抗。当无法确定参数时可参考表 3-1。

表 3-1　　发电机电抗

发电机型式	X_k''	X_2	X_0
汽轮发电机	0.125	0.14	0.05
水轮发电机	0.20 或 0.27（无阻尼）	0.25 或 0.45	0.07
大型同步电动机	0.2	0.20	0.08
同期调相机	0.19	0.20	0.06

注　X_k''为正序次暂态电抗，X_2 为负序电抗，X_0 为零序电抗。

（3）电力变压器电抗。其计算式为

$$X_T \approx \frac{10U_k\%U_k^2}{S_N} \tag{3-3}$$

式中　$U_k\%$——变压器短路电压百分数，可查变压器铭牌；

S_N——变压器额定容量，kVA；

X_T——变压器正序电抗，Ω。

（4）送电线路电抗。其计算式为

$$X_1 = X_0 L \tag{3-4}$$

式中　X_0——架空线路或电缆的每千米电抗，Ω/km，可查表 3-2；

L——送电线路长度，km。

表 3-2　　**架空线路或电缆的每公里电抗**　　(Ω/km)

类　别	10kV	35kV	63kV	110kV	220kV	330kV	500kV
架空线路	0.38	0.42	0.42	0.43	0.31 (0.44)	0.32	0.30
电缆线路	0.08	0.12	—	—	—	—	—

注　架空线路的正序电抗和负序电抗相等，零序电抗 $X_0=3.5X_1$。
括号中 0.44 为双分裂导线。

(5) 网络简化。求出各元件的电抗后，将电路化简，并归算出总电抗。

特别指出，在计算短路电流的电抗时，假如电路内含有变压器（即系统是多个电压等级的），则电路中各元件的电抗应统一换算到短路点的短路计算电压。电抗等值换算要满足元件消耗功率保持不变的条件。由 $Q=U^2/X$ 可知，元件的电抗值与电压的平方成正比，所以电抗换算公式为

$$X' = X\left(\frac{U'_k}{U_p}\right)^2 \tag{3-5}$$

式中　X'——换算后元件的电抗，Ω；

U'_k——换算到短路点的平均额定电压，kV；

X——换算前元件的电抗，Ω；

U_p——换算前元件所在处的平均额定电压，kV。

元件电抗，只有电力线路的电抗才需要换算；而电力系统和变压器的电抗，由于它们的计算公式中均含有电压的平方，所以计算短路时电抗直接代短路点计算电压，就不必换算了。

短路电流计算的步骤如下：

(1) 绘制计算电路图。

(2) 将各元件依次编号，注上额定参数。

(3) 确定短路计算点绘出等效电路，并计算各元件电抗。

(4) 将电路化简，求出等效总阻抗即可算出短路电流和短路容量。

【例 3-1】　电力系统如图 3-2 所示，已知电力系统的短路容量为 3000MVA，求变电站高压侧 k1 及低压侧 k2 点的短路电流和短路容量。

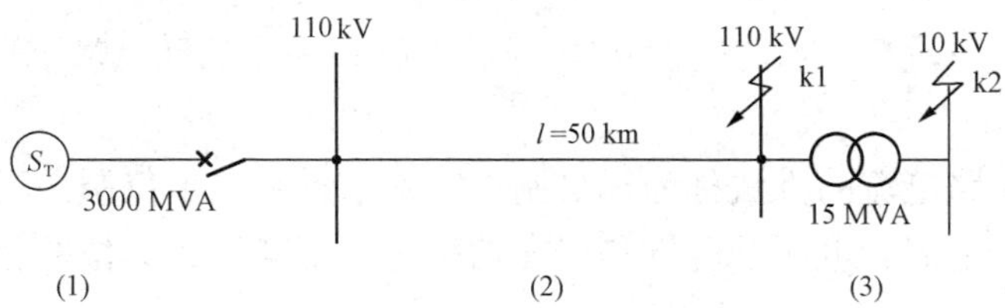

图 3-2　电力系统图

解　(1) 计算 k1 点短路情况。

1) 电力系统电抗

$$X_1 = \frac{U_k^2}{S_x} = \frac{115^2}{3000} = 4.41\ (\Omega)$$

2）计算架空线路电抗，查表 3-2 得 $X_0=0.43\Omega/\text{km}$，则

$$X_2=0.43\times50=21.5\ (\Omega)$$

3）绘制 k1 点短路等值电路如图 3-3 所示，并计算总电抗

$$X_{\Sigma k1}=X_1+X_2=4.41+21.5=25.91\ (\Omega)$$

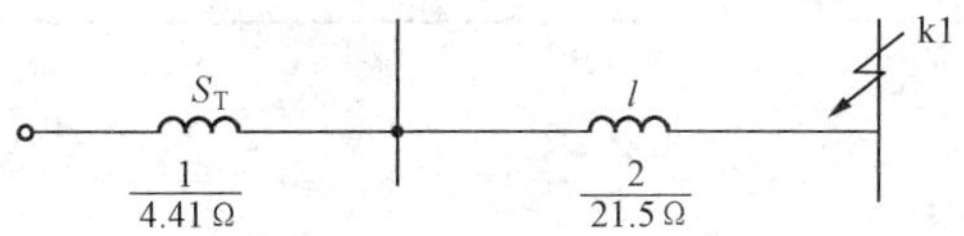

图 3-3　k1 点短路等值电路图

4）计算 k1 点短路的三相短路电流和三相短路容量

三相短路电流为 $I_{k1}^{(3)}=\dfrac{U_k}{\sqrt{3}X_{\Sigma k1}}=\dfrac{115}{\sqrt{3}\times25.91}=2.56\ (\text{kA})$

三相短路容量为 $S_{k1}^{(3)}=\sqrt{3}U_k I_{k1}^{(3)}=\sqrt{3}\times115\times2.56=509.9\ (\text{MVA})$

（2）计算 k2 点短路情况。

1）电力系统电抗

$$X_1=\frac{U_k^2}{S_x}=\frac{10.5^2}{3000}\times10^3=36.75\ (\text{m}\Omega)$$

2）计算架空线路电抗，并按式（3-5）换算，得

$$X_2=0.43\times50\times\left(\frac{10.5}{115}\right)^2\times10^3=179.23\ (\text{m}\Omega)$$

3）计算变压器电抗，按 $U_k\%=10.5\%$，得

$$X_3=\frac{10U_k\%U_k^2}{S_N}=\frac{10\times10.5\times10.5^2}{15}=771.78\ (\text{m}\Omega)$$

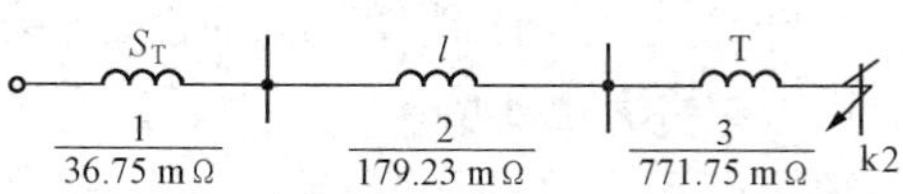

图 3-4　k2 点短路等值电路图

4）绘制 k2 点短路等值电路如图 3-4 所示，并计算总电抗

$$X_{\Sigma k2}=X_1+X_2+X_3=36.75+179.23+771.75=987.73\ (\text{m}\Omega)$$

5）计算 k2 点短路的三相短路电流和三相短路容量

三相短路电流为 $I_{k2}^{(3)}=\dfrac{U_k}{\sqrt{3}X_{\Sigma k2}}=\dfrac{10.5}{\sqrt{3}\times987.73}\times10^3=6.14\ (\text{kA})$

三相短路容量为 $S_{k2}^{(3)}=\sqrt{3}U_k I_{k2}^{(3)}=\sqrt{3}\times10.5\times6.14=111.66\ (\text{MVA})$

2. 标幺值法

用标幺值计算短路电流的方法称为标幺制，它是一种相对单位制。短路电流实用计算中常用到的物理量，如电流、电压、电抗和视在功率等，都采用无单位的相对数值即标幺值表示大小并进行计算。

（1）标幺值。标幺值是一个物理量的实际有名值与一个预先选定的具有相同量纲的基准值的比值。一般表达式为

$$\text{标幺值}=\frac{\text{实际有名值}}{\text{基准值（与实际有名值同量纲）}}$$

标幺值是无单位的数，实际上标幺值就是某物理量的有名值对基准值的倍数。由于选取

的基准值不同，同一有名值的标幺值却不相等。一般来说，基准值可以任意选取，所以用到一个量的标幺值时，必须首先说明它的基准值，否则没有意义。

（2）基准值的选择。在三相系统的短路电流计算中，常用的电气量有线电压 U、相电流 I、一相电抗 X、三相功率 S。这四个电气量之间，应满足下列两个基本关系式，即

欧姆定律 $$U=\sqrt{3}IX \tag{3-6}$$

功率方程式 $$S=\sqrt{3}IU \tag{3-7}$$

这四个电气量对于选定的基准值的标幺值为

$$U_{*j}=\frac{U}{U_j};\ I_{*j}=\frac{I}{I_j};\ X_{*j}=\frac{X}{X_j};\ S_{*j}=\frac{S}{S_j}$$

用标幺值计算时，必须首先选取四个电气量的基准值。一般来说，这四个电气量 U_j、I_j、X_j、S_j 可以任意选取，并且也应满足欧姆定律和功率平衡方程式，即

$$U_j=\sqrt{3}I_jX_j \tag{3-8}$$

$$S_j=\sqrt{3}I_jU_j \tag{3-9}$$

这样选取基准值的好处在于，将式（3-6）被式（3-8）除，式（3-7）被式（3-9）除，可得

$$U_{*j}=I_{*j}X_{*j} \tag{3-10}$$

$$S_{*j}=I_{*j}U_{*j} \tag{3-11}$$

由式（3-10）和式（3-11）可见，当选取的四个基准值满足欧姆定律和功率方程式时，在标幺制中，三相电路线电压和三相功率的计算公式与单相电路电压和功率计算公式完全一样。

按上述原则选取基准值时，四个基准值可以任意选取其中的两个，另外两个必须按式（3-8）和式（3-9）确定。一般是选取基准功率和基准电压，基准电流和基准电抗由公式求得。

实际计算中，往往选择某一段电路的平均额定电压作为基准电压，也就是说各段电路的基准电压均等于该段电路的平均额定电压。如 110kV 线路，用它的平均额定电压作为基准电压时，$U_j=115$kV。对基准功率的选择，根据计算经验一般 $S_j=100$MVA 或 1000MVA，或用系统电源的总容量。基准电流和基准电抗，则由基准电压和基准容量来确定。

（3）基准值变化时标幺值的换算。由标幺值的定义可知，基准值不同时，同一有名值的标幺值大小也不等。在短路电流计算中，发电机、变压器和电抗器等元件的电抗，生产厂给出的都是以额定参数为基准值的标幺值。而在计算中整个电路必须选取统一的基准值。因此，必须把以额定参数为基准值的标幺值，换算成为统一选取的基准值的标幺值。

不同基准值的标幺值的换算原则为不论基准值如何改变，标幺值如何不同，但电气量的有名值总是一定的。所以，可以根据给定的标幺值先计算出有名值，再根据有名值换算出所需要的标幺值。

（4）标幺值换算为有名值。标幺值在短路电流计算中仅作为一种工具，作为一个中间桥梁，它没有单位。不论是选择电气设备，还是其他某些计算，需要得到的结果都必须是有名值。所以，最后必须把标幺值换算成有名值。这种换算根据标幺值的定义便可得到

$$I=I_{*j}I_j=I_{*j}\frac{S_j}{\sqrt{3}U_j} \tag{3-12}$$

$$U=U_{*j}U_j \tag{3-13}$$

$$X = X_{*j} X_j = X_{*j} \frac{U_j^2}{S_j} \tag{3-14}$$

$$S = S_{*j} S_j \tag{3-15}$$

以上各式中电气量的单位是：电压为 kV（千伏）；电流为 kA（千安）；电抗为 Ω（欧姆）；功率为 MVA（兆伏安）。

（5）标幺值计算的优点。按上述原则选择各电气量的基准值，用标幺值对对称三相系统进行计算时，相电压和线电压的标幺值相等，三相功率和单相功率的标幺值相等，对称三相电路完全可以按单相电路的公式进行计算。

当选取基准电压使 $U_{*j}=1$ 时，则 $S_{*j}=I_{*j}=\frac{1}{X_{*j}}$，这样可使计算大大简化。

在多级电压网络的短路电流计算中，采用标幺制，由于各元件电抗是一种比值，所以与短路点的电压无关，这样就不必换算电抗了，具有更大的方便性。大中型、复杂电网，都采用本办法进行短路电流计算。

总之，用标幺值计算短路电流，可使计算简单、方便，结果清晰。

二、主要元件的电抗标幺值

短路电流实用计算中，一般只考虑各主要元件的电抗，如发电机、电力变压器、电抗器、架空线路及电缆线路。对于母线、不长的连接导线、断路器和电流互感器等元件的阻抗，则不予考虑。一个元件的等值电路往往随短路的类型不同也有所不同，这里所介绍的各元件的等值电路和电抗，仅是对三相短路时的对称电流而言。

1. 发电机

发电机的等值电路可用相应的电动势和电抗串联起来表示。图 3-5 所示为发电机及其等值电路。在三相短路电流的实用计算中，发电机电动势用次暂态电动势 E''，电抗用短路起始瞬间电抗，即纵轴次暂态电抗 X''_k。发电机的次暂态电抗，可由产品目录中查得，或参考表 3-1。注意这些参数是以发电机的额定参数为基准值的数值，实际计算时需进行换算。

$$X''_{k*j} = X''_{k*} \frac{S_j}{S_N} \left(\frac{U_N}{U_j} \right)^2 \tag{3-16}$$

2. 变压器

变压器的励磁电流较小，一般为额定电流的 5%左右，计算时忽略不计。双绕组变压器的等值电路如图 3-6 所示。

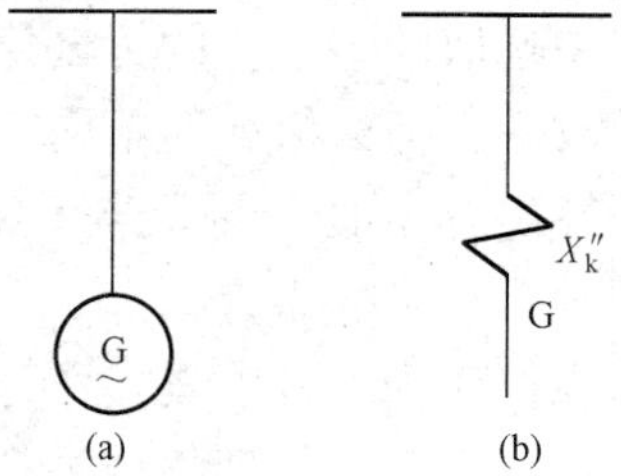

图 3-5　发电机及其等值电路

（a）发电机；（b）等值电路

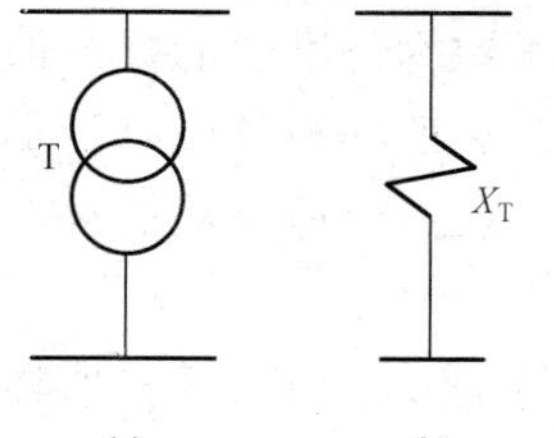

图 3-6　双绕组变压器的等值电路

（a）双绕组变压器；（b）等值电路

双绕组变压器产品目录中给出的短路电压百分值 $U_k\%$，是变压器通过额定电流时的电压降对额定电压比值的百分数，所以变压器以额定参数为基准值的电抗标幺值为

$$X_{T*N}=\frac{U_k\%}{100}$$

换算成选定基准值下的电抗标幺值为

$$X_{T*j}=\frac{U_k\%}{100}\frac{S_j}{S_N} \tag{3-17}$$

三绕组变压器和自耦变压器及等值电路如图 3-7 所示。各绕组间的短路电压百分值分别用 $U_{k\mathrm{I}-\mathrm{II}}\%$、$U_{k\mathrm{II}-\mathrm{III}}\%$、$U_{k\mathrm{III}-\mathrm{I}}\%$表示，下标Ⅰ、Ⅱ、Ⅲ分别表示高压、中压、低压。这些也是对应变压器额定参数下的百分值并且是绕组之间的。

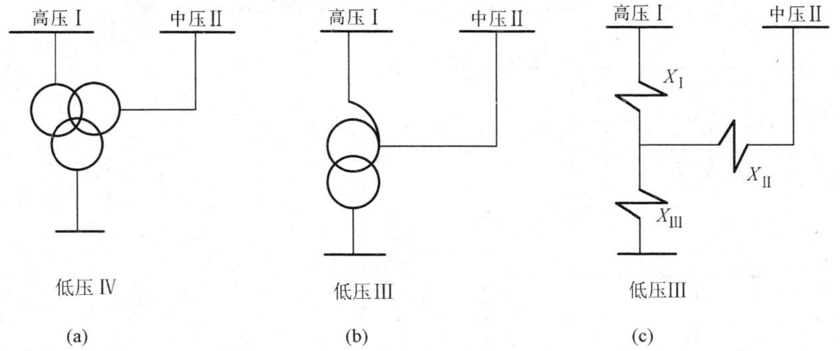

图 3-7　三绕组变压器和自耦变压器及等值电路

(a) 三绕组变压器；(b) 自耦变压器；(c) 两种变压器的等值电路

等值电路中各绕组的电抗 X_{I}、X_{II}、X_{III}，以变压器额定参数为基准值的标幺值电抗，可按下列公式计算

$$X_{\mathrm{I}*}=\frac{1}{200}\left(U_{k\mathrm{I}-\mathrm{II}}\%+U_{k\mathrm{III}-\mathrm{I}}\%-U_{k\mathrm{II}-\mathrm{III}}\%\right)$$

$$X_{\mathrm{II}*}=\frac{1}{200}\left(U_{k\mathrm{II}-\mathrm{III}}\%+U_{k\mathrm{I}-\mathrm{II}}\%-U_{k\mathrm{III}-\mathrm{I}}\%\right)$$

$$X_{\mathrm{III}*}=\frac{1}{200}\left(U_{k\mathrm{III}-\mathrm{I}}\%+U_{k\mathrm{II}-\mathrm{III}}\%-U_{k\mathrm{I}-\mathrm{II}}\%\right)$$

3. 电抗器

电抗器是用来限制短路电流的电器，等值电路用其电抗表示。产品目录中给出电抗器的电抗百分值，一般 $X_L\%$为 3%～10%。

由于电抗器不能忽略额定电压与平均额定电压的区别，所以

$$X_{L*j}=\frac{X_L\%}{100}\frac{U_N}{\sqrt{3}I_N}\frac{S_j}{U_P^2} \tag{3-18}$$

4. 架空线路和电缆线路

架空线路和电缆线路的等值电路，用它们的电抗表示。在短路电流实用计算中，通常采用表 3-2 中的数值计算。

一般架空线路或电力电缆给出的数据为电抗的欧姆值，所以

$$X_{*j}=X\frac{S_j}{U_P^2} \tag{3-19}$$

式中　U_P——架空线路或电力电缆所在电压等级的平均额定电压。

三、计算电路图

计算电路图是供短路电流计算时专用的电路图。它是一种简化了的单线图，如图 3-8 所示。图中仅画出与计算短路电流有关的元件及它们之间的相互连接，并注明各元件有关的技术数据，如发电机的额定容量和次暂态电抗、变压器的额定容量和短路电压百分值等。图中各元件还要按顺序注明编号，如图 3-8 中发电机为 1 和 2，变压器为 4 和 5 等。在复杂的计算电路图中，为了清晰起见，各元件的技术数据也可另列表说明。

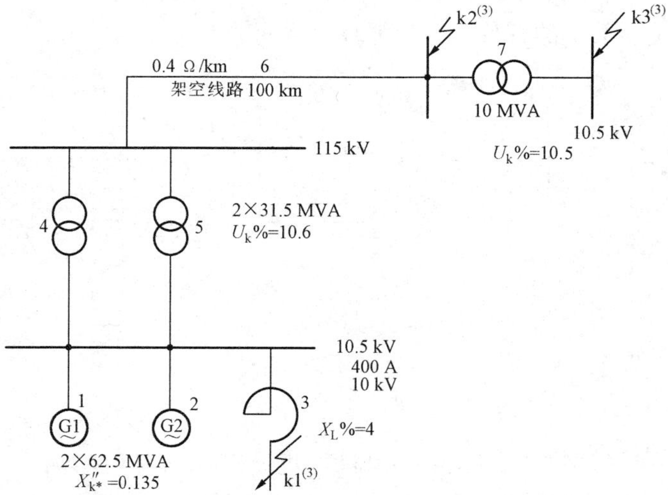

图 3-8 计算电路图举例

计算电路中，元件的连接情况应根据电气装置的运行方式和计算短路电流的目的决定。如为了选择电气设备，必须计算通过被选择电气设备的可能最大短路电流值。计算电路必须按正常运行时的电路连接情况考虑，并应考虑到发展情况。设计继电保护时，可能要计算电气装置或整个电力系统不同运行方式下的短路电流，此时可能仅有部分发电机工作。

短路时，同步补偿机和同步电动机以及大容量的并联电容器组等，都可能向短路点供给短路电流，在计算电路图中应将它们看作附加电源。但距离短路点较远，或同步电动机的总功率在 1000kVA 以下时，因对短路电流影响较小，可不予考虑。

短路电流实用计算中，用平均额定电压进行计算，认为凡接在同一电压级电网中的所有设备的额定电压，均等于相应的平均额定电压。但电抗器除外，因为电抗器的电抗比其他元件大得多，所以在计算中电抗器仍用它本身的额定电压，以减少计算误差。

四、等值电路及其简化

1. 等值电路的拟制

短路电流是对各短路点分别进行计算的，所以计算电路的等值电路，应根据各短路点分别拟出。如图 3-9（a）所示，为 $k1^{(3)}$ 点短路的等值电路。习惯上也可将几个短路点的等值电路绘在一起，如图 3-9（b）所示为 $k1^{(3)}$、$k2^{(3)}$、$k3^{(3)}$ 点短路时的等值电路。图中各元件用其等值电路表示，并用分数形式注明元件的顺序编号和电抗标幺值，其中分子为元件编号，分母为电抗标幺值。

某短路点的等值电路，仅包含该点短路时短路电流所通过的元件。例如图 3-8 中 $k1^{(3)}$ 点短路，短路电流仅通过发电机和电抗器，不通过变压器和架空线路，所以 $k1^{(3)}$ 点短路时的等值电路，仅画出发电机和电抗器的电抗，如图 3-9（a）所示。

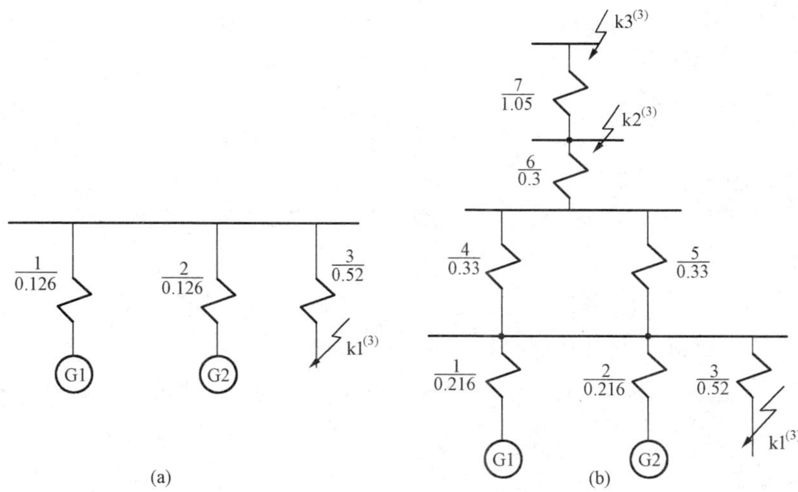

图 3-9　对应图 3-8 计算电路的等值电路

(a) $k1^{(3)}$点等值电路；(b) $k1^{(3)}$、$k2^{(3)}$、$k3^{(3)}$点等值电路

当某点短路，短路电流通过的元件在几个电压等级下时，例如 $k2^{(3)}$ 点短路，发电机为 10.5kV，架空线为 115kV，中间有变压器耦合。此时，必须把分布在不同电压等级下元件的电抗值都折算到同一级电压下后，才能作成等值电路。这种折算往往给计算带来很多麻烦，但用标幺值计算时，便可避免。

2. 等值电路的化简

为了计算短路电流，必须按短路点分别进行等值电路的化简，求得电源至短路点的短路回路总电抗标幺值 $X_{\Sigma *}$。化简等值电路时，可按电工基础课程中所学的电路化简规则和公式进行。

Y—△变换的等值电路如图 3-10 所示。

将△形变成等值Y形时，Y形各支路的电抗为

$$\left.\begin{aligned}X_1&=\frac{X_{12}X_{31}}{X_{12}+X_{23}+X_{31}}\\X_2&=\frac{X_{12}X_{23}}{X_{12}+X_{23}+X_{31}}\\X_3&=\frac{X_{31}X_{23}}{X_{12}+X_{23}+X_{31}}\end{aligned}\right\}\tag{3-20}$$

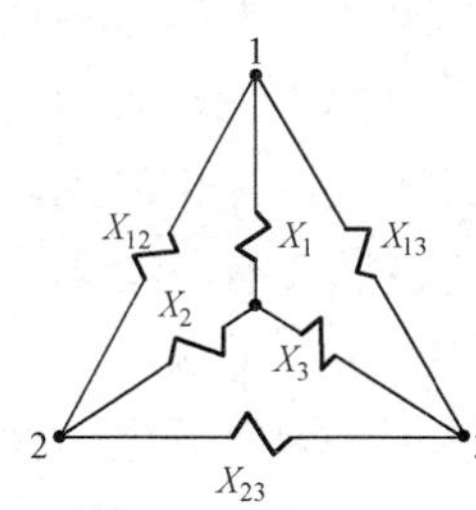

图 3-10　Y—△变换的等值电路

将Y形变成等值△形时，△形各支路的电抗为

$$\left.\begin{aligned}X_{12}&=X_1+X_2+\frac{X_1X_2}{X_3}\\X_{23}&=X_2+X_3+\frac{X_2X_3}{X_1}\\X_{31}&=X_3+X_1+\frac{X_3X_1}{X_2}\end{aligned}\right\}\tag{3-21}$$

在化简等值电路时，常会遇到对短路点局部或全部对称的等值电路，此时可将电路中等电位点直接连接起来并将等电位点之间的电抗除去，这样可使计算大为简化。

【例 3-2】 试用标幺值法计算［例 3-1］中 k2 点的短路电流。

解　(1) 确定基准值。

取 $S_j=100\text{MVA}$，$U_j=U_P$

（2）计算各元件电抗标幺值。

1）电力系统电抗标幺值

$$X_{1*}=S_j/S_x=100/3000=0.033$$

2）架空线路电抗标幺值

$$X_{2*}=X_0 l S_j/U_P^2=0.43\times 50\times 100/115^2=0.163$$

3）变压器标幺值电抗

$$X_{3*}=U_k\%S_j/100S_N=10.5\times 100/100\times 50=0.7$$

（3）绘制等值电路并简化如图 3-11 所示，计算总电抗标幺值

$$X_{\Sigma k2}=X_{1*}+X_{2*}+X_{3*}=0.033+0.163+0.7=0.896$$

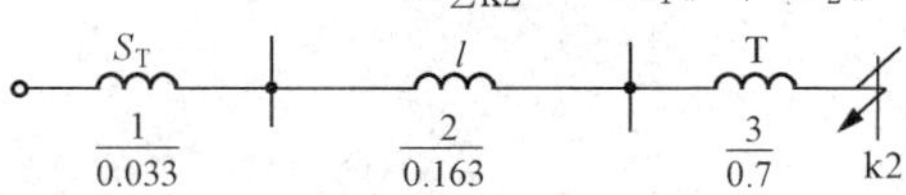

图 3-11 ［例 3-2］图

（4）k2 点的三相短路电流

$$U_j=10.5\text{kV}$$

$$I_j=\frac{S_j}{\sqrt{3}U_j}=\frac{100}{\sqrt{3}\times 10.5}=5.5(\text{kA})$$

$$I_{k2}^{(3)}=I_j\left(\frac{1}{X_{\Sigma k2}}\right)=5.5\times\frac{1}{0.896}=6.14(\text{kA})$$

计算结果与［例 3-1］相同。

课题三　无限大容量电源供电电路内短路

一、无限大容量电源的概念

所谓无限大容量电源（或称无限大容量系统），是指在这种电源供电的电路内发生短路时，电源的端电压在短路时恒定不变，即电压的幅值和频率都恒定不变。认为无限大容量电源的容量为“无限大”，记作 $S=\infty$，电源的内阻抗 $Z=0$。

实际上，真正的无限大容量电源是不存在的，它只是个相对概念。因为无论电力系统多大，其容量总有一个确定值，并且总有一定阻抗，在短路时电压和频率总会变化。但是，当短路发生在距电源较远的支路上，阻抗远大于系统的阻抗，此时电源电压变动甚微，在实用计算中，认为电源电压恒定不变，这个短路支路所接的系统便可认为是无限大容量电源。

二、短路电流的变化规律

以图 3-12 所示电路为例，讨论无限大容量电源供电的电路内发生三相短路时短路电流的变化规律。

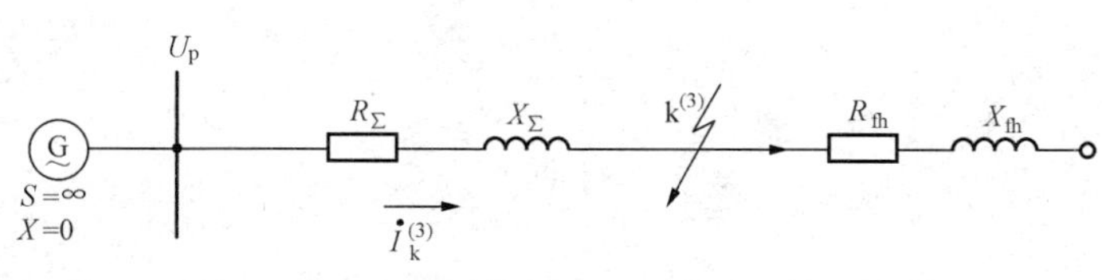

图 3-12　由无限大容量电源供电的电路三相短路

图中电源为无限大容量电源，电源母线电压为相应的平均额定电压 U_P，在短路过程中保持恒定不变。假设 $k^{(3)}$ 点发生三相短路，R_Σ 和 X_Σ 为电源至短路点间各元件的总电阻和总

电抗，R_{fh}和 X_{fh}为负荷的电阻和电抗。

正常运行时，电路中的电流取决于电源母线电压 U_P、阻抗 Z_Σ 和 Z_{fh}之和。当 $k^{(3)}$点突然三相短路，整个电路被短路点分割成为两个单独的回路：右边一个回路没有电源，通过短路点构成短路回路，相当于 RL 串联电路换路时的零输入响应情况，此回路中电流将逐渐衰减到零；左边一个回路与电源连接，构成短路回路，相当于 RL 串联电路换路时的全响应情况，电源将向短路点供给短路电流。由于短路回路中的阻抗 Z_Σ 小于（$Z_\Sigma+Z_{fh}$），电路中又有电感存在，短路回路中的电流将由正常运行时的工作电流，经过一暂态过程，逐步过渡到短路电流的稳态值。图 3-13 所示为无限大容量电源供电电路内三相短路电流的变化曲线。因为三相短路是对称性短路，所以可仅讨论一相的情况，图 3-13 所示的短路电流变化曲线可假设为 U 相的情况。

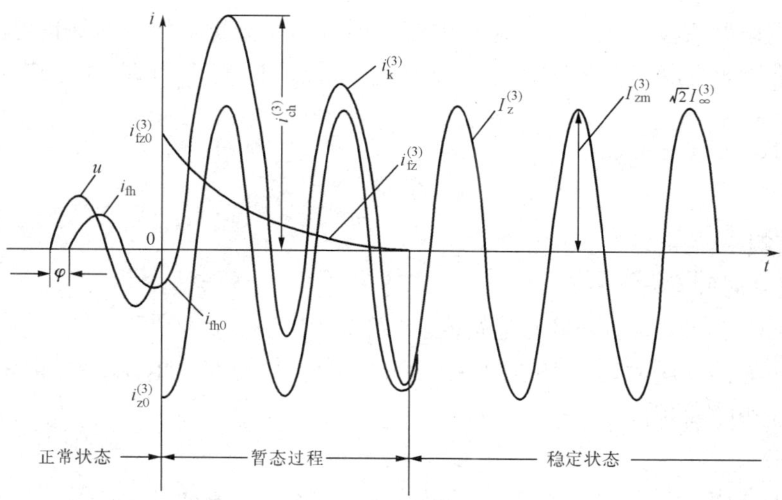

图 3-13　无限大容量电源供电电路内三相短路电流的变化曲线

设在 $t=0$ 时发生短路，根据电工基础知识可知，正弦交流激励下 RL 串联电路换路时的全响应，可分解为两个分量——稳态分量和暂态分量。稳态分量也称周期分量，暂态分量也称非周期分量，则短路全电流 $i_k^{(3)}$ 为周期分量 $i_z^{(3)}$ 与非周期分量 $i_{fz}^{(3)}$之和，即

$$i_k^{(3)}=i_z^{(3)}+i_{fz}^{(3)} \tag{3-22}$$

自短路开始到非周期分量衰减到零为止，为短路电流的暂态过程，以后为稳定状态。由于非周期分量的存在，在暂态过程中全短路电流对横轴不对称，并出现最大的瞬时值 $i_{ch}^{(3)}$，此电流称为短路冲击电流。

为了方便，下面分析讨论中将表示三相短路的符号（3）都省略。

三、短路电流各量的计算

1. 周期分量

周期分量（稳态分量）决定于电源母线电压 U_P 和短路回路总阻抗 Z_Σ。当母线电压保持不变，并忽略电路的电阻，则周期分量的有效值为

$$I_z=\frac{U_P}{\sqrt{3}X_\Sigma} \tag{3-23}$$

因为母线电压 U_P 不变，所以在以任一时刻为中心的一个周期内，周期分量的有效值均

相等，即

$$I_z=I_{zt}=I''=I_\infty \quad (3-24)$$

式中 I_{zt}——时间为 t 时，周期分量的有效值；

I''——$t=0$ 时，周期分量的起始有效值；

I_∞——$t=\infty$达到稳态时，周期分量的有效值。

用标幺值计算时，则取 $U_j=U_P$，则

$$I_{z*}=\frac{1}{X_{*\Sigma}} \quad (3-25)$$

周期分量有效值的有名值为

$$I_z=I_{z*}I_j \quad (3-26)$$

2. 非周期分量

在有电感的电路中发生短路时，短路电流不但有周期分量，而且为保持电路的电流不发生突变，还有非周期分量（又称过渡分量或自由分量）。非周期分量的表达式为

$$i_{fz}=i_{fz0}e^{-\frac{\omega t}{T_a}} \quad (3-27)$$

其中

$$\omega=2\pi f,\ T_a=\frac{X_\Sigma}{R_\Sigma}$$

式中 ω——角频率，rad/s；

T_a——衰减时间常数，rad；

i_{fz0}——$t=0$ 时，非周期分量的起始值。

因为在发生短路的瞬时，电路中的电流不能突变，故短路全电流 $t=0$ 时的瞬时值 i_{k0} 应等于 $t=0$ 时负荷电流的瞬时值 i_{fh0}，所以

$$i_{fz0}=i_{fh0}-i_{z0} \quad (3-28)$$

一般高压电路中，$X_\Sigma \gg R_\Sigma$，电阻忽略不计，$Z_\Sigma \approx X_\Sigma$，阻抗角 $\varphi_k \approx 90°$。如在发生短路时电压的初相角为零，而且短路前电路为空载，$i_{fh}=0$，这是最严重的短路条件，此时非周期分量的起始值为

$$i_{fz0}=-i_{z0} \quad (3-29)$$

$t=0$ 时周期分量的起始有效值为 I''，起始值 i_{z0} 的大小为$\sqrt{2}I''$。所以

$$i_{z0}=-\sqrt{2}I''=-\sqrt{2}I_z$$

t 秒非周期分量的瞬时值，可用下式表示

$$i_{fzt}=\sqrt{2}I''e^{-\frac{\omega t}{T_a}}=\sqrt{2}I_z e^{-\frac{\omega t}{T_a}} \quad (3-30)$$

非周期分量的衰减时间常数 T_a，它决定着非周期分量衰减的快慢。T_a 愈大，衰减得愈慢；T_a 愈小，衰减得愈快。

3. 短路冲击电流

短路冲击电流 i_{ch}，出现在短路后半个周期，即 $t=0.01$s。它是短路全电流最大的瞬时值，当 i_{ch}通过导体和电器时，会产生很大的电动力使导体和电器遭受损坏。由图 3-13 可见，短路冲击电流

$$i_{ch}=\sqrt{2}I_z+\sqrt{2}I_z e^{-\frac{0.01\omega}{T_a}}=\sqrt{2}I_z(1+e^{-\frac{0.01\omega}{T_a}})=K_{ch}\sqrt{2}I_z$$

$$K_{ch}=1+e^{-\frac{0.01\omega}{T_a}}$$

式中　K_{ch}——冲击系数。

冲击系数 K_{ch} 表示短路冲击电流为周期分量幅值的倍数，它由 T_a 确定。如电路中 $R_\Sigma=0$,仅有电抗，则 $T_a=\infty$，$K_{ch}=2$，非周期分量不衰减。如电路中 $X_\Sigma=0$，仅有电阻，则 $T_a=0$，$K_{ch}=1$，短路时就不会产生非周期分量。实际电路中，$2>K_{ch}>1$。

在由无限大容量电源供电的一般高压电路中，推荐取 $K_{ch}=1.8$，则短路冲击电流

$$i_{ch}=1.8\times\sqrt{2}I_z=2.55I_z \tag{3-31}$$

需要指出，在三相电路中各相电压的相位差为120°，所以发生三相短路时，各相的短路电流周期分量和非周期分量的初始值不同。因此，仅有一相出现 $i_{ch}=2.55I_z$ 的冲击电路值，其他两相均较此值为小。

4. 母线剩余电压

在继电保护计算中，有时需要计算出短路点前某一母线的剩余电压。三相短路时短路点的电压为零，网络中距短路点电抗为 X 的某点剩余电压，在数值上等于短路电流通过该电抗时的电压降。

短路稳态时，如某一母线至短路点的电抗为 X，则该母线的剩余电压为

$$U_{sy}=\sqrt{3}I_\infty X$$

用标幺值计算时

$$U_{sy*}=I_{\infty*}X_* \tag{3-32}$$

【例 3-3】 如图 3-14（a）所示的计算电路图，试计算：

（1）当 k1 点三相短路时，稳态短路电流、冲击短路电流、稳态时变压器 110kV 侧母线残压。

（2）当 k2 点三相短路时，通过架空线路的稳态短路电流和通过电抗器的短路冲击电流。

解　选取基准值 $S_j=100\text{MVA}$，$U_j=U_P$

各元件电抗标幺值为：

架空线路　$X_{1*}=70\times0.4\times\dfrac{100}{115^2}=0.21$

变压器　$X_{2*}=X_{3*}=X_{4*}=\dfrac{10.5}{100}\times\dfrac{100}{15}=0.7$

电抗器　$X_{5*}=\dfrac{4}{100}\times\dfrac{6}{\sqrt{3}\times0.3}\times\dfrac{100}{6.3^2}=1.164$

电缆线路　$X_{6*}=X_{7*}=2\times0.069\times\dfrac{100}{6.3^2}=0.348$

等值电路如图 3-14（b）所示。

（1）当 k1 点三相短路时：

短路回路总阻抗　$X_{\Sigma*}=X_{1*}+\dfrac{X_{2*}}{3}=0.21+\dfrac{0.7}{3}=0.443$

稳态短路电流标幺值　$I_{\infty*}=\dfrac{1}{X_{\Sigma*}}=\dfrac{1}{0.443}=2.257$

稳态短路电流　$I_\infty=I_{\infty*}I_j=2.257\times\dfrac{100}{\sqrt{3}\times6.3}=20.684\text{（kA）}$

短路冲击电流　$i_{ch}=2.55\times20.684=52.744\text{（kA）}$

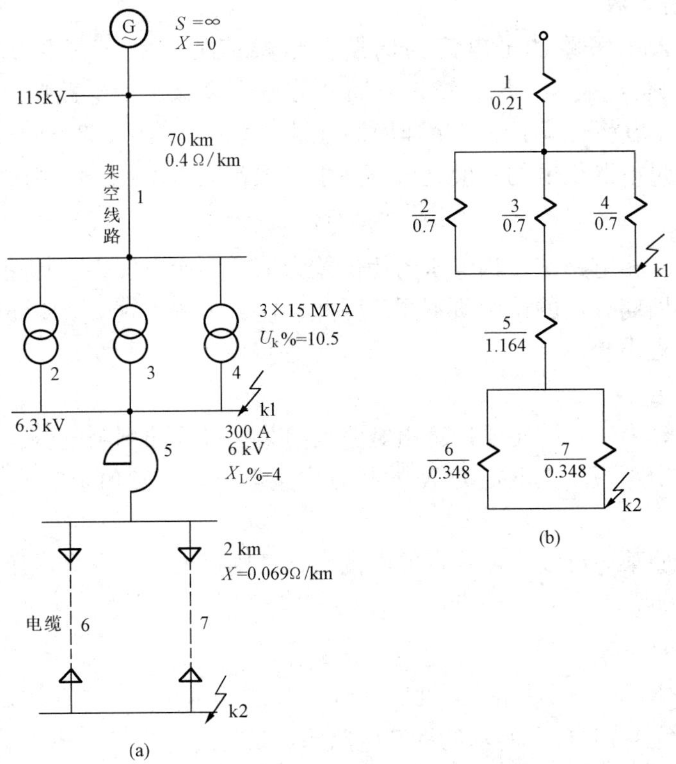

图 3-14 ［例 3-3］图

（a）计算电路图；（b）等值电路图

110kV 母线残压　　$U_{sy}=\frac{0.7}{3}\times 2.257\times 115=60.563$（kV）

（2）当 k2 点三相短路时：

短路回路总阻抗　　$X_{\Sigma *}=0.21+\frac{0.7}{3}+1.164+\frac{0.348}{2}=1.78$

稳态短路电流标幺值　　$I_{\infty *}=\frac{1}{X_{\Sigma *}}=\frac{1}{1.78}=0.56$

通过架空线稳态短路电流　$I_{\infty}=I_{\infty *}I_j=0.56\times\frac{100}{\sqrt{3}\times 115}=0.28$（kA）

通过电抗器短路冲击电流

$$i_{ch}=2.55I_z=2.55\times 0.56\times\frac{100}{\sqrt{3}\times 6.3}=13.087\text{（kA）}$$

四、短路电流电动力效应与热效应

当电气设备和载流导体在短时间内通过短路电流时，会同时产生电动力和发热两种效应。这样，一方面使电气设备和载流导体受到很大的电动力作用，同时使它们的温度急剧升高，可能使电气设备及其绝缘损坏。

1. 短路电流的电动力效应

短路电流的电动力效应是指在短路电流通过三相导体时，因为各相导体都处在相邻电流所产生的磁场中，导体将受到巨大的电动力作用。尤其是当通过短路冲击电流时，电动力可能达到很大的数值。如果导体的机械强度不够，导体将变形或者损坏。因此，电气设备和载流导体必须具有足够的机械强度，以能够承受短路时的电动力作用。一般将电气设备和载流导体能够承受短路电流电动力作用的能力，称为电动稳定度，简称动稳定。

当任意截面的两根平行导体中分别通过电流时，应考虑导体截面的尺寸和形状对电动力的影响。电动力的方向与两电流的方向有关，电流同向时电动力相互吸引，电流反向时电动力相互排斥。

2. 短路电流的热效应

电流通过电气设备和载流导体时，由于电阻损耗、涡流及磁滞损耗等转变成热能，使电气设备和载流导体的温度升高。当发热温度超过一定数值时，就会引起导体机械强度的下降，绝缘材料的绝缘强度下降，导体连接部分的接触情况恶化，从而使电气设备的使用年限缩短，甚至损坏电气设备。因此，对电气设备和载流导体都有规定的最高允许温度。

短路电流通过导体的时间很短，该段时间为自短路开始到短路切除为止，实际中是继电保护动作时间与断路器的全分闸时间之和。在这样短的时间内，导体产生的热量来不及向周围散出，全部用于使导体的温度升高。如果短路时导体的最高温度，超过了电气设备或载流导体短时最高允许的温度时，它们将被破坏。一般把电气设备或载流导体在短路时，能够承受短路电流发热的能力，称为热稳定度，简称热稳定。

载流导体的温度升高，与短路电流的大小、导体的材料和尺寸、周围的环境温度等有很大关系。

五、不对称短路电流计算

系统发生不对称短路时，三相电路中各相电流的大小不等、相位不同，计算时需要用对称分量法。在实际工程中，一般常采用以下近似公式进行计算

$$I_{\mathrm{k}}^{(n)} = m^{(n)} I_{\mathrm{k1}}^{(n)}$$

式中　(n)——短路类型的代表符号；

$m^{(n)}$——比例系数，其值与短路的类型有关，见表 3-3；

$I_{\mathrm{k1}}^{(n)}$——某种类型短路的正序电流。

表 3-3　与短路的类型有关的比例系数

短路类型	代表符号	比例系数
三相短路	(3)	1
两相短路	(2)	$\sqrt{3}$
单相短路	(1)	3
两相接地短路	(1.1)	

任何不对称短路的正序电流，与实际的短路点加入附加阻抗后发生三相短路时的短路电流值相等。两相接地短路的比例系数可按$\sqrt{3}\sqrt{1-\frac{X_{2\Sigma}X_{0\Sigma}}{(X_{2\Sigma}+X_{0\Sigma})}}$计算，其中需要计算负序和零序阻抗，其计算比较繁琐，这里就不再详细介绍，有需要者可查阅有关资料。

小　结

短路是电力系统中常见的一种现象，对它的了解、分析、计算、研究，对一次系统的安

全运行、二次系统的可靠工作具有重要的意义。本单元在介绍短路的概念、种类、危害及防止和减少短路的基础上，重点讲述了短路电流的计算。

短路，简单地说就是电力系统中带电部分与大地之间及不同相之间的短接。在三相系统中一般分为三相短路、两相短路、单相短路（或称单相接地短路）、两相接地短路。短路发生时，非常大的短路电流将产生热效应和电动力效应，可能破坏电气设备，严重威胁电力系统的安全运行。故必须采取措施进行预防：不断提高运行人员的素质，严格遵守各项规章制度；不断改进电气设备的性能，增加必要的设备（如电抗器等）；合理选择系统的运行方式，并且要求在短路发生时能将其影响限制在最小的范围内。

短路电流的计算可利用有名值和标幺值两种方法，但计算步骤基本相同，即首先绘制计算电路图；然后将各元件依次编号，并计算各元件电抗；再根据短路点绘出等效电路，将电路简化；最后求出等效总阻抗以及短路电流。

无限大容量电源供电电源内的短路，通过分析短路电流波形的变化，得出了短路电流周期分量、非周期分量、冲击短路电流的计算公式，在此基础上也得到了母线残压的计算方法。短路电流的周期分量或称稳态分量，影响短路电流的热效应，冲击短路电流影响短路电流的电动力效应。

上述短路电流的计算，均是三相对称短路的情况。当系统发生不对称短路时，可利用三相短路电流计算的结果，引入相关的系数得出不对称短路时短路电流的大小。

习　题

3-1　什么是电力系统的短路？一般有哪些类型？哪些是对称短路？哪些不是对称短路？

3-2　系统短路有哪些危害？应如何防止和减少其危害？

3-3　短路电流计算的目的是什么？

3-4　什么是短路电流计算的有名值法？什么是标幺值法？各有何特点？

3-5　短路电流计算的一般步骤是什么？

3-6　如何理解无限大容量电源供电系统？

3-7　无限大容量电源供电系统中发生短路时，短路电流如何变化？

3-8　什么是短路电流的周期分量、非周期分量、冲击短路电流、母线残压？

3-9　什么是短路电流的电动力效应和热效应？什么叫动稳定和热稳定？

3-10　地区变电站通过一条 5km 的 35kV 架空线路供电给某厂专用变电站，该站装有两台并列运行的 SJL1-4000/35 型变压器（$U_k\%=7$），出口断路器的断路容量为 200MVA，如图 3-15 所示。试求该厂专用变压器 35kV 侧和 10kV 侧短路电流周期分量、$t=0$ 时的非周期分量和冲击短路电流。

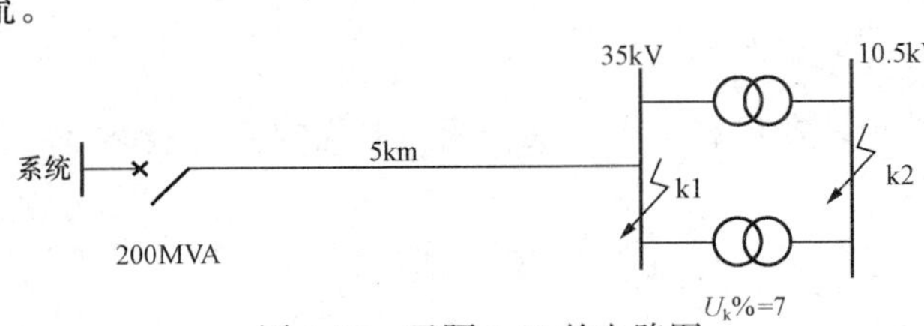

图 3-15　习题 3-10 的电路图

第四单元

开　关　电　器

开关电器是用来接通或开断电路的电气设备。在发电厂与变电站中运行的发电机、变压器、进出线等回路，经常需要进行投入运行或退出运行，因此在发电厂与变电站中需装设必要的开关电器。在开关电器触头接通或分开时，触头间可能出现电弧，所以，在讲述各类开关电器之前，首先分析开关电器中电弧的一些特性。

课题一　开关电器中电弧的产生和熄灭

电弧是电力系统及电能利用工程中常见的物理现象。例如，随处可见的电弧焊接、电弧炼钢炉等利用电弧工作的用电设备；在电力系统中的开关电器，工作时触头间也会产生电弧，当然这是我们所不希望产生的。对电弧的了解、分析，采取有效的措施熄灭电弧，这对电力系统的正常操作与安全运行有很重要的意义。

一、电弧的危害和特点

电弧实际上是一种气体放电现象，是在某些因素作用下，气体强烈游离、由绝缘变为导通的过程。电弧形成后，由电源不断地输送能量，维持它燃烧，并产生很高的温度。电弧燃烧时，中心区温度可达到 10000K 以上，表面温度也有 3000～4000K。同时发出强烈的白光，故称弧光放电为电弧。

电弧的高温可能烧坏电器触头和触头周围的其他部件。如果电弧较长时间不能熄灭，电器将被烧毁甚至有爆炸的可能，危及电力系统的安全运行，造成人员的伤亡和财产的重大损失。

由于电弧是一种气体导电现象，所以在开关电器中，虽然电器触头已经分开，但是在触头间只要有电弧的存在，电路就没有断开，回路电流仍然存在，即开关电器失去了开断电路的作用。影响电力系统的可靠运行。

二、电弧的产生和熄灭条件

电弧的产生和熄灭过程，实际上是气体介质由绝缘变为导通和由导通又变为绝缘的过程。

（一）电弧的产生条件

1. 触头开断初瞬间自由电子的生成

触头刚分离时，由于触头间的间隙很小，在电压作用下其间形成很高的电场强度，当电场强度超过 3×10^6 V/m 时，阴极触头表面的自由电子在强电场力的作用下，被拉出金属表面，强电场发射电子；同时，触头刚刚分离时，触头间的接触压力和接触面减小、接触电阻增大，使接触表面剧烈发热，局部高温，使此处电子获得动能发射出来。这些自由电子存在于触头间隙间。

2. 碰撞游离形成电弧

触头间隙中的自由电子，在触头间电场的作用下加速运动，撞击间隙中的中性气体质点（原子或分子），使中性质点游离，产生自由电子和正离子，这种游离过程称为碰撞游离。碰撞游离不断进行、不断加剧，带电质点成倍增加，发展成为“雪崩”。大量带电质点充满间隙，气体导通，强烈放电，形成电弧。

3. 电弧的维持与平衡

触头间在发生了雪崩式碰撞游离后，发展为电弧，并产生高温。高温下形成热游离，热游离供给弧隙大量的电子和正离子，维持放电进行，维持电弧稳定燃烧。

另一方面，由于热平衡，电弧温度达到某一数值后不再上升，电导达到某一值后也不再上升，热游离将在一定强度下稳定下来，达到平衡状态。

（二）电弧的熄灭条件

电弧达到某种平衡而稳定燃烧，是由于弧隙中不但进行着游离过程，同时还进行着去游离过程。去游离过程是指自由电子和正离子相互吸引而中和的过程。去游离的主要方式是复合与扩散：异性带电质点相遇，电荷中和成为中性质点的现象称为复合；扩散是指电弧中的自由电子和正离子散溢到电弧外面，并与周围未被游离的冷介质相混合的过程。

要想使电弧熄灭，就必须使去游离的作用大于游离。如果去游离的强度大于游离的强度，弧隙中导电质点的数目减少，电导下降，电弧越来越弱，弧温下降，使热游离下降或停止，最终导致电弧熄灭。

（三）交流电弧的熄灭

交流电弧电流每半个周期（0.01s）通过一次自然过零值，此时电源停止向弧隙输入能量，热游离强度下降，这有利于交流电弧的熄灭（直流电弧相对困难些）。但是，也应该看到，由于热惰性的原因，在高电压、大电流的装置中，即使在电流过零的瞬时电弧温度仍然很高，热游离仍未停止，熄灭电弧仍然会遇到困难。但是无论如何，也要充分利用这一有利时机，采取最有效的措施加强对弧柱的冷却，使其热游离减弱，去游离加强。

电弧中的发热过程和电弧与周围介质间的热交换过程，对电弧的持续燃烧或熄灭起着重要的作用。在电弧电流过零值之前，由于电流在快速地下降、输送给弧隙的能量减少，但弧隙却不断地向周围介质散出能量，电流过零时，热游离有可能停止，电弧不再重燃。但是，由于电流过零的速度太快，热量又存在惰性，因此，在电流过零的一段时间内，弧隙温度仍然很高，热游离仍在继续，电流过零后，电弧会重燃而不能熄灭。

综上所述，在交流电弧的灭弧中，应充分利用交流电流的自然过零点，采取有效的措施，加大弧隙间去游离的强度，使电弧不再重燃，最终熄灭。

三、开关电器中熄灭交流电弧的基本方法

开断交流电弧时，在电流达到零值以后，加强对弧隙的冷却，抑制热游离，加强去游离。为此，在开关设备中均装设了灭弧装置，或称为灭弧室，灭弧室的不断改进，大大提高了开关的灭弧能力。另一方面，为了进一步提高灭弧能力，还可以采用性能更为优越的新型灭弧介质，例如六氟化硫断路器的使用等。目前，在开关电器中广泛采用的灭弧方法有以下几种。

1. 吹弧

利用灭弧介质（如气体、油等）在灭弧室中吹动电弧，这种方法在开关电器中应用最广。用弧区以外新鲜且低温的介质吹拂电弧，对熄灭电弧起到多方面的作用。它可将电弧中大量正负离子吹到触头间隙以外，代之以绝缘性能高的新鲜介质；使电弧温度迅速下降，阻止热游离的继续进行；使触头间的绝缘强度提高；使被吹走的离子与冷介质接触，加快了复合过程的进行，使电弧拉长变细，加快了电弧的分解，弧隙电导下降。

吹弧有横吹和纵吹两种方式，如图 4-1 所示。吹动方向与电弧轴线相垂直时，称为横吹；吹动方向与电弧轴线一致时，称为纵吹。横吹更易于把电弧拉长，增大电弧表面积，对电弧的冷却效果好；纵吹可以使新鲜介质更好地与炽热的电弧相接触，并把电弧吹成若干细条，易于熄灭。横吹灭弧室尺寸可以小些，多适用于较低电压的断路器；纵吹灭弧室常用于 110kV 及以上的断路器。

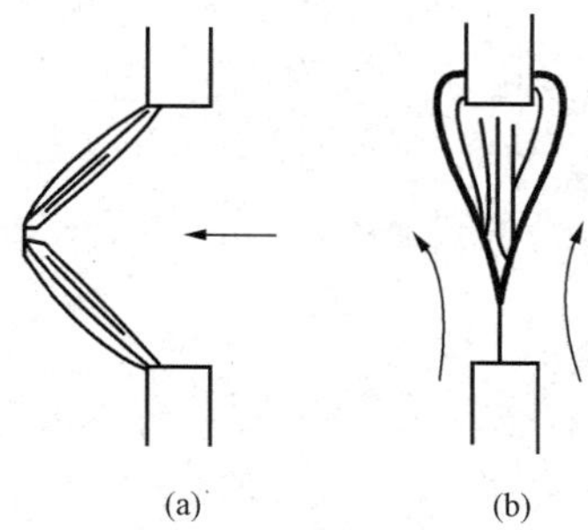

图 4-1　吹弧方法
（a）横吹；（b）纵吹

用变压器油作灭弧介质时，触头周围被油浸没，在触头分离产生电弧后，电弧的高温把油加热，分解出大量气体（其中有热传导性能好的氢气），在灭弧室内造成高气压，高速气流以一定方式吹向电弧。

2. 采用多断口

电压高、电流大的断路器多采用每相两个或多个开断口的方式。多断口使电弧的总长度加长，从而导致弧隙电导下降；使每个断口的行程缩短，可以加快触头的分离速度，促使弧隙电导迅速下降；减少了能量的输入，所以弧隙绝缘强度恢复得快。另一方面，加在每一断口上的电压减小数倍，有利于弧隙绝缘的恢复。

采用多断口的结构后，每个断口上的电压出现分配不均的现象，这是由于两断口之间的导电部分对地电容的影响而引起的。如图 4-2 所示，图中的 U 为电源电压，U_1、U_2 分别为两个断口的电压。每个断口间电容为 C_d，中间连接导体对地电容为 C_0。两个断口的电压分布可由图 4-2（b）所示的等效电路计算得出

$$U_1 = U\frac{C_d + C_0}{2C_d + C_0} \tag{4-1}$$

$$U_2 = U\frac{C_d}{2C_d + C_0} \tag{4-2}$$

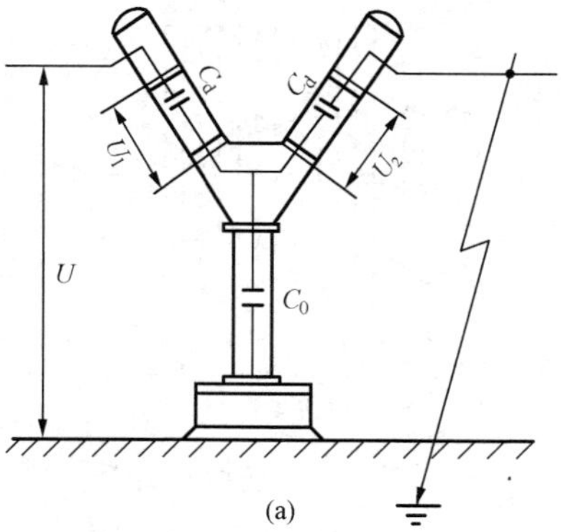

图 4-2　多断口的电压分布
（a）断路器的电容分布；（b）等效电路

由于 C_d 与 C_0 为同一数量级（几十皮法），不难判断，$U_1 > U_2$，第一个断口的工作条件比第二个要恶劣，给顺利熄灭电弧造成困难。为了均衡其电压分配，可在每个断口上并联一

个比 C_d 大得多的电容 C（1000～2000pF），称为均压电容，使 C_0 影响减小。并联均压电容 C 后，电压分布为

$$U_1 = U\frac{(C+C_d)+C_0}{2(C+C_d)+C_0} \approx U\frac{C+C_d}{2(C+C_d)} \approx \frac{U}{2} \tag{4-3}$$

$$U_2 = U\frac{C+C_d}{2(C+C_d)+C_0} \approx U\frac{C+C_d}{2(C+C_d)} \approx \frac{U}{2} \tag{4-4}$$

可见，均压电容足够大时，每个断口的电压分布可基本一致，均处于相同的工作状态。

3. 近阴极效应的应用

在阴极附近很薄的一层空间，一定的介质强度突然形成的效应，称为近阴极效应。当电流接近零值时，电弧温度下降，热游离强度降低，但弧隙空间仍有较多的电子和正离子存在。在电流过零后，触头的电极极性已经改变，如图 4-3（a）所示，在电场的作用下，自由电子快速地向新阳极运动，而为电子质量 1000 多倍的正离子则基本未动，于是在阴极附近形成了正空间电荷层，同阴极之间形成一个绝缘层，它能耐受 150～250V 的电压，称为起始介质强度。此介质强度的大小与电极状态和材料有关，在冷阴极情况下可达到 250V。弧隙中近阴极层以外的空间仍被正负离子所充满，电位变化不大，故有图 4-3（b）所示的电压分布。

近阴极效应对低压短弧的熄灭具有重要意义。例如 220V 的交流开关，在小电流下开断时，因触头温度较低，可以形成 250V 左右的起始介质强度，往往在电流第一次过零时，电弧即行熄灭。电压在 380V 及以上、电流较大的交流断路器也可以利用近阴极效应。其方法是将整个电弧分割为若干个短弧，每个短弧在阴极附近皆产生 150～250V 的起始介质强度，如果它们的起始介质强度之和足够大，那么电弧就不再重燃而熄灭。

根据这一原理，低压开关中广泛采用灭弧栅装置，由铁磁材料制成的金属片组成短弧栅格，如图 4-4 所示，触头间产生电弧后，铁磁材料的栅片在电弧电流产生的磁场中产生电磁力，把电弧吸引到栅片之中，将长弧分割成一串短弧，使之熄灭。实际中栅片作成缺口形状，是为了减少电弧进入栅片的阻力，缩短燃弧时间。

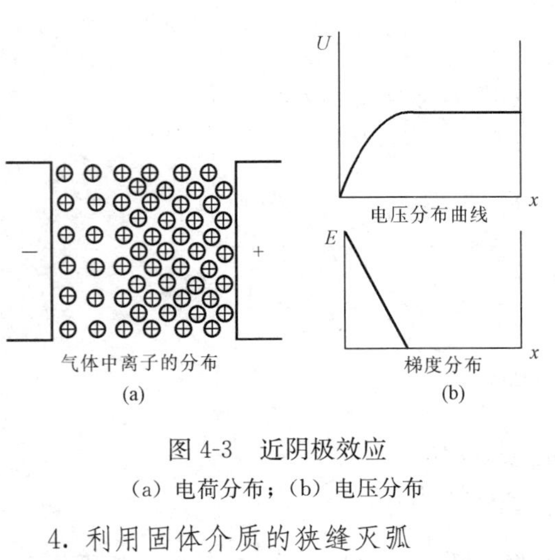

图 4-3　近阴极效应

（a）电荷分布；（b）电压分布

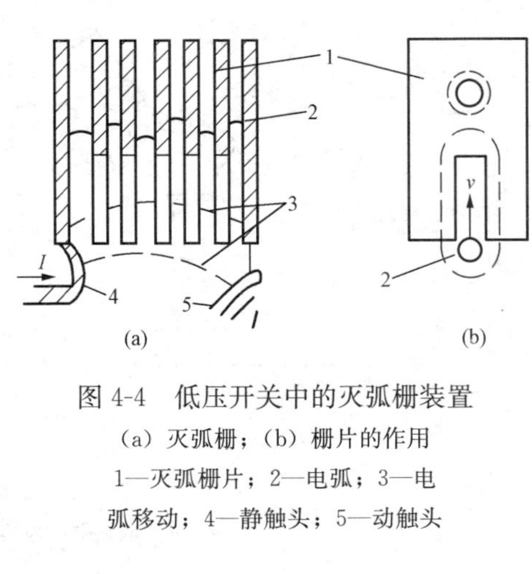

图 4-4　低压开关中的灭弧栅装置

（a）灭弧栅；（b）栅片的作用

1—灭弧栅片；2—电弧；3—电弧移动；4—静触头；5—动触头

4. 利用固体介质的狭缝灭弧

低压开关也广泛采用狭缝灭弧装置，它由石棉水泥或陶土材料压制成的灭弧罩和磁吹装置构成，如图 4-5 所示，触头间产生电弧以后，在磁吹装置产生的磁场作用下，对电弧产生

电磁力，将其拉入由灭弧片构成的狭缝中，起到拉长电弧的作用，并促使电弧与灭弧片冷壁紧密接触，加强冷却作用；另外，在灭弧罩上，自由电子更易于附着在中性质点上形成负离子，加速了离子的复合，因而有较好的灭弧效果。

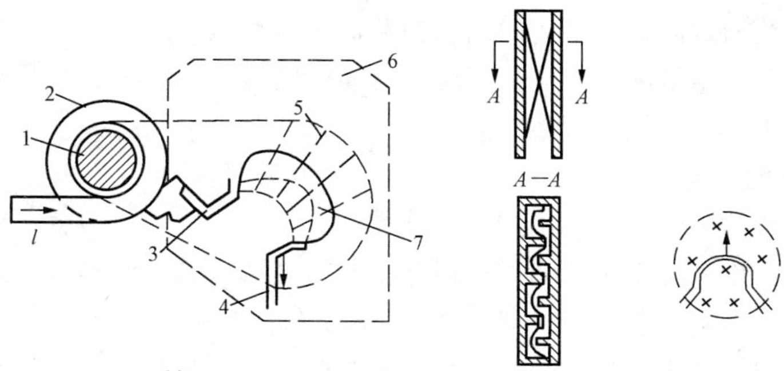

图 4-5 狭缝灭弧装置的工作原理

（a）灭弧装置；（b）灭弧片；（c）磁吹弧原理

1—磁吹铁芯；2—磁吹线圈；3—静触头；4—动触头；5—灭弧片；6—灭弧罩；7—电弧移动

课题二 高压断路器

高压断路器是电力系统中非常重要的工作和保护设备，它对维持电力系统的安全、经济和可靠运行起着非常重要的作用。在负荷投入或转移时，它应该准确地开、合。在设备（如发电机、变压器、电动机等）出现故障或母线、输配电线路出现故障时它能自动地将故障切除，保证非故障部分的安全连续运行。

一、高压断路器的用途要求和分类

1. 高压断路器的用途

高压断路器是高压电器中最重要的部分，是一次电力系统设备中控制和保护的关键电器。受它控制和保护的电路，无论在空载、负载或短路故障状态，都应可靠地接通或断开。

总的来讲，高压断路器在电网中起两方面的作用：一是控制作用，即根据电网运行的需要，将部分电气设备或线路投入或退出运行；二是保护作用，即在电气设备或电力线路发生故障时，继电保护自动装置发出跳闸信号，启动断路器，将故障部分设备或线路从电网中迅速切除，确保电网中无故障部分的正常运行。

2. 高压断路器的基本要求

断路器在正常工作时接通和切断负荷电流，短路时切断短路电流，并受装设地点环境变化的影响。它应满足以下要求：

（1）工作可靠性。高压断路器在厂家给定的技术条件下工作时，应能够可靠地长期正常工作。

（2）具有足够的断路能力。由于电网发生短路时产生很大的短路电流，所以当断路器在断开电路时，要有很强的灭弧能力才能可靠断开电路，并保证具有足够的热稳定和动稳定。

（3）具有尽可能短的切断时间。当电网发生短路故障时，要求断路器迅速切断故障电路，这样可以缩短电力网的故障时间和减轻短路电流对电气设备的损害。在超高压电网中，可以提高电力系统的稳定性。

（4）实现自动重合闸。架空输电线路的短路故障，大多数是临时性的。为了提高供电可靠性并增强电力系统的稳定性，线路保护多采用自动重合闸方式。当发生瞬时性短路故障时，继电保护使断路器跳闸，经很短时间后断路器又自动重合。

（5）结构简单、价格低廉。在满足安全、可靠的同时，还应考虑到经济性。故要求断路器结构简单、尺寸小、重量轻、价格低廉。

3. 高压断路器的分类

高压断路器一般按灭弧介质的不同进行分类。

（1）油断路器：指采用变压器油作灭弧介质的断路器。它又可分为多油断路器和少油断路器。多油断路器的油除了作灭弧介质和触头开断后绝缘外，还作为带电部分对地绝缘使用。少油断路器的油只作为灭弧介质和触头开断后的绝缘，而带电部分对地绝缘采用瓷件或其他介质。

（2）压缩空气断路器（简称空气断路器）：指利用压缩空气作为灭弧介质的断路器。压缩空气除了作灭弧介质外，还作为触头开断后的绝缘介质。

（3）真空断路器：指利用真空的高介质强度来灭弧的断路器。

（4）六氟化硫（SF_6）断路器：指利用具有优异的绝缘性能和灭弧性能的六氟化硫气体作为灭弧介质和绝缘介质，可发展成六氟化硫组合电器。

此外，高压断路器按其安装地点的不同，分为户内式和户外式两种。

二、高压断路器的技术参数和型号含义

1. 高压断路器的技术参数

（1）额定电压：指断路器长时间运行能承受的正常工作电压。它不仅决定了断路器的绝缘水平，而且在相当程度上决定了断路器的总体尺寸和灭弧条件。

（2）最高工作电压：考虑输电线路有电压降，线路供电端母线电压高于受电端母线电压，使断路器可能在高于额定电压下长期工作，因此，规定了断路器有一最高工作电压。按照国标，220kV及以下设备，其最高工作电压为额定电压的1.15倍；对于330kV的设备，规定为1.1倍。

（3）额定电流：指断路器在额定容量下允许长期通过的工作电流。它决定了断路器触头及导电部分的截面积，并且在某种程度上也决定了它的结构。

（4）额定开断电流：指在额定电压下，断路器能可靠切断的最大电流。它表明断路器的断路能力。当电压不等于额定电压时，断路器能可靠切断的最大电流，称为该电压下的开断电流。当电压低于额定电压时，开断电流比额定开断电流有所增大，但有一最大值，并称其为极限开断电流。

（5）额定关合电流：表明断路器关合电流的能力，即断路器关合短路电流时，其触头不因最大短路电流的电动力使之分开、引起跳动而被电弧熔焊的能力。

（6）动稳定电流：表明断路器在冲击短路电流的作用下，承受电动力的能力。其值由导电和绝缘等部件的机械强度决定。

（7）热稳定电流：指断路器在某一规定时间范围内允许通过的最大电流。它表明断路器承受短路电流热效应的能力。

(8) 合闸时间：从发出合闸命令（合闸线圈通电）起至断路器接通时为止所经过的时间，称为断路器的合闸时间。

(9) 分闸时间：从发出分闸命令（分闸线圈通电）起至断路器开断至三相电弧完全熄灭时所经过的时间。它为断路器固有分闸时间和电弧熄灭时间之和。一般为 0.06～0.12s。分闸时间小于 0.06s 的断路器，称为快速断路器。

固有分闸时间是指发出分闸命令起到灭弧触头刚刚分离时所经过的时间。灭弧时间指触头分离到各相电弧完全熄灭所经过的时间。

2. 高压断路器型号的含义

断路器型号主要由以下七个单元组成。

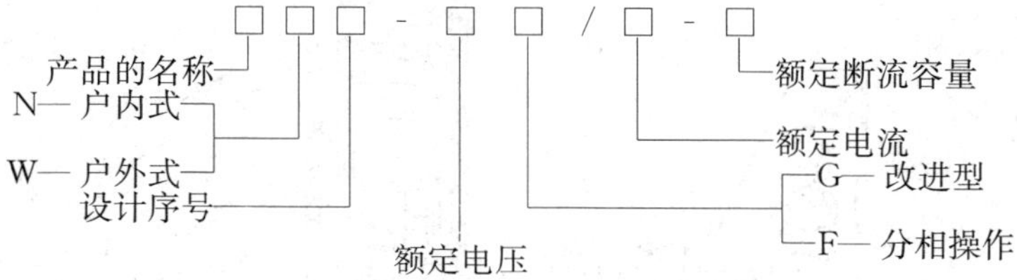

第一单元产品名称有：S—少油断路器；D—多油断路器；K—空气断路器；L—六氟化硫断路器；Z—真空断路器；Q—产气断路器；C—磁吹断路器。

例如：型号为 SN4-20G/8000-3000 的断路器，其含义表示为：少油断路器、户内式、设计序号 4，额定电压 20kV、改进型，额定电流为 8000A，额定断流容量 3000MVA。

三、高压断路器的基本结构和灭弧过程

（一）少油断路器的结构和灭弧过程

少油断路器导电部分间的绝缘是利用空气和陶瓷绝缘材料或有机绝缘材料，它的灭弧室装在绝缘筒或不接地的金属筒中，变压器油只用作灭弧和触头间的绝缘，用油量少，比多油断路器体积小、重量轻、运输安装方便、有利于防火。

1. SN10-10 系列少油断路器

结构如图 4-6 所示。该系列断路器可配用 CD10 直流电磁操动机构或 CT8 型弹簧储能操动机构，也可配用其他操动机构。

SN10-10Ⅰ、Ⅱ、Ⅲ断路器的结构基本相似，由框架、传动系统和箱体三部分构成。如图 4-6 所示，框架上装有分闸弹簧（31）、支持绝缘子（30）、分闸限位器（28）和合闸缓冲器（25）；传动系统包括主轴（27）、绝缘拉杆（29）和轴承座（26）；箱体的下部是基座，基座内装有转轴、拐臂和连板组成的变直机构，当断路器合分时，操动机构通过主轴（27）、绝缘拉杆（29）和基座内的变直机构，使导电杆上下运动，实现断路器的合分闸。基座下部装有油缓冲器（23）和放油螺栓（24）。分闸时油缓冲器起缓冲作用。导电杆的端部和静触头的弧触指（14）上均装有耐弧铜钨合金，以提高寿命和短路开断能力。箱体中间部位是灭弧室，采用纵横吹和机械油吹联合作用的灭弧装置，有三级横吹、一级纵吹。横吹采用了扁喷口，配合快速分闸的速度使燃弧时间很短。

开断电流时，在动静触头分离而产生电弧的高温作用下，绝缘油被分解成气体和油蒸气，形成紧密包围电弧的气泡，并使灭弧室内压力增高，由于压力的作用，首先使静触座中心逆止阀内钢球迅速上升堵塞中心孔。电弧在密封的空间内燃烧，灭弧室内压力继续增高。随着动触头向下运动，依次打开第一、二、三横吹口和纵吹口，使油和气体的混合体强烈吹

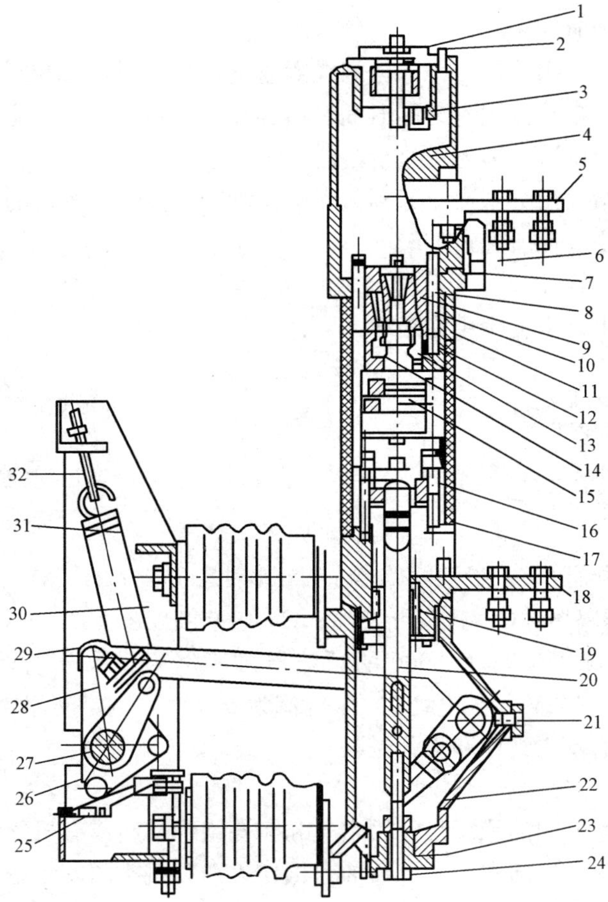

图 4-6　SN10-10 断路器结构

1—排气孔盖；2—注油螺栓；3—回油阀；4—上帽装配；5—上接线座；6—油标指示器；7—静触座装配；8—逆止阀；9—弹簧片；10—绝缘套筒；11—上压环；12—绝缘环；13—触指；14—弧触指；15—灭弧室装配；16—下压环；17—绝缘筒装配；18—下接线座装配；19—滚动触头；20—导电杆装配；21—特殊螺栓；22—基座装配；23—油缓冲器；24—放油螺栓；25—合闸缓冲器；26—轴承座；27—主轴；28—分闸限位器；29—绝缘拉杆；30—支持绝缘子；31—分闸弹簧；32—框架装配

向电弧。此外，由于导电杆快速向下运动形成向上的附加油流，产生机械油吹。在横纵吹和机械油吹的作用下，使电弧在短时间内熄灭。弧触指装在上接线座的相反方向，使断路器分断电流时，在电动力的作用下，把电弧吹至弧触指上，避免烧伤主触头。从弧道排出的高压油气冲向上帽的缓冲空间立即膨胀，并通过一个 ϕ3.5mm 斜孔进入小室，并沿着小室内壁切线方向旋转，使油和气体分开，油流回箱体内，少量气体通过分离器顶盖排气孔逸出。采用这种惯性膨胀式油气分离器，油气分离效果好，排出油气少，在开断满容量的情况下油位基本不下降。

2. SW2-110、SW2-220 系列少油断路器

（1）总体结构。SW2-110、220Ⅱ型、SW2-110、220Ⅲ型及 SW2-220Ⅳ型，其断路器基本上配用液压操动机构。CY3-Ⅱ和 CY3（CYS-Ⅱ）型液压机构每相有自己的分、合闸阀，可进行单相、三相手动，自动分、合闸；CY-A 型液压机构三相只有一套分闸、合闸线圈和阀体，只能三相手动或自动操作。

SW2-110、220 型少油断路器采用多断口积木式结构。SW2-110 型由独立的三个单相组合、每相两个断口，呈“Y”型布置。SW2-220 型由独立的六个单柱组成，每相两个柱、四个断口，组成两个“Y”型结构，两个单相之间用水平拉杆连接成一相。

断路器由以下主要部件组成：①底座和支持绝缘子；②中间传动机构；③导电系统；④灭弧室；⑤并联电容器；⑥绝缘拉杆；⑦合闸保持弹簧；⑧注油、放油及密封等。

（2）灭弧室结构及灭弧过程。如图 4-7 所示，灭弧室单元主要由铝帽、玻璃钢绝缘筒、灭弧断口绝缘子、接线座及装在玻璃钢绝缘筒内的灭弧管装配等组成。灭弧室采用双筒结构、横纵吹灭弧原理。灭弧筒及其装在其中的 7 块灭弧片和 6 个灭弧管组成多油囊式灭弧室。见图 4-7 中，灭弧室上部四块灭弧片的下面有凹槽，其空间形成空气垫，用于调节开断大、小电流时的压力，改善灭弧性能，在上静触头两侧有面积很大的上喷口，在第一块灭弧片的上部油囊四周均匀分布着 8 个横喷口，第一块灭弧片中心孔较大，第二、三、四块灭弧片中心孔最小，形成灭弧室中的高压力区，往下五、六、七块灭弧片中心孔逐渐扩大，形成喇叭形下喷口。

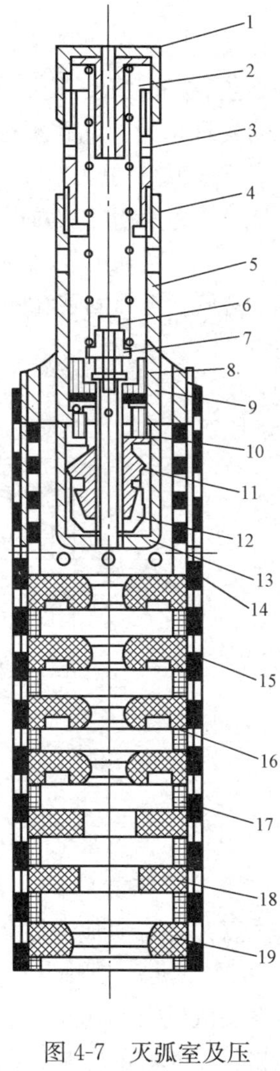

图 4-7　灭弧室及压油活塞装配图

1—螺套；2—导向座；3—管；4—弹簧；5—支持座；6—M12 螺栓；7—支座；8—密封圈；9—活塞；10—打油管；11—上触头座；12—触指；13—保护环；14、16—灭弧管；15、18、19—灭弧片；17—灭弧筒

当断路器开断短路电流时，动静触头分离瞬间产生电弧，电弧产生的高温使绝缘油变成气体，使灭弧室内压力迅速增高，由于上喷口和横喷口离静触头很近，气体立即从上喷口和横喷口中吹出，并很快形成连续的横纵吹气流，尤其当动触头运动到第四块灭弧片时，气体又从下喷口吹出。气体的强烈吹弧，使电弧迅速冷却和弯曲，在电流过零时电弧熄灭。

（二）真空断路器

1. 原理

在真空容器中进行电流开断与关合的电器叫“真空断路器”，它利用真空度为 6.6×10^{-2}Pa 以上的高真空作为内绝缘和灭弧介质。所谓真空是相对而言的，指的是绝对压力低于 1 个大气压的气体稀薄的空间。气体稀薄的程度用“真空度”表示。真空度就是气体的绝对压力与大气压的差值。气体的绝对压力值愈低，真空度就愈高。真空度为 6.6×10^{-2}Pa 的空间，其气体相对大气压下的空间来说比较稀薄，其绝缘强度很高，电弧很容易熄灭。真空的绝缘强度比变压器油、1 个大气压下的六氟化硫和空气的绝缘强度高得多，真空间隙的气体稀薄分子的自由行程大，发生碰撞游离的机会少。因此，真空间隙击穿产生电弧，是在触头电极蒸发出来的金属蒸气中形成的。

2. 基本结构和灭弧过程

真空断路器的总体结构，一般分为悬臂式和落地式两种，主要由真空灭弧室、支架和操动机构三部分组成。

真空灭弧室的性能主要取决于触头材料和结构，并与屏蔽罩的结构，材质以及灭弧室的制造工艺有关。真空灭弧室的原理结构如图 4-8 所示，动静触头分别焊在动静导电杆上，用波纹管实现密封。动触头在机构驱动力的作用下，能在灭弧室沿轴向移动，完成分闸和合闸。

真空灭弧室的触头，一般采用磁吹对接式。如图 4-9 所示，其触头的中间是一接触面的四周开有三条螺旋槽的吹弧面，触头闭合时，只有接触面相互接触。当开断电流时，最初在接触面上产生电弧，在电弧磁场作用下，驱使电弧沿触头四周切线方向运动，即在触头外缘上不断旋转，避免了电弧固定在触头某处而烧损触头。电流过零时，电弧即熄灭。

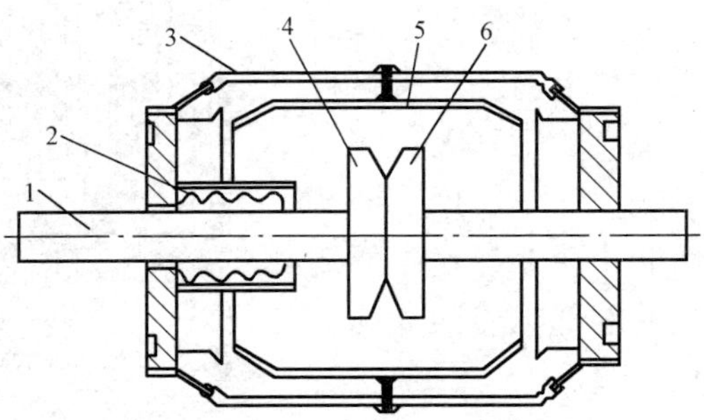

图 4-8　真空灭弧室的原理结构

1—动触杆；2—波纹管；3—外壳；
4—动触头；5—屏蔽罩；6—静触头

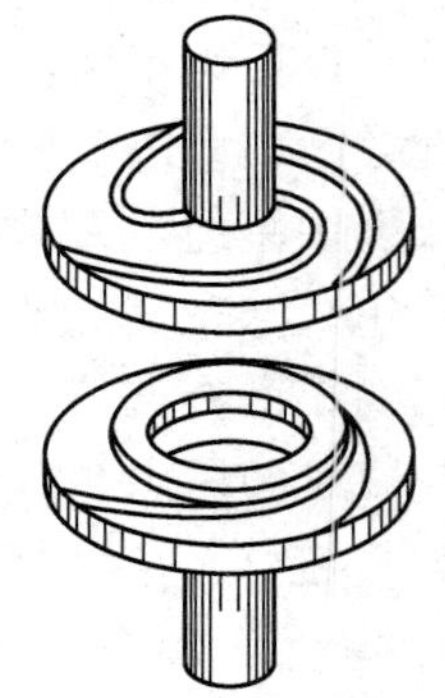

图 4-9　内螺槽触头

3. 真空断路器的优缺点

优点：①寿命长，适于频繁操作。真空开关的触头不氧化，烧损量小，满容量开断次数可达 30 次以上；②触头开距与行程小，仅为油断路器开距的 1/10 左右，分合闸速度大，操作噪声及机械振动均小；③燃弧时间短，一般不超过 20ms，燃弧时间基本上不受分断电流大小和负载性质的影响；④可以无油化，防火防爆；⑤体积小，重量轻，10kV 级重量约为少油断路器的一半；⑥检修间隔时间长，维护方便。

缺点：①真空灭弧室的真空度保持和有效的指示尚待改进；②价格较昂贵，约为相同额定参数的少油断路器价格的 4～5 倍；③容易产生危险的过电压。

（三）六氟化硫断路器

六氟化硫（SF_6）断路器简称为 GCB、属于气吹式断路器。由于输变电设备趋向高电压、大容量、高特性，用六氟化硫取代原来的油和空气作为灭弧介质及绝缘介质具有独特的优越性，六氟化硫断路器成为当前输变电设备的主要开关电器。我国生产的 63～500kV 六氟化硫断路器额定开断电流已达 50kA 以上。500kV 的六氟化硫全封闭式组合电器（GIS）也已在变电站挂网运行。

1. 六氟化硫的特性

（1）基本特性：六氟化硫为无色、无味、无毒、不可燃且透明的惰性气体，分子量为 146.07，比空气重 5 倍，具有极强的导热能力，对熄灭电弧起着重要作用。六氟化硫在常温下是极为稳定的化合物，其惰性远远超过氮气，它与氧气、氢气、铝及其他许多物质不发生作用。六氟化硫分子直径比空气中的氧、氮等分子大得多，所以电子在六氟化硫气体中的平均自由行程很短，所以发生碰撞游离的概率是很小的。六氟化硫为强电负性气体，对电子有很大的亲和力能吸附电子生成负离子，使空间的自由电子减少，使绝缘强度大为提高。

(2) 灭弧性能：六氟化硫气体具有很强的灭弧能力，在静止的六氟化硫气体中，其开断能力要比空气大 100 倍。当用六氟化硫气体吹弧时，采用不高的压力和不太高的速度，就能在高电压下开断相当大的电流。

六氟化硫气体灭弧性能优越的主要原因是：①散热能力强，六氟化硫气体的散热主要靠对流与传导，由于六氟化硫分子质量大，比热容也大，所以对流散热能力为空气的 2.5 倍；②六氟化硫气体中电弧的弧柱细、弧压降也较小，由于六氟化硫奇异的热传导性能，在 5000K 附近热导率很低，所以弧心部分的热量难以传导出来；③六氟化硫气体电负性能强，吸附电子使弧隙带电质点迅速减少，在电弧电流过零前后促使介质强度快速恢复。

2. 总体结构

(1) 瓷柱式。瓷柱式六氟化硫断路器如图 4-10 所示，其灭弧装置装在支持瓷套的顶部，由绝缘杆进行操动。这种结构的优点是系列性好，用不同个数的标准灭弧单元和支持瓷套，即可组装成不同电压等级的产品；其缺点是稳定性差，不能加装电流互感器。

(2) 落地罐式。其总体结构类似于多油断路器，如图 4-11 所示。它的灭弧系统用绝缘体支撑在接地金属罐的中心，借助于套管引线，基本上不改装就可以用于全封闭组合电器之中。这种结构便于安装电流互感器，抗震性能好，但系列性差。

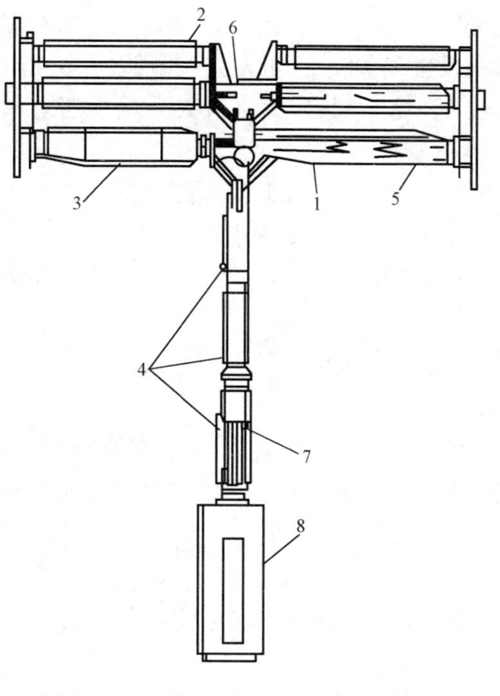

图 4-10 330kV、500kV SFM 型 GCB

1—并联电容；2—端子；3—灭弧室瓷套；4—支持瓷套；5—合闸电阻；6—灭弧室；7—绝缘拉杆；8—操动机构箱

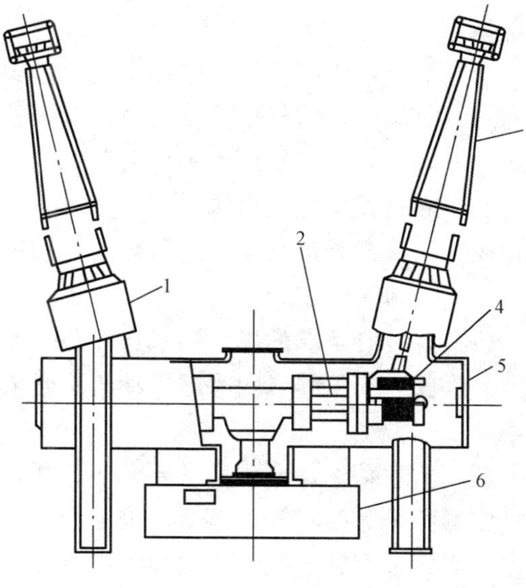

图 4-11 500kV SFMT 型 GCB

1—套管式电流互感器；2—灭弧室；3—套管；4—合闸电阻；5—吸附剂；6—操作机构箱

110kV及以上电压等级的高压六氟化硫断路器，一般都是以上两种结构。

(3) 中压级六氟化硫断路器。用于中压级的六氟化硫断路器有旋弧式、气自吹式和压气式三种，在35kV及以下的配电装置中，六氟化硫断路器的总体结构常做成小车式，外形与少油和真空小车开关极为相似。

3. 灭弧室结构及灭弧过程

(1) 单压式（也称压气式）灭弧室。常态时只有单一的六氟化硫气体。分闸过程中，压气缸与动触头同时运动，将压气室内的气体压缩。触头分离后，电弧即受到高速气流纵吹而将电弧熄灭。

(2) 双压式灭弧室。它有高低两个气压系统，灭弧室内常时充有高压气体的称为常充高压式；仅在灭弧过程中才充有高压气体的称为瞬时充高压式。分闸时，排气阀打开，高压气体经喷嘴与触头吹弧后流向低压区。电弧熄灭后，排气阀关闭，高、低压区之间由压缩机及压力监视系统自动维持恒定的压力差。

双压式六氟化硫断路器开断电流大、动作快，但结构复杂、价格高。早期产生的六氟化硫断路器均是这种结构。单压式结构简单，但开断电流小、行程大，固有分闸时间长，且操动机构的功率大。近年来，单压式六氟化硫断路器采用了大功率液压机构和双向吹弧，满足技术参数要求，已普遍采用。

4. 六氟化硫断路器的优缺点

(1) 优点：①灭弧室单断口耐压高（可达400kV）。与压缩空气断路器和少油断路器的断口数目相比，对于同一电压等级的产品的断口数目少。②开断能力大，通流能力强。③电寿命长，检修间隔周期长。④开断性能优异。六氟化硫气体中电弧能量较少，残余弧心截面积小，介质恢复速度特别快，因此开断近区故障的性能特别好。⑤无火灾危险，无噪声公害。⑥发展六氟化硫全封闭式组合电器（Gas Insulated Switchgear），可大大减少变电站占地面积。

(2) 缺点：①在不均匀电场中，气体的击穿电压下降很多，因此对断路器零部件加工要求高。②对断路器密封性能要求高，对水分与气体的检测与控制要求很严。③六氟化硫容易液化，−40℃时，工作压力不得大于0.35MPa；−30℃时，工作压力不得大于0.5MPa。

四、断路器的操动机构

操动机构是带动高压断路器传动机构进行合闸和分闸的机构。

1. 操动机构的基本要求

(1) 应具有足够的操作功率。在断路器合闸过程中，操动机构要克服很大的机械力和电动力。因此，断路器合闸时，操动机构必须发出足够大的功率。而在断路器分闸时所需功率较小。

(2) 要求动作迅速。通常要求快速断路器的全分闸时间不大于0.80s，近代高压和超高压断路器的全分闸时间甚至要求为0.02～0.04s。而断路器的全分闸时间中，固有分闸时间约占一半以上，它与操动机构的结构有关。

(3) 要求操动机构工作可靠、结构简单、体积小、重量轻、操作方便等。

2. 操动机构的类型及特点

根据断路器合闸时所用能量的形式，操动机构可分为手动式、电磁式、弹簧式、压缩空气式和液压式等几种类型。

（1）手动式操动机构的特点是：靠人力合闸，靠弹簧力分闸，并具有自由脱扣机构；构造简单，不需要其他辅助设备；一般只用于额定开断电流不超过 6.3kA 的断路器。它的最大缺点是操作功率受人力限制、合闸时间长、不能实现自动重合闸，目前较少采用。

（2）电磁式操动机构，是用电磁铁将电能变成机械能作为合闸动力。这种机构结构简单、运行可靠、能用于自动重合闸和远距离操作，因而在 10～35kV 断路器中得到广泛应用。

（3）弹簧式操动机构，是利用弹簧预先储存的能量作为合闸动力。此种机构成套性强，不需配备附加设备，弹簧储能时耗用功率小；但结构复杂，加工工艺及材料性能要求高，且机构本身质量随操作功率增加而急剧增大。目前我国生产的 CT7、CT8 等系列操动机构，可供 SN10 系列断路器使用；CT6 型弹簧操动机构，供 SW4 系列断路器使用。

（4）压缩空气式操动机构，是利用压缩空气进行断路器分闸，利用弹簧力进行断路器合闸。此种机构结构简单、动作可靠，获得越来越广泛的应用。

（5）液压式操动机构，是利用压缩气体（氮气）作为能源，以液压油作为传递能量的媒介，推动活塞做功，使断路器合闸或分闸。CY3、CY3Ⅲ和 CY4 型液压操动机构，具有压力高、输出功率大、体积小、传递快、延时小、动作准确及输出功率比较均匀等优点，所以目前我国电压在 110kV 及以上少油和六氟化硫断路器中广泛采用。

3. 操动机构的组成

一般来说，操动机构主要由以下几种部件组成：

（1）做功与储能部分。它的作用是将其他形成的能量转换为机械能。例如，电磁操动机构中的合闸电磁铁，通电后由电磁铁的动能使传动机构动作，同时将能量储存起来，以备分闸时只使用很小能量去释放机械能，使其快速分闸。

（2）传动系统。用以改变操作力的方向、位置、行程以及运动性质等，它是一套机械连杆机构，要求机械能量损失小，动作准确，寿命长。

（3）维持机构与脱扣机构。前者的任务是将已经完成的合闸操作可靠地保持在合闸状态，有时称为“搭钩”；后者为解除合闸的机构，它可以“一碰即脱”，以使分闸动作快，需要功率小。

课题三　隔　离　开　关

隔离开关是在高压电气装置中保证工作安全的开关电器，结构简单，没有灭弧装置，不能用来接通和断开有负荷电流的电路。

一、隔离开关的用途分类及基本结构

1. 隔离开关的用途

隔离开关的重要用途是保证电压在 1000V 以上的高压装置中检修工作的安全，用隔离开关将高压装置中需要检修的部分，与其他带电部分可靠地隔离。这样，工作人员可安全地进行作业，而不影响其余部分正常工作。

隔离开关经常用来进行电力系统运行方式改变时的倒闸操作。例如，发电厂或变电站的主接线为双母线时，与母线相连的隔离开关将用来进行倒母线操作。

隔离开关也可以接通或切断小电流。例如，可以用隔离开关接通和断开下列电路：

（1）电压互感器和避雷器。

（2）母线和直接与母线相连设备的电容电流。

（3）空载变压器（一定电压等级和容量）。

（4）空载线路（一定电压等级和线路长度）。

特别强调，隔离开关在任何情况下，均不能切、合负荷电流和短路电流，并应设法避免可能发生的误操作。

2. 隔离开关的分类及基本结构

隔离开关根据极数可分为单极和三极；根据安装的地点可分为屋内（GN）型和屋外（GW）型；根据构造又可分为转动式和插入式，转动式隔离开关在垂直于绝缘子的平面内转动，而插入式的绝缘子则在接通和断开时沿自身的轴转动。此外，隔离开关还分为带接地开关和不带接地开关的两种，接地开关的作用是用来在检修时接地用的。

隔离开关不同型号有不同的结构，其基本结构和特点、使用范围如表 4-1 所示。

表 4-1　　隔离开关的型式特点

<table>
<tr><th colspan="2">型　式</th><th>简　图</th><th>特　点</th><th>适用范围</th></tr>
<tr><td rowspan="8">屋内</td><td>GN1、GN5</td><td rowspan="7"></td><td>单极，600A 以下，用钩棒操作</td><td>发电厂、变电站较少使用</td></tr>
<tr><td>GN2</td><td>三极，价格高于 GN6</td><td rowspan="2">屋内配电装置，成套高压开关柜</td></tr>
<tr><td>GN6
GN19</td><td>三极，可前后连接，可平装、立装、斜装、价格较便宜</td></tr>
<tr><td>GN8</td><td>在 GN6 基础上，用绝缘套管代替支柱绝缘子</td><td rowspan="5">大电流回路
发电机回路</td></tr>
<tr><td>GN10</td><td>单极，大电流 3000～13000A，可手动、电动操作</td></tr>
<tr><td>GN11</td><td>三极，15kV，200～600A，用手动操作</td></tr>
<tr><td>GN18
GN22</td><td>三极，10kV，大电流 2000～3000A，机械锁紧</td></tr>
<tr><td>GN14</td><td>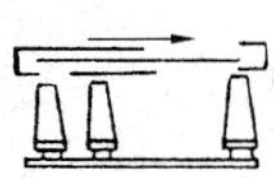</td><td>单极插入式结构，带封闭罩，20kV，大电流 10000～13000A，电动操作</td></tr>
<tr><td rowspan="2">屋外</td><td>GW1、GW3</td><td>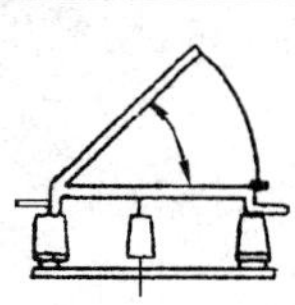</td><td>单极，10kV 绝缘钩棒操作或手动操作</td><td rowspan="2">发电厂变电站目前已较少采用</td></tr>
<tr><td>GW2</td><td>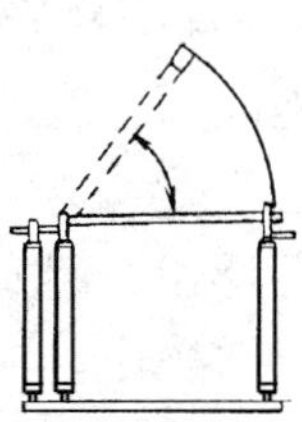</td><td>三相操作，仿苏产品，110kV 及以下，闸刀可旋转</td></tr>
</table>

续表

型式		简图	特点	适用范围
屋外	GW4	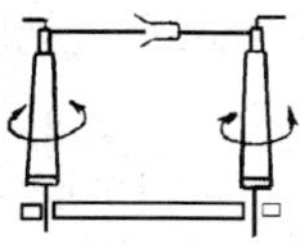	220kV及以下，系列较全，双柱式，可高型布置，质量较轻，可手动、电动操作	220kV及以下各型配电装置常用
	GW5		35～110kV，V形，水平转动，可正装、斜装	常用于高型、硬母线布置及屋内配电装置
	GW6	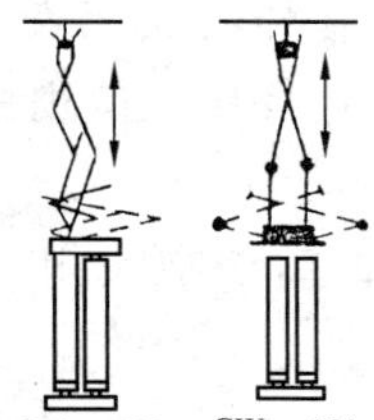 GW_6—220 偏折　GW_6－330 对称折	220～500kV，单柱，钳夹，可分相布置，220kV为偏折，330kV为对称折	多用于硬母线布置或作为母线隔离开关
	GW7	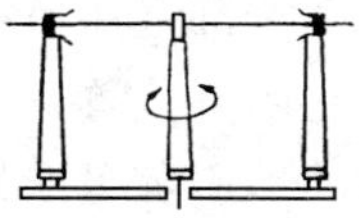	220～500kV，三柱式，中间水平转动，单相或三相操作，可分相布置	多用于330kV及以上屋外中型配电装置
	GW8	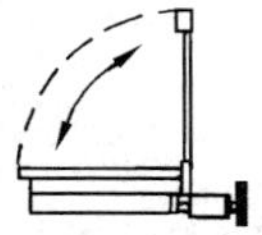	35～110kV，单极	专用于变压器中性点

二、隔离开关的技术参数

技术参数是对隔离开关工作性能的基本描述，它对隔离开关的选择和使用有重要的意义。其主要技术参数如下：

(1) 额定电压：指隔离开关长期运行时承受的工作电压，与安装点电网的额定电压等级对应。

(2) 最高工作电压：由于电网电压的波动，隔离开关所能承受的超过额定电压的电压。它不仅决定了隔离开关的绝缘要求，而且在相当程度上决定了隔离开关的外部尺寸。

(3) 额定电流：指隔离开关可以长期通过的工作电流，即长期通过该电流，隔离开关各部分的发热不超过允许值。

(4) 热稳定电流：指隔离开关在某规定的时间段内，允许通过的最大电流。它表明了隔离开关承受短路电流热稳定的能力。

(5) 极限通过电流峰值：指隔离开关所能承受的瞬时冲击短路电流。这个值与隔离开关各部分的机械强度有关。

对于隔离开关的额定电压和额定电流可以从其型号中表示出来，如GN6-10T/400隔离开关，额定电压为10kV、额定电流为400A。其他各部分的含义是：

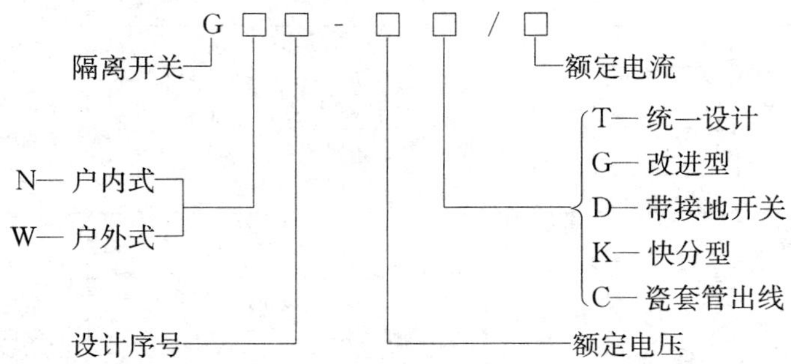

三、隔离开关的操作原则

隔离开关都配有手动操动机构，一般采用CS6-1型。操作时要先拔出定位销，分合闸动作要果断、迅速，终了时注意不可用力过猛，操作完毕一定要用定位销销住，并目测其动触头位置是否符合要求。

用绝缘杆操作单极隔离开关时，合闸应先合两边相，后合中间相。分闸时，顺序与此相反。

不管合闸还是分闸操作，都应在不带负荷或负荷在隔离开关允许的操作范围内进行。为此，操作隔离开关之前，必须先检查与之串联的断路器，应确实处于断开位置。如隔离开关带的负荷是规定容量范围内的变压器，则必须先停掉变压器全部低压负荷，令其空载之后再拉开隔离开关；送电时，先检查变压器低压侧主断路器确在断开位置，方可合隔离开关。

如果发生了带负荷分或合隔离开关的误操作，则应冷静地避免可能发生的另一种反方向的误操作。即当发现带负荷误合闸后，不得再立即拉开；当发现带负荷分闸时，不得再合（若刚拉开一点，发现有火花产生时，可立即合上）。

课题四　高 压 熔 断 器

熔断器是一种最简单的保护电器，它串接在电路中，当电路发生短路或过负荷时，熔断器自动断开电路，使其他电气设备得到保护。熔断器分为低压熔断器和高压熔断器，本课题主要介绍高压熔断器。

一、高压熔断器的基本结构工作原理和技术参数

1. 基本结构和熔件材料

熔断器主要由金属熔件（也叫熔体）、支持熔体的载流部分（触头）和外壳构成。有些熔断器内还装有特殊的灭弧物质，如产气纤维管、石英砂等用来熄灭熔件熔断时形成的电弧。

熔件是熔断器的主要部件。要求熔件的材料熔点低、导电性能好、不易氧化和易于加工。一般用铅、铅锡合金、锌、铜、银等金属材料。

铅、铅锡合金和锌的熔点较低，分别为320、200℃和420℃，但导电性能差，所以用这些材料制成的熔件截面相当大，熔断时产生的金属蒸气太多，对灭弧不利。故仅用于500V及以下的低压熔断器中。

铜和银的导电性能好，热传导率较高，可以制成截面积较小的熔件。因此铜熔件广泛应用于各种电压的熔断器中；银熔件的价格较高只使用于高压小电流的熔断器中。铜、银熔件的缺点就是熔点较高，分别为1080℃和960℃。当熔断器长期通过略小于熔件熔断电流的过负荷电流时，熔件不能熔断而发热，使温度升高损坏其他部件。为了克服上述缺点，可采用“冶金效应”来降低熔件的熔点，即在难熔的熔件上焊上铅或锡的小球，当温度达到铅或锡的熔点时，难熔金属与熔化了的铅或锡形成电阻大、熔点低的合金，结果熔件首先在小球处熔断，然后电弧使熔件全部熔化。

2. 工作原理

熔断器是串联在电路中的，当电路中的电流增加到一定数值时，例如电路过负荷或发生短路时，过负荷电流或短路电流对熔件加热，熔件在被保护设备的温度未达到破坏其绝缘之前熔断，使电路断开，设备得到了保护。熔件熔化时间的长短，取决于通过的电流和熔件熔点的高低。当电路中通过很大的短路电流时，熔件将爆炸性地熔化并气化，迅速熔断；当通过不是很大的过电流时，熔件的温度上升较慢，熔件熔化的时间也就较长。熔件材料的熔点高，则熔件熔化慢、熔断时间长；反之，熔断时间短。

熔断器的工作过程大致可分为以下四个阶段：

（1）熔断器的熔件因过载或短路而加热到熔化温度。

（2）熔件的熔化和气化。

（3）触头之间的间隙击穿和产生电弧。

（4）电弧熄灭、电路被断开。

显然，熔断器的动作时间为上述四个过程所经过时间的总和。熔断器的开断能力取决于熄灭电弧能力的大小。

3. 技术参数

表征熔断器技术特性的主要参数如下：

（1）额定电压。熔断器长期能够承受的正常工作电压，即安装处电力网的额定电压。

（2）额定电流。熔断器壳体部分和载流部分允许通过的长期最大工作电流。长期通过此电流时，熔断器不会损坏。

（3）熔件的额定电流。熔件允许长期通过而不熔断的最大电流。熔件的额定电流可以和熔断器的额定电流不同。同一熔断器可装入不同额定电流的熔件，但熔件的最大额定电流不应超过熔断器的额定电流。

（4）极限断路电流。熔断器所能断开的最大电流。若被断开的电流大于此电流时，有可能使熔断器损坏，或由于电弧不能熄灭引起相间短路。

高压熔断器型号的含义：

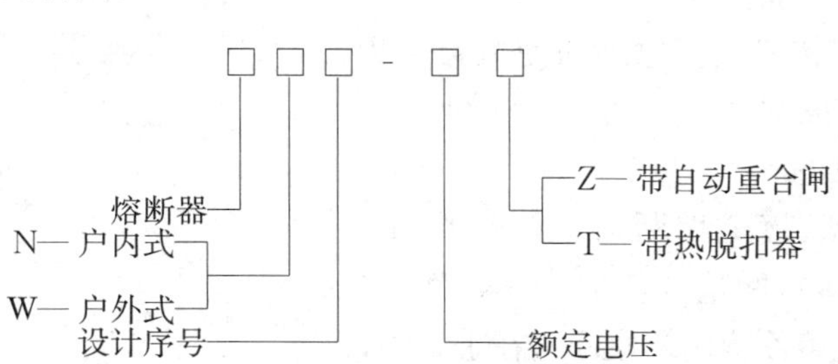

例如，RW2-35型熔断器，R表示熔断器、W表示户外式、2是设计序号、35表示额定电压为35kV。

二、高压熔断器的分类

高压熔断器可分为户内式和户外式，用于户内或户外的高压熔断器又有不同型号。电压等级有 3、6、10、35、60、110kV 等。按是否有限流作用又可分为限流式和无限流式。

1. 分类及用途

（1）RN1 型：户内管式，供电力线路短路和过电流保护用，充石英砂。

（2）RN2 型：户内管式，供电压互感器短路保护用，充石英砂。

（3）RW1 型：户外式，与负荷开关配合可代替断路器。RW1-35Z（或 60Z）型户外自动重合闸熔断器，具有一次自动重合闸功能。

（4）RW2 型：RW2-35 型与 RD1-35 附加电阻配合，可作为 35kV 电压互感器短路保护，现已被 RW9-35 型代替。

（5）RW3～RW6 型：户外自动跌落式，可作为电气设备、输电线路和电力变压器的短路和过负荷保护。

（6）RW9-35 型：为新型产品，下面将详细介绍。

2. 户内高压熔断器

如图 4-12 所示为 RN1 型熔断器的外形图，图 4-13为熔件管的结构示意图，熔件装在充满石英砂的密封管内。根据其额定电流的大小，每相熔丝有一、二、四根三种（RN2 型均为单根）。

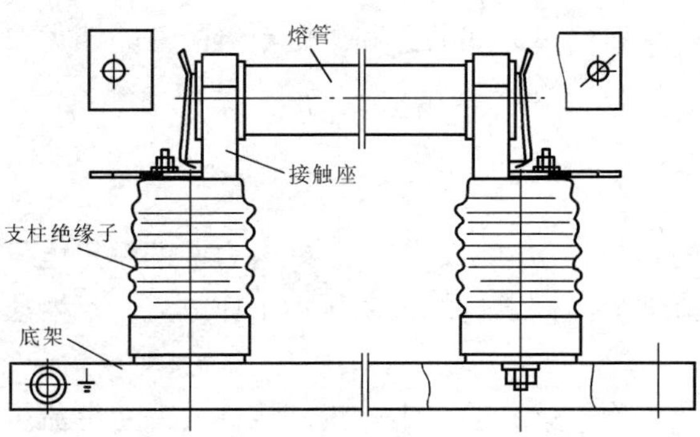

图 4-12　RN1 型熔断器的外形图

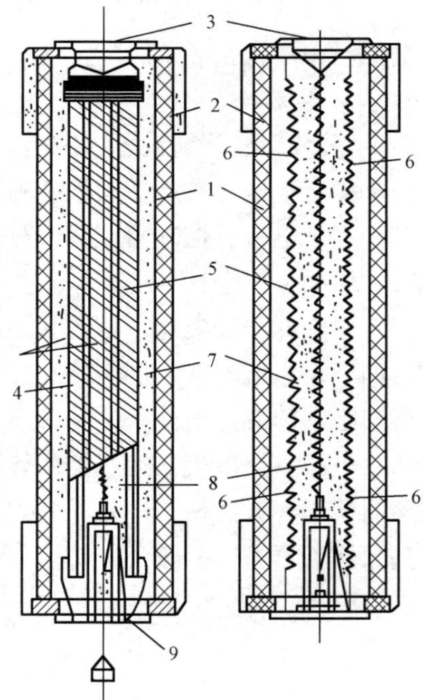

图 4-13　熔件管的结构示意图

(a) 额定电流小于 7.5A；(b) 额定电流大于 7.5A

1—熔管；2—端盖；3—顶盖；4—陶瓷芯；5—熔件；6—小锡球；7—石英砂；8—指示熔件；9—弹簧

当过负荷时，熔件先在焊有小锡球处熔断，随之电弧使熔件沿全长熔化，电弧在电流为零时熄灭。当短路电流通过时，细熔丝几乎全长熔化并蒸发，沟道压力增加，金属蒸气向四周喷渗，渗入石英砂凝结，同时由于狭缝灭弧原理而使电弧熄灭，此种熔断器属限流熔断器。

3. 户外高压熔断器

（1）RW3-10 型跌落式熔断器。如图 4-14 所示，主要用于 6～10kV 配电变压器。其熔件焊在编织导线上，并穿过熔件管用螺丝固定在上、下部的触头上，此时编织导线处于拉紧状态，使熔件管上的活动关节锁紧，熔断器可分闸。当熔件熔断时，编织导线失去拉力，使熔件管活动管节释放，熔件管由其本身重量自动绕轴跌落，电弧被拉长熄灭。

此型熔断器还有 RW9-10 及新型产品 RW7-10，二者结构相似，此型熔断器要经过几个周波才能熔断，所以称为无限流作用熔断器。

(2) RW9-35 熔断器。此型为高压限流型新型熔断器，它具有体积小、重量轻、灭弧性能好、限流能力强、断流容量大等优点，从而大大提高了可靠性。同时，由于维护简单，熔件熔断后可以更换，故将取代旧型产品。如图 4-15 所示，它由熔管、瓷套、紧固法兰及棒形支持绝缘子、拉线立帽等组成。熔管装于瓷套内，熔件放在装满石英砂填料的熔管内，有限流作用。

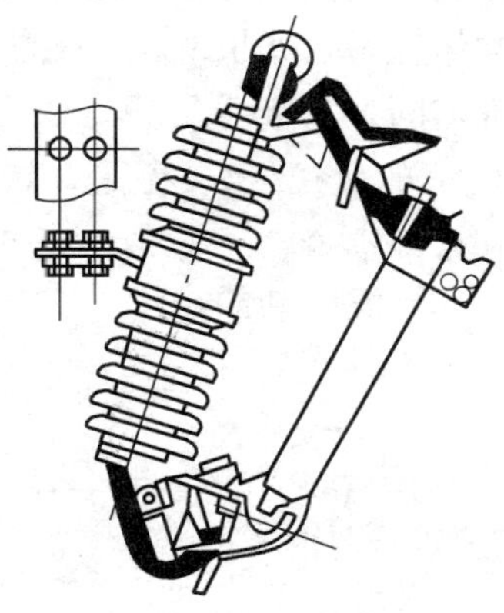

图 4-14　RW3-10 型跌落式熔断器

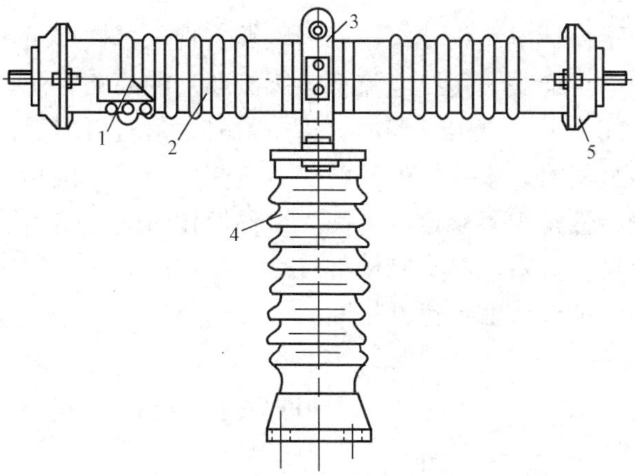

图 4-15　RW9-35 型熔断器

1—熔管；2—瓷套；3—紧固法兰；4—棒形支持绝缘子；5—接线立帽

三、高压熔断器的保护特性

熔断器的断路时间，决定于熔件的熔化时间和灭弧时间，断路时间也称熔断时间。熔断时间与通过熔断器使熔件熔断的电流之间的关系曲线称为熔断器的保护特性曲线，也称为安秒特性曲线，如图 4-16 所示。保护特性曲线由制造厂家试验作出。当熔断器通过的电流小于最小熔断电流时，熔件不会熔断。保护特性曲线对不同额定电流的熔件分别作出，图 4-16 所示为额定电流不同的两个熔件 1 和 2 的保护特性曲线。熔件 1 的额定电流小于熔件 2 的额定电流，熔件 1 的截面积也小于熔件 2。同一电流通过不同额定电流的熔件时，额定电流小的熔件先熔断，例如当通过短路电流 I_{k1} 时，$t_1 < t_2$，熔件 1 先熔断。

熔断器的保护特性曲线是选择熔断器的重要依据。例如，当电网中有几级熔断器串联，分别保护各电路中元件，当某元件发生过负荷或短路故障时，保护该元件的熔断器应该熔断，即为选择性熔断；如果保护该元件的熔断器不熔断，而上一级熔断器熔断，即为非选择性熔断。当发生非选择性熔断时，必将扩大停电范围，造成不应有的损失。如图 4-17 所示电路中，当 k 点发生短路时，FU1 应该先熔断，FU2 不应该熔断。

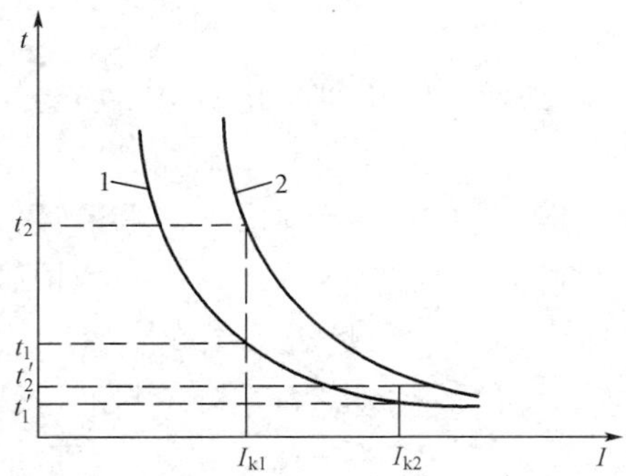

图 4-16　熔断器的保护特性曲线

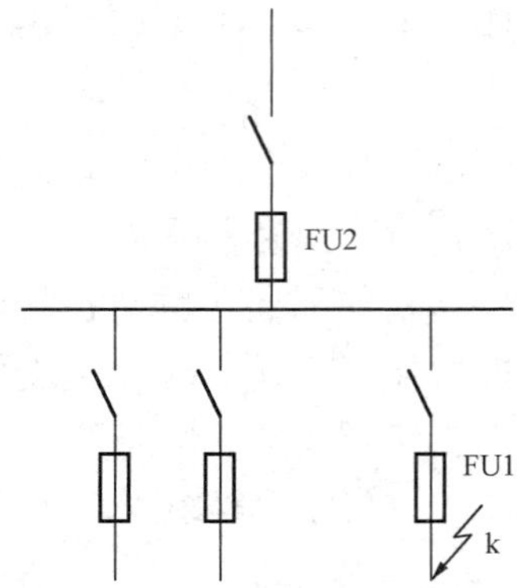

图 4-17　低压配电电路熔断器的配置

为了保证电路中几级熔断器能够实现选择性熔断，应根据它们的保护特性曲线，检查在电路中的可能最大短路电流下各级熔断器的断路时间。在通常情况下，如果上一级熔断器的断路时间为下一级熔断器的 3 倍左右时，就有可能保证选择性熔断。一般情况下，如果熔件为同一材料时，上一级熔件的额定电流应为下一级熔件额定电流的 2～4 倍。但是，熔断器的保护特性是很不稳定的，因为熔件熔化时间与熔断器触头和熔件本身状况有关。例如触头接触不良，会造成触头和熔件过热；熔件的氧化和损伤，会使熔件有效截面积减小等，这些因素都可能造成非选择性熔断。

课题五　高压负荷开关

高压负荷开关是用于切断与闭合线路负荷电流的开关电器，有的还可用于切断与关合空载线路、空载变压器及电容器等。有的高压负荷开关在分闸状态有明显的断口，可起到隔离开关的作用；同时它还带有快速合闸机构和灭弧装置，其性能又优于隔离开关，是介于隔离开关与断路器之间的一种开关电器。

一、高压负荷开关的分类工作原理及型号含义

1. 高压负荷开关的分类

高压负荷开关分为户内型和户外型。按灭弧方式的不同，可分为产气式、压气式、压缩空气式、油浸式、真空式、六氟化硫式等多种形式。按是否带熔断器可分为带熔断器和不带熔断器。

2. 工作原理

主回路通过隔离开关对电路进行接通和断开。

高压负荷开关的工作主要是分闸时的灭弧过程。压气式负荷开关的灭弧，是利用分闸时主轴带动活塞压缩空气，使压缩空气从喷嘴中高速喷出以吹熄电弧。产气式负荷开关的灭弧系统采用固体产气元件，在分闸时电弧产生的高温，使产气固体分解出大量气体，沿喷嘴高速喷出，形成强烈的纵吹作用，使电弧很快熄灭。对于其他类型的负荷开关，其灭弧装置利用了不同材料的绝缘介质和灭弧装置来熄灭电弧。

负荷开关只能开合负荷电流，不能切断短路电流。它只能通过和熔断器一起，来切断短路电流保护其他电器。

3. 负荷开关型号的含义

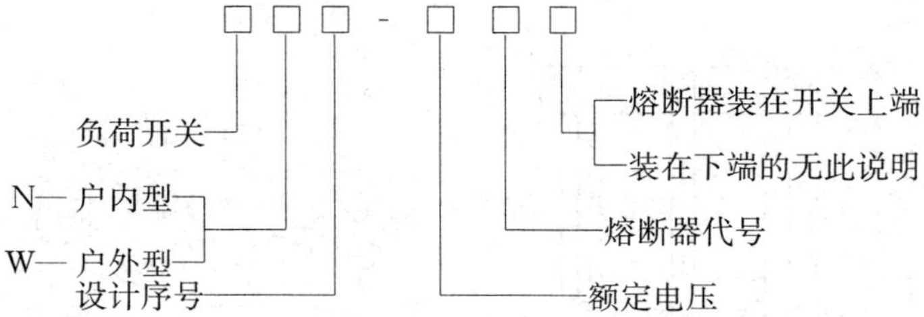

例如，FN2-10R/400 的含义是负荷开关、户内型、设计序号为 2、额定电压为 10kV、带熔断器（装在开关的下端）、额定电流为 400A。

二、典型高压负荷开关的用途及结构

1. FN3-6、FN3-10 型户内负荷开关

这两种负荷开关为压气式，额定电压分别为 6kV 和 10kV。一般用于这类电压等级的配电系统中，开、合带有正常负荷电流及过负荷电流的电路，也可开合空载线路、空载变压器及电容器组。开关上配有 RN3 型熔断器的负荷开关，还可以通过熔断器切断短路电流，做保护电器用。

该类型开关配接 CS2、CS3、CS4-T 型手动操动机构。

该负荷开关由框架、传动机构、支持绝缘子、刀型触头、灭弧装置等组成，如图4-18所示。6 只绝缘子的上部中的三只（图中 5）兼做气缸用，活塞装在其内，由轴带动；下部的三只仅起支持作用。

6 只绝缘子的顶部均装有触座，下触座装有隔离开关，靠 6 片蝶形弹簧片紧固。动触头、静触头装有弧动触头。开关打开时，主回路先断，弧动触头断开，喷嘴喷出压缩气吹断电弧。

负荷开关框架上设有跳扣、凸轮与合闸弹簧，可形成快速合闸动作。

该负荷开关有以下三种组合方式：

（1）无熔断器的 FN3-10 负荷开关。

（2）有熔断器的 FN3-10R/S 负荷开关，熔断器位于开关的上面。

（3）有熔断器的 FN3-10（R）负荷开关，熔断器位于开关的下面。

2. FW7-10Ⅰ、FW7-10Ⅱ型户外负荷开关

FW7-10Ⅰ型是两相开关设备、FW7-10Ⅱ型是三相开关设备，均适用于额定电压为 10kV 的电力系统，一般安装在电源进线与配电变压器之间。当变压器空载运行时，负荷开关能自动分闸，从而达到节电的目的。

该负荷开关由开关本体和控制盒两部分组成，如图 4-19 所示。开关本体由导电刀板、动触头、静触头、拉杆绝缘子、支持绝缘子、底座及传动部分构成。控制盒与本体通过电缆线连接。控制盒内有监视器、缓冲器、闭锁器、延时器及电源等。

FW7-10Ⅰ型和 FW7-10Ⅱ型仅是相数有差别，其他均相同。

3. FW11-10 六氟化硫负荷开关

该型负荷开关是用六氟化硫气体作灭弧介质的户外型开关，适用于 10kV 交流配电系统，可用以开、合正常工作电流和切断过负荷电流，作用控制及保护电器。

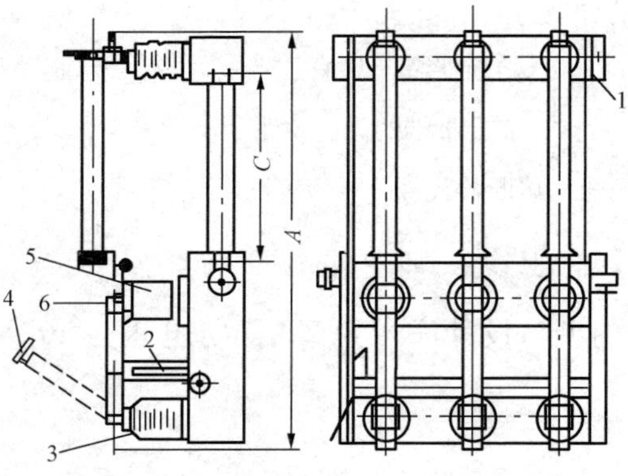

图 4-18　FN3-10RS 型负荷开关的外形图

1—框架；2—传动机构；3—支持绝缘子；4—刀形触头；5—兼作气缸用的绝缘子；6—喷嘴

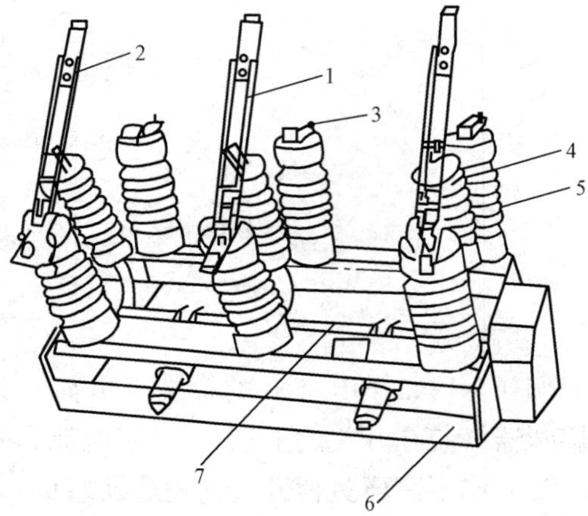

图 4-19　FW7-10Ⅰ、FW7-10Ⅱ型负荷开关的外形图

1—导电刀板；2—动触头；3—静触头；4—拉杆绝缘子；5—支持绝缘子；6—底座；7—传动部分

开关的结构简图如图 4-20 所示。采用三相共用一个箱体的结构，一侧端盖安装操动机构，箱筒底部是吸附剂罩，内装有吸附剂和充气阀门。瓷套管起对地绝缘、支持动静触头和引出接线端子的作用。

静触头为梅花形结构，动触头是铜钨合金。采用旋弧式原理灭弧，因而灭弧效果好。

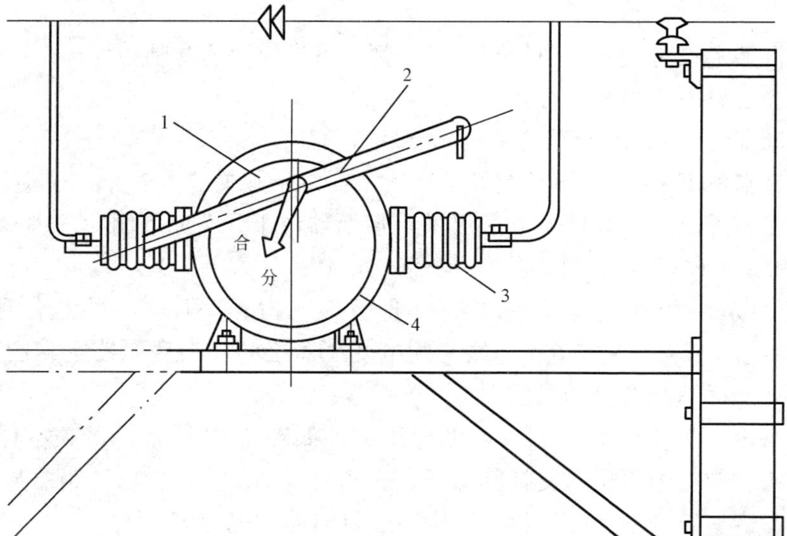

图 4-20　FW11-10 六氟化硫负荷开关的外形图

1—端盖；2—操动机构；3—瓷套管；4—箱体

课题六　重合器与分段器

随着我国电力工业的发展，对电网的改造在不断深入，配电网络逐步实现自动化。自动重合器与自动分段器是实现配网自动化的重要开关设备。本课题主要介绍重合器和分段器的作用、类型、在配电网中的应用，以及重合器、分段器的结构。

一、重合器与分段器的一般知识

在配电网自动化中，如果要具备故障识别与恢复功能，所采用的开关电器就必须实现智能化，重合器和分段器就是具备这种功能的智能化的开关电器。

1. 重合器与分段器的作用

重合器是具有多次重合功能和自具功能的设备。所谓自具功能，是指重合器本身具备故障电流（包括过电流及接地电流）检测和操作程序控制与执行功能，而无需附加继电保护装置和提供操作电源。一般断路器只具有一次重合功能，而重合器具有多次重合功能，它能有效地排除瞬时性故障。

分段器是一种与电源侧上级开关设备相配合，在无电压或无电流的情况下自动分闸的开关设备。它串联于重合器或断路器的负荷侧，当发生永久性故障时，其在预定的“记忆”次数或分合操作后闭锁于分闸状态而将故障线路区段隔离，由重合器或断路器恢复对电网其他部分的供电，使故障停电范围限制到最小。当发生瞬时性故障或故障已被其他设备切除而没有达到分段器预期的记忆次数或分合操作时，分段器将保持在合闸状态，保证线路的正常供电。

2. 重合器与分段器的类型

重合器与分段器可以按照相别、控制方式和使用介质来分类。按相别可分为单相式和三相式；按灭弧介质有真空和六氟化硫气体，绝缘介质有变压器油、六氟化硫气体及干燥空气、环氧树脂包封等；按控制方式可分为液压控制和电子控制两类。

3. 重合器与分段器在配电网中的应用

重合器和分段器一般装设在柱上，简化了传统变电站的接线方式，取消了控制室、高压配电室、继电保护屏、电源柜、高压开关柜等设备，节省了大量建设投资，节省$\frac{1}{3}$占地面积，大大缩短了工期。

重合器和分段器实现识别故障与恢复功能有多种方案，其中主要有两种。一种是电流型方案，即利用智能开关的电流—时间特性曲线，根据重合闸动作判断故障区段，并自动隔离永久故障区段，恢复对非故障区的供电。另一种是电压型方案，即检测开关两侧的电压，根据电压信号来决定开关投入或闭锁。这两种方案都不需要信号通道，适合我国中小城市电网和农村电网的现状。

这里介绍重合器与电压型分段器配合用于架空单环网的方案，如图 4-21 所示。

柱上自动分段器在每个分段点一套，S 为分段点，正常运行时处于闭合状态；L 为联络作用，正常时为断开状态。H1 和 H2 为故障区段指示器，该装置能自动识别故障，进行故障定位、隔离故障以及进行电源自动转供，并可以指示故障段。全部过程在 1～2min 内即可完成。由于线路逐段送电，减小了合闸涌流。任一段线路永久性故障，站内第一次重合闸即可识别永久性故障并隔离故障、指示故障区段，第二次重合只是恢复送电操作，无需多次重合。无需信

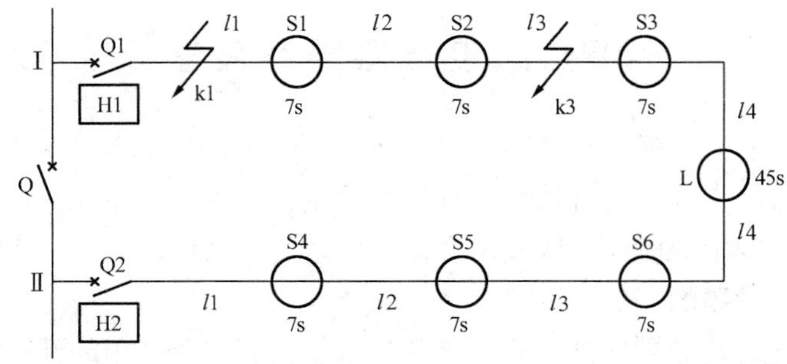

图 4-21　架空单环网方案

Q1、Q2—变电站内重合器，闭合，具备二次重合功能；Q—变电站内母线联络断路器

号通道即可实现上述功能，并符合智能电器的要求，开关可实现手动和自动操作。

系统工作原理如下：设变电站第一次重合闸时间为 15s，第二次重合闸时间为 5s，分段器使用短延时，整定为 7s（7s 为自动配电开关的延时合闸时间）。

当永久性故障发生在 Q1 所带线路 $l3$ 段 k3 点时，Q1 动作跳闸，$l5$s 后 Q1 第一次重合，$l1$ 段恢复供电，7s 后 S1 自动合闸，$l2$ 段恢复供电，再经过 7s 后 S2 自动合闸于 $l3$ 段时，Q1 再次断开，第一次重合失败，此时 S2 检测信号的时间低于整定时间，而 S3 只检测到故障点的残压，因此 S2 和 S3 同时闭锁，将 $l3$ 段两端隔离，又经过 5s，Q1 第二次重合，7s 后 S1 合闸，$l2$ 段恢复供电，以上共用时 41s。在 Q1 第一次断开的同时，联络点 L 只检测到单测信号，于是计时开始，经过 45s，L 自动合闸，将 $l4$ 段的供电转至 Q2。

当永久性故障发生在 Q1 所带线路 $l1$ 段 k1 点时，Q1 动作跳闸，15s 后 Q1 第一次重合，由于故障仍然存在，再次断开，此时 S1 由于检测信号时间低于整定时间，S1 闭锁，将 $l1$ 段隔离。在 Q1 第一次断开时 L 计时，45s 后 L 合闸送电，将 Q2 电源自动转供至 $l4$ 段，经过 7s，S3 闭合恢复 $l3$ 段的供电，再经过 7s，S2 合闸送电至 $l2$ 段，上述过程所需时间最长共需 59s。

二、重合器的结构

目前国内以 ZW1 型断路器为本体的 CHZ-12 型油绝缘真空重合器、以 ZW8 型断路器为本体的 CHZ-12 型干式真空重合器和以 LW3 为本体的 CHL-12 型六氟化硫重合器为主流产品。

其中 C 表示重合器，H 表示高压，Z 为真空式，额定电压为 12kV。

图 4-22 为 CHZ-12 型油绝缘真空重合器的本体结构图。它由真空开关本体、电子控制系统和快速储能弹簧操动机构三部分组成。开关本体为三相共箱式结构，箱体由导电回路、绝缘系统、传动系统和密封体等组成。导电回路是由进出线导电杆、动静端支座、导电夹与真空灭弧室连接而成。外绝缘是通过套在进出线导电杆上的高压瓷套实现的。内绝缘为复合材料，主要是通过箱体内变压器油及绝缘隔板等来实现的，同时也解决了凝露的问题。

重合器主回路三相进线侧分别装设电流互感器，用来获取主回路电流信号提供给电子控制器进行检测和判别。电子控制器以单片机为核心，自带控制与保护，自备操作电源，采用长期充电方式，可以实现“三遥”控制功能，便于稳定安全可靠运行。

智能测控系统一电子控制器在一个小箱内安装后用电缆连接，固定在开关本体的下端。电子控制器采用微处理器结构，全户外运行设计，抗电磁干扰能力强，防雷电冲击、耐腐蚀、防尘、防水、适应低温环境与交变湿热条件。

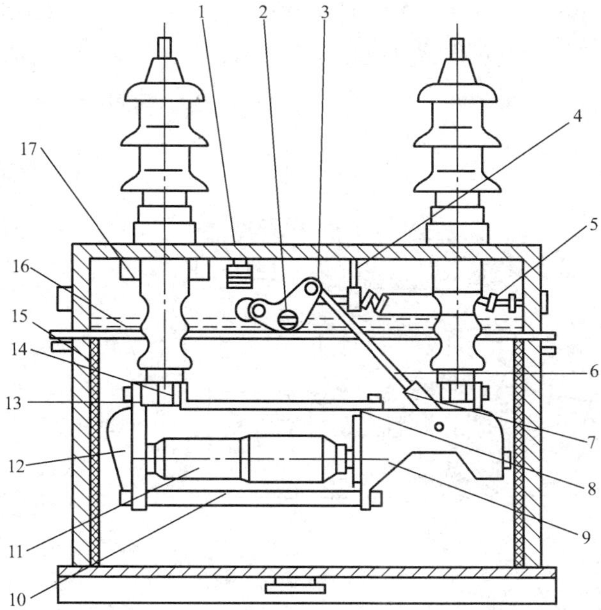

图 4-22　CHZ-12 型油绝缘真空重合器的结构图

1—分闸缓冲装置；2—三相主轴；3、7—拐臂；4—支撑件；5—分闸弹簧；6—绝缘操作杆；8—绝缘板；9—动端支座；10—绝缘杆；11—真空灭弧室；12—静端支座；13—导电夹；14—夹板；15—绝缘纸板；16—变压器油；17—电流互感器

当重合器的负荷侧线路发生故障时，故障电流通过装在开关本体内主回路上的电流互感器而送入电子控制器，控制器对此电流信号进行处理和判别。如果判定此电流大于预先整定的最小动作电流时，控制电路启动，按预先整定的动作程序，自动地向操动机构发出指令进行分合闸操作。在程序进行的过程中，每次完成重合闸动作后，控制器都要检测故障信号是否仍然存在，如故障已消除，控制器将不再发出分闸命令，直到预先整定的复位时间到来时自动复位，处于预警状态，而开关本体保持在合闸状态，线路恢复供电；如故障仍然存在，那么控制器将继续按程序动作，直至完成整定的动作次数后闭锁，开关本体最终保持在分闸状态。

当手动合闸于故障回路时，控制器只发出一次分闸命令而闭锁，这是对开关本体的特别保护措施，可以避免重合器进行不必要的开断与闭合，同时提醒操作人员，线路故障尚未排除。

三、分段器的结构

分段器和重合器同样是一种有自具功能的开关设备，它与重合器最主要的区别是分段器没有短路开断能力，它只根据“记忆”的过电流脉动次数而动作。这里介绍 VSP5 型柱上自动配电开关，它在线路上可起分段器的作用。它识别故障和恢复供电的方式为电压型，用真空灭弧而用六氟化硫绝缘。其额定电压为 15.5kV，额定电流为 630A，关合电流为 31.5kA，电寿命为 10000 次。VSP5 型柱上自动配电开关由真空断路器、开关电源变压器和故障检测装置三部分组成。

真空断路器主要对线路进行分合操作，具有手动及电动操作功能。电动操作时，失压自动分闸，无需另外施加分闸电源。真空断路器具有关合短路电流、合分负荷电流的能力，可单独作为频繁操作型负荷开关使用。其内部结构如图 4-23 所示，它由开断元件、支撑元件、传动元件、基座箱体和操动机构等基本部分组成。箱体采用模压钢板焊接组装而成，形成一个气密结构。内分主回路和操动机构两部分，由金属板隔开，既保证不受气候环境的影响，又能增强内部绝缘性能。所配操动机构为电磁弹簧机构，采用低压合闸电源，具有很高的安全性和灵活性。

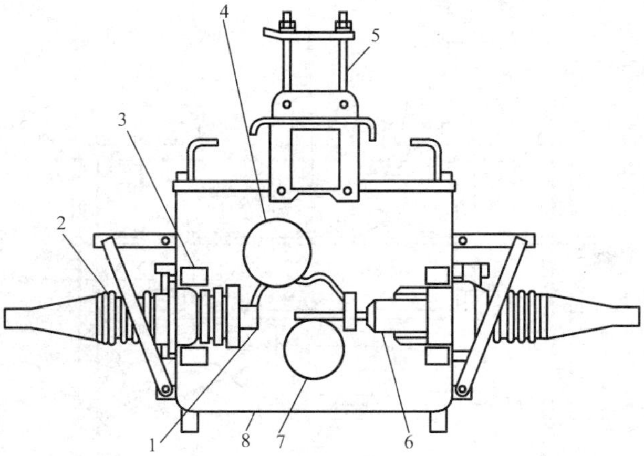

图 4-23　真空断路器内部结构

1—隔离断口；2—圆锥形模主绝缘套管；3—电流互感器；4—绝缘轴（隔离断口驱动）；5—悬挂；6—真空灭弧室；7—绝缘轴（真空灭弧室驱动）；8—密封箱体

开关电源变压器主要为开关提供操作电源，并为故障检测装置及柱上遥控终端单元提供检测信号，连接于开关的两侧，便于在多电源网络中应用。

故障检测装置是它的大脑，能根据线路的情况对开关进行智能化操作。故障的定位、隔离和电源自动转供均由其实时自动完成。故障检测装置单独悬挂在柱上，不怕暴雨和强风。内部采用专用微处理器，利用存储器中预置的各种故障判据及调度命令，结合硬件电路实现开关的智能控制。对故障的判定不依赖于流经线路的电流，而采用采集故障电压的特性，这样就可以与配电网的运行方式无关，并且不存在选择性问题，可较好地适用于各种网络。同一台故障检测装置既可作分段用，又可作联络用。

课题七　智能断路器

一、智能断路器的概念

在 IEC 62063 标准中对于智能断路器设备的定义为：具有较高性能的断路器和控制设备，配有电子设备、传感器和执行器，不仅具有断路器的基本功能，还具有附加功能，尤其在检测和诊断方面。

智能断路器实现电子操动，变机械能为电容储能，变机械传动为变频器经电机直接驱动，机械运动部件减少到一个，机械系统的可靠性提高，智能断路器具有数字化接口，可将位置信息、状态信息、分合闸命令通过网络方式传输。控制回路中电子电路的寿命、可靠性将成为智能断路器技术工程化应用的关键。

二、智能断路器的结构特点

智能断路器是用微电子、计算机技术和新型传感器建立新的断路器二次系统，其主要结构特点是由电力电子技术、数字化控制装置组成执行单元，代替常规机械结构的辅助开关和辅助继电器。新型传感器与数字化控制装置相配合，独立采集运行数据，可检测设备缺陷和故障，在缺陷变为故障前发出报警信号，以便采取措施避免事故发生。智能断路器实现电子操动，变机械储能为电容储能，变机械传动为变频器经电机直接驱动，机械系统可靠性提高。

三、智能断路器工作原理与工作模式

1. 智能断路器工作原理

具有智能操作功能的断路器是在现有断路器的基础上引入智能控制单元，它由数据采集、智能识别和调节装置 3 个基本模块构成。工作原理如图 4-24 所示。

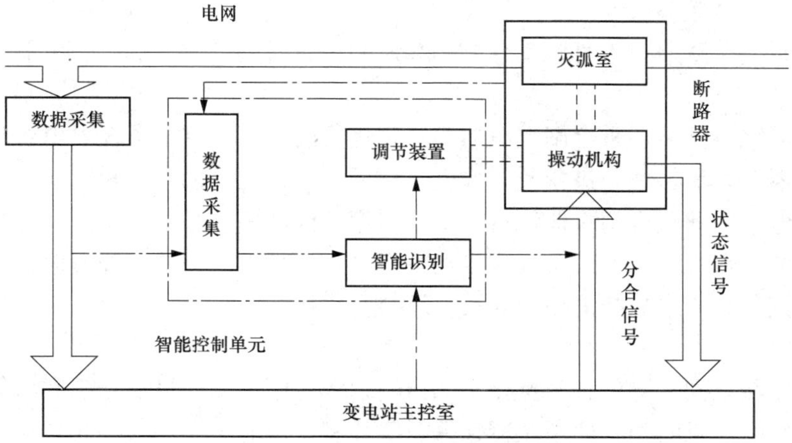

图 4-24　智能断路器工作原理图

图中实线部分为现有断路器和变电站的有关结构和相互关联。智能识别模块是智能控制单元的核心，由微处理器构成的微机控制系统，能根据操作前所采集到的电网信息和主控制室发出的操作信号，自动识别操作时断路器所处的电网工作状态，根据对断路器仿真分析的结果决定出合适的分合闸运动特性，并对执行机构发出调节信息，待调节完成后再发出分合闸信号；数据采集模块主要由新型传感器组成，随时把电网的数据以数字信号的形式提供给智能识别模块，以进行处理分析；执行机构由能接收定量控制信息的部件和驱动执行器组成，用来调整操动机构的参数，以便改变每次操作时的运动特性。此外，还可根据需要加装显示模块、通信模块以及各种检测模块，以扩大智能操作断路器的智能化功能。

2. 智能断路器基本工作模式

智能断路器基本工作模式是根据监测到的不同故障电流，自动选择操作机构及灭弧室预先设定的工作条件，如正常运行电流较小时以较低速度分闸，系统短路电流较大时以较高速度分闸，以获得电气和机械性能上的最佳分闸效果。

这种智能操作要求断路器具有机构动作时间上的可控性，目前断路器常用的气动操作机构，液压操作机构和弹簧操作机构由于中间转换介质等因素，控制时间离散性大，其运动特性很难达到理想的可控状态。采取电磁操作机构的断路器利用电容储能、永磁保持、电磁驱动、电子控制等技术，当机构确定后运动部件只有一个，没有中间转换介质，分合闸特性仅与线圈参数相关，可以通过微电子技术来实现微秒级的控制，通过对于速度特性控制实现断路器的智能化操作。

3. 智能操作断路器的工作过程

智能操作断路器的工作过程是当系统故障由继电保护装置发出分闸信号或由操作人员发

出操作信号后，首先启动智能识别模块工作，判断当前断路器所处的工作条件，对调节装置发出不同的定量控制信息而自动调整操动机构的参数，以获得与当前系统工作状态相适应的运动特性，然后使断路器动作。

四、智能断路器技术的优点

和传统的断路器相比较，智能断路器有着其自身的优点：

（1）采用智能断路器技术后，对于非故障性的操作，断路器都可以在较低的速度下断开，减少断路器断开时的冲击力和机械磨损，从而提高断路器的使用寿命，在工程上达到较好的经济效益和社会效益。

（2）采用智能断路器技术可以实现有关高压开关设备的检测、保护、控制和通信等智能化功能。

（3）传统的重合闸采用重合闸继电器，正常运行时，重合闸继电器的电容进行充电，当发生故障断路器断开后，电容进行瞬间放电，从而到达重合目的，当重合于故障时，由于电容未再进行充电，因此重合闸只能进行一次。采用智能断路器技术后有可能改变目前的试探性自动重合闸的工作方式，实现自适应自动重合闸，即做到在短路故障开断后，如故障仍存在则拒绝重合闸，只有当故障消失后才进行重合。采用智能技术后，会避免传统重合闸只能重合一次的弊端。

（4）实现定相合闸，降低合闸操作过电压，取消合闸电阻，进一步提高可靠性；实现选相分闸，控制实际燃弧时间，使断路器起弧时间控制在最有利于燃弧的相位角，不受系统燃弧时差要求限制，从而提高断路器实际开断能力。

五、智能断路器的发展

智能断路器已将计量、控制及通信等功能融于一体，使电力设备的模块化、系统化成为可能。微控制器技术的不断发展又为智能断路器功能的多样化、可靠性的提高、性能优化提供了技术保障。智能断路器的核心是智能控制器，其性能的高低是判断智能断路器是否先进的主要依据。自 20 世纪 70 年代开始出现了智能控制器，随着各项技术的广泛应用和发展，如微电子、计算机技术、网络通信技术和新型传感器技术的快速发展和综合应用，使得智能控制器出现了突飞猛进的发展。作为智能断路器技术的补充，断路器智能监视和控制技术得到了相应的发展并在工程上得到广泛的利用。

随着微机技术、微电子技术、计算机网络和数字通信技术的飞速发展，以及人工智能技术在产品研发和研究领域的应用，智能断路器将会从简单的采用微机控制取代传统继电器功能的单一封闭装置，发展到具有完整的理论体系和多学科交叉的电器智能化系统，成为电气工程领域中电力开关设备、电力系统继电保护、工业供配系统及工业控制网络技术新的发展方向。

小　结

开关电器是发电厂和变电站的重要电气设备。在开关电器接通或开断电路时，经常产生电弧，高温电弧危及设备安全。本单元在介绍开关电器中电弧产生和熄灭后，介绍了电力系统中常用的各类高压开关电器。

电弧是一种气体放电现象，它在燃烧时会产生几千度甚至上万度的高温，影响电路的开断和开关及周围部件的安全。所以，要采取有效的措施尽快使电弧熄灭。电弧的产生和熄灭，主要取决于气体的游离和去游离两个相对的过程。实际中，通过加强去游离加速电弧的熄灭，如吹弧、采用多断口的断路器、利用近阴极效应、利用固体介质的狭缝等。

高压断路器不仅能开断正常的负荷电流，而且在系统发生故障时，与继电保护一起切除故障。在使用中，以前多采用油断路器（如 SN10、SW6 等），现在更多地使用真空断路器或六氟化硫断路器、超高压中一般采用六氟化硫组合电器（GIS）。

隔离开关主要是起隔离的作用，当其打开时使电路中有明显的断开点，便于检修人员安全工作。特别注意，隔离开关不能对负荷电流进行开断，必须与断路器一起对电路进行控制。

高压熔断器是一种保护电路，主要用于电路过负荷或短路时使电路自动切断。其原理是利用金属熔件（或称熔体），在过负荷或短路时的高温下熔断断开电路。它有高压和低压之分，有户内和户外不同类型。

高压负荷开关是介于隔离开关与断路器之间的一种开关电器，可以开合线路的负荷电流，又具有明显的断口。它可分为户内型和户外型；从灭弧方式的不同，可分为产气式、压气式、压缩空气式、油浸式、真空式、六氟化硫式等形式；按是否带熔断器可分为带熔断器和不带熔断器。

自动重合器与自动分段器是实现配网自动化的重要开关设备。重合器是一种智能化的开关，它本身具有控制及保护的功能。当线路发生短路故障时，它能按事先所整定的操作顺序及时间间隔进行开断及重合的操作。分段器是配电网中用来隔离线路区段的自动开关，它与重合器或断路器或熔断器相配合，串联于重合器与断路器负荷侧。

智能化断路器中，智能化技术的应用核心是集保护、测量、监控于一体的多功能脱扣器，它主要由微处理器单元、信号检测采集单元、开关量输入单元、显示和键盘单元、执行输出单元、通信接口、电源等几个部分组成。

习　题

4-1　电弧的特点是什么？它对开关电器有什么危害？

4-2　电弧是如何产生的？电弧熄灭的条件是什么？

4-3　开关电器中熄灭电弧的方法有哪些？

4-4　高压断路器的作用是什么？对其有哪些基本要求？

4-5　高压断路器有哪几类？其技术参数有哪些？

4-6　对断路器操动机构的要求有哪些？操动机构有哪些类型？

4-7　隔离开关的用途是什么？对它是如何分类的？

4-8　断路器型号的含义是什么？隔离开关型号的含义是什么？

4-9　当发生带负荷拉合开关的误操作时，应如何做？

4-10　熔断器的基本结构是什么？简述熔断器的熔断过程。

4-11　熔断器有哪些技术参数？其型号的含义是什么？

4-12　熔断器与熔体的额定电流有何区别？能否装入大于熔断器额定电流的熔体？为什么？

4-13　高压负荷开关的作用是什么？其型号的含义是什么？

4-14　什么是自动重合器与自动分段器？其作用是什么？

4-15　简述智能化断路器由哪几部分组成。

第五单元

互　感　器

互感器包括电流互感器和电压互感器，是一次系统和二次系统之间的联络元件，将一次侧的高电压、大电流变成二次侧标准的低电压（100V 或 $100/\sqrt{3}$V）和小电流（5A 或 1A），使二次电路正确反映一次系统的正常运行和故障情况。目前，互感器常用电磁式和电容式，随着电力系统容量的增大和电压等级的提高，光电式、无线电式互感器正应运而生，将使用于电力生产中。本单元主要分析电磁式互感器的工作特点，运行中的安全问题及常用的接线方式和使用范围。

课题一　互 感 器 的 作 用

一、互感器与系统的连接

互感器是一种特殊的变压器，其一、二次绕组与系统的连接方式如图 5-1 所示。

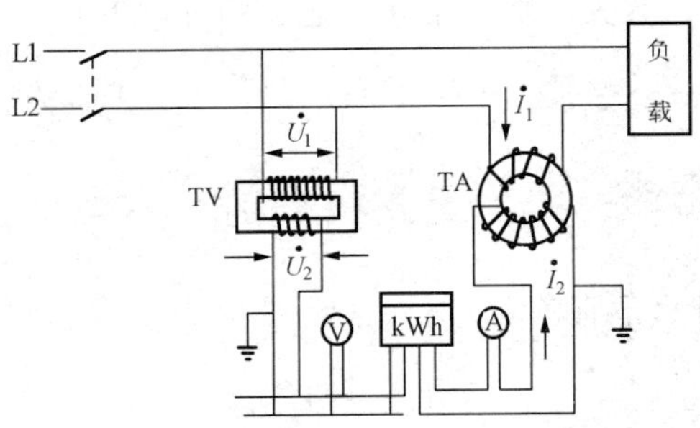

图 5-1　互感器与系统连接图

电流互感器 TA 用于各种电压等级的交流装置中，其一次绕组串联于被测量电路内，二次绕组与二次测量仪表和继电器的电流线圈串联相连。电压互感器 TV 用于 380V 及以上的交流装置中，其一次绕组与一次被测电力网相并联，二次绕组与二次测量仪表和继电器的电压线圈并联连接。

二、互感器的作用

1. 技术方面

（1）一次系统的高电压、大电流不可能引入到控制室，且一次测量仪表和继电器不可能做成高电压、大电流式的，只有通过互感器实现电压、电流的转换，才能实现对一次系统的测量和保护作用。

（2）易实现自动化和远动化。

2. 经济方面

使二次测量仪表和继电器标准化和小型化结构轻巧，价格便宜。可采用低电压、小截面积的电缆、屏内布线简单、安装调试方便，降低造价。

3. 安全方面

（1）互感器使测量仪表和继电器等二次设备与高压的一次系统隔离，且互感器二次侧接地，保证了人身和设备的安全。

（2）一次系统发生短路时，能够保护测量仪表和继电器免受大电流的损害，保证了设备的安全。

课题二　电流互感器

一、电流互感器的工作特点

1. 电流互感器的工作原理

电流互感器的工作原理与普通变压器相似，是按电磁感应原理工作的。如图 5-1 所示接线中，当一次侧流过电流 $\dot{I}_1$ 时，在铁芯中产生交变磁通，此磁通穿过二次绕组，产生电动势，在二次回路中产生电流 $\dot{I}_2$。

电流互感器的一、二次额定电流之比，称为额定电流比，用 K_i 表示，即

$$K_i = I_{N1}/I_{N2} \tag{5-1}$$

根据磁动势平衡原理，忽略励磁电流时，可以认为：

$$K_i = I_{N1}/I_{N2} \approx N_2/N_1 = K_N \tag{5-2}$$

式中　I_{N1}、I_{N2}——一、二次绕组额定电流；

I_1、I_2——一、二次绕组工作电流；

N_1、N_2——一、二次绕组匝数；

K_N——匝数比。

由式（5-2）可知

$$K_i I_2 = I_1 \tag{5-3}$$

可见，由测量出的二次电流 I_2，乘以额定电流比 K_i 即可测得一次实际电流 I_1。

2. 电流互感器的工作特点

与普通变压器相比，电流互感器有如下特点：

（1）一次电流的大小决定于一次负载电流，与二次电流大小无关。因为一次绕组串联于被测电路中，匝数很小，阻抗小，对一次负载电流的影响可忽略不计。

（2）正常运行时，二次绕组近似于短路工作状态。由于二次绕组的负载是测量仪表和继电器的电流线圈，阻抗很小，因此相当于短路运行。

（3）运行中的电流互感器二次回路不允许开路，否则会在开路的两端产生高电压危及人身安全，或使电流互感器发热损坏。

正常运行时，二次电流 $\dot{I}_2$ 在铁芯中产生的二次磁动势 $\dot{I}_2N_2$，对一次磁动势起去磁作用，因此励磁磁动势 $\dot{I}_0N_1$ 及合成磁通很小，使二次绕组感应出的电动势很小，一般不会超过几十伏。当二次回路开路时，二次电流 $\dot{I}_2$ 变为零，失去了去磁作用的一次磁动势全部用于励磁 $\dot{I}_1N_1=\dot{I}_0N_1$，合成磁通 ϕ_0 突然增大很多倍，使铁芯的磁路高度饱和，此时的磁通由原来的低幅正弦波变成高幅值的交流平顶方波，而二次电动势 e_2 决定于磁通的变化率 $d\phi/dt$，磁通过零时，变化率最大，将在开路的两端出现交流高幅值的尖顶脉冲波电压，达几千伏甚至上万伏，危及人身安全，如图 5-2 所示；另外，由于磁路的高度饱和，使磁感应强度骤增，铁芯中磁滞和涡流损耗急剧上升，会引起铁芯过热甚至烧毁电流互感器。所以，运行中当需要检修、校验二次仪表时，必须先将电流互感器二次绕组或回路短接，再进行拆卸操作。

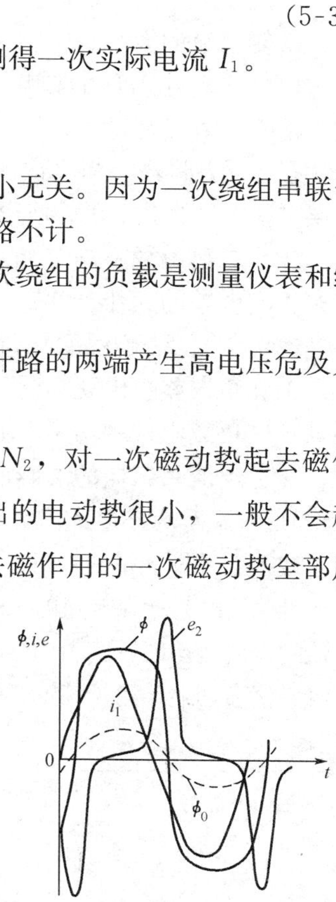

图 5-2　电流互感器二次回路开路时磁通、电动势波形图

另外，为了防止电流互感器二次侧开路，二次侧不允许装设熔断器，且二次连接导线应采用截面积不应小于 $2.5mm^2$ 的铜芯材料。

二、电流互感器的测量误差及影响误差的运行因素

由于电流互感器本身存在励磁损耗和磁饱和（励磁电流的影响），使测量出来的二次电流 $K_i\dot{I}_2$ 与实际一次电流在大小和相位上都不可能完全相等，即测量结果存在误差，用电流误差和角误差表示。

1. 电流误差 $\Delta I\%$（比差）

电流互感器实际测量出来的电流 K_iI_2 与实际一次电流 I_1 之差，占 I_1 的百分数，即

$$\Delta I\% = \frac{K_iI_2 - I_1}{I_1} \times 100$$

或

$$\Delta I\% = \frac{I_2N_2 - I_1N_1}{I_1N_1} \times 100 \tag{5-4}$$

2. 角误差 δ_i（角差）

旋转 180°的二次电流 $-\dot{I}'_2$ 与一次电流 $\dot{I}_1$ 之间的夹角。规定 $-\dot{I}'_2$ 超前于 $\dot{I}_1$ 时，δ_i 为正，反之为负。

3. 影响误差的运行因素

电流互感器的测量误差与一次电流、铁芯质量结构尺寸及二次负荷有关，而运行的误差与一次侧电流的大小及二次负载有关。

（1）一次电流 I_1 的影响。一次侧电流比一次额定电流小得多时，由于 I_1N_1 较小，不足以建立励磁，则误差较大；当一次电流增大至一次额定电流附近时，电流互感器运行在设计的工作状态，误差最小；当一次电流增大，大大超过一次额定电流时，I_1N_1 很大，使磁路饱和，其误差很大。为此，正确使用电流互感器，应使一次额定电流与一次电路电流相配套。

（2）二次负载阻抗 Z_2 的影响。如果一次电流不变，则二次负载阻抗 Z_2 及功率因数 ϕ_2 直接影响误差的大小。当二次负载阻抗 Z_2 增大时，二次输出电流将减小，即 I_2N_2 下降，对一次 I_1N_1 的去磁程度减弱，电流误差和角误差都会增加；二次功率因数角 ϕ_2 变化时，电流误差和角误差会出现不同的变化。因此，要保证电流互感器的测量误差不超过规定值，应将其二次负载阻抗和功率因数限制在相应的范围内。

三、电流互感器的准确度级和额定容量

1. 电流互感器的准确度级

电流互感器测量误差可以用其准确度级来表示，根据测量误差的不同，划分出不同的准确级。准确度级是指在规定的二次负荷变化范围内，一次电流为额定值时的最大电流误差。电流互感器的电流误差超过使用场合的允许值，使测量仪表的读数不准确，而相位误差过大，会对功率型测量仪表和继电保护装置产生不良的影响。我国电流互感器准确度级和误差限值如表 5-1 所示。

表 5-1　电流互感器准确度级和误差限值

标准准确度	在下列额定电流时（%）	误差极限		使用条件
		电流误差（±%）	相位误差（±′）	
0.1	120 100 20 5	0.1 0.1 0.2 0.4	5 5 8 15	（25%～100%）S_{2N}

续表

<table>
<tr><th rowspan="2">标准准确度</th><th rowspan="2">在下列额定电流时（%）</th><th colspan="2">误　差　极　限</th><th rowspan="2">使　用　条　件</th></tr>
<tr><th>电流误差（±%）</th><th>相位误差（±′）</th></tr>
<tr><td>0.2</td><td>120
100
20
5</td><td>0.2
0.2
0.35
0.75</td><td>10
10
15
30</td><td rowspan="3">（25%～100%）S_{2N}</td></tr>
<tr><td>0.5</td><td>120
100
20
5</td><td>0.5
0.5
0.75
1.5</td><td>30
30
45
90</td></tr>
<tr><td>1</td><td>120
100
20
5</td><td>1.0
1.0
1.5
3.0</td><td>60
60
90
180</td></tr>
<tr><td>3</td><td>120
50</td><td>3.0
3.0</td><td>无规定</td><td rowspan="2">（50%～100%）S_{2N}</td></tr>
<tr><td>5</td><td>120
50</td><td>5.0
5.0</td><td>无规定</td></tr>
<tr><td>5P</td><td>50
120</td><td>1.0
1.0</td><td>60
60</td><td>S_{2N}</td></tr>
<tr><td>10P</td><td>50
120</td><td>3.0
3.0</td><td>60
60</td><td>S_{2N}</td></tr>
</table>

我国 GB 1208—1997《电流互感器》规定测量用电流互感器有 0.1、0.2、0.5、1、3、5 六个准确度级，保护用电流互感器按用途可分为稳态保护用（P）和暂态保护用（TP）两类。

电能产生、传输和使用过程中，不同的环节和场合，对测量的准确度级有不同的要求。一般 0.1、0.2 级主要用于实验室精密测量和供电容量超过一定值（月供电量超过 100 万 kWh）的线路或用户；0.5 级的可用于收费用的电能表；0.5～1 级的用于发电厂、变电站的盘式仪表和计量上用的电能表；3 级、5 级的电流互感器用于一般的测量和某些继电保护上；稳态保护用的 5P 和 10P 级，用于继电保护；暂态保护用有四种类型：TPX（不限制剩磁大小的互感器）、TPY（剩磁不超过饱和磁通 10%的互感器）、TPZ（没有剩磁的互感器）和 TPS（低漏磁型的互感器）。

2. 电流互感器的额定容量

电流互感器的额定容量 S_{2N}是指在额定二次电流 I_{2N}和在某一准确度级的额定二次阻抗 Z_{2N}下，二次绕组的输出容量，即

$$S_{2N} = I_{2N}^2 Z_{2N} \tag{5-5}$$

由于二次额定电流 I_{2N}已标准化（5A 或 1A），式（5-5）中 I_{2N}^2仅为一常数，所以二次侧额定容量 S_{2N}有时可以用二次负载阻抗 Z_{2N}代替，称为二次额定阻抗，单位为欧姆（Ω）。通常，互感器制造厂提供电流互感器的二次额定欧姆数，供使用者在设计计算时参考。

不同的二次负载阻抗，直接影响着电流互感器的误差和准确度级，同一台电流互感器使用在不同的准确度级时，规定有相应的额定容量。例如 LMZ1-10-3000/5 型电流互感器，0.5 级对应的二次额定负载 Z_{2N}为 1.6Ω（40VA），1 级时，Z_{2N}为 2.4Ω（60VA）。换言之，

当该电流互感器用于向收费用电能表供电时，应控制二次负载阻抗数不大于 1.6Ω，否则会降低准确度级，使测量的电能数不准确，这是互感器使用中要注意的。

四、电流互感器的接线

1. 电流互感器的极性

电流互感器的极性，用减极性原则注明，一次绕组用 L1、L2，二次绕组用 K1、K2 注明，L1，K1 和 L2，K2 为两对同名端子，当一次电流 I_1 从 L1 流入时，同时二次电流从 K1 流出。

电气装置在安装接线时，同名端子不可接错，否则会造成功率型测量仪表和继电保护装置运行中的紊乱。

2. 电流互感器的接线

电流互感器的常用接线方式，如图 5-3 所示。

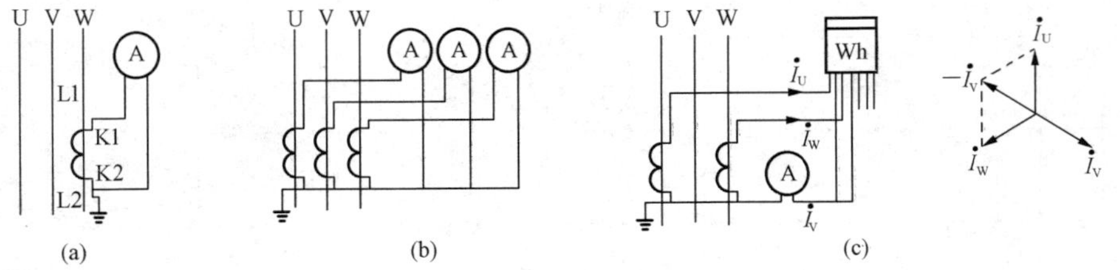

图 5-3　电流互感器常用的接线方式

（a）单相式连接；（b）星形连接；（c）不完全星形连接

（1）单相式连接。单相式连接只能测量一相的电流以监视三相运行，故通常用于三相对称的电路中，例如电动机回路。

（2）星形连接。星形连接可测三相电流，故用于可能出现三相不对称的电路中，以监视三相电路的运行情况。

（3）不完全星形连接。不完全星形连接只用两台电流互感器，一般测量二相的电流，但通过公共导线，可测量第三相的电流。由图 5-4 可见，通过公共导线上的电流是所测量两相电流的相量和，即 $-\dot{I}_V=\dot{I}_U+\dot{I}_W$。

该接线方式通常用于发电厂、变电站 6～10kV 馈线回路中，用来测量和监视三相系统的运行情况。

五、电流互感器的结构和类型

1. 电流互感器的类型

电流互感器的分类如下：

（1）按安装地点可分为户内式和户外式。一般 20kV 及以内的制成户内式，35kV 及以上的制成户外式。

（2）按绝缘可分成干式、浇注式、油浸式、串级式、电容式等。干式用绝缘胶浸渍，用于低压的屋内配电装置中；浇注式以环氧树脂作绝缘，用于 3～35kV 的电压等级中；油浸式和串级式用变压器油作绝缘，用于 10～220kV 的电流互感器中；电容式用电容器作绝缘，用于 110kV 及以上的电压等级中。

（3）按安装方式可分为支持式、装入式和穿墙式等。支持式安装在平面和支柱上，装入式（套管式）可节省套管绝缘子而套装在变压器导体引出线穿出外壳处的油箱上；穿墙式主要用于室内的墙体上，可兼作导体绝缘和固定设施。

（4）按一次绕组的匝数可分为单匝式和多匝式（复匝式）。

（5）按电流互感器的工作原理可分为电磁式、电容式、光电式和无线电式。

2. 电流互感器的结构原理

电流互感器的结构原理如图 5-4 所示。

互感器的基本组成部分是绕组、铁芯、绝缘物和外壳。在同一回路中，要满足测量、继电保护的要求，一个回路往往需要很多的电流互感器，为了节约材料和降低投资，一台高压电流互感器常安装有相互间没有磁联系的独立的铁芯环和二次绕组，并共用一次绕组。这样可以形成变比相同、准确度级不同的多台电流互感器。为了适应一次电流的变化和减少产品规格，常将一次绕组分成几组，通过切换接线。

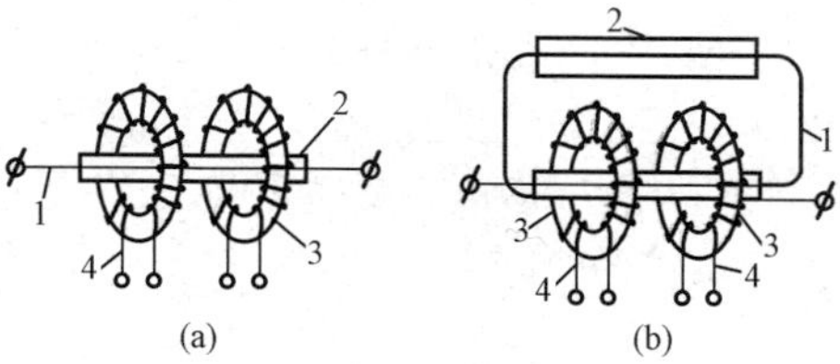

图 5-4　电流互感器的结构原理图

（a）单匝式；（b）多匝式

1—一次绕组；2—绝缘套管；

3—铁芯；4—二次绕组

改变一次绕组的串并联，可以获得多种电流比，如图 5-4 所示。

图 5-4（a）所示为单匝式电流互感器。穿过环形铁芯的一次绕组载流导体根据工程需要截面形状可制成圆形、管形、槽形等多种形式。单匝式电流互感器结构简单，尺寸较小、价格便宜，但测量的准确度级不高，常用于较大电流的回路中。图 5-4（b）是多匝式电流互感器，其测量准确度级可以很高，但当过电压或较大的短路电流通过时，一次绕组的匝间可能受过电压。

3. 各种类型的电流互感器

下面简单介绍几种类型的电流互感器。

（1）10kV 户内式电流互感器，有瓷绝缘和浇注绝缘两种，并多制成穿墙式。图 5-5 所示为瓷绝缘多匝式 LFC-10/100 型电流互感器外形（L—电流互感器；F—贯穿复匝式；C—瓷绝缘；10—额定电压千伏数；100—一次额定电流安培数）。图 5-6 所示为瓷绝缘单匝式 LDC-10/1000 型电流互感器外形（D—贯穿单匝式）。

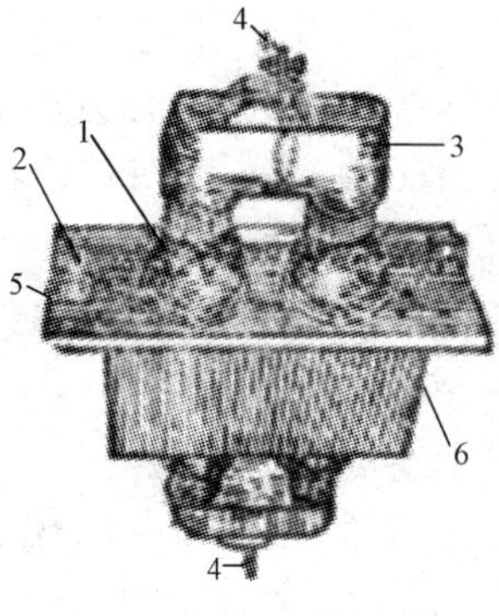

图 5-5　LFC-10/100 型电流互感器外形

1—瓷套管；2—法兰盘；3—铸铁接头盒；4—一次侧绕组接线端子；5—二次绕组接线端子；6—封闭外壳

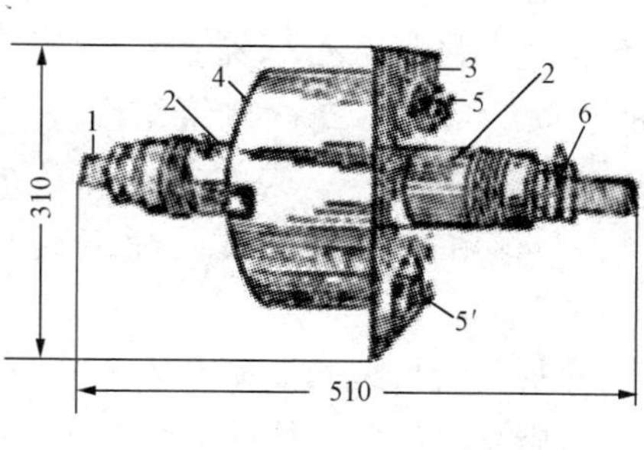

图 5-6　LDC-10/1000 型电流互感器外形

1—一次导电杆；2—瓷套管；3—法兰盘；4—封闭外壳；5、5′—二次绕组接线端子；6—螺母

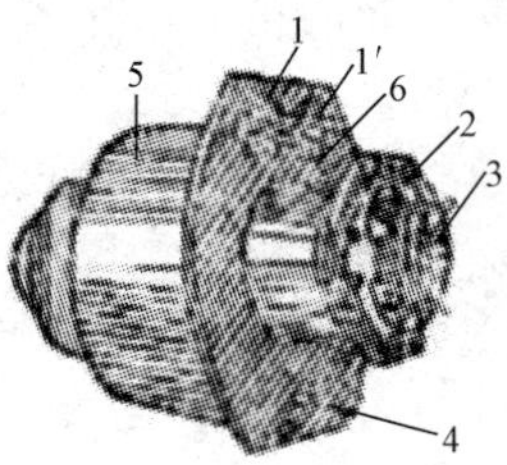

图 5-7　LMC-10/3000 型电流互感器外形

1、1′—二次侧绕组接线端子；2—母线支持板；3—引入母线的孔；4—法兰盘；5—封闭外壳；6—绝缘瓷套管

图 5-7 所示为瓷绝缘母线式 LMC-10/3000 型电流互感器外形（M—母线式）。

瓷绝缘的电流互感器是用瓷套管作为主绝缘，其一次绕组的导体穿过瓷套管，瓷套管穿过绕有二次侧绕组的铁芯，铁芯装在封闭外壳中。这种电流互感器体积大、重量大、耗费材料多，目前我国 10kV 户内式电流互感器，多为浇注式。其主要特点是采用环氧树脂或不饱和树脂浇注绝缘。铁芯采用优质硅钢片，因此具有体积小、重量轻、性能好、节省原材料等优点，故原来瓷绝缘的老产品已经逐渐被浇注式所代替。

10kV 户内式电流互感器，根据浇注所用树脂不同，分为两种，一种是环氧树脂浇注绝缘，即采用环氧树脂和石英粉的混合胶浇注热固化成型；另一种是不饱和树脂浇注绝缘，即采用不饱和树脂浇注在常温下固化成型。这两种电流互感器的结构形式相似，但型号不同。

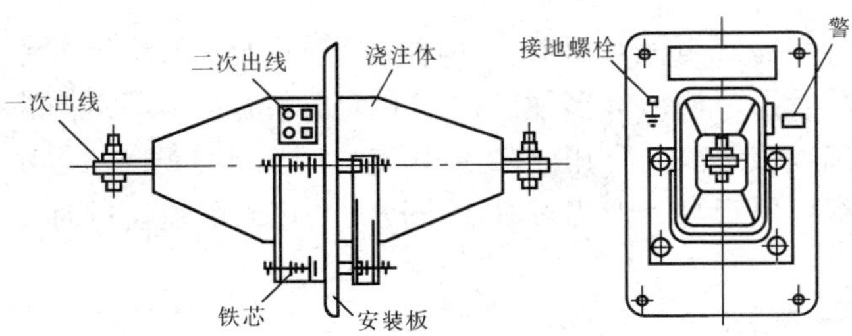

图 5-8　LFZ-10、LFZJ-10 型电流互感器外形

环氧树脂浇注绝缘的电流互感器，一次额定电流在 400A 以下时，制成多匝式。图 5-8 所示为 LFZ-10、LFZJ-10 型电流互感器的外形（Z—浇注绝缘，J—加大容量）。该型电流互感器为半封闭结构。一次侧绕组为多匝贯穿式，二次侧绕组绕在骨架上，二者在模具中定位后，用环氧树脂混合浇注成浇注体。铁芯为叠片式，插装入浇注体上预留孔内，然后将铁芯和安装板夹装在浇注体上，安装板上有铭牌和安装孔等，互感器可垂直或水平安装。一次额定电流在 400～1500A 时制成单匝式。图 5-9 所示为 LDZ-10、LDZJ-10 型电流互感器外形，该型电流互感器为全封闭结构，一次侧绕组为一根铜棒或铜管，铁芯为优质硅钢带卷成的环形，二次侧绕组沿环形铁芯径向均匀绕制。每台互感器都有两个铁芯，对称地扎在支持件上，一次侧导电杆穿过铁芯在模具中定位后，用环氧树脂混合胶浇注成型，浇注体装在安装板上。因为绕组和铁芯都浇注在绝缘体内，可避免受潮而降低绝缘质量。

图 5-10 所示为母线式 LMZ-10、LMZJ-10 型电流互感器外形，为全封闭结构，铁芯为环形，二次侧绕组沿铁芯周围均为绕制。环氧树脂浇注绝缘，中间留有孔，供一次侧母线通过或电缆缠绕用。一次额定电流为 300～3000A。

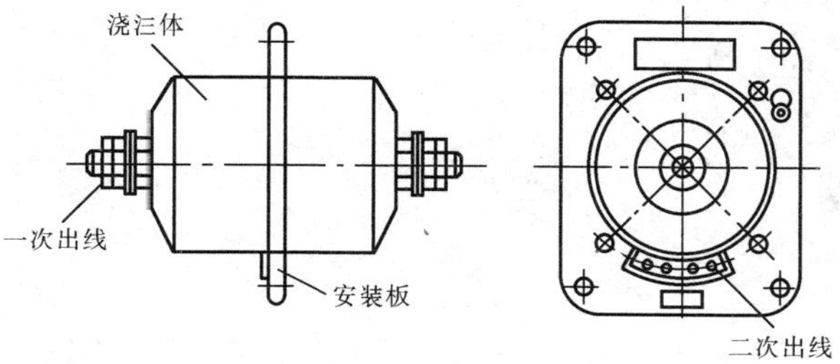

图 5-9 LDZ-10、LDZJ-10 型电流互感器外形

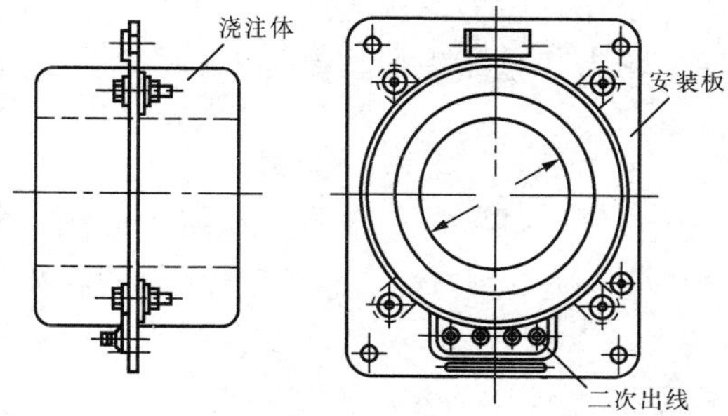

图 5-10 LMZ-10、LMZJ-10 型电流互感器外形

不饱和树脂浇注的电流互感器，型号为 LA-10、LAJ-10 型，多匝式、单匝式和母线式电流互感器的外形，分别与图 5-8、图 5-10 所示相似。

(2) 35kV 及以上户外式电流互感器，多为支持式瓷箱油浸绝缘。图 5-11 所示为 LCLWD$_2$-220 型电流互感器，其结构特点是一次侧绕组由扁铝线弯成 U 字形，主绝缘用多层电缆纸与很薄的铝箔每层交替间隔开制成电容型绝缘，全部包绕在 U 字形的一次侧绕组上。铝箔形成层间电容屏，内屏与一次侧绕组连接，外屏接地，构成一个同心圆柱形的电容器串。这样。如果电容屏各层的电容量相等，则沿主绝缘厚度各层的电压分布均匀，从而使绝缘得到充分利用，减小了绝缘的厚度。

一次侧绕组制成四组，可进行串联、并联换接。在 U 字形一次侧绕组下部，两个腿上分别套上绕有二次侧绕组的环形铁芯，组成有四个准确度级的二次绕组，以满足测量和保护使用。

这种电流互感器采用了电容型绝缘结构，又称电容绝缘电流互感器。目前，110kV 及以上的电流互感器，广泛采用此种结构。

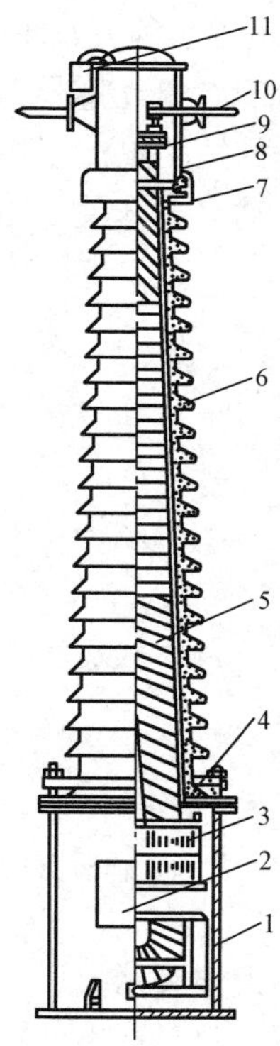

图 5-11 LCLWD$_2$-220 型电流互感器

1—油箱；2—二次接线盒；3—环形铁芯及二次侧绕组；4—压圈式卡接装置；5—U 字形一次侧绕组；6—瓷套；7—均压护罩；8—储油柜；9—一次侧绕组换接装置；10—一次侧绕组端子；11—呼吸器

课题三 电 压 互 感 器

一、电压互感器的工作特点

1. 电压互感器的工作原理

电压互感器的工作原理与普通电力变压器相同，结构原理和接线也相似，但二次电压低、容量很小，只有几十伏安或几百伏安，且多数情况下它的负荷是恒定的。

电压互感器一次绕组和二次绕组额定电压之比称为电压互感器的额定电压比，用 K_U 表示，不考虑励磁损耗，就等于一、二次绕组的匝数比，则

$$K_U = \frac{U_{1N}}{U_{2N}} \approx \frac{N_1}{N_2} = \frac{U_1}{U_2} = K_N \tag{5-6}$$

式中 U_{1N}、U_{2N}——一、二次绕组的额定电压；

N_1、N_2——一、二次绕组的匝数；

K_N——一、二次绕组的匝数比。

2. 电压互感器的工作特点

(1) 电压互感器一次侧电压决定于一次电力网的电压，不受二次负载的影响。

(2) 正常运行时，电压互感器二次绕组近似工作在开路状态。电压互感器的二次负载是测量仪表、继电器的电压线圈，匝数多、电抗大，通过的电流很小，二次绕组接近空载运行。

(3) 运行中的电压互感器二次侧绕组不允许短路。与电力变压器一样，当二次侧短路时，将产生很大的短路电流损坏电压互感器。为了保护二次绕组，一般在二次侧出口处安装熔断器或快速自动空气开关，用于过载和短路保护。

二、电压互感器的误差及影响误差的运行因素

电压互感器的等值电路与普通电力变压器相同，若以二次侧电压 $\dot{U}_2'$ 为参考，其相量图如图 5-12 所示。$-\dot{U}_2'$ 与 $\dot{U}_1$ 之间的电压段 AB 是励磁电流 $\dot{I}_0$ 流经一、二次绕组上产生的电压降。

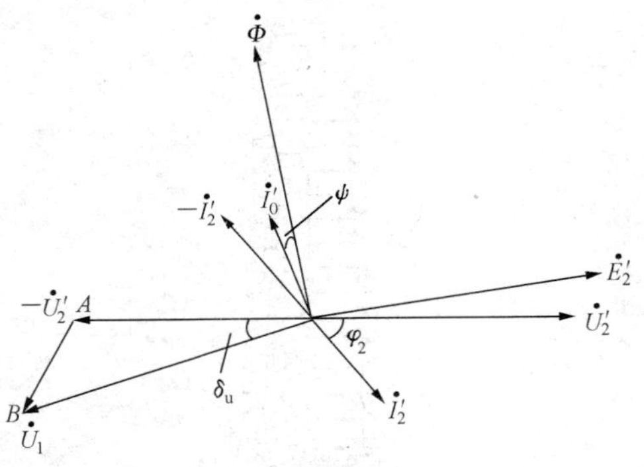

图 5-12 电压互感器简化的相量图

可见，由于电压互感器本身存在励磁电流和内阻抗，使测量出来的二次电压 $-\dot{U}_2'$ 与实际一次电压 $\dot{U}_1$ 在大小和相位上都不可能完全相等，即测量结果存在误差，用电压误差和角误差表示。

1. 电压误差 $\Delta U\%$（比差）

电压互感器实际测量出来的电压 $K_U U_2$ 与一次实际电压 U_1 之差，占U_1 的百分数，即

$$\Delta U\% = \frac{K_U U_2 - U_1}{U_1} \times 100 \tag{5-7}$$

2. 角误差 δ_U（角差）

旋转 180°的二次电压$-\dot{U}_2'$ 与一次电压 $\dot{U}_1$ 之间的夹角。规定$-\dot{U}_2'$ 超前于 $\dot{U}_1$ 时，δ_U 为正，反之为负。

3. 影响误差的运行因素

由图 5-12 可知，电压互感器的测量误差除互感器本身铁芯、绕组的质量外，运行中主要决定于一次电压和二次负载等参数。

(1) 一次电压的影响。电压互感器一次额定电压已标准化，将一台互感器用于高或低的电压等级中，或运行中电压离额定电压偏离太远，电压互感器的误差都会增大。故正确地使用电压互感器，应使一次额定电压与电网的额定电压相适应。

（2）二次负载的影响。如果一次电压不变，则二次负载阻抗及其功率因数直接影响误差的大小。当接带的负荷过多，二次负载阻抗下降，二次电流增大，在电压互感器绕组上的电压降上升，使误差增大；二次负载的功率因数过大或过小时，除影响电压误差外，角误差也会相应地增大，或 δ_U 在正、负之间的变化。因此，要保证电压互感器的测量误差不超过规定值，应将其二次负载阻抗和功率因数限制在相应的范围内。

三、电压互感器的准确度级和额定容量

1. 电压互感器的准确度级

电压互感器的测量误差，用其准确度级来表示。电压互感器的准确度级是指在规定的一次电压和二次负荷变化范围内，负荷的功率因数为额定值时电压误差的最大值。我国规定的电压互感器的准确度级和误差限值如表 5-2 所示。

表 5-2　　电压互感器的准确度级和误差限值

标准准确度级	误差限值		使用条件
	电压误差（±%）	相位误差（±′）	
0.2 0.5 1.0 3.0	0.2 0.5 1.0 3.0	10 20 40 无规定	在额定频率下，二次负荷在额定值的 25%～100%范围内，其功率因数为 0.8
3P 6P	3.0 6.0	120 240	

电压互感器的测量准确度有 0.2、0.5、1、3、3P、6P 6 个准确度级，同电流互感器一样，误差过大，影响测量的准确性，或对继电保护产生不良的影响。0.2、0.5、1 级的使用范围同电流互感器，3 级的用于某些测量仪表和继电保护装置，保护用电压互感器有 3P 和 6P。

2. 电压互感器的额定容量

电玉互感器的误差与二次负荷有关，因此对应于每个准确度级，都对应着一个额定容量，但一般说电压互感器的额定容量是指最高准确度级下的额定容量。例 JDZ-10 型电压互感器，各准确级下的额定容量为 0.5 级—80VA，1 级—120VA，3 级—300VA，则该电压互感器的额定容量为 80VA。同时，电压互感器按最高电压下长期工作允许的发热条件出发，还规定最大容量，上述电压互感器的最大容量为 500VA，该容量是某些场合用来传递功率的，例：给信号灯、断路器的分闸线圈供电等。

与电流互感器一样，电压互感器要求在某准确度级下测量时，二次负载不应超过该准确级规定的容量，否则准确度级下降，测量误差是满足不了要求的。

四、电压互感器的类型和结构

1. 电压互感器的类型

电压互感器可分为以下几种类型：

（1）按安装地点可分为户内式和户外式。

（2）按相数可分为单相式和三相式。只有 20kV 以下才制成三相式。

（3）按每相绕组数可分为双绕组和三绕组式。三绕组电压互感器有：基本二次绕组和辅助二次绕组两个二次侧绕组。辅助二次绕组供接地保护用。

（4）按绝缘可分为干式、浇注式、油浸式、串级油浸式和电容式等。干式多用于低压，

浇注式用于 3～35kV，油浸式主要用于 35kV 及以上的电压互感器。

2. 电压互感器的结构

图 5-13 所示为单相户内油浸式 JDJ-10 型电压互感器的外形结构 [J-电压互感器；D—单相；J（第三字母）—油浸式；10——次额定电压千伏数]。电压互感器的器身，固定在油箱盖上，浸在油箱内，绕组的引出线通过固定在箱盖上的瓷套管引出。

图 5-14 所示为浇注绝缘 JDZ-10 型电压互感器外形（Z—浇注式）。该型电压互感器为半封闭结构，一、二次侧绕组同心绕在一起（二次侧绕组在内侧），连同一、二次侧引出线，用环氧树脂混合成浇注体。铁芯采用优质硅钢片卷成 [型或叠装成日字型，露在空气中，浇注体下面涂有半导体漆，并与金属底板及铁芯相连，以改善电场的不均匀性。

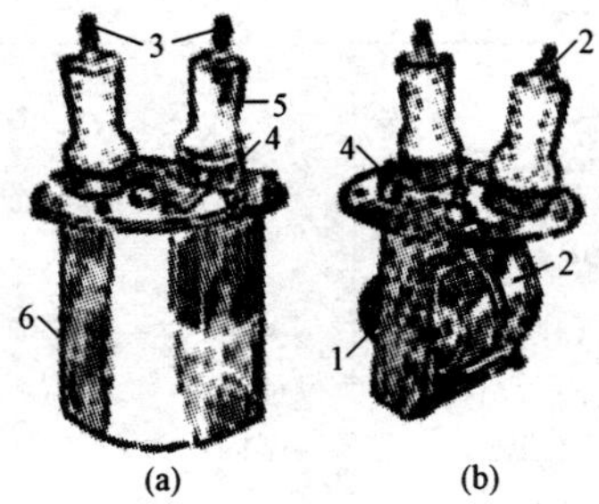

图 5-13　JDJ-10 型电压互感器外形结构

（a）外形；（b）器身与盖箱组装

1—铁芯；2——次侧绕组；3——次侧绕组引出端；4—二次侧绕组引出端；5—套管绝缘子；6—油箱

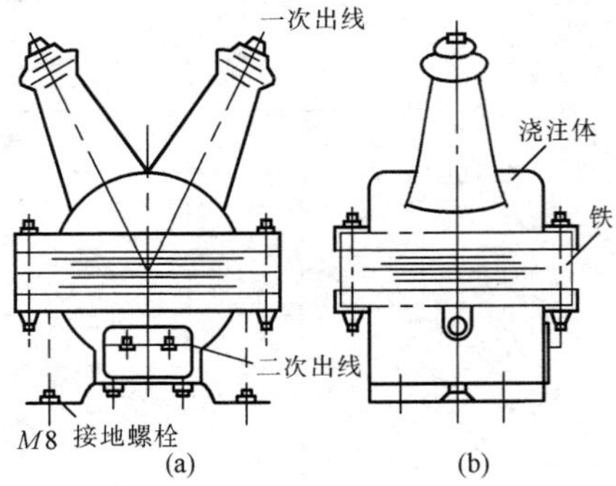

图 5-14　JDZ-10 型电压互感器

（a）外形；（b）器身与盖箱组装

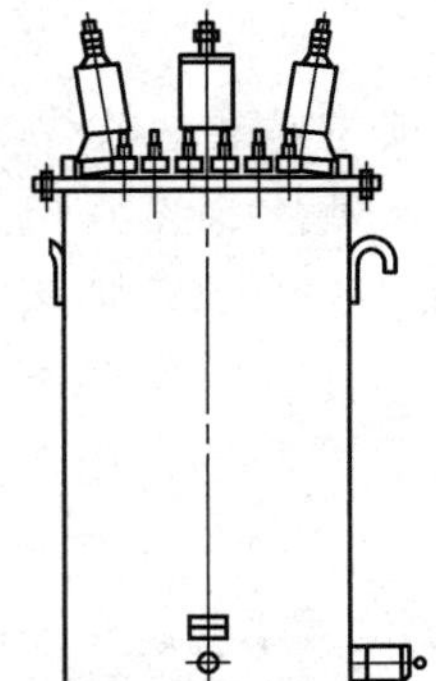

图 5-15　JSJW-10 型电压互感器外形

JDZJ-10 型电压互感器，每箱有三个线圈，外形与 JDZ-10 型相同，只是二次侧绕组引出端子共有四个，基本二次绕组有两个引出端子，额定电压为 $100/\sqrt{3}$V；辅助二次绕组有两个引出端子，额定电压为 100/3V。

图 5-15 所示为油浸三相五柱式 JSJW-10 型电压互感器外形（S—三相式；W—五柱铁芯三绕组）。

五、电压互感器的接线方式

在三相电力系统中，通常需要测量的电压有线电压、相对地电压和发生单相接地故障时的零序电压。为了测量这些电压，图 5-16示出了几种常见的电压互感器接线。

图 5-16（a）所示为一台单相电压互感器的接线，可测量某一相间电压（35kV 及以下的中性点非直接接地电网）或相对地电压（110kV 及以上中性点直接接地电网）。

图 5-16（b）所示两台单相电压互感器接成 Vv 形连接。广泛用于 20kV 及以下中性点不接地或经消弧线圈接地的电网中，测量线电压，不能测相电压。

图 5-16（c）所示为一台三相三柱式电压互感器接成 Yyn 形

接线，只能用来测量线电压，不许用来测量相对地电压，因为它的一次侧绕组中性点不能引出，故不能用来监视电网对地绝缘。其原因是中性点非直接接地电网中单相接地时，非故障相对地电压升高$\sqrt{3}$倍，三相对地电压失去平衡，在三个铁芯柱将出现零序磁通。由于零序磁通是同相位的，不能通过三个铁芯柱形闭合回路，而只能经过空气间隙和互感器外壳构成通路。因此磁路磁阻很大，零序励磁电流很大，引起电压互感器铁芯过热甚至烧坏。

图 5-16（d）所示为一台三相五柱式电压互感器接成的 YNyn△形接线。其一次侧绕组、基本二次侧绕组接成星形，且中性点均接地，辅助二次侧绕组接成开口三角形。这种接线可用来测量线电压和相电压，还可用作绝缘监察，故广泛用于小电流接地电网中。如图 5-16 所示，当系统发生单相接地时，三相五柱式电压互感器内出现的零序磁通可以通过两边的辅助铁芯柱构成回路。辅助铁芯柱的磁阻小，零序励磁电流也小，因而不会出现烧毁电压互感器的情况。

图 5-16（e）所示为三台单相三绕组电压互感器接成的 YNyn△形接线，广泛应用于 35kV 及以上电网中，可测量线电压、相对地电压和零序电压。这种接线方式发生单相接地时，各相零序磁通以各自的电压互感器铁芯构成回路，因此对电压互感器无影响。该种接线方式的辅助二次绕组接成开口三角形，对于 35～60kV 中性点非直接接地电网，其相电压为 100/3V，对中性点直接接地电网，其相电压为 100V。

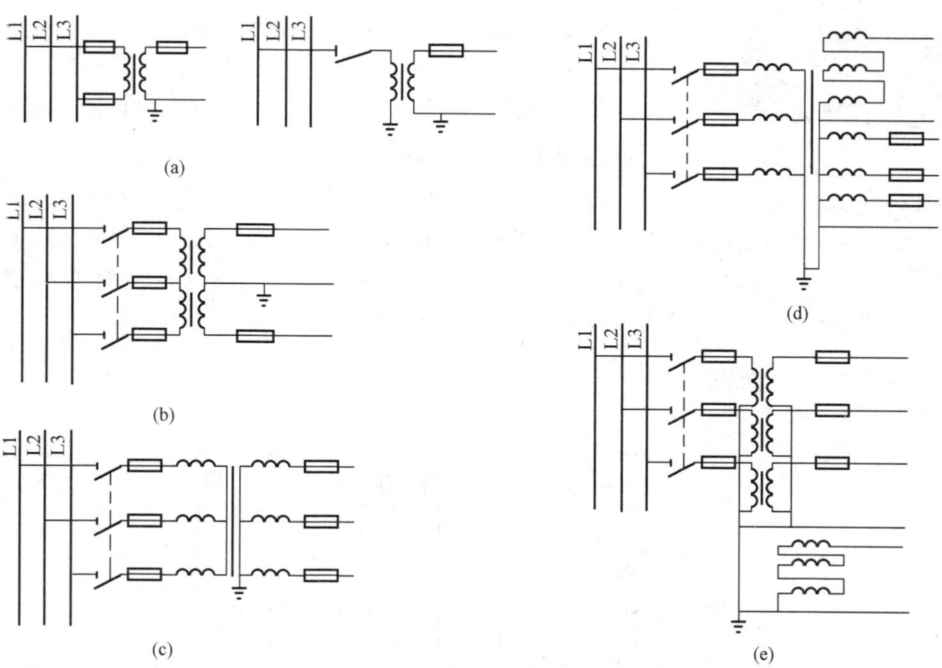

图 5-16　电压互感器的接线方式

（a）单相接线；（b）Vv 接线；（c）三相三柱式接线；（d）三相五柱式接线；（e）三台单相式电压互感器接线

在 380V 的装置中，电压互感器一般只经过熔断器接入电网。在高压电网中，电压互感器经过隔离开关和熔断器与电网连接。一次侧熔断器的作用是当电压互感器及其以内出线上短路时，自动熔断切除故障，但不能作为二次侧过负荷保护。因为熔断器熔件的截面是根据机械强度选择的，其额定电流比电压互感器的工作电流大很多倍，二次侧过负荷时可能不熔断。所以，电压互感器二次侧应装设低压熔断器，来保护电压互感器的二次侧过负荷或短路。

在 110kV 及以上的电网中，考虑到电压互感器及其配电装置的可靠性较高，加之高压熔断器的灭弧问题较大、制造较困难、价格较贵，故不装设高压熔断器，只用隔离开关与母线相连接。

六、串级式电压互感器和电容式电压互感器

随着电力系统电压的增高，具有钢板油箱磁套管普通结构的电磁式电压互感器的制造十分笨重且价格昂贵。因此 110kV 及以上电压等级中，采用了串级式电压互感器和电容式电压互感器。

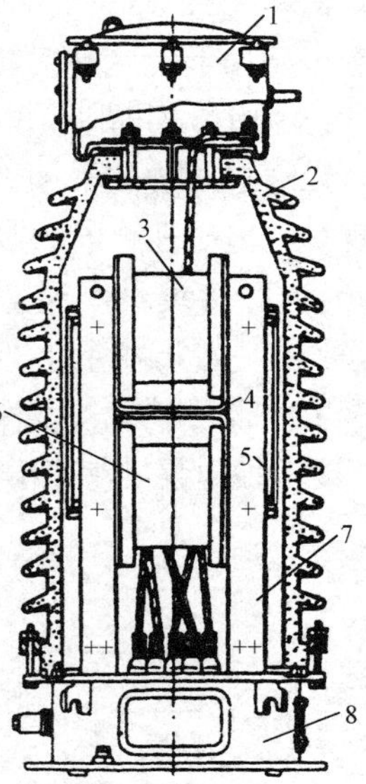

图 5-17　JCC1-110 型电压互感器的结构图

1—储油柜；2—瓷柜；3—上柱绕组；4—隔板；5—铁芯；6—下柱绕组；7—支撑绝缘板；8—底座

1. 串级式电压互感器

（1）串级式电压互感器的结构特点。串级式电压互感器的铁芯和绕组装在充油的瓷外壳内，瓷外壳既代替油箱又兼作高压磁套绝缘。铁芯带电位，用支撑电木板固定在底座上。一次绕组首端自储油柜引出，一次绕组末端和二次绕组出线端自底座引出。

在普通结构的电压互感器中，一次侧绕组与铁芯和二次侧绕组之间是按装置的全电压绝缘的，而串级式电压互感器是分级绝缘的，每一级只处在装置的一部分电压之下，大量地节约了绝缘材料，减小了重量和体积。图 5-17 所示为单相串级式 JCC1-110 型电压互感器的结构图。

（2）串级式电压互感器的工作原理。110kV 串级式电压互感器的工作原理如图 5-18 所示。

图 5-18（a）为原理电路图，其一次侧绕组被分成匝数相等的Ⅰ、Ⅱ两段，绕成圆筒式套装在上、下铁芯柱上并相互串联，中间连接点与铁芯相连。基本二次侧绕组和辅助二次绕组在铁芯的下柱上。

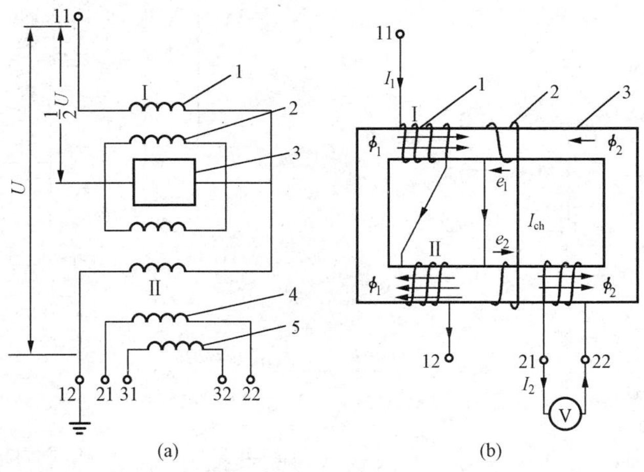

图 5-18　110kV 串级式电压互感器工作原理

（a）原理电路图；（b）平衡绕组作用原理图

1—一次绕组；2—平衡绕组；3—铁芯；4—基本二次绕组；5—辅助二次绕组

当二次绕组开路时，铁芯上、下柱中磁通 ϕ_1 相等，Ⅰ、Ⅱ段上电压相等，为一次侧绕组电压的 1/2。由于Ⅰ、Ⅱ段绕组的连接点与铁芯相连，因此绕组两端线匝对铁芯的绝缘只需按 $1/2U$ 的电压设计。而普通结构的电压互感器则按全电压 U 设计。

当二次侧绕组与测量仪表等负荷接通后，二次绕组中的电流 I_2 将产生去磁磁通。由于二次绕组只装在下铁芯柱上，因漏磁不同，使上、下铁芯柱内的合成磁通不一样，从而造成电压分布不均匀，测量结果误差较大，准确度降低。为解决此问题，在上、下铁芯柱上加装匝数相等而绕向相反的平衡绕组，并接成环路，如图 5-18（b）所示。当上、下铁芯柱内的磁通不相等时，将在平衡线圈中感应出电动势 e_1、e_2，在电动势差作用下平衡绕组中产生平衡电流 I_{ph}，使磁通较多的上铁芯柱去磁，磁通较少的下铁芯柱助磁，于是铁芯上、下柱中的合成磁通基本相等，一次侧绕组Ⅰ、Ⅱ段上的电压分布趋于均匀，使测量准确度提高。

2. 电容式电压互感器

图 5-19 为电容式电压互感器原理接线图。电容式电压互感器实质是一个电容分压器，在被测装置和地之间有若干相同的电容器串联。

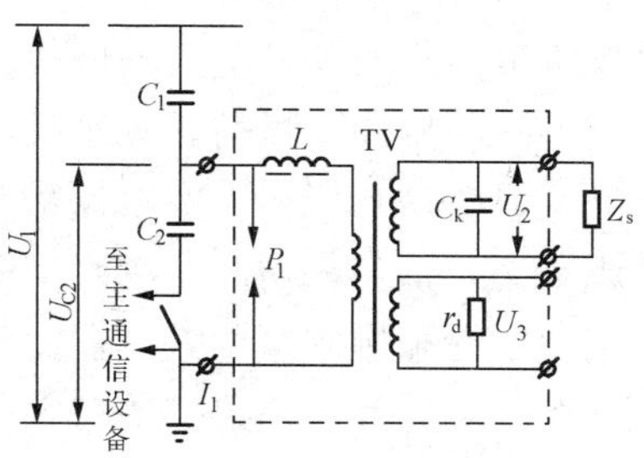

图 5-19　电容式电压互感器原理接线

为便于分析，将电容器串分成主电容 C_1 和分压电容 C_2 两部分。设一次侧相对地电压为 U_1，则 C_2 上的电压为

$$U_{C2} = \frac{C_1}{C_1 + C_2} U_1 = KU_1 \tag{5-8}$$

其中　$K = C_1 / (C_1 + C_2)$

式中　K——分压比。

改变 C_1 和 C_2 的比值，可得到不同的分压比。由于 U_{C2} 与一次电压 U_1 成正比，故测得 U_{C2} 就可得到 U_1，这就是电容式电压互感器的工作原理。

但是，当 C_2 两端接入普通电压表或其他负荷时，所测得的值小于电容分压值 U_{C2}，且负载电流越大，测得的值越小，误差也越大。这是由于电容器的内阻抗 $1/j\omega(C_1 + C_2)$ 所引起的。为减小误差，在电容分压器与二次负载间加一变压器电压互感器—中间变压器实际就是一台电磁式电压互感器。

中间变压器电压互感器中的电感 L 是为了补偿电容器的内阻抗的，因此称为补偿电感。当 $\omega L = 1/\omega(C_1 + C_2)$ 时，内阻抗为零，使输出电压 U_{C2} 与二次负载无关，实际上，由于电容器，电感 L 中有损耗存在，接负载时仍存在误差。

在电压互感器的二次侧绕组上并联一补偿电容 C_k，用来补偿电压互感器的励磁电流和负载电流中的电感分量，提高负载功率因数，减少测量误差。

阻尼电阻 r_d 的作用是防止二次侧发生短路或断路冲击时，由铁磁谐振引起的过电压。补偿电抗器 L 及中间变压器电压互感器不致被过电压损坏。

电容式电压互感器与电磁式电压互感器相比，具有冲击绝缘强度高、制造简单、重量轻、体积小、成本低、运行可靠、维护方便并可兼作高频载波通信的耦合电容等优点。但是，其误差特性比电磁式电压互感器差，且输出容量较小，影响误差的因素较多。过去电容式电压互感器的准确度不高，目前我国制造的 YDR 型电容式电压互感器准确度已提高到

0.5 级，在 110kV 及以上中性点直接接地系统中得到了广泛应用。

课题四　新 型 互 感 器

一、新型互感器的发展简介

传统的电磁式互感器具有可靠性高、输出容量大，性能比较稳定，适合长期运行，并且有长期运行经验的特点。然而，随着电力系统传输容量的增加，电压等级升高，使传统互感器出现绝缘结构复杂、体积庞大等问题，也使继电保护和控制功能集成很难实现，而且传统互感器还存在着磁饱和、铁磁谐振、动态范围小、暂态特性差等缺点，同时，电磁干扰、射频干扰严重影响通信的可靠性。

随着电力的发展，电力网已呈现出由大机组、超高压、特高压、远距离输变电的超大容量电力系统的格局。目前，数字技术几乎已经覆盖电力系统二次系统的各个领域。以往为满足电磁式、电动式仪表、继电保护和控制装置，而使用的电磁式互感器由于绝缘复杂、体积大，成本高，铁芯易饱和、动态响应效果差已满足不了技术和经济、安全的要求。当前在电力系统中广泛采用的以微处理器为基础的数字式保护、测量、运行监视和控制系统及发电机的励磁控制装置等，不再需要较大的功率来带动，仅需要±5V 的电压信号和 mA 或 μA 级的电流就可以了，因此研究和采用低功率、紧凑型电压和电流测量装置代替常规的 TV、TA，将高电压、大电流变换成数字装置所需的低电压、小电流，是电力系统技术创新的重要课题。

新型互感器的研制是光电子、光纤通信和数字信号处理技术的发展和应用。新型的测量系统（即数字光电测量系统）由电压、电流变换器、数字信号处理器，以及连接它们的电缆和光缆组成。光电式互感器的原理是利用石晶材料的磁电效应和电场效应，将被测的电压、电流信号转换成光信号，经光通道传播，由接收装置进行数字化处理而进行测量的，其中电压和电流的变换是测量系统的关键，按变换原理的不同，新型电压、电流变换器可分为半常规电压及电流变换器和光电变换器两种，而后者最具有发展前景。

半常规电压变换通常采用电阻或电容分压，电流变换采用带铁芯的微型 TA 或不带铁芯的罗柯夫斯基线圈实现。

在数字光电测量系统中，电压变换是利用石英晶体的普克尔效应测量电场强度来量测导体的对地电压；电流变换是利用石英晶体的法拉第效应，即光束通过磁场作用下的晶体产生旋转、测量光线旋转角来测量电流。

数字光电测量系统的研制在国外已进行多年，近年来研究明显加快，主要集中在性能的改进和样品的现场试验，并取得了运行经验，目前已有产品推向市场。

二、光电式互感器

现代电力系统的特点是容量大、电压等级高、控制保护设备微电子化、智能化。基于这些特点，要求相应的电气设备结构紧凑、体积小、重量轻。用于向保护、测量、控制设备提供电流、电压信息的电流互感器和电压互感器也要适应这一要求，向小型化、轻型化发展。随着电力电子技术、光纤传感技术和光纤通信技术的飞速发展，光电式互感器（新型互感器的一种）将被应用。

光电式互感器采用光学传感头对电力系统一次电流、电压进行测量，用于低压系统中的保护和计量等二次设备，它克服了传统电磁式互感器的不足，无饱和及铁磁谐振现象，体积小、重量轻、造价低、绝缘强度高、频带响应宽、抗电磁干扰性能佳、无油化结构，具有良好的动态响应能力、便于向数字化、微机化发展等诸多优点，将在数字化变电站中广泛应用。

1. 光电式互感器的特点

（1）绝缘性能优良，造价低。绝缘结构简单，随电压等级的升高，其造价有时愈加明显。

（2）在不含铁芯的电子式互感器中，消除了磁饱和、铁磁谐振等问题，测量准确度高，且电流越大，准确度越高。

（3）在很大的频带范围内，二次信号与一次电流量保持线性关系。

（4）准确度高，可达 0.2 级，且不受温度、振动等环境条件的影响。

（5）在小变比的情况下，可具有耐受很高短路电流的能力（如额定电流比为 50/5 的光电传感器，可耐受短时热电流 63kA）。

（6）装置简单、可靠、轻便、小型、易于安装，可使用合成绝缘子支撑，甚至无需支撑，装在母线上即可。

（7）安装简单，施工工期短，装置占据空间小，抗震性能好，维护简单、方便。

（8）装置高压部分和电子设备之间采用光纤通信，不受任何电磁干扰的影响。光纤传输距离可超过 2km，解决了高压部分与电子部件的远距离传输问题。

（9）互感器电子部件到继电保护、测量仪表和自动装置等二次设备的连线可采用光纤，也可利用现场数字通信网络。电子式互感器的二次负荷、数量和容量不受限制。

（10）光电式互感器低压侧的输出为弱点信号，不存在传统互感器在低压侧会发生的危险，如电磁式电流互感器低压侧开路会产生危险的高电压，危及人身和设备安全。

（11）由于占用空间小、支撑架构简单轻便、施工方便、二次接线简化、互感器高压部分不需维护，从而使光电传感器的综合经济效益显著。

2. 光电式互感器的分类

光电式互感器分为光学电流互感器和光学电压互感器，它们均可分为有源互感器（采用其他传感方法而仅用光纤传输信号的光电互感器，由于高压部分采用有源器件，所以称为有源互感器 OCT）和无源互感器（高压部分均为光学器件而不采用任何有源器件，称为无源互感器 OCT）两大类。

光学电流互感器按上述分类情况分为有源电流互感器和无源电流互感器。有源电流互感器具有传感线性好、光纤绝缘强度高的特点，光路结构简单，互换性好，但输出信号与原方电流信号呈非线性关系。无源电流互感器具有输入、输出线性关系好，但光路较复杂、机械加工困难。两者各有所长，目前无源电流互感器应用较多。

光学电压互感器也分为有源电压互感器和无源电压互感器，有源电压互感器通过电容分压取得，无源电压互感器直接取得。

光学电流互感器（OTA）工作原理是法拉第磁光效应；光学电压互感器（OPT）工作原理是普克尔斯线性电光效应。光学电流传感头和光学电压传感头位于绝缘套管的高压区，控制室内的发光二极管发出光信号经绝缘材料制成的光缆传输至两个传感头，经高压母线和电压调制后，光信号又经光缆从高压区传输回主控室，最后经光电转换数据。有源、无源光电互感器统称光电互感器，它们在传感原理上不同，但在二次输出的形式完全一致。它们体积小、绝缘性能好，动态响应好，据分析，在电压等级达到 100kV 及以上时，使用高性能的光电式互感器，有较好的经济价值。

小　结

互感器分为电流互感器和电压互感器，是发电厂变电站中一次和二次回路的联络元件。目前大多采用电磁式互感器，其工作原理与电力变压器相似。

电流互感器将大电流变为小电流，向二次侧仪表供电。其一次侧绕组串联于电路中，二次侧绕组与测量仪表和继电器的电流线圈串联。正常工作时电流互感器二次侧相当于短路，运行中其二次侧绝不允许开路。

电压互感器将高电压变为低电压，其一次侧绕组并联于一次电路中，二次侧绕组向测量仪表和继电器的电压线圈供电。正常工作时其二次侧相当于开路，运行中其二次侧不能短路。

由于励磁电流等因素影响，使互感器在测量中存在误差。误差与铁芯的材料，截面积和一次电压、电流及二次负荷等有关。准确度级根据误差大小划分，使用中为了获得规定的准确度级，二次负载不得超过互感器的额定容量。

电流互感器的接线有单相接线、不完全星形接线和完全星形接线三种方式。电压互感器有五种接线形式：单相式接线、两台单相电压互感器的 Vv 接线、三台单相电压互感器的 YNyn $\angle$接线、三相五柱式的 YNyn $\angle$的接线。可根据测量的不同要求，采用上述接线形式。

新型互感器的研制是光电子、光纤通信和数字信号处理技术的发展和应用，新型的测量系统由电压、电流变换器、数字信号处理器，以及连接它们的电缆和光缆组成。

习　题

5-1　什么是互感器？互感器与一、二次系统如何连接？

5-2　电流互感器的作用有哪些？

5-3　运行中电流互感器的二次侧为什么不允许开路？电流互感器二次侧接地可以防止开路所造成的危害吗？

5-4　如何防止运行中的电流互感器二次侧开路？

5-5　电压互感器的作用有哪些？

5-6　运行中的电压互感器二次侧为什么不允许短路？电压互感器二次侧接地为什么不会造成短路？

5-7　什么是互感器的误差、准确度级和额定容量？它们之间的关系如何？

5-8　为什么要分析互感器的误差？运行中如何减小互感器的误差？

5-9　互感器的工作原理与变压器相同，但作为测量变压器，其运行特点有哪些？

5-10　说出互感器常见的接线图，并试述其适用范围。

5-11　带有二次辅助绕组的电压互感器，开口三角形接线的作用如何？试分析。

5-12　试述串级式电压互感器和电容式互感器的工作原理。

5-13　新型互感器的特点是什么？

5-14　新型互感器由哪几部分组成？

第六单元

母线、绝缘子、电力电缆

母线、绝缘子及电力电缆是电力系统配电装置中最常见的电气设备，而套管是一种特殊的绝缘子。在本单元中我们主要讲述母线、绝缘子及电力电缆的用途、构成材料、型号及其分类，并简要阐述其安装方法和适用范围。

课题一　母　　线

一、母线的作用

在发电厂和变电站的各级电压配电装置中，将发电机、变压器等大型电气设备与各种电器之间连接的导线称为母线。母线的作用是汇集、分配和传送电能。母线是构成电气主接线的主要设备。

二、母线的分类及特点

母线按所使用的材料可分为铜母线、铝母线和钢母线。不同材料制作的母线具有各自不同的特点和适用范围。

1. 铜母线

铜的电阻率低，机械强度高，抗腐蚀性强，是很好的母线材料。但它在工业上有很多重要用途，而且储量不多，是一种贵重金属，因此，除在含有腐蚀性气体或有强烈振动的地区（如靠近化工厂或海岸等）应采用铜母线之外，一般都采用铝母线。

2. 铝母线

铝的电阻率约为铜的1.7～2倍，而重量只有铜的30%，所以在长度和电阻相同的情况下，铝母线的重量仅为铜母线的一半。而且铝的存储量较多，价格也较低，总的来说，用铝母线比用铜母线经济。因此目前我国在屋内和屋外配电装置中都广泛采用铝母线。

3. 钢母线

钢的优点是机械强度高，价格便宜。但钢的电阻率很大，为铜的6～8倍，用于交流时产生很强烈的集肤效应，并造成很大的磁滞损耗和涡流损耗，因此仅用在高压小容量电路（如电压互感器回路及小容量厂用、所用变压器的高压侧）、工作电流不大于200A的低压电路、直流电路及接地装置回路中。

母线按截面形状可分为矩形、圆形、槽形和管形等。母线的截面形状应保证集肤效应系数尽可能小，同时散热条件好，机械强度高，安装简单和连接方便。

1. 矩形截面母线（矩形母线）

矩形截面母线常用在35kV及以下的屋内配电装置中。矩形截面母线的优点（与相同截面积的圆形母线比较）是散热条件好，集肤效应小，安装简单，连接方便。在相同的截面积下，矩形截面母线比圆形截面母线具有更大的周长和散热面，因而散热条件好，在相同的截面积和相同的容许发热温度下，矩形截面母线要比圆形截面母线的容许工作电流大。

为增强散热条件和减小集肤效应的影响，同时兼顾机械强度，矩形截面母线的边长比通常约为 1∶12～1∶5。单条母线的截面积不应大于 10×120＝1200（mm^2）。当工作电流超过最大截面积的单条母线的允许电流时，每相可用两条或三条矩形截面母线固定在支持绝缘子上，每条间的距离应等于一条的厚度，以保证较好的散热。但每相条数增加时，其允许电流并不成正比地增加，而是随条数的增加而增加得较少。当每相有三条时，中间一条电流约为总电流的 20%，两边的两条各占 40%。每相矩形截面母线的条数不宜超过三条。

2. 圆形截面母线（圆形母线）

在 35kV 以上的户外配电装置中，为了防止产生电晕，大多采用圆形截面母线。一般情况下，母线表面的曲率半径越小，则电场强度越大。因此，矩形截面的四角处在电压等级较高时，易引起电晕现象，而圆形截面不存在电场集中的地方。因此，在 110kV 及以上电压的户外配电装置中，一般都采用钢芯铝绞线或管形截面母线。

3. 槽形截面母线（槽形母线）

槽形截面母线的电流分布较均匀，与同截面积的矩形截面母线相比，具有集肤效应小、冷却条件好、金属材料的利用率高、机械强度高等优点。当母线的工作电流很大，每相需要三条以上的矩形截面母线才能满足要求时，一般采用槽形截面母线。

4. 管形截面母线（管形母线）

管形截面母线是空芯导体，集肤效应小，且电晕放电电压高。在 35kV 以上的户外配电装置中多采用管形截面母线。

母线还可分为软母线和硬母线，软母线指多股铜绞线或钢芯铝绞线，应用于较高（35kV 以上）的户外配电装置。硬母线多应用于电压较低（35kV 及以下）的户内配电装置，现在为了节约占地，110kV 屋外配电装置也常用硬母线。

三、母线的布置方式

母线的散热条件和机械强度与母线的布置方式有关。以矩形截面母线为例，最为常见的布置方式有两种，即水平布置和垂直布置。

1. 水平布置

如图 6-1（a）、（b）所示，三相母线固定在支持绝缘子上，具有同一高度。各条母线之间既可以竖放，也可以平放。竖放式水平布置的母线散热条件好，母线的额定允许电流较其他放置方式要大，但机械强度不是很好。对于允许载流量要求不大，但机械强度有较高要求的场合可采用平放式水平布置的结构。

2. 垂直布置

垂直布置方式的特点是三相母线分层安装，如图 6-1（c）所示，图中母线采用竖放式垂直布置，这种布置方式不但散热性强，而且机械强度和绝缘能力都很高，克服了水平布置存在的不足之处，然而垂直布置增加了配电装置的高度，需要更大的投资。

槽形截面母线布置方式与矩形母线是相似的，这里不再重述，应当指出的是，槽形母线的每相均由两条组成一个整体，构成所谓的“双槽式”，如图 6-2 所示，整个断面接近正方形，槽形母线均采用竖放式，两条同相母线之间每隔一定距离，用焊接片进行连接，构成一个整体。这种结构形式的母线其机械性能相当强，而且能节约金属材料。

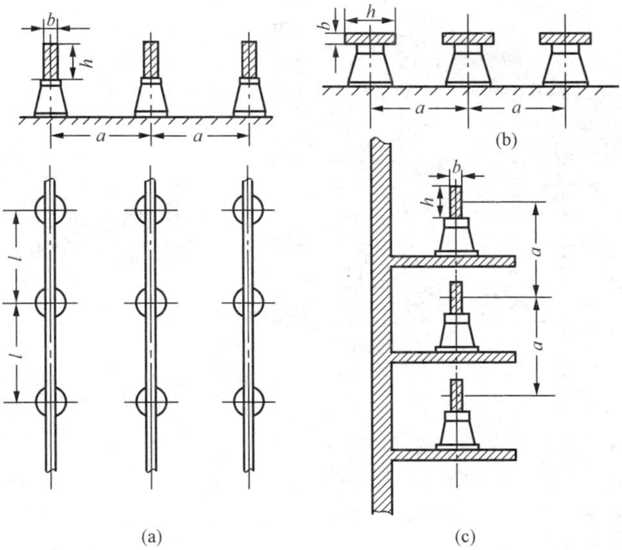

图 6-1　母线布置方式

(a)、(b) 水平布置；(c) 垂直布置

四、母线在绝缘子上的固结和着色

1. 母线在绝缘子上的固结

矩形母线和槽形母线都是通过衬垫安置在支柱绝缘子上，并利用金具进行固结，如图 6-3 所示。在交流装置中由于铁耗等原因，会造成母线金具的发热。为减小发热程度，在 1000A 以上的大工作电流装置中，通常母线金具上边的夹板用非磁性材料铝制成，而其他零件采用镀锌铁。

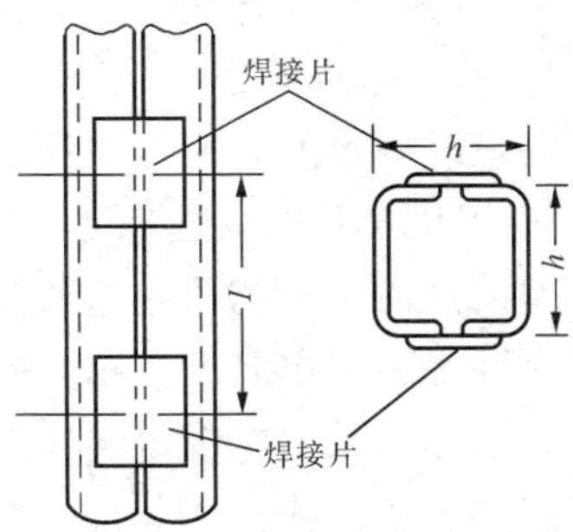

图 6-2　槽型母线布置断面图

母线用金具固结在绝缘子上，必须考虑到母线热效应而产生的纵向自由伸缩，以免支柱绝缘子受到很大的应力。为此，在固结铝板的螺栓上套以间隔钢管，使母线与上夹板之间保持一定的空隙。

圆形母线是利用卡板固结在支柱上，多股绞线则利用专门的线夹固结在悬式绝缘子串上。

当矩形截面的长度大于 20m 时，一般在母线上装设伸缩补偿器，如图6-4所示。图中盖板上有圆孔，以供螺栓之用；根据螺栓直径的大小，在母线上也凿有长圆孔，以保证螺栓在其中自由伸缩。为便于母线自身的自由伸缩，一般都不允许将螺栓拧紧。

伸缩补偿器通常是用与母线材料相同的厚度约 0.2～0.5mm 的薄片叠成，以薄铜片为最好，薄片的数量应与母线的截面积相适应。当母线的厚度在 8mm 以下时，也可用母线本身弯曲的办法，使母线得以自由伸缩。

2. 母线的着色

对室内放置母线进行着色有其实际意义，它可以增强热辐射能力，有利于母线的散热，母线着色后允许负荷电流提高 12%～15%。钢母线着色还可防止生锈。同时，为了使工作人员便于识别直流的极性及交流的相别，母线可涂以不同的颜色标志。

直流装置：正极——红色；负极——蓝色。

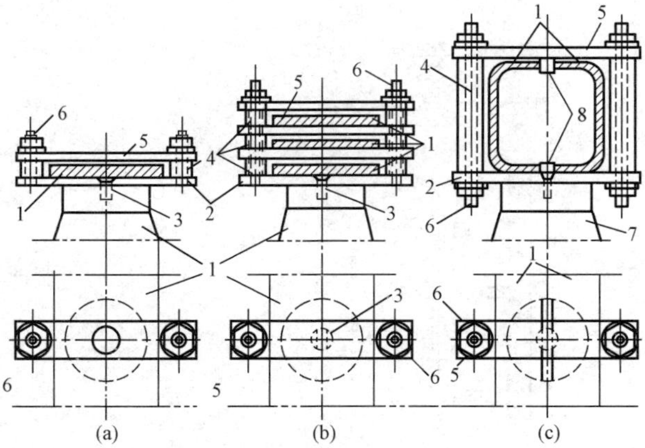

图 6-3　母线在支柱绝缘子的固结

（a）单条矩形母线；（b）三条矩形母线；（c）槽形母线

1—母线；2—钢板；3—螺钉；4—间隔钢管；5—铁板；

6—拧入钢板 2 的螺栓；7—绝缘子；8—撑杆

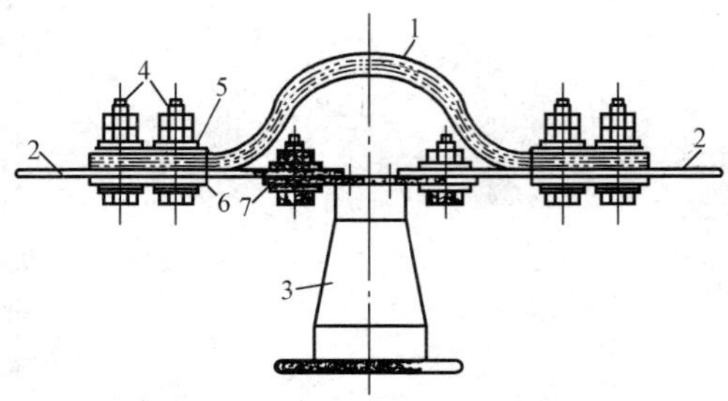

图 6-4　半圆形母线伸缩补偿器

1—补偿器；2—母线；3—支持绝缘子；

4—螺栓；5—垫圈；6—衬垫；7—盖板

交流装置：U 相——黄色；V 相——绿色；W 相——红色。

中性线：不接地中性线——白色；接地中性线——紫色。

五、分相封闭母线

1. 封闭母线概述

在电厂中，发电机至变压器的连接母线采用敞露式母线存在的主要缺点是绝缘子表面容易被灰尘污染，尤其是母线布置在屋外时，受气候变化影响及污染更为严重，很容易造成绝缘子闪络及由于外物所致造成母线短路故障。随着单机容量的增大，对发电机出口母线运行的可靠性提出了更高的要求，同时，母线容量增大后，母线短路电动力和母线附近钢构的发热大大增加。采用电缆母线代之，虽可缓解上述问题，但投资太大，很少采用。采用封闭母线（用外壳将母线封闭起来）是一种较好的解决办法。

封闭母线的类型。按外壳材料可分塑料外壳和金属外壳。按外壳与母线间的结构形式可分为如下几种形式。

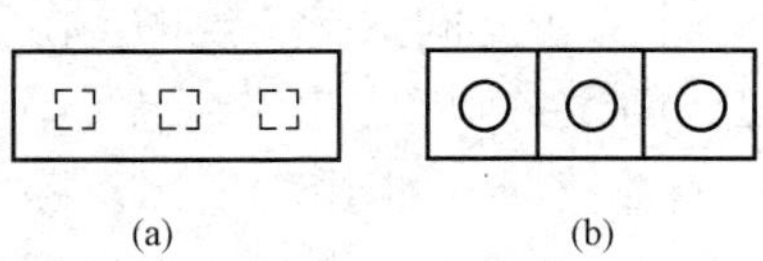

图 6-5　不隔相与隔相式封闭母线

（a）不隔相式；（b）隔相式

（1）不隔相（亦称共相）式封闭母线。如图 6-5（a）所示，三相母线设在没有相间隔板的金属（或塑料）公共外壳内。

（2）隔相式封闭母线。如图 6-5（b）所示，三相母线布置在相间有金属（或绝缘）隔板的金属外壳内。

（3）分相封闭母线。其每相导体分别用单独的铝制圆形外壳封闭。分相封闭母线，根据金属外壳各段的连接方法，又可分为分段绝缘式和全连式（段间焊接）两种。

不隔相的封闭母线只能起防止绝缘子免受污染和外物所造成的母线短路，而不能减少母线相间电动力和减少钢构的发热。隔相式封闭母线虽然可较好地防止相间故障，在一定程度上能减少母线电动力和减少母线周围钢构的发热，但是仍然发生过因单相接地而烧穿相间隔板造成相间短路的事例，因此，可靠性还不很高。一般，不隔相或隔相封闭母线只用于大容量机组的厂用电系统或容量较小，但污染比较严重的场所。

2. 全连式分相封闭母线

目前对于单机容量在200MW以上的大型发电机组，发电机与变压器之间的连接线及厂用电源和电压互感器等分支线，均采用全连式分相封闭母线。全连式分相封闭母线的特点是沿母线全长度方向的外壳在同一相内（包括各分支回路）全部各段间通过焊接连通。在封闭母线的各终端，通过短路板，将各相的外壳连接成电气通路，见图6-6，从工程安装方便等原因考虑，在上述全连式的基础上再将从发电机至变压器之间的封闭外壳分为2～3大段，在每段两端装置短路板，称为分段全连式。分相式封闭母线的结构主要由三部分组成：

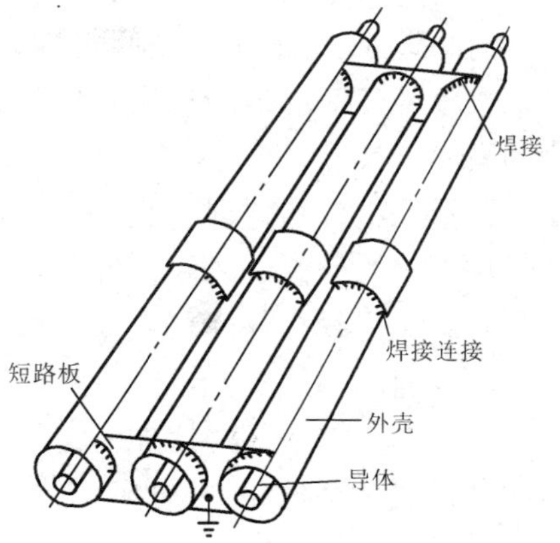

图6-6 全连式分相封闭母线

（1）载流导体。一般用铝制成，采用空心结构以减小集肤效应，当工作电流很大时，还可采用水内冷圆管母线。

（2）支柱绝缘子。采用多棱边式结构以加长漏电距离，每个支持点可用1～4个支持绝缘子，较多的情况是用一个或三个，绝缘子与封闭外壳之间的连接应具有一定的弹性。单个绝缘子支持的结构如图6-7所示；三个绝缘子支持的结构如图6-8所示，具有结构不复杂、受力好、安装检修方便且可采用轻型绝缘子等优点。一般分相封闭母线都采用三个绝缘子支持的结构。

（3）保护外壳。由5～8mm厚的铝板制成圆管形，为便于检修维护母线接头或绝缘子，在外壳上设置检修与观察孔。封闭母线的外壳和载流导体，它们与电气设备的连接处都应该设可拆卸的伸缩接头。当直线段长度在20m左右时，一般设置成焊接式的伸缩接头，以充分保证封闭母线的伸缩。

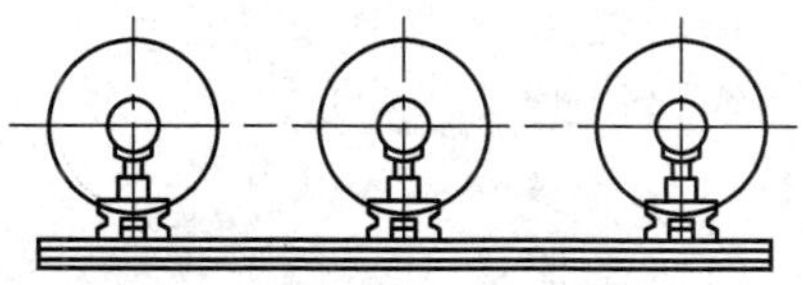
图6-7 单个绝缘子支持的分相封闭母线结构示意图

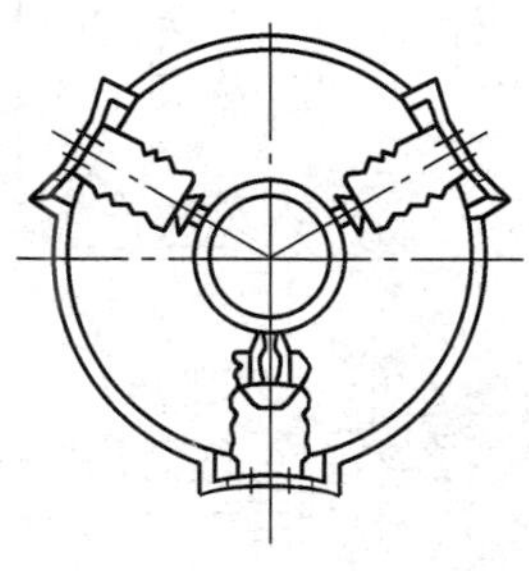
图6-8 三个绝缘子支持的分相封闭母线结构示意图

全连式分相封闭母线其三相的外壳在端部通过短路板连通形成闭合回路，当载流导体通过电流时，便在外壳上感应出与载流导体大小相近而方向相反的环流，使壳外磁场几乎为零，载流导体间的短路电动力也大为减小，附近钢构件发热几乎完全消失，因此外壳起到了较好的屏蔽作用。为保证安全，外壳采用多点接地，并在短路板处设置可靠的接地点。

全连式分相封闭母线与敞露式母线相比有以下优点：

（1）运行可靠性高。封闭母线防尘，不受自然环境和外物的影响，且各相间的外壳又相互分开，因而降低了相间短路的可能性。一般采用外壳多点接地，可保障人体接触时的安全。

（2）外壳环流的屏蔽作用，显著减小了母线附近钢构中的损耗和发热，可不用考虑附近钢构的发热问题。

（3）短路电流通过时，由于外壳环流和涡流的屏蔽作用，使母线之间的电动力大为减小，可加大绝缘子间的跨距。外壳之间的电动力也不很大，不会带来问题。

（4）由于母线和外壳可兼作强迫冷却的管道，因此母线载流量可做到很大。

全连式封闭母线有如下缺点：

（1）有色金属消耗约增加一倍。

（2）母线功率损耗约增加一倍。

（3）母线导体的散热条件（自然散热时）较差，相同截面积下的母线载流量减小。

课题二　绝　缘　子

一、绝缘子的作用

绝缘子俗称瓷瓶，绝缘子广泛地应用在发电厂和变电站的配电装置中及输电线路上，用来支持和固定载流导体，并使导体与地绝缘，或使装置中处于不同电位的载流导体之间绝缘。绝缘子必须具有足够的绝缘强度和机械强度，并能耐热和耐潮湿。

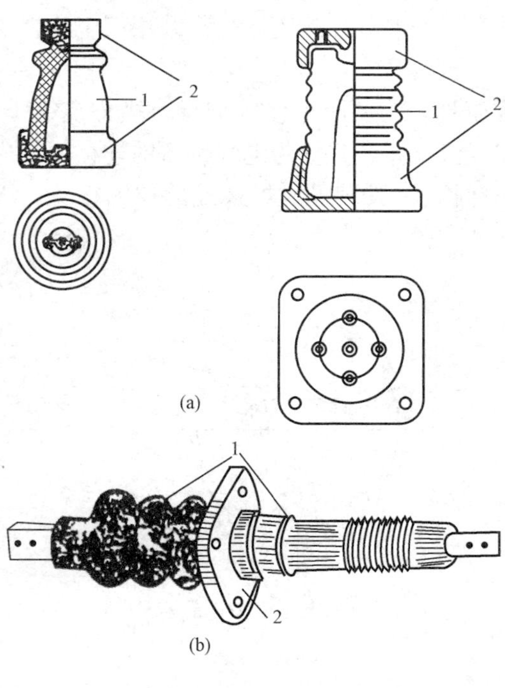

图 6-9　电站用支柱绝缘子和穿墙套管
（a）ZA-6Y 型和 ZLD-10F 型支柱绝缘子；
（b）CWLB-10 型户外穿墙套管
1—瓷体；2—法兰

二、绝缘子的分类

（一）按装设地点分类

按装设地点可分为户内式和户外式两种。

户外式绝缘子具有较多和较大的伞裙，以增长沿面放电距离，并能在雨天阻断水流，使其能在恶劣的气候环境中可靠地工作。在多灰尘或有害气体的地区，应采用特殊结构的防污绝缘子。而户内式绝缘子表面则无伞裙。

（二）按用途分类

按用途可分为电站绝缘子、电器绝缘子和线路绝缘子等。

1. 电站绝缘子

电站绝缘子主要用来支持和固定发电厂及变电站屋内外配电装置的硬母线，并使母线与大地绝缘。电站绝缘子一般按其作用不同分为支柱绝缘子和套管绝缘子。如图 6-9 所示。套管绝缘子简称套管，主要用于母线在屋内穿过墙壁和天花板，以及从屋内引向屋外之处。关于套管将在后面着重介绍。

2. 电器绝缘子

电器绝缘子主要用来固定电器的载流部分，也可分为支柱和套管绝缘子两种。电器用套管绝缘子如图 6-10 所示。支柱绝缘子用于固定没有封闭外壳电器的载流部分，如隔离开关的静触头、动触头等。套管绝缘子用来使有封闭外壳的电器（如断路器、变压器等）的载流部分引出外壳。有些电器绝缘子具有特殊形状，如柱形、牵引杆形和杠杆形等，以使其具有优良特性，并更能与电器相配合。

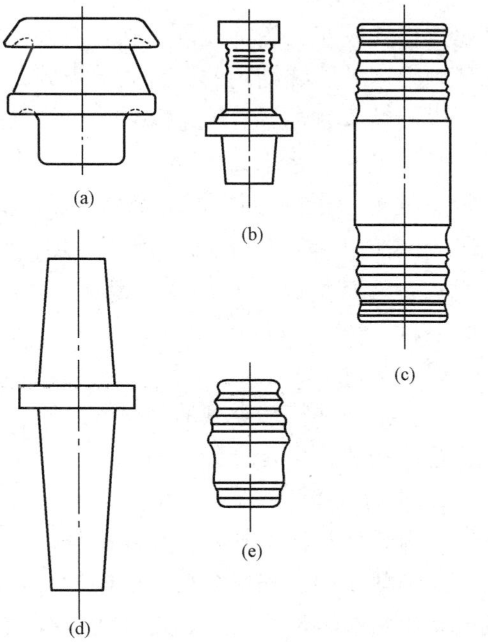

图 6-10　电器用套管绝缘子

(a) 变压器瓷套；(b) 开关瓷套；(c) 互感器瓷套；(d) 电容器瓷套；(e) 电缆瓷套

3. 线路绝缘子

线路绝缘子主要用来固结架空输电、配电导线和屋外配电装置的软母线，并使它们与接地部分绝缘。目前主要有针式、悬式、蝴蝶式和瓷横担四种。如图 6-11、图 6-12 所示。

三、绝缘子的结构

高压绝缘子主要由电瓷作绝缘体，具有结构紧密均匀、表面光滑、不吸水、绝缘性能稳定和机械强度高等优点。绝缘子也可用钢化玻璃制成，它具有尺寸小、重量轻、机械强度高、价格低及制造工艺简单等优点。绝缘瓷件的外表面涂有一层棕色、白色或天蓝色的硬质瓷釉，以提高绝缘子的绝缘性能和机械性能。

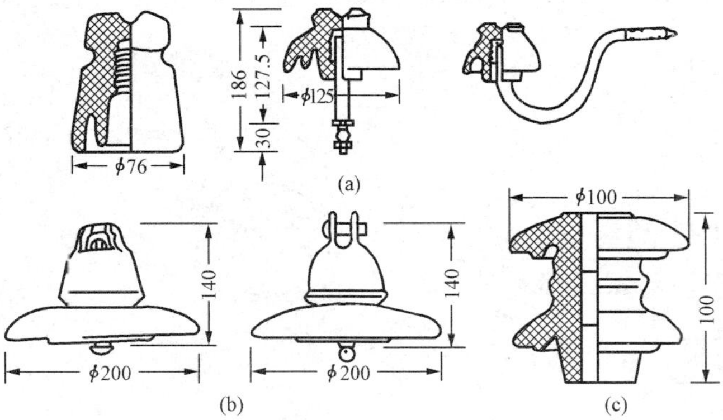

图 6-11　线路绝缘子

(a) 针式；(b) 悬式；(c) 蝴蝶式

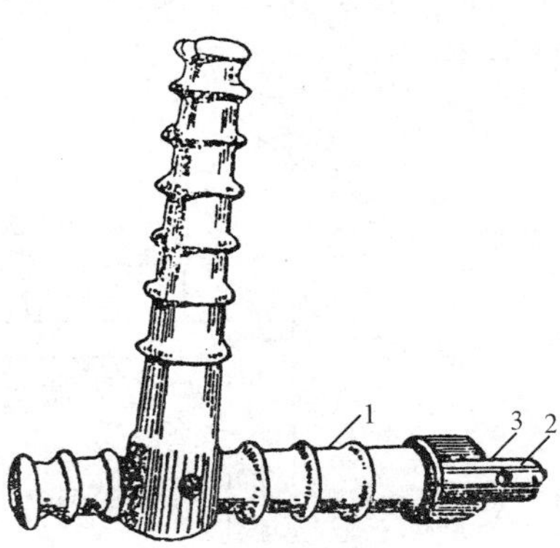

图 6-12　CD-10 型瓷横担绝缘子

1—瓷件；2—附件；3—水泥胶合物

为了把绝缘子固定在支架，以及把载流导体固定在绝缘子上，绝缘子除瓷件以外，还有牢固地固定在瓷件上的金属配件。金属配件与瓷件大多用水泥胶合剂胶合在一起。在金属附件和瓷件胶合处表面涂以防潮剂。金属配件皆镀锌处理，以防其氧化生锈。

依金属配件及瓷件胶装方式不同，绝缘子可分为外胶装、内胶装和联合胶装。外胶装是将铸铁底座和圆形铸铁帽均用水泥胶合剂胶装在瓷件的外表面，铸铁帽上有螺孔，用来固定母线金具，圆形底座的螺孔用来将绝缘子固定在构架或墙壁上。内胶装是将绝缘子的上、下金属配件均胶装在瓷件孔内。联合胶装是指绝缘子的上金属配件采用内胶装结构，而下金属配件则采用外胶装结构的一种胶装形式。

内胶装支柱绝缘子可以减低绝缘子的高度，在绝缘有效高度相同的情况下，内胶装绝缘子高度要比外胶装的高度低 40%，从而相应地可缩小电器和配电装置的体积。又因内胶装支柱绝缘子的金属配件和水泥胶合剂的重量减少，所以其重量一般要比外胶装支柱绝缘子减少一半，价格也较便宜。但因金属配件安放在瓷件内部，对绝缘子的机械强度有影响，通常情况下不能承受扭矩，因此，对机械强度要求较高时，应采用外胶装或联合胶装。

四、套管

套管是一种特殊类型的绝缘子，这里主要介绍发电厂及变电站配电装置中所用的高压穿墙套管。按装置场合可分为户内和户外两种。

1. 户内式套管

户内式套管根据其载流导体的特征可分为三种形式：采用矩形截面的载流导体、采用圆形截面的载流导体和母线型。前两种套管载流导体与其绝缘部分制作成一个整体，使用时由载流导体两端与母线直接相连。而母线型套管本身不带载流导体，安装使用时，将原载流母线装于该套管的矩形窗口内。套管的导体材料一般用铜或铝。

户内式套管的额定电压从 6～35kV，采用纯瓷绝缘结构。套管一般由瓷套、接地法兰及载流导体三部分组成。

（1）具有矩形截面载流导体的套管。图 6-13 所示为具有矩形截面导体的 CA-6/400 型套管的结构，它有一个空心瓷壳，在其中利用水泥胶合剂固定着一个椭圆形金属法兰盘，法兰上有两个螺孔，以便将套管固定在构架或墙壁上。瓷套内穿过矩形截面导体，并利用两个具有矩形孔的金属圈将载流导体固定起来。导体的两端有孔，以便与配电装置的载流导体相连接。

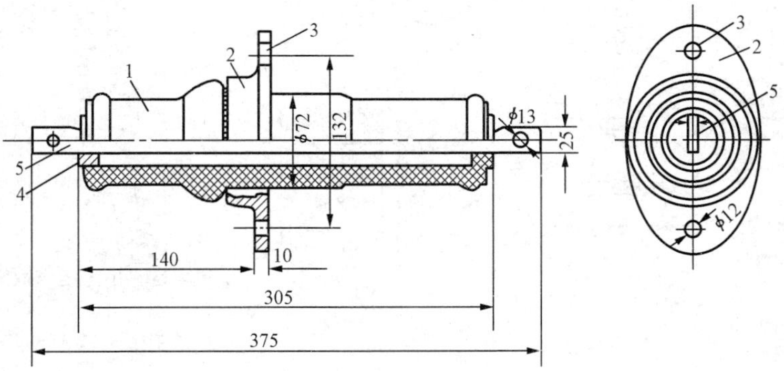

图 6-13　CA-6/400 型户内式套管
1—空心瓷壳；2—椭圆法兰；3—螺孔；
4—矩形孔金属圈；5—矩形截面导体

通常情况下，6～10kV 的矩形截面载流导体套管比圆形截面导体套管所消耗的导电材料少。这是因为在相同截面积时，矩形截面的容许电流要比圆形截面的容许电流大得多；此外，矩形截面导体与矩形母线连接方便。但矩形导体套管电场分布不均匀，易发生电晕现象。因此，当额定电压等级较高时，特别是在某些高压电器中，宜采用圆形导体套管。

（2）母线型套管。在额定电压等级为 20kV 及以下的户内配电装置中，当电流达几千安时，设备载流容量相当大，则应广泛采用母线形套管，如图 6-14 所示。由于这种套管出厂时不带载流导体，所以安装时需将配电装置的母线穿过套管。

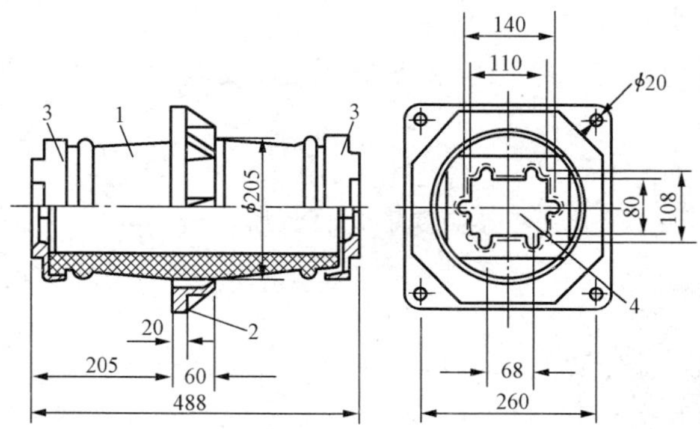

图 6-14　CME-10 型母线式套管绝缘和结构示意图

1—瓷体；2—法兰盘；3—帽；4—矩形口

母线型套管的两端具有特殊的帽形结构，每一帽上都有一个矩形口，以便穿过母线。矩形口的尺寸决定于穿过套管的每相母线的尺寸和数目。当将几条矩形截面母线穿过套管时，各条母线之间要垫衬垫，其厚度一般与母线的厚度相同。

2. 户外式套管

户外式套管主要用于户内配电装置的载流导体与户外的载流导体进行连接的地方（线路的引出端），以及户外电器的载流导体由壳内向壳外引出的地方。因此，户外式套管两端的绝缘分别按户内外两种要求设计：一端为户内式套管安装在户内；另一端则为有较多伞裙的户外式套管，以保证户外部分的绝缘要求。套管的导体材料一般也为铜或铝。户外式套管的额定电压从 6kV 到 500kV。

图 6-15 为 10kV CWC-10/1000 型圆形母线户外式穿墙套管的结构图。法兰盘左侧部分放在户外，右侧部分放在户内。这两部分在结构上有所不同，户外端有较大和较多的伞裙，以提高闪络电压；户内端表面平滑，无伞裙。

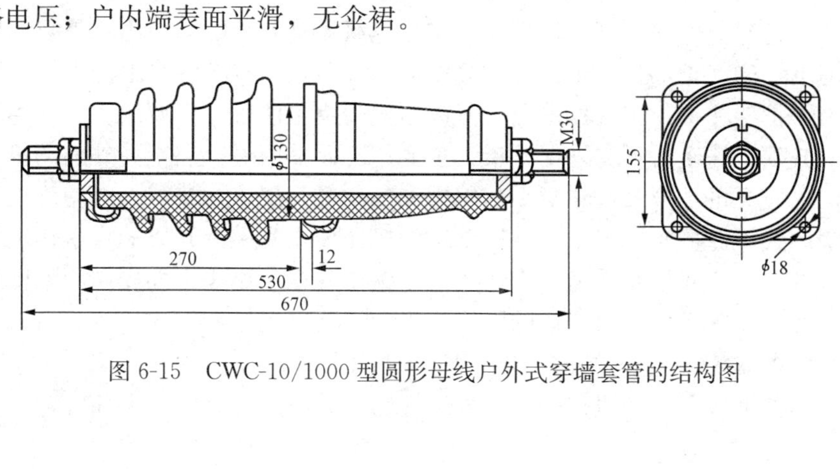

图 6-15　CWC-10/1000 型圆形母线户外式穿墙套管的结构图

课题三　电　力　电　缆

一、电力电缆的作用

电力电缆是传输和分配电能的一种特殊电线。它被大量地应用于发电厂及变电站的接线中。它具有防潮、防腐和防损伤等特点，但价格昂贵，敷设、维护和检修较为复杂。由于电缆线路勿需占地，在城市或厂区，使用电缆可使市容和厂区整齐美观并增加出线走廊。

二、电力电缆的结构

电力电缆主要有电缆线芯、绝缘层和保护层三部分组成。图 6-16 为 ZQ20 型三芯油浸纸绝缘电力电缆结构图。

1. 电缆线芯

电缆线芯是由铜或铝绞线组成，其截面形状有圆形、弓形和扇形等几种，如图 6-17 所示。

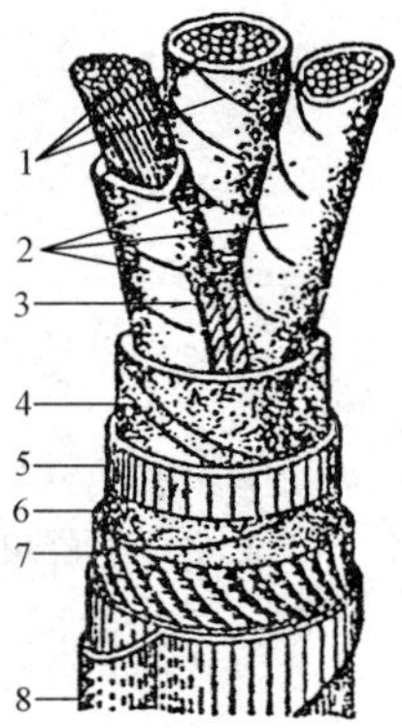

图 6-16　具有扇形线芯的 ZQ20 型三芯油浸纸绝缘电力电缆

1—线芯；2—电缆纸绝缘；3—黄麻填料；4—束带绝缘；5—铅包皮；6—纸带；7—黄麻保护层；8—钢铠

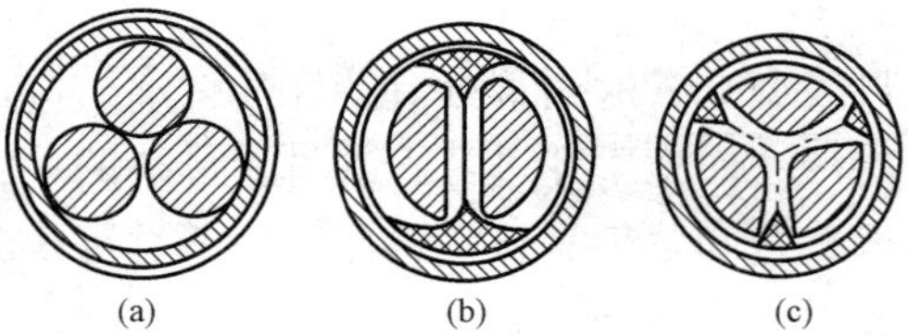

图 6-17　电缆线芯截面图

（a）圆形线芯；（b）弓形线芯；（c）扇形线芯

2. 绝缘层

绝缘层作为相间及对地的绝缘，材料有油浸纸、塑料、橡皮等。

3. 保护层

保护层作用是避免电缆受到机械损伤，防止绝缘受潮和绝缘油流出。聚氯乙烯绝缘电缆和交联聚乙烯电缆的保护层是用聚乙烯护套做成的；对于油浸纸绝缘电力电缆，其保护层分为内保护和外保护层两种：①内保护层可分为铅包和铝包两种；主要用于防止绝缘受潮和漏油，其保护层必须严格密封。②外保护层：主要用于保护内保护层不受外界的机械损伤和化学腐蚀；外保护层又可细分成衬垫层，钢铠层和外皮等几层。衬垫层一般用浸以沥青的黄麻或电缆纸包绕而成，保护密封层不受外层钢铠的机械损伤和周围介质的化学作用；钢铠层保护电缆不受机械损伤，并承受外力，钢铠层可用钢带或钢丝制成；外皮层用来保护钢铠层不受外界腐蚀，普遍情况下由一层浸油的电缆麻和两层沥青混合物组成。

三、电力电缆的种类

电力电缆的种类较多，一般按照构成其绝缘物质的不同可分为如下几类：

1. 油浸纸绝缘电力电缆

绝缘性能好，耐热能力强，承受电压高，使用年限长，因此被广为采用。按绝缘纸浸渍剂浸渍情况，油浸纸绝缘电力电缆又可分为黏性浸渍电缆、干绝缘电缆和不滴油电缆三种。

2. 橡皮绝缘电力电缆

橡皮绝缘电力电缆的绝缘层为橡皮，保护层为铅或聚氯乙烯，也可为橡皮。这种电缆性质柔软，弯曲方便，但耐压强度不高，易变质、老化，易受机械损伤。

3. 聚氯乙烯绝缘电力电缆

绝缘材料和保护外套均采用聚氯乙烯塑料，又称为全塑料电力电缆。其电气性、耐水性、抗酸碱、抗腐蚀较好，具有一定的机械强度，可垂直敷设。但塑料的老化问题有待进一步解决。

4. 交联聚氯乙烯绝缘电力电缆

这种电缆的绝缘材料采用交联聚氯乙烯，但其内护层仍然采用聚氯乙烯护套。这种电缆不但具有全塑料电缆的一切特点，而且缆芯长期允许工作温度高，机械性能好，耐压强度高。

5. 高压充油电力电缆

当额定电压超过35kV时，纸绝缘的厚度加大，制造困难，而且质量不易保证。目前已生产出充油、静油、充气和压气等形成的新型电缆来取代老产品，最具代表性的是额定电压等级为110～330kV的单芯充油电缆。充油电缆的铅包内部有油道，里边充满黏度很低的变压器油，并且在接头盒和终端盒处均装有特殊的补油箱，以补偿电缆中油体积因温度变化而引起的变动。

四、控制电缆

控制电缆主要用于交流500V及以下、直流1000V及以下的配电装置的二次回路中，其线芯标称截面积有0.75、1.0、1.5、2.5、4.0、6.0、10mm^{2}等几种。控制电缆的线芯材料用铜或铝制成。控制电缆属于低压电缆，其绝缘形式有橡皮绝缘、塑料绝缘及油浸纸绝缘等。控制电缆的绝缘水平不高，一般只用绝缘电阻表检查绝缘情况，不必作耐压试验。

五、电力电缆的敷设和连接

（一）电力电缆的敷设

在大型发电厂和变电站中，为使电力电缆不受外界损伤并安全可靠地运行和维修方便，应根据具体情况确定电力电缆的敷设方法，通常将其敷设在电缆沟或电缆隧道中。目前，敷设电力电缆还有一种形式，即用电缆桥架敷设，特别适用于架空敷设全塑电缆，具有容积大、外形美、可靠性高、利于工厂生产等特点。

敷设电力电缆时，为避免绝缘和保护层受到损坏，电力电缆弯曲处的曲率半径R与电力电缆外径D应保持一定的数值关系，即：

（1）具有钢铠层和没有钢铠层的油浸纸绝缘电力电缆，单芯时满足$R>25D$，多芯时满足$R>15D$；

（2）对于铅包橡皮绝缘电力电缆和聚氯乙烯护套电力电缆，有钢铠层时满足$R>10D$，无钢铠时满足$R>6D$。

（二）电力电缆的连接

当两条电力电缆相互连接，或将电力电缆接到电器及架空线路时，必须把电力电缆端部的包皮剥去。此时若不采用特殊措施，空气中的水分和酸类物质便会从连接处侵入电力电缆的绝缘中，使绝缘层的绝缘强度降低，电力电缆中的绝缘油也可能由端部渗出。因此，需要采用专门的设备，如接头盒、封端盒等，将电力电缆的端部密封好。

两条电力电缆相互连接时，一般采用接头盒。电压为 1kV 以下的电力电缆，常采用铸铁接头盒。更高电压等级的电力电缆，则采用铅接头盒。当电力电缆与电器或架空线路相连接时，一般采用封端盒，即电缆头。电缆头的耐压强度要高于电力电缆本身，连续安全运行的时间也应高于电力电缆本身，且应具有足够的机械强度。同时，电缆头的结构必须简单，紧凑和轻巧，便于现场施工，一般应选用吸水性和透气性小，介质耗损低且电气稳定性能好的材料。

1. 干包电缆头

电缆末端用绝缘漆和包带来密封，称为干包电缆头，其基本形式有包涂式及手套干包式两类。图 6-18 所示为聚氯乙烯带干包电缆头，此电缆头具有体积小、质量轻、成本低、施工简单等优点，且能防止漏油。但由于聚氯乙烯耐油及耐热性能差、易老化、机械性能差，当头部发生短路时易造成缆芯分叉处开裂，而且在三芯分支处可能存在空气小间隙，易产生电晕现象。目前干包式电缆头只用在 6kV 电力电缆及控制电缆中，对于 10kV 及以上电缆，一般采用环氧树脂电缆头。

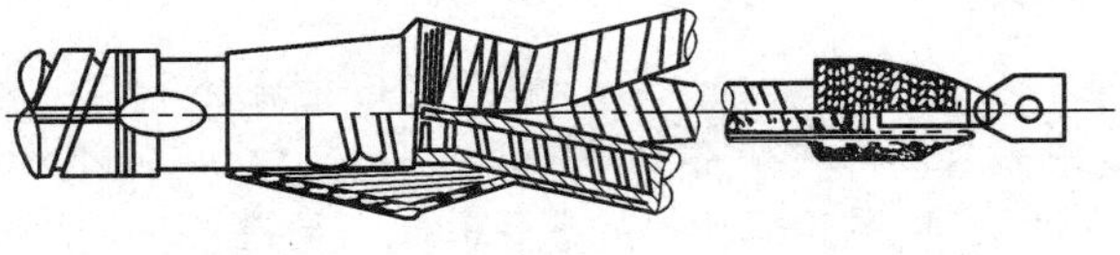

图 6-18　聚氯乙烯带干包电缆头

2. 环氧树脂电缆头

环氧树脂电缆头是将环氧树脂加入硬化剂混合后，浇灌入模具内，因此成型，其结构如图 6-19 所示。它具有较高的耐压强度和机械强度，吸水率甚微，化学性能稳定，与金属粘结力强，有极好密封性，从根本上解决了电缆头的漏油问题。目前，由于新型常温硬化剂适用成功，不但使工艺简化，而且也提高了电缆头的质量。环氧树脂电缆头，经过多年来的运行经验证明，其性能良好。

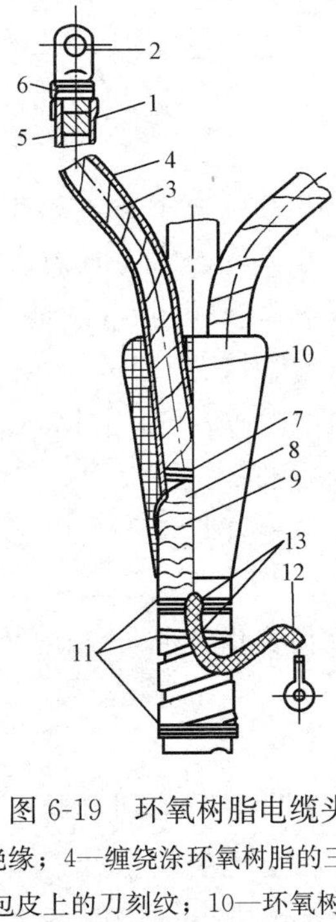

图 6-19　环氧树脂电缆头

1—电缆线芯；2—线芯鼻子；3—线芯绝缘；4—缠绕涂环氧树脂的三层绝缘带；5—附加缠绕；6—细绳绑带；7—棉质绑带；8—腰部绝缘；9—电缆包皮上的刀刻纹；10—环氧树脂绝缘复合物；11—绑线；12—接地线；13—接地线与电缆包皮和钢铠的焊接头

小 结

母线的作用是汇集、分配和传送电能。母线材料有铜、铝和钢三类，母线截面形状有矩形、圆形、槽形和管形。矩形母线布置方式有平放式水平布置、竖放式水平布置和竖放式垂直布置。矩形和槽形母线是用金具固定在支持绝缘子上的。为了增加母线的热辐射能力，便于工作人员识别交流相序和直流极性，并防止钢母线生锈，通常对母线进行着色。全连式分相封闭母线运行可靠性高，减小了母线附近钢构中的损耗和发热，使母线之间的电动力大为减小，但增加了有色金属消耗。

绝缘子是用来支持、固定载流导体，并使载流导体对地绝缘。绝缘子分为电站绝缘子、电器绝缘子和线路绝缘子三种。

电缆分为电力电缆和控制电缆两大类。电力电缆主要由电缆线芯、绝缘层和保护层三部分组成。电力电缆通常敷设在电缆隧道或电缆沟中或者电缆桥架上，常见的电缆头有干包电缆头和环氧树脂电缆头两大类。

习 题

6-1　母线在配电装置中起什么作用？各种不同材料的母线在技术性能上有什么区别？

6-2　母线最常见的截面形状有哪些？各种截面形状有什么特点？

6-3　常见的母线布置方式有哪几种？应考虑哪些因素？对母线进行着色有什么好处？

6-4　试简要说明全连式分相封闭母线结构特点和作用。

6-5　绝缘子和套管的作用是什么？可分为几大类？各有什么特点？

6-6　电力电缆的作用是什么？其基本结构和各组成部分的作用是什么？电力电缆的敷设有哪些方法？

第七单元

电 气 主 接 线

电气主接线是指发电厂、变电站中产生、传输、分配电能的电路，也称为一次接线。电气主接线图，就是用规定的图形与文字符号将发电机、变压器、母线、开关电器、输电线路等有关电气设备，按电能流程顺序连接而成的电路图。

课题一　电气主接线的一般知识

电气主接线图一般画成单线图（即用单相接线表示三相系统），但对三相接线不完全相同的局部画面（如各相中电流互感器的配备情况不同）则画成三线图。在电气主接线全图中，除了上述主要电气设备外，还应将互感器、避雷器、中性点设备等也表示出来，并注明各个设备的型号与规格。图 7-1 示出了某 110/10kV 降压变电站的电气主接线图。

一、电气主接线的基本要求

1. 满足系统和用户对供电可靠性和电能质量的要求

发电、供电的安全可靠，是电力产生和分配的第一要求，所以电气主接线首先给予满足。但是，电气主接线的可靠性不是绝对的。同样的主接线对某些发电厂和变电站来说是可靠的，但对另一些发电厂和变电站就不能满足可靠性要求。

衡量主接线的可靠性应从以下几个方面考虑：

（1）断路器检修时是否影响供电。

（2）设备和线路故障检修时，停电线路数目的多少和停电时间的长短，能否保证对主要用户的供电。

（3）有没有使发电厂和变电站全部停止工作的可能等。

2. 具有一定的灵活性

主接线不仅在正常情况下，能根据调度的要求灵活地改变运行方式，而且在各种故障和设备检修时，能尽快退出设备、切除故障，停电时间最短、影响范围最小，并且保证人员安全。

3. 操作力求简单方便

主接线应简单清晰、操作方便。复杂的接线不利于操作，还往往造成误操作而发生事故；但接线过于简单，又给运行带来不便，或造成不必要的停电。

4. 经济上应合理

在保证安全可靠、操作灵活方便的基础上，主接线应节省基建投资和减少年运行费用。

5. 有发展和扩建的可能

除满足以上技术经济条件的要求外，还应有发展和扩建的可能，以适应电力工业的不断发展。

二、电气主接线的作用及基本类型

1. 主接线的作用

电气主接线是整个发电厂和变电站电气部分的主干，它把各电源送来的电能汇聚起来，

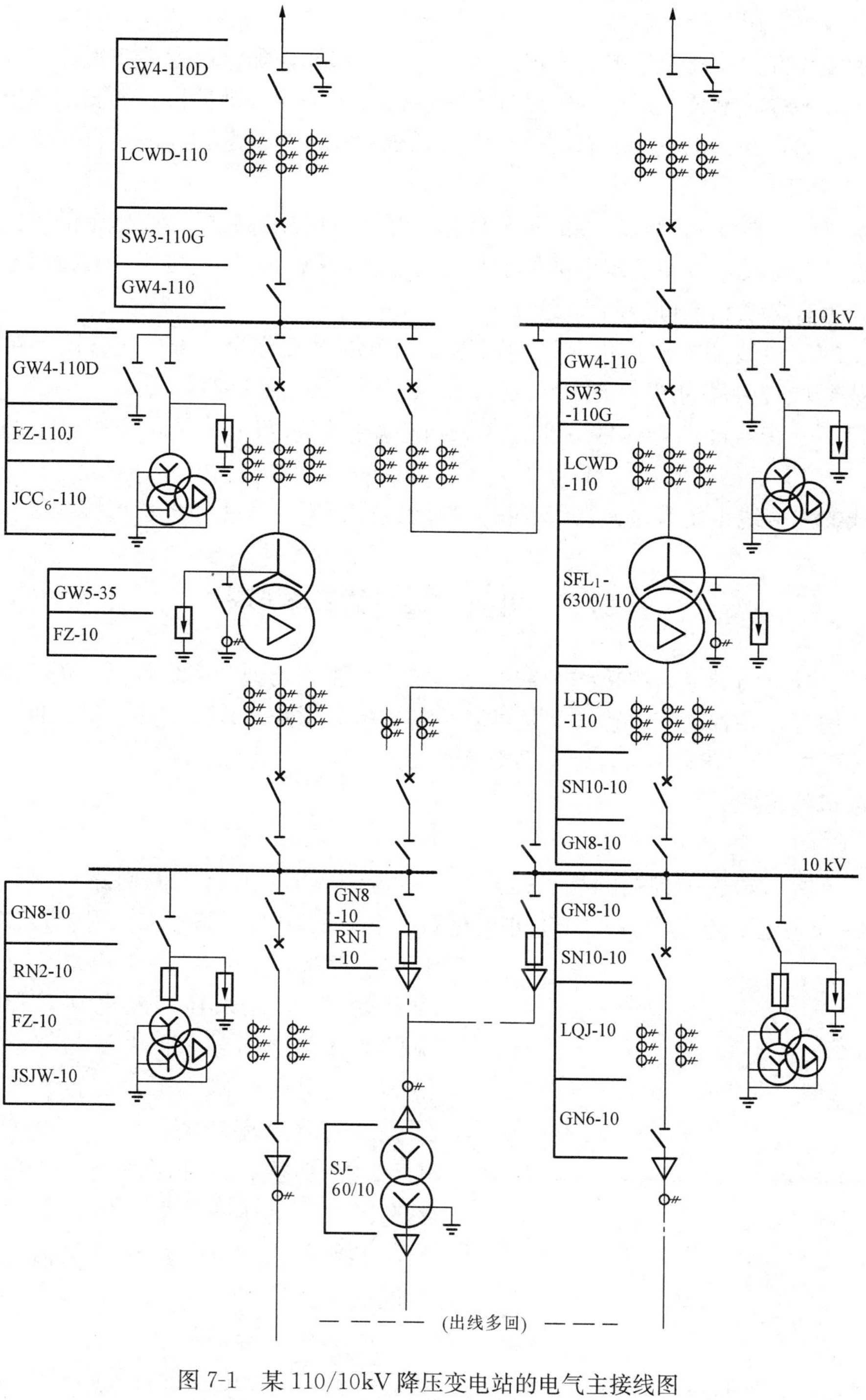

图 7-1　某 110/10kV 降压变电站的电气主接线图

并进行分配，供给不同的电力用户。

主接线能表明一次设备的数量和作用，设备间的连接方式，以及与电力系统的连接情况。在发电厂、变电站的控制室中，经常使用着能表明主要电气设备运行状态的主接线模拟图。当每次实际操作完成后，都要把图面上的有关部分相应更改成与实际运行情况相符合的状态，随时了解系统运行状态。

电气主接线方案，对于发电厂变电站电气设备的选择，配电装置的布置，二次接线、继电保护及自动装置的配置，运行的可靠性、灵活性、经济性，维护检修的安全与方便等，都有着重大的影响，并且也直接关系到所在电力系统的安全、稳定和经济运行。

2. 基本类型

母线是电气主接线和配电装置的重要环节，当同一电压等级配电装置中的进出线数目较多时，常需设置母线，以便实现电能的汇集和分配。所以，电气主接线一般按母线分类，常用的形式分为有母线和无母线两大类。

有母线的主接线形式包括单母线和双母线。单母线又分为单母线无分段、单母线有分段、单母线分段带旁路母线等形式；双母线又分为单断路器双母线、双断路器双母线、双母线分段、一个半断路器接线（也称 3/2 断路器接线）双母线及带旁路母线的双母线等多种形式。

无母线的主接线主要有单元接线、扩大单元接线、桥形接线和多角形接线等。

课题二　电气主接线的基本形式

发电厂、变电站的电气主接线，常因建设条件、能源类型、系统状况、负荷需求等多种因素而异。但是，各种电气主接线又是由若干基本接线形式组合而成的，深入地了解与分析它们，对电气主接线的设计和运行等都十分重要。

一、单母线接线

1. 单母线无分段接线

如图 7-2 所示，这种接线的特点是只有一组母线 WB，所有电源回路和出线回路，均经过必要的开关电器连接在该母线上并列运行。各回路中的断路器 QF 用来投切该电路及切除短路故障；母线隔离开关 QS_L 及线路隔离开关 QS_B，用来在切断电路时建立明显可见的空气绝缘间隙，将电源与停运设备可靠隔离，以保证检修安全。在投入电路时，必须先合两侧隔离开关，后合断路器；在切除电路时，必须先跳开断路器，后拉开两侧的隔离开关。上述断路器与隔离开关间的操作顺序必须严格遵守，严防带负荷拉隔离开关等误操作。

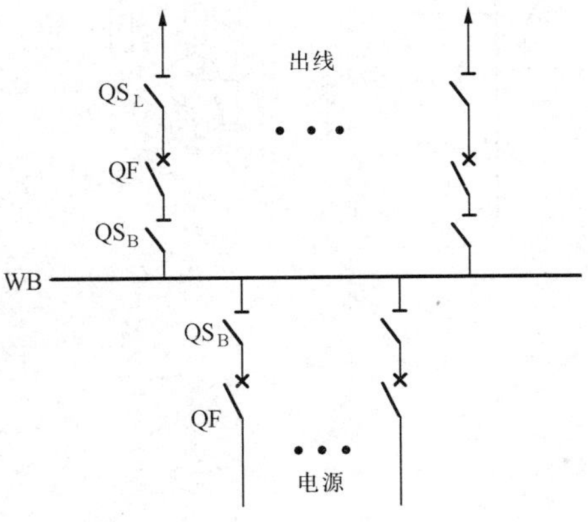

图 7-2　单母线无分段接线
WB—母线；QF—断路器；QS_B—母线隔离开关；QS_L—线路隔离开关

单母线无分段接线的主要优点是接线简单、清晰，所用电气设备少，操作方便，配电装置造价便宜。主要缺点是只能提供一种单母线运行方式，对运行状况变化的适应能力差；母线和母线隔离开关故障或检修时，全部回路均需停运（有条件进行带电检修的例外）；任一断路器检修时，其所在回路也将停运。总之，单母线接线的工作可靠性和灵活性都较差，只能用于某些出线回数较少，对供电可靠性要求不高的小容量发电厂与变电站中。

2. 单母线分段接线

为了改善单母线接线的工作性能，可利用分段断路器 QF_d 将母线适当分段，构成如图 7-3 所示的单母线分段接线，当对可靠性要求不高时，也可利用分段隔离开关进行分段。

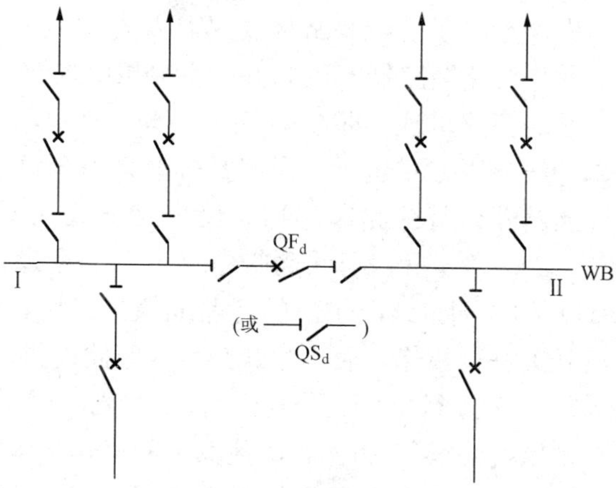

图 7-3　单母线分段接线

QF_d—分段断路器；QS_d—分段隔离开关

母线分段的数目，决定于电源的数目、容量、出线回数、运行要求等，一般分为 2～3 段。应尽量将电源与负荷均衡地分配于各母线段上，以减少各分段间的功率交换。对于重要用户，可从不同母线段上分别引出两个及以上回路向其供电。

单母线分段接线可以提供单母线运行、各段并列运行、各段分列运行等运行方式，且便于分段检修母线，减小母线故障的影响范围，全部停电的可能性很小，显然提高了运行灵活性与供电可靠性。当任一段母线故障时，继电保护装置可使分段断路器跳闸，保证正常母线段继续运行。若分段断路器平时断开，则当任一段母线失去电源时，可由备用电源自动投入装置使分段断路器合闸，继续保持该母线段的运行。单母线分段接线的主要缺点是在一段母线故障检修期间，该段母线上的所有回路均需停电；任一断路器检修时，所在回路也将停电。

单母线分段接线，可应用于 6～220kV 配电装置中。

3. 单母线分段带旁路接线

如欲在检修任一出线断路器时不中断对该线路的供电，可以采用如图 7-4 所示的单母线分段带旁路母线接线。

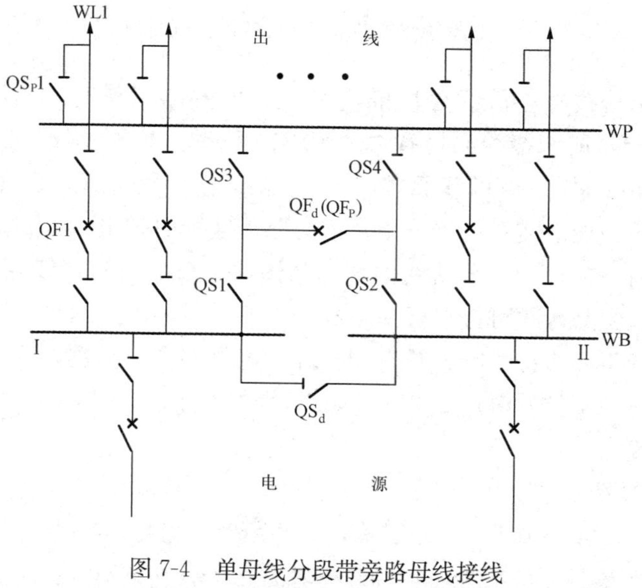

图 7-4　单母线分段带旁路母线接线

WP—旁路母线；QS_P—旁路隔离开关；QF_d—分段断路器（兼旁路断路器）

图中增设了一组旁路母线 WP 及各出线回路中相应的旁路隔离开关 QS_P，分段断路器 QS_d 兼作旁路断路器 QF_P，并设有分段隔离开关 QS_d。

平时旁路母线不带电，QS1、QS2 及 QF_P 合闸，QS3、QS4 及 QS_d 断开，主接线系统按单母线分段方式运行。当需要检修某一出线断路器（如 QF1）时，可通过倒闸操作，由分段断路器代替旁路断路器，使旁路母线经 QS4、QF_P、QS1 接至Ⅰ段母线，或经 QS2、QF_P、QS3 接至Ⅱ段母线而带电运行，并经过被检修断路器所在回路的旁路隔离开关（如 QS_P1）构成向该线路供电的旁路通路。然后，即可跳开该出线断路器（如 QF1）及其两侧隔离开关进行检修，而不中断其所在线路的供电。此时，两段工作母线既可通过分段隔离开关 QS_d 并列运行也可以分列运行。

现以检修 QF1 为例，简述其倒闸操作步骤。

第一步，检查旁路母线是否完好。合上 QS_d，断开 QF_P 和 QS2，合上 QS4，再合上 QF_d，若旁路母线完好，QS_d 则不会自动跳闸。

第二步，将线路 WL1 切换至旁路母线上运行。合上 QS_P1，断开 QF1 及其两侧隔离开关，做好安全接地，即可退出 QF1 进行检修。

此时，线路 WL1 经过 QS_P1、旁路母线、QS4、QF_P、QS1 而接于Ⅰ段母线上，继续正常供电。

实际应用中，除采用图 7-4 所示的接线外，也可酌情采用图 7-5 所示的一些简易接线形式。

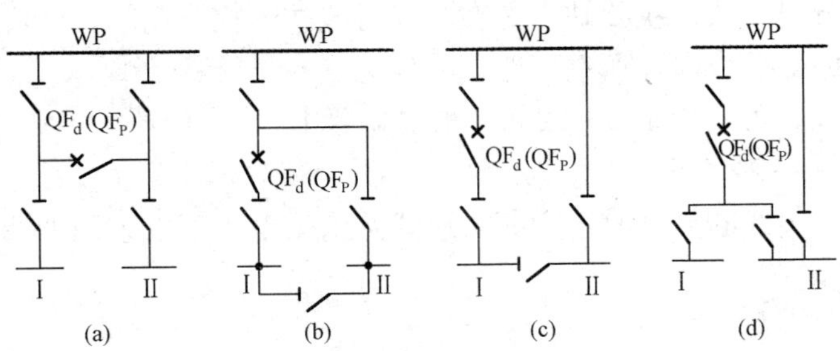

图 7-5　分段断路器兼旁路断路器的其他接线方式

图 7-5（a）所示接线省去母线分段隔离开关，但旁路工作时，两段工作母线将分列，图 7-5（b）、（c）、（d）所示接线亦均省去一组隔离开关。图 7-5（b）所示接线在正常运行时，旁路母线不带电；但旁路母线只能接至Ⅰ（或Ⅱ）段母线，配电装置布置稍复杂。图 7-5（c）所示接线的配电装置布置方便，但旁路母线平时带电，旁路运行时，旁路母线只能接至一段母线。图 7-5（d）所示接线的特点与图 7-5（c）所示接线相似，但旁路运行时，两段工作母线分列，旁路母线可接至任一段母线。

单母线分段带旁路母线接线方式具有相当高的可靠性及灵活性，广泛应用于出线回路不多，负荷较为重要的中小型发电厂或 35～110kV 变电站中。

二、双母线接线

1. 简单双母线接线

在图 7-6 所示的双母线接线中，设置有两组母线Ⅰ、Ⅱ，其间通过母线联络断路器 QF_L 相连，每回进出线均经一台断路器和两组母线隔离开关分别接至两组母线。正是由于每回路设置了两组母线隔离开关，可以换至两组母线，从而大大改善了其工作性能。

双母线接线的主要优点如下。

(1) 运行方式灵活。可以采用将电源和出线均衡地分配在两组母线上，母联断路器合闸的双母线同时运行方式；也可以采用任意一组母线工作，另一组母线备用，母联断路器分闸的单母线运行方式。

(2) 检修母线时不中断供电。只需将欲检修母线上的所有回路通过倒闸操作均换接至另一组母线上，即可不中断供电地进行检修。例如，图 7-6 所示接线，在Ⅰ母线工作、Ⅱ母线备用的运行方式下，欲检修Ⅰ母线时的倒闸操作步骤如下：①检查备用母线是否完好，先合 QF_L 两侧隔离开关，再合 QF_L，向备用母线充电，若备用母线良好，则 QF_L 便不会因继电保护动作而跳闸，便可继续操作；②将所有回路换接至备用母线，例如，先合 QS2、再断 QS1，即可将线路 WL1 换接至备用母线Ⅱ，其他回路换接方法同此；③断开 QF_L 及其两侧隔离开关，恢复正常运行。

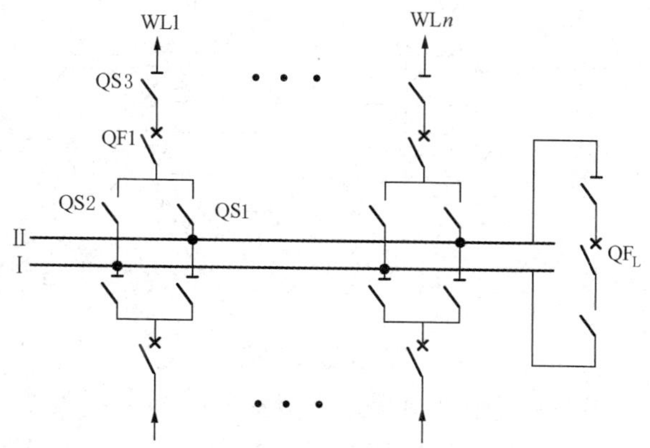

图 7-6 双母线接线

与此相似，当任一组母线故障时，也只需将接于该母线上的所有回路均换接至另一组母线，便可迅速地全面恢复供电。

(3) 检修任一回路母线隔离开关时，只中断该回路。这时，可将其他回路均换至另一组母线继续运行，然后停电检修该母线隔离开关。如果允许对隔离开关带电检修，则该回路也可不停电。

(4) 检修任一线路断路器时，可用母联断路器代替其工作。以检修 QF1 为例，其方法是：使 QF_L 与 QF1 通过其所在母线串联起来。断开 QF_L、QF1 及其两侧隔离开关，解开 QF1 两侧接线端子，装设临时载流用的“跨条”，再合上跨条两侧的隔离开关及 QF_L，便可由 QF_L 代替 QF1 的功能而恢复线路 WL1 的供电。此过程中，WL1 仅在装设跨条期间发生短时停电。但是，在 QF1 检修期间，主接线系统将按单母线接线方式运行，从而降低了其工作可靠性。

当任一出线断路器故障、拒动或不允许操作时，也可仿照上述方法，利用母联断路器代为断开该线路。

双母线接线的主要缺点如下：

(1) 变更运行方式时，需利用母线隔离开关进行倒闸操作，操作步骤较为复杂，容易出现误操作，从而导致设备或人身事故。

(2) 检修任一回路断路器时，该回路仍需停电或短时停电。

(3) 增加了大量的母线隔离开关及母线的长度，配电装置结构较为复杂，占地面积与投资都增多。

采用双断路器双母线接线可解决以上缺点，但因其投资较大，实际中很少使用。

2. 双母线分段接线

在发电厂、变电站中，母线发生故障时的影响范围很大。采用单母线分段或不分段的双母线接线时，一段母线故障将造成约半数回路停电或短时停电。大型发电厂和变电站对运行可靠性与灵活性的要求很高，必须注意避免母线系统故障及限制母线故障影响范围，防止全厂（站）性停电事故的发生，为此可考虑采用双母线分段接线。

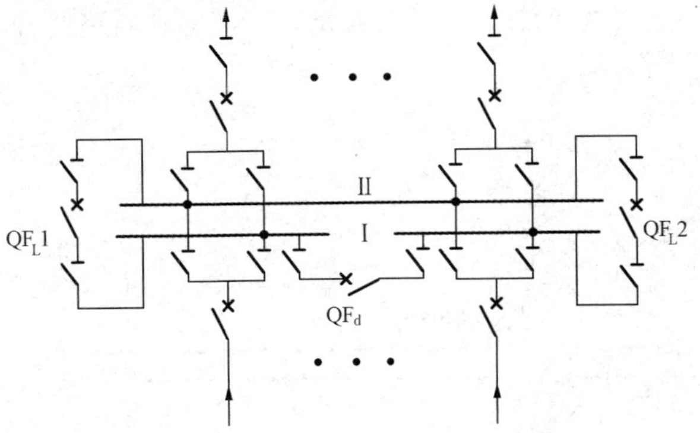

图 7-7　双母线分段接线

在图 7-7 所示双母线分段接线中，通常将一组母线（如Ⅱ母线）作为备用母线，另一组母线（如Ⅰ母线）用分段断路器 QF_d 分为两段，并作为工作母线，母联断路器 QF_L1 及 QF_L2 平时断开。若将两组母线均用分段断路器分为两段，则可构成双母线四分段接线。

双母线分段接线具有相当高的供电可靠性与运行灵活性，但所使用的电气设备更多，配电装置也更为复杂。

图 7-8 所示为中型、小型发电厂 6～10kV 配电装置中，应用较多的用叉接电抗器分段的双母线接线。图中，为了限制发电厂 6～10kV 系统中的短路电流，装设有母线分段电抗器 L_B，并经分段断路器 QF_d 及隔离开关 QS1、QS2、QS3、QS4 交叉接至三段母线上。

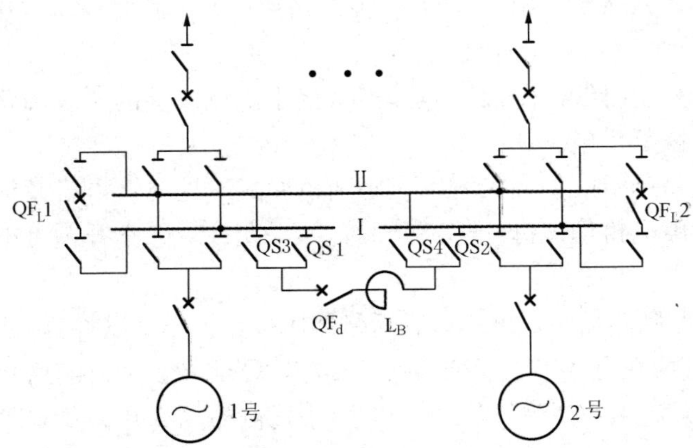

图 7-8　用叉接电抗器分段的双母线接线

正常运行时，Ⅰ、Ⅱ两段母线经 L_B、QF_d 及 QS1、QS2 并列运行。当任一段母线发生短路故障时，分段电抗器均将起限制短路电流的作用。检修母线Ⅰ（或Ⅱ）时，仍可通过倒闸操作使母线Ⅱ（或Ⅰ）、Ⅲ两段经过 L_B、QF_d 保持并列运行。当一台及以上发电机退出运行，母线系统短路电流减小，不需电抗器限流时，可利用母联断路器 QF_L1（或 QF_L2）使母线Ⅰ（或Ⅱ）与备用母线并列运行，以消除不必要的分段电抗器中的功率损耗与电压损耗，使两段母线电压均衡。

3. 双母线带旁路母线接线

采用双母线带旁路母线接线的目的是在检修任一回路断路器时不中断该回路的工作。

在图 7-9 所示具有专用旁路断路器的双母线带旁路母线接线中，除两组主母线Ⅰ、Ⅱ之外，增设了一组旁路母线 WP 及专用旁路断路器 QF_P 回路。凡拟利用旁路母线系统的各个回路，均需相应装设可接至旁路母线的旁路隔离开关 QS_P。若变压器高压侧断路器回路不需接入旁路母线系统时，可将图 7-9 中之虚线部分取消。

现以检修线路 WL1 的断路器 QF1 为例，说明其操作程序。首先合上旁路断路器 QF_P 回路中的隔离开关及 QF_P，对旁路母线充电检查，若旁路母线完好时，合上旁路隔离开关 QS_P1，构成工作母线经 QF_P、WP 及 QS_P1 向线路 WL1 供电的旁路通路。然后断开 QF1 及其两侧隔离开关，做好保安接地，即可进行检修。由于 QF_P 配置有继电保护装置，所以不仅可以用它来正常切投线路，而且可以自动切除线路上的故障。

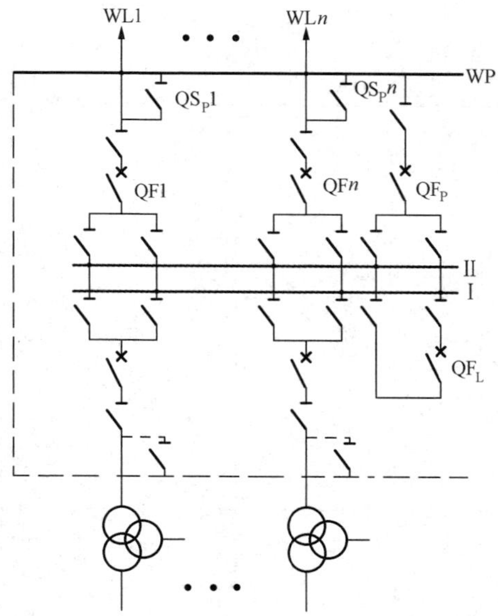

图 7-9　有专用旁路断路器的双母线带旁路母线接线

双母线带旁路母线接线，可以大大提高主接线系统的工作可靠性。当电压等级较高、线路回路较多时，因每一年中的断路器累计检修时间较长，这一优点就更加突出。但是，这种接线所用的电气设备数量较多，配电装置结构复杂，占地面积较大，经济性较差。根据我国情况，一般规定当 220kV 线路有 5（或 4）回及以上出线、110kV 线路有 7（或 6）回及以上出线时，可采用有专用旁路断路器双母线带旁路母线接线。

当出线回数较少时，应尽量采用如图 7-10 所示的以母联断路器兼作旁路断路器的简易接线形式，以节省断路器、减少配电装置间隔、减少投资与占地、改善其经济性。但其显著缺点是每当检修线路断路器时，必需利用母联断路器来代替它的工作，从而增加了隔离开关和继电保护更改的次数。尤其是需将双母线同时运行方式更改为单母线运行方式时，就降低了其可靠性。还应注意的是旁路母线只为检修断路器时不停止供电而设，它不能起主母线的作用。

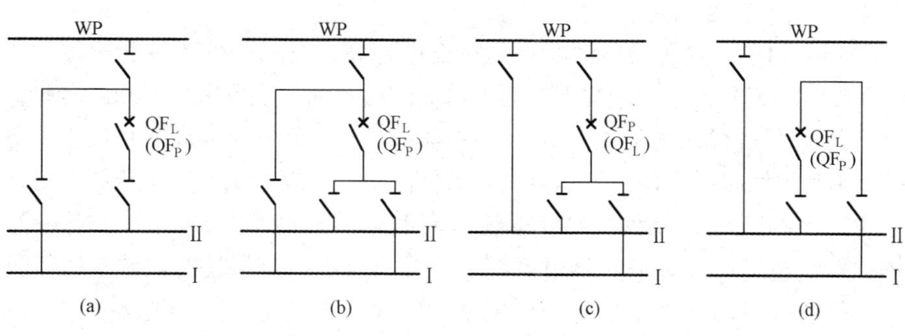

图 7-10　用母联断路器兼做旁路断路器的几种接线形式

（a）母联兼做旁路的常用接线；（b）母联兼旁路（两组母线均能带旁路）；
（c）旁路兼母联（以旁路为主）；（d）母联兼旁路（设跨条）

4. 一个半断路器接线

如图 7-11 所示，两组母线间接有若干串断路器，每一串的三台断路器之间接入两个回路，处于每串中间部位的断路器称为联络断路器 QF_L。由于平均每个回路均装设一台半断路器，故称为一个半断路器接线，又称为 3/2 断路器接线。

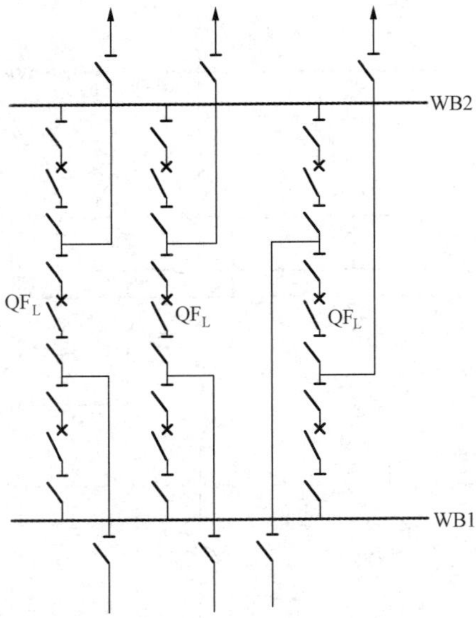

图 7-11　一个半断路器接线

这种接线的主要优点如下：

(1) 运行灵活性好。正常运行时，两条母线和全部断路器都同时工作，形成多环路供电方式，运行调度十分灵活。

(2) 工作可靠性高。每回路虽然只平均装设了一台半断路器，但却可经过两台断路器供电，任一断路器检修时，所有回路都不会停止工作。当一组母线故障或检修时，所有回路仍可通过另一组母线继续运行。即使是在某一台联络断路器故障、两侧断路器跳闸，以及检修与事故相重叠等严重情况下，停电的回路数也不会超过两回，而无全部停电的危险。

(3) 操作检修方便。隔离开关只用作检修时隔离电压，免除了更改运行方式时复杂的倒闸操作。检修任一母线或任一断路器时，各个进出线回路都不需切换操作。

这种接线的主要缺点是所用的断路器、电流互感器等设备较多，投资较高；因为每个回路接至两台断路器，联络断路器连接着两个回路，故使继电保护及二次回路的设计、调整、检修等比较复杂。

由于一个半断路器接线在一次回路方面的突出优点，使它在大容量、超高压配电装置中得到了广泛应用，受到了运行单位的普遍欢迎。为了避免两台主变压器回路或去同一系统的双回线路同时停电的可能，进一步提高该接线的可靠性，应注意将两回路分别布置在不同的串中，并尽量将特别重要的两回路在不同串中进行交叉换位，如图 7-11 中右边的两串。

5. 变压器—母线组接线

由图 7-12 所示可知，这种接线的特点是在工作可靠、故障极少的主变压器的出口不装设断路器，而直接经隔离开关接于母线上，两组母线间的各回出线可采用双断路器接线［图 7-12 (a)］或一个半断路器接线［图 7-12 (b)］。变压器故障时，和它接在同一母线上的各断路器跳闸，但并不影响其他回路的工作，再用隔离开关使故障变压器退出后，该母线即可恢复运行。

这种接线所用的断路器台数，比双母线双断路器接线或双母线一个半断路器接线都要少，投资较省。它也是一种多环路供电系统，当变压器质量有保证时，整个接线具有相当高的可靠性，运行调度灵活，便于扩建，可用于 220kV 及以上超高压变电站中。

三、无母线接线

1. 桥形接线

当只有两台变压器和两条线路时，可以采用如图 7-13 所示的桥式接线。桥形接线又分为内桥接线和外桥接线两种形式。

内桥接线的特点是联络断路器 QF_L 接在线路断路器的内侧（即靠近变压器侧），便于线路的正常投切操作及切除其短路故障，而投切变压器时则需要操作两台断路器及相应的隔离开关。这种接线适用于变压器不需要经常切换、输电线路较长、线路故障断开机会较多、穿越功率较少的场合。

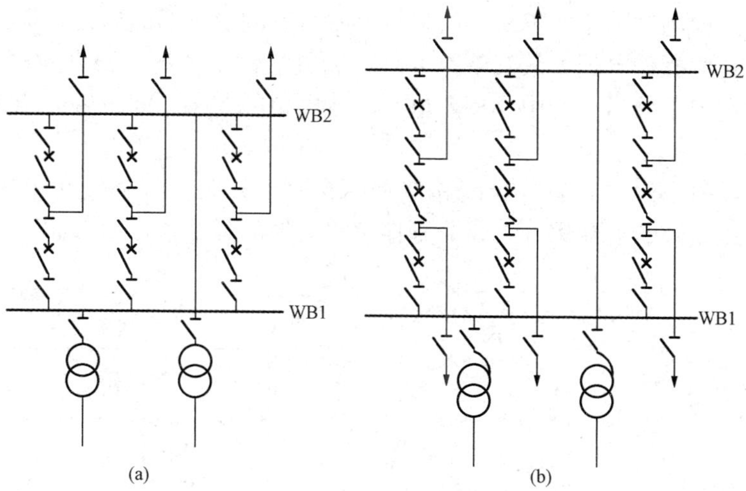

图 7-12　变压器—母线组接线

（a）出线双断路器接线；（b）出线一个半断路器接线

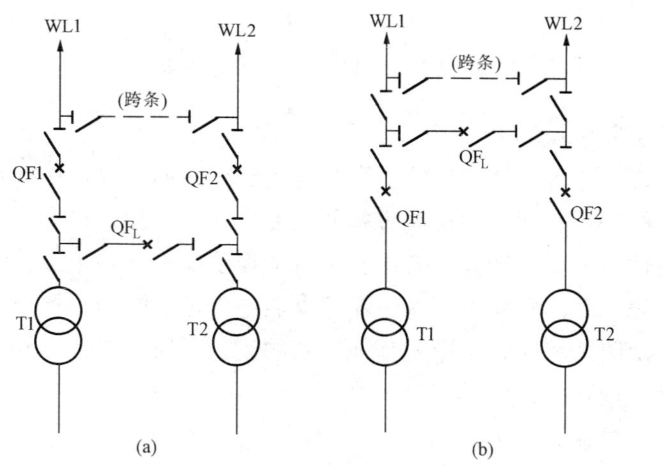

图 7-13　桥形接线

（a）内桥接线；（b）外桥接线

外桥接线的特点是联络断路器 QF_L 接在主变压器断路器的外侧（即靠近线路侧），便于变压器的正常投切操作及切除其故障，而线路的投切及故障的切除较为复杂。这种接线适用于线路较短、故障率较低、主变压器需按经济运行要求经常投切及电力系统有较大的穿越功率通过联桥回路的场合。此时，若采用内桥接线时，穿越功率将通过其中的三台断路器，任一台断路器的检修或故障都将中断穿越功率的传输，影响系统的运行。

在桥式接线中，为了在检修线路断路器或联络断路器时不影响其他回路的运行，减少系统开环机会，可以考虑增设跨条，见图 7-13 中的虚线部分，正常运行时跨条断开。跨条回路中装设两台隔离开关，以便轮流停电检修。

桥式接线简单清晰，每个回路平均装设的断路器台数最少，可节省投资，也易于发展过渡为单母线分段或双母线接线。但因内桥接线中的变压器正常投切与故障切除时将影响线路的运行，外桥接线中的线路正常投切与故障切除时将影响变压器的运行，且更改运行方式时需利用隔离开关作为操作电器，故其工作可靠性和灵活性不够高。根据我国多年运行经验，桥式接线一般可用于条件适合的中小型发电厂、变电站的35～220kV配电装置中。

2. 多角形接线

多角形接线的每个边中含有一台断路器和两台隔离开关，各个边互相连接成闭合的环形，各进出线回路中只装设隔离开关，分别接至多角形的各个顶点上，如图7-14所示。

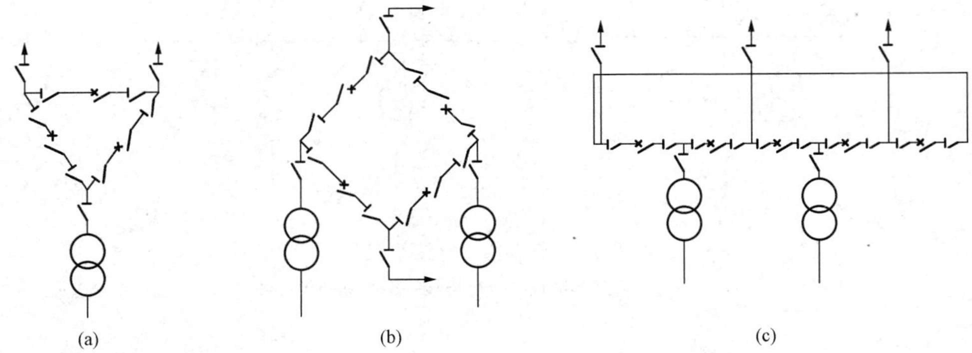

图7-14　多角形接线

（a）三角形；（b）四角形；（c）五角形

多角形接线的主要优点如下：

（1）经济性较好。这种接线的断路器台数等于进出线回路数，平均每回路只需装设一台断路器。除桥式接线外，它比其他接线方式使用的设备少，投资也少。

（2）工作可靠性与灵活性较高，易于实现自动远动操作。多角形接线中，没有汇流主母线和相应的母线故障。每回路均可由两台断路器供电，任一断路器检修时，所有回路仍可继续照常工作，任一回路故障时，不影响其他回路的运行。所有的隔离开关仅用于在停运或检修时隔离电压。而不用作操作电器。

多角形接线的主要缺点如下：

（1）检修任一断路器时，多角形接线变成开环运行，可靠性显著降低，此时，若不与该断路器所在边直接相连的其他任一设备发生故障，将可能造成两个及以上回路停电，多角形接线被分割成两个相互独立的部分，功率平衡遭到破坏等严重后果。并且，多角形接线的角数愈多，断路器检修的机会也愈多，开环时间愈长，此缺点也愈突出。此外，还应将同名回路（即两个电源回路或属于同一用户的双回线路）按照对角原则进行连接，以减少设备（如断路器）故障时的影响范围。

（2）运行方式改变时，各支路的工作电流可能变化较大，使相应的继电保护整定也比较复杂。

（3）多角形接线闭合成环，其配电装置难以扩建发展。

我国经验表明，在110kV及以上配电装置中，当出线回数不多，且发展规模比较明确时，可以采用多角形接线，一般以采用三角或四角形为宜，最多不要超过六角形。

3. 单元接线

发电机与变压器直接连接，没有或很少有横向联系的接线方式，称为单元接线，其主要类型如图 7-15 所示。

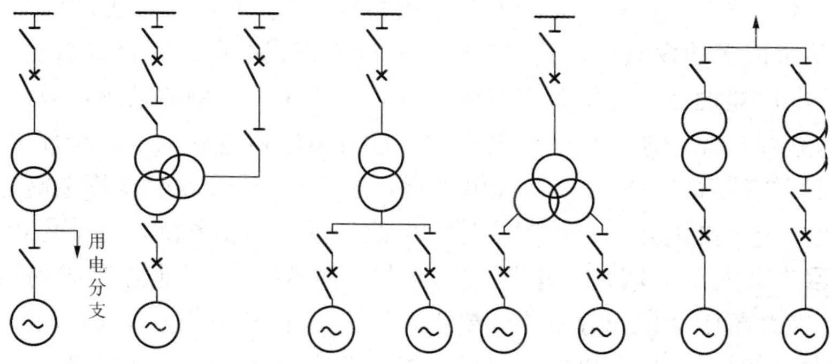

图 7-15　单元接线

（a）发电机—双绕组变压器单元；（b）发电机—三绕组变压器单元；（c）发电机—双绕组变压器扩大单元；（d）发电机—分裂绕组变压器单元；（e）发电机—变压器联合单元

图 7-15（a）为发电机—双绕组变压器单元接线，发电机出口处除接有厂用电分支外，不设置母线，输出电能均经过主变压器送至升高电压电网。因发电机不会单独空载运行，故不需装设出口断路器，有时可装一组隔离开关，以便单独对发电机进行试验。

图 7-15（b）为发电机—三绕组变压器单元接线，发电机出口应装设出口断路器及隔离开关，以便在变压器高压、中压绕组联合运行情况下进行发电机的投切操作。

采用图 7-15（c）及（d）所示的扩大单元接线，可以减少变压器及其高压侧断路器的台数，减少相应的配电装置间隔，节约投资与占地。采用分裂低压绕组变压器时，可以限制其低压侧的短路电流。但扩大单元的运行灵活性较差，例如检修变压器时，两台发电机就必须全停。扩大单元的组合容量应与电力系统的总容量和备用容量相适应，一般不超过系统总容量的 8%～10%，以免当其故障切除时影响系统的稳定运行。

有时由于变压器制造容量的限制，大型机组无法采用扩大单元接线时，也可把两个发电机—变压器单元在高压侧组合为图 7-15（e）所示的发电机—变压器联合单元接线，以减少昂贵的变压器高压侧断路器和高压配电装置间隔。

各种单元接线的共同特点是接线简单清晰，节省设备和占地，操作简便，经济性好。不设发电机电压母线，发电机电压侧的短路电流减小。

课题三　发电厂、变电站电气主接线

一、发电厂电气主接线

发电厂按其一次能源的性质可分为火力发电厂、水力发电厂、核电厂等；按其在电力系统中的地位与作用，可分为区域性电厂、地区性电厂和企业自备电厂，或分为基载电厂、调峰电厂和辅助调峰电厂等。各类发电厂的电气主接线，主要决定于其容量的大小、在系统中的地位和作用以及对工作可靠性、灵活性的要求。例如，大容量的区域性电厂是电力系统的主力电厂，其电气主接线应具有很高的可靠性。担任负荷峰谷变化的中型、小型凝汽式机组和水轮发电机组，启停频繁、运行方式经常更改，就要求其电气主接线具有较好的灵活性。

1. 大型区域性电厂的电气主接线

目前国内外大型发电厂，一般是指安装单机容量为200MW及以上的大型机组、总装机容量为1000MW及以上的发电厂，其中包括大容量凝汽式电厂、大容量水电厂、核电厂等。

大型区域性电厂建设在动力资源丰富的地方，一般距负荷中心较远，以高压或超高压远距离输电线路与系统相连，地位重要。电厂中不设置发电机电压母线，全部机组均采用简单可靠的单元接线直接接入220～500kV配电装置，以1～2种升高电压将电能送入电力系统。发电机组采用机—炉—电单元集中控制或计算机控制运行调度方便，自动化程度。

图7-16所示为某大型区域性火电厂电气主接线简图。该厂地处煤矿附近，水源充足，没有近区负荷，在系统中地位十分重要，要求有很高的工作可靠性。因此，不设发电机电压母线，四台大型凝汽式汽轮发电机组均以发电机—双绕组变压器单元接线形式，分别接入双母线带旁路母线接线的220kV高压配电装置和一个半断路器接线的500kV超高压配电装置。500kV与220kV配电装置之间，经一台自耦联络变压器LT互相联络。联系省际电网的500kV超高压远距离输电线路装设有并联电抗器，以吸收线路的充电功率。

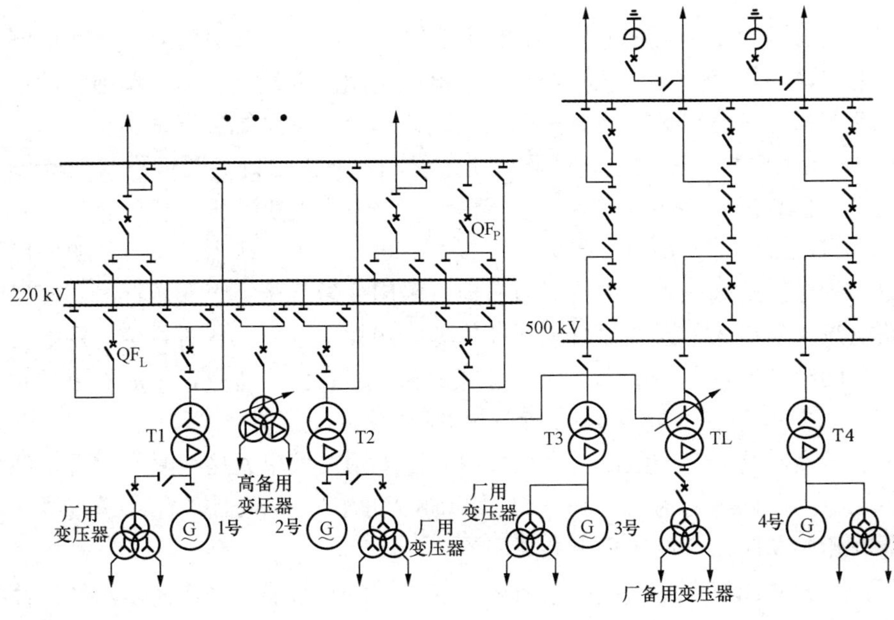

图7-16　某大型区域性火电厂电气主接线简图

对大型区域性电厂的电气主接线，应注意以下问题：

（1）单元接线形式与主变压器的选择。大型电厂通常采用发电机—变压器单元、扩大单元及联合单元接线。当采用发电机—变压器单元接线时，200MW及以上大容量机组一般都是与双绕组变压器组成单元接线，而很少采用与三绕组变压器组成单元接线，以省去昂贵的发电机出口断路器。若电厂具有两种升高电压时，则利用自耦联络变压器连接两种升高电压母线，联络变压器LT的第三绕组可作为厂用启动电源或备用电源，以提高厂用电源的可靠性，简化配电装置结构，节约投资。

（2）发电机出口断路器的设置。在采用发电机—双绕组变压器单元接线的大型发电机出口装设断路器时，便于机组的启停、并网与切除，启停过程中的厂用电源也可由本单元的主变压器倒送，并便于采用扩大单元接线。但因大容量机组的出口电压高、电流大，相应的断路器制造困难、价格昂贵，并考虑到我国目前 200MW 以上大型机组均承担基荷、启停操作不频繁，也较少采用扩大单元、联合单元接线的实际情况，所以一般不考虑装设发电机出口断路器。不过，为了防止发电机引出线回路中发生短路故障，应采用分相封闭母线。

(3) 电厂的启动电源与备用电源，大型电厂的厂用电负荷容量大，可靠性要求高。当发电机出口不装设断路器时，无法经主变压器倒送机组启停所需的厂用电源，一般需从与系统相连的高压主母线上引接启动变压器，兼作备用厂用变压器，当电厂中装设有自耦联络变压器时，也可由其第三绕组作为电厂的启动电源与备用电源。

顺便指出，水电厂通常建设在水力资源丰富的江河湖泊处，建设规模比较明确，厂址较为狭窄，一般远离负荷中心，没有发电机电压负荷，电厂负荷曲线变动较大，机组起停较频繁。因此，水电厂的电气主接线具有区域性火电厂的某些特点，并应尽量采用简单清晰、运行操作灵活、可靠性较高的接线方式，力求减少电气设备数量，简化配电装置布置。

2. 中小型地区性电厂的电气主接线

目前，中型电厂一般是指单机容量为 50～200MW、总装机容量为 200～1000MW 的发电厂，小型电厂一般是指总装机容量在 200MW 以下的发电厂，单机容量多为 6～50MW。

中小型地区性电厂建设在工业企业区域城市附近，靠近负荷中心，近区负荷较多，通常还兼供部分热能。因此，需设置发电机电压母线，使部分机组通过 6～10kV 的发电机电压配电装置向附近用户供电，并以 1～2 种升高电压将其余电能送往较远的用户并与电力系统相连。为了避免发电机电压母线分段过多，短路容量过大，接于 6kV 或 10kV 发电机电压母线的发电机总容量分别不超过 120、240MW，负荷分别不超过 100、200MW。当负荷过大时，宜用 35～110kV 线路供电，其余较大容量的机组，可采用单元接线直接接入升高电压的配电装置。

图 7-17 为某中型热电厂的电气主接线简图。该厂邻近热电负荷中心，装有 9 台 30～50MW 热电机组，总容量为 420MW。其中，有 3 台 30MW 机组接入采用叉接电抗器分段的双母线接线的 6kV 发电机电压配电装置，向就近用户供电。其余 6 台机组均采用发电机—变压器单元接线，分别接入双母线接线的 35kV 配电装置和双母线带旁母接线的 110kV 配电

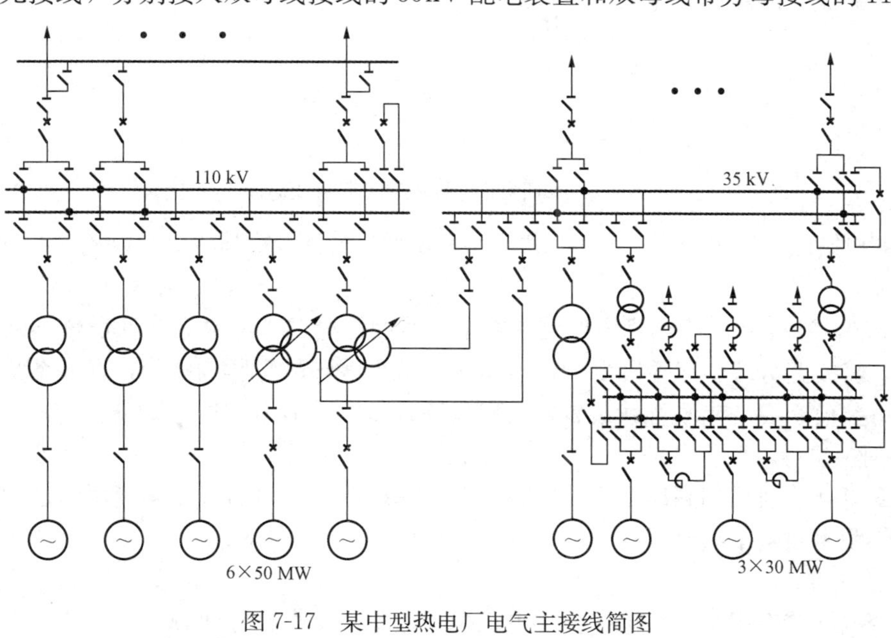

图 7-17　某中型热电厂电气主接线简图

装置，向其他用户供电并与电力系统相连。

二、变电站电气主接线

按照变电站在电力系统中的地位和作用、电压等级及供电范围，可将其分为枢纽变电站、开关站、中间变电站、地区变电站、企业变电站、终端（或分支）变电站六类。

1. 枢纽变电站

枢纽变电站的电压等级高，变压器容量大，线路回数多，通常汇集着多个大电源和大功率联络线，联系着几部分高压和中压电网，在电力系统中居于枢纽地位。

图 7-18 所示的枢纽变电站，其电压等级为 500/220/35kV，有多个电源的汇聚，安装两台大容量自耦主变压器。220kV 侧有大型工业企业及城市负荷，500kV 及 220kV 侧有功率交换。500kV 配电装置采用一个半断路器接线，并采用了交叉连接法，以提高供电可靠性。220kV 配电装置采用有专用旁路断路器的双母线带旁路接线。主变压器 35kV 侧的第三绕组上引接两台调相机，以供无功补偿用。

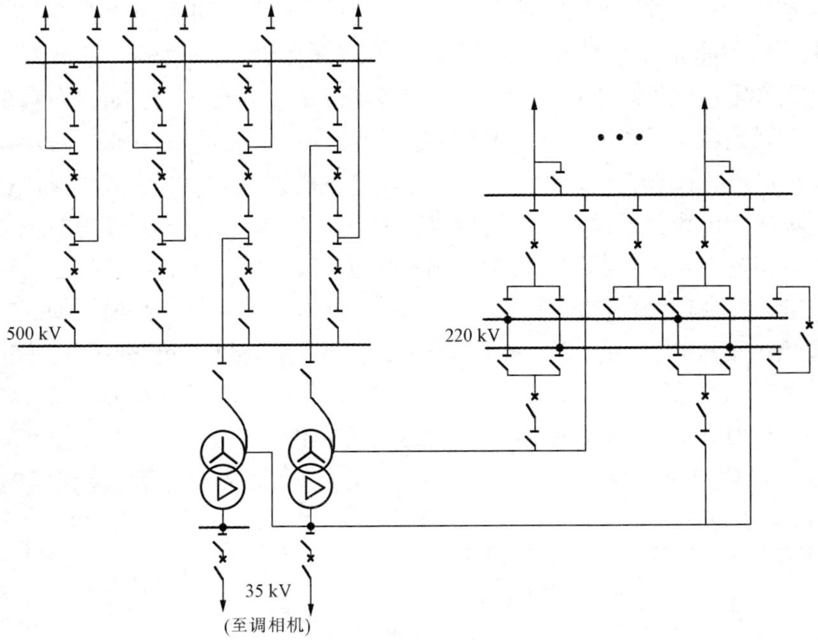

图 7-18　某枢纽变电站电气主接线简图

枢纽变电站的电压等级不宜多于三级，最好不要出现两个中压等级，以免接线过分复杂。

2. 开关站

对于 330～750kV 长距离输电线路常在主干线的中段或 1/3 或 2/3 处设置不装设变压器的开关站，将线路分段，以便降低内部过电压，减少线路故障影响范围，提高系统运行的稳定度。还可装设必要的串联补偿装置等，以提高线路输送能力和送电质量。

3. 中间变电站

中间变电站一般从超高压主干线路或主要环状线路上破口引接。其作用是进行系统功率交换，将长距离输电干线分段，降压向当地负荷供电。

4. 地区变电站

地区变电站的作用是承担地区性供电任务，通常是一个地区或城市的主要变电站，一次电压等级一般为 110～220kV，大容量地区变电站的电气主接线一般较复杂，6～10kV 侧常需采取限制短路电流措施；中、小容量地区变电站的 6～10kV 侧，通常不需采用限流措施，可选用轻型电器，接线较为简单。

在图 7-19 所示的中型地区变电站电气主接线简图中，110kV 配电装置采用单母线分段带旁路母线接线，分段断路器兼作旁路断路器，各 110kV 线路断路器及主变压器高压侧断路器均可接入旁路母线，以提高供电可靠性。35kV 配电装置采用双母线接线。10kV 配电装置采用单母线分段带旁路母线接线，有专用旁路断路器，一台 10/0.4kV 所用的变压器可换接于两段 10kV 主母线上。

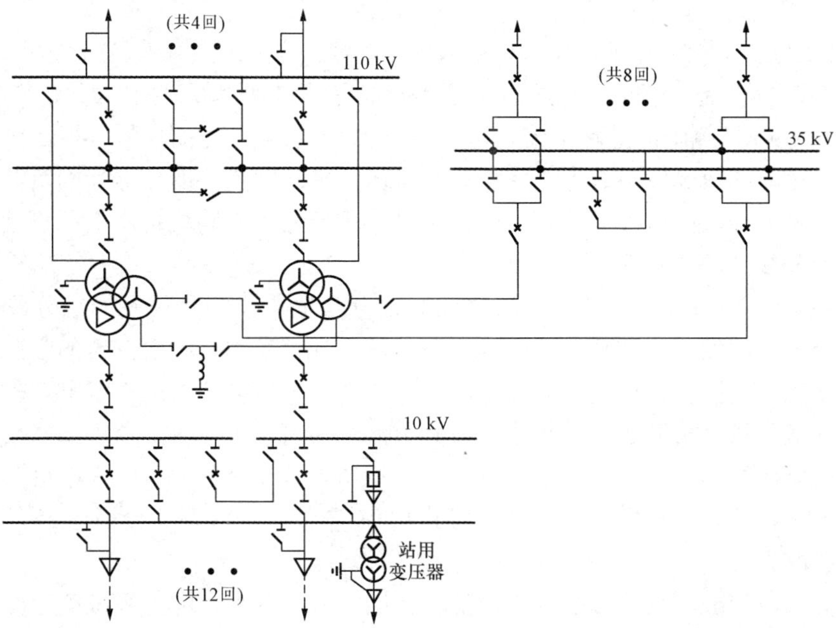

图 7-19　某 110kV 中型地区变电站电气主接线简图

5. 企业变电站

企业变电站通常是某一工矿企业的专用变电站。大型联合企业的总变电站，一次电压多为 220kV；一般的企业变电站一次电压多为 110kV。

6. 终端（或分支）变电站

终端（或分支）变电站的所址接近负荷点，一般只有两级电压，一次电压多为 110kV，由 1～2 回线路供电，接线较简单。利用 110kV 终端（或分支）变电站直接降压至 6～10kV 供电时，通常不必再建 35kV 线路及 35/6～10kV 变电站，有利于简化电网结构，减少变电站电压等级和变电重复容量，降低变压器损耗与线路损耗。

与有发电机电压配电装置的发电厂相似，必要时亦应设法限制降压变电站 6～10kV 侧的短路电流，以便 6～10kV 出线回路采用轻型断路器及截面积较小的电缆。

课题四　限制短路电流的方法

发电厂和变电站的配电装置，在选择电气设备时，不仅要依据额定电压、最大工作电流等条件，同时更要考虑短路电流的作用。由于系统中发生短路时的短路电流数值可能很大，致使电气设备的选择发生困难，或使所选择的设备笨重而昂贵，配电装置结构复杂，经济性很差。因此，就必须采取措施来限制短路电流。

限制短路电流的主要目的是使 6～10kV 电压出线回路中能采用适宜的轻型断路器及截面积较小的电力电缆，以及简化配电装置、节约投资。例如国产 SN_{10}-10、SN_2-10、SN_8-10 等轻型少油断路器，即具有每相单断口、体积小、重量轻、油量少、价格低等优点，能满足以上要求。

限制短路电流的措施主要有以下几种。

一、采用适宜的主接线形式及运行方式

发电厂的主接线，适当限制接入发电机电压母线的发电机台数和容量，采用单元接线，母线分段断路器平时断开运行，合理地断开环网等，都可增大系统电抗，减小 6～10kV 发电机电压母线系统中的短路电流。但必须经过仔细地分析计算保证满足电厂和系统两方面的运行要求。

变电站 6～10kV 侧限制短路电流，可将变压器分列运行。采用变压器分列运行的优点是限流作用显著，非故障段母线能维持较高的电压水平。缺点是变压器间的负荷不平衡，导致电能损耗及各母线段的电压偏差有所增大，且分段断路器需装设备用电源自动投入装置。

二、装设母线分段电抗器

在图 7-17 中，6～10kV 母线各分段之间装设分段电抗器，当任一母线分段上发生短路时，由其他分段上的发电机和系统送来的短路电流，都将受到分段电抗器的限制。当任一出线上发生短路时，它同样也可限制其短路电流。但由于分段电抗器的额定电流较大，在相同额定电抗百分值下的电抗欧姆值则较小，故其限流作用不及出线电抗器大。

母线分段电抗器的额定电流，通常是按照事故切除母线上最大一台发电机时可能通过电抗器的电流来选择的，一般取为该发电机额定电流的 50%～80%。分段电抗器的额定电抗百分值，一般取为 8%～12%。

在变电站中，一般不装设母线分段电抗器，用它来限制来自电力系统侧短路电流的作用很小。

三、在发电机或主变压器回路中装设分裂电抗器

分裂电抗器是一种有中间抽头的空心电感线圈，绕制在水泥柱上。它的线圈由缠绕方向与结构参数完全相同的两个分段（常称为两个臂）连接而成，其间不仅有互感耦合，而且电气上直接连通，中间抽头是两臂的公共端。分裂电抗器的图形符号、一相接线及等效电路见图 7-20。

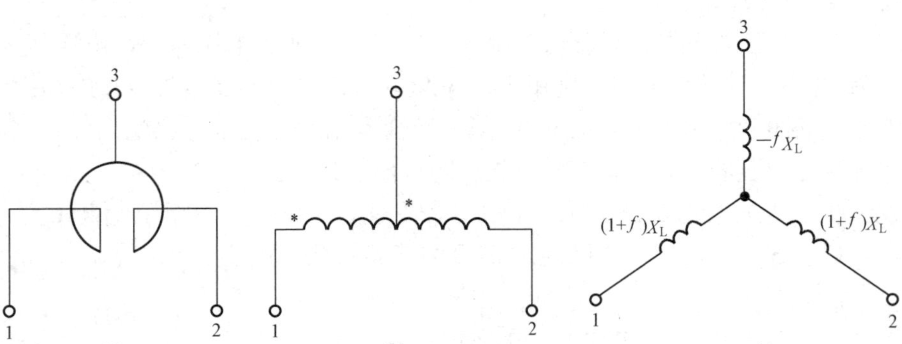

图 7-20　分裂电抗器

（a）电路图形符号；（b）一相接线；（c）等效电路

分裂电抗器的两臂自感为 L，两臂间的互感为 M，互感系数 $f=\dfrac{M}{L}$。f 值取决于电抗器的结构，一般约为 0.4～0.6，当无厂家资料时，可取 $f=0.5$。每臂自感抗 $x_L=\omega L$，两臂间的互感抗 $x_M=\omega M=\omega Lf=fx_L$。

根据上述参数，由图 7-20（b）可知，当 3 端开路，自 1（或 2）端到 2（或 1）端通过电流 $\dot{I}$ 时，其电压降为

$$\begin{aligned}\dot{U}_{12}(\text{或}\,\dot{U}_{21}) &= (\mathrm{j}\dot{I}x_L+\mathrm{j}\dot{I}x_M)+(\mathrm{j}\dot{I}x_L+\mathrm{j}\dot{I}x_M)\\ &=\mathrm{j}\dot{I}(1+f)x_L+\mathrm{j}\dot{I}(1+f)x_L\end{aligned}$$

当 2（或 1）端开路，自 3 端到 1（或 2）端通过电流 $\dot{I}$ 时，其电压降为

$$\dot{U}_{31}(\text{或}\,\dot{U}_{32})=\mathrm{j}\dot{I}x_L$$

综合分析两者关系，可导出图 7-20（c）所示的等效电路。

实际应用时，中间抽头通常接电源（发电机、主变压器或主母线），两臂则接入两个大致均衡的负荷，如图 7-21（a）所示。

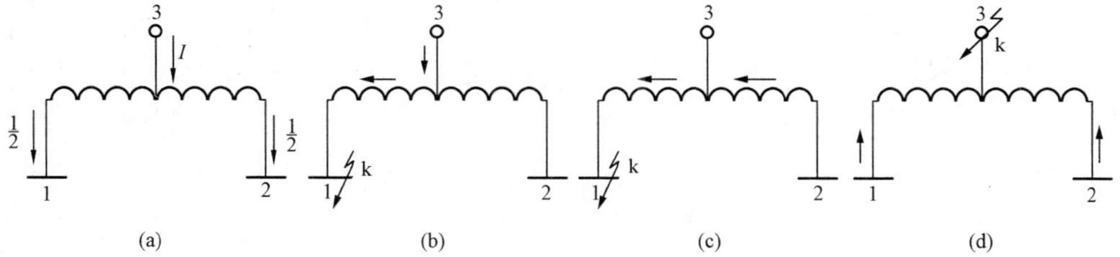

图 7-21　分裂电抗器的常见工作方式

（a）两臂有均衡负荷；（b）3 端有电源、1 端短路；

（c）3 端无电源、1 端短路；（d）1 和 2 端有电源、3 端短路

此时，若电源送入中间抽头的电流为 I，两臂电流各为 $I/2$，每臂自感抗为 x_L，互感系数 $f=0.5$，则不难根据图 7-20（c）所示的等效电路求出相应的电压降

$$U_{31}(\text{或}\,U_{32})=-Ifx_L+\frac{I}{2}(1+f)x_L=\frac{1}{4}Ix_L$$

可见，从正常工作时所造成的电压损失来看，自感抗为 x_L 的每个臂中的电压损失只相当于电抗为 x_L 的普通电抗器的 1/4。

但在 3 端接电源，1 与 2 端为负荷的情况下，当 1（或 2）端短路时，如图 7-21（b）所示，3—1（或 3—2）端间的等值电抗则为

$$(1+0.5)x_L-0.5x_L=x_L$$

即此时其限制短路电流的等值电抗较正常工作时增大了 3 倍。

如果工作在图 7-21（c）所示的 3 端无电源、2（或 1）端有电源、1（或 2）端短路的情况下，其短路等值电抗将更增大为

$$2(1+0.5)x_L=3x_L$$

如果工作在图 7-21（d）所示的 1、2 端有电源、3 端短路的情况下，其短路等值电抗则为

$$\frac{(1+0.5)x_L}{2}-0.5x_L=\frac{x_L}{4}$$

综上所述可知，分裂电抗器的短路等值电抗与每臂自感电抗间的关系，取决于其运行中的接线方式及短路点的位置。与普通电抗器相比，分裂电抗器的主要优点是正常工作时的电压损失较小，而短路时的限流作用较强。主要缺点是一臂负荷变动过大时，另一臂将产生较大的电压波动；一臂短路、另一臂接有负荷时，由于互感电动势的作用，将在另一臂产生感应过电压，但如果选取 $x_L=8\%\sim10\%$、$f=0.5$，则此过电压值将不致过高。

四、采用分裂低压绕组变压器

分裂低压绕组变压器，是一种将低压绕组分裂成为相同容量的两个绕组的变压器，其电路图形符号及等效电路见图 7-22。图中，x_1 为高压绕组电抗，数值很小；x_2' 及 x_2'' 分别为两个分裂低压绕组的电抗，数值较大。

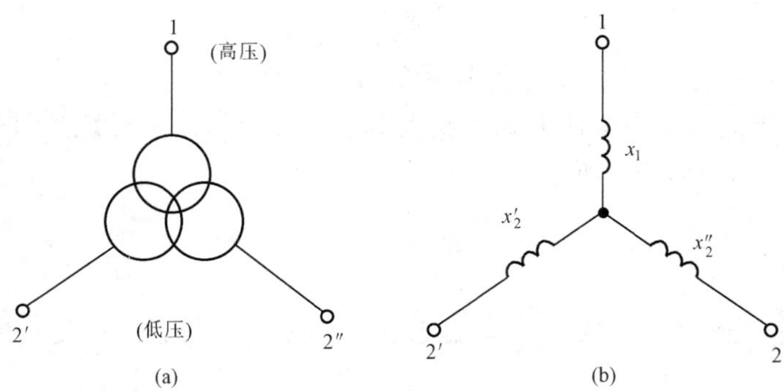

图 7-22　分裂低压绕组变压器
(a) 电路图形符号；(b) 等效电路

与分裂电抗器作类似分析可知，分裂低压绕组变压器正常工作时，高压绕组与低压绕组之间总的等值电抗为

$$x_{1-2}=x_1+\frac{x_2'}{2}=\frac{x_2'}{2}$$

高压侧有电源，低压侧一端短路时，短路等值电抗为

$$x_{1-2'}=x_1+x_2'\approx x_2'=2x_{1-2}$$

高压侧开路、低压侧两端有电源、一端短路时，两个分裂低压绕组之间的短路等值电抗为

$$x_{2'-2''}=x_2'+x_2''=2x_2'=4x_{1-2}$$

可见，与普通变压器相比，在容量、电抗相同情况下，分裂变压器的低压侧短路电流，可大约分别减少至普通变压器的 1/2 和 1/4。

在大型发电厂中，常采用分裂变压器作为厂用变压器来限制厂用电系统的短路电流；也可用来与两台发电机组成扩大单元接线，以限制发电机电压系统的短路电流。

五、装设出线电抗器

在 6～10kV 出线中装设电抗器，可以显著减小其所在回路中的短路电流，由于出线回数一般较多，所需出线电抗器也较多，将使配电装置结构趋于复杂，材料消耗量加大，投资与运行费用增加。故仅在采用前述其他方法不能把短路电流限制到预期数值时，才装设出线电抗器。

出线电抗器的额定电流较小，多为 300～600A，额定电抗百分值通常选为 3%～6%，以免正常运行时的电压损失过大。

小　结

电气主接线是发电厂和变电站的主体，是由一次设备按一定的要求和顺序连接成的电路。它直接影响着发电厂和变电站的安全可靠和经济运行。电气主接线应满足供电的安全可靠、具有一定的灵活性、力求操作简单、运行检修方便、节省投资和减少年运行费用、并有发展和扩建的可能。

电气主接线一般按母线分类，分为有母线和无母线两大类。有母线的主接线形式包括单母线和双母线。单母线又分为单母线无分段、单母线有分段、单母线分段带旁路母线等形式；双母线又分为单断路器双母线、双断路器双母线、双母线分段、一个半断路器接线双母线及带旁路母线的双母线等形式。无母线的主接线主要有单元接线、扩大单元接线、桥形接线和多角形接线等。不同的主接线有各自的优缺点，以及相应的适用范围。

发电厂和变电站的具体主接线，应综合考虑各种因素、按照国家的有关政策、根据具体情况，经过技术经济比较最后确定。一般来讲，热电厂具有发电机电压母线和升高电压母线；大型水电厂和火力发电厂，由于距离负荷中心较远，没有发电机电压母线，仅有升高电压母线。各类变电站的主接线，则根据它们在系统中的地位和作用不同而不同。不同电压等级的主接线，根据负荷的性质、电压等级的高低、出线回路数的多少确定具体主接线。

为了限制短路电流，可采用适宜的主接线及运行方式，也可利用出线电抗器、分段电抗器、分裂电抗器、分裂绕组变压器等。

习　题

7-1　什么是电气主接线？对它有哪些基本要求？

7-2　电气主接线的作用是什么？电气主接线有哪些基本类型？

7-3　母线的分段和带旁路母线各有什么作用？

7-4　在倒闸操作中有时使用跨条，它有什么作用？一般在什么时候使用？

7-5　举例说明带旁路母线接线中，出线断路器检修部停电的倒闸操作？

7-6　一个半断路器接线有何优缺点？

7-7　在发电机—变压器单元接线中，如何确定是否装设发电机出口断路器？

7-8　在桥形接线中，内桥接线和外桥接线各使用什么场合？

7-9　多角形接线有什么优缺点？

7-10　对于大型区域性电厂的主接线，应注意哪些问题？

7-11　变电站一般分为哪些类型？

7-12　限制短路电流有哪些基本措施？

第八单元

自 用 电

本单元以讲述火力发电厂自用电为主，着重讨论厂用负荷分类、厂用电系统接线原则、厂用电动机自启动及事故保安电源等，并分别列举出火电厂、水电厂及降压变电站的典型厂（站）用电接线及其特点。学习本章之前应参观电厂了解生产过程及各种厂用机械的工作特点和作用。

课题一 厂用电及厂用负荷

一、厂用电及厂用电率

1. 厂用电的作用及重要性

现代发电厂是高度机械化和自动化的连续生产工厂，需要很多由电动机拖动的机械为发电厂的主要设备（锅炉、汽轮机或水轮机、发电机）和辅助设备服务。这些电动机及照明、试验、修配等用电设备构成厂用负荷，它们同厂用电供电系统及其配电装置一起，统称为发电厂自用电或厂用电。

自用电（包括发电厂的厂用电和变电站的自用电），供电电源、接线和设备，都必须可靠，以保证发电厂和变电站的正常运行。热电联产供热电厂的厂用负荷更为重要，要求厂用电源高度可靠。自用电的耗电量要尽可能减少，以提高发电厂和变电站运行的经济性。所以，自用电是影响发电厂和变电站安全可靠、经济运行的重要方面。

电力系统运行中，必须保证厂用电的可靠性。随着超临界参数大容量机组、双水内冷的发电机冷却方式、计算机实时控制的采用及核能发电厂的出现，对厂用电的可靠性和经济性提出了更高的要求。因此必须认真考虑合理厂用供电电源的取得方式、工作电压和接线方式；此外，还应配备完善的继电保护与自动装置，合理配置厂用机械，并正确地选择电动机类型、容量和台数；在运行中要对厂用机械进行正确维护和科学管理。

提高厂用电可靠性的目的是使电厂长期无故障运行、不因厂用电局部故障而被迫停机。然而，对可靠性的过高要求必然导致投资的不合理膨胀。因此应重点保证对Ⅰ类厂用负荷不间断供电，以确保重要机械连续运转。

2. 厂用电率

厂用电耗电量决定于发电厂的类型、燃料的种类及其燃烧方式、蒸汽参数及机械化程度等。厂用电耗电量与同一时间内全厂总发电量的百分比称为厂用电率。

一般凝汽式火电厂的厂用电率为5%～8%，兼供热的热电厂的厂用电率为8%～12%，水电厂的厂用电率为0.3%～2%。厂用电率是发电厂运行的重要经济指标，降低厂用电率是发电厂节能的重要方面，可以降低发电成本，增加对电力系统的供电量。

火力发电厂的厂用电率较高，节能潜力也较大。对于输煤、制粉机械，可根据日负荷变化制定最佳运行方式，例如，首先安排在后夜低负荷时使输煤、制粉机械满载运行，贮满煤仓和粉仓，电厂负荷较小时，应考虑少开循环泵、给水泵等台数的可能性，以使工作机械处于满载下运行。大型火电厂厂用电中采用一些同步电动机，可以发出无功功率，就近供给异步电动机，减少了能量损耗。

二、厂用负荷及分类

（一）厂用负荷

1. 火力发电厂的厂用机械

（1）煤场及输煤系统的机械，如抓斗起重机、扒煤机、推煤机、碎煤机、提升机械、输煤皮带等。

（2）制粉机械，如磨煤机、给煤机、排粉机、螺旋输粉机等。

（3）锅炉辅机，有给粉机、送风机、引风机、给水泵、除灰泵等。

（4）汽轮机辅机，有凝结水泵和循环水泵等。

（5）变压器冷却用通风机、强迫油循环冷却的油泵、水泵等。

（6）热电厂的热网给水泵和凝结水泵等。

（7）其他辅机，如油泵、消防泵、疏水泵、行车、电气除尘器、直流系统的充电设备、备用励磁机、各种电动阀门等。

（8）化学水处理车间。修配车间等用电设备。

2. 水力发电厂的主要厂用机械

（1）水轮发电机组的辅机，有调速及润滑系统的油泵、空气压缩机、发电机冷却系统及机组润滑系统的水泵、行车等。

（2）变压器冷却用通风机、油泵、水泵等。

（3）大坝及船闸设备，如闸门启闭机、升船机、起重机、卷扬机、电梯等。

（4）其他辅机，如供水泵、排水泵、直流系统的充电设备、备用励磁机、修理厂设备及厂房通风机等。

除此之外，还有常用照明和事故照明设备。重要场所（如主控制室）装设事故照明设备，平时均由交流220V电压供电，当交流电源发生故障或全厂停电时，事故照明设备自动切换到蓄电池，由蓄电池组继续供电。

（二）厂用负荷分类

根据厂用电设备在发电厂生产过程中的作用，厂用电供电中断时对人身、设备以及电能生产造成的危害程度，厂用负荷可分为以下几类：

1. Ⅰ类厂用负荷

短时停电（手动操作恢复供电的所需时间）会造成设备损坏、危及人身安全、主机停运或输出功率明显下降的厂用负荷，如给水泵、凝结水泵、循环水泵，吸风机、送风机、给粉机及水电厂的调速器、润滑油泵、空压机等负荷。这些负荷是要求供电可靠性最高的厂用负荷，通常均设置双套机械，互为备用，并分别接到有两个独立电源的母线上，当一个电源失电后，另一电源便立即自动投入。

2. Ⅱ类厂用负荷

允许短时停电（数分钟），经过运行人员及时操作后重新取得电源，而不致造成生产混乱的厂用负荷，如工业水泵、疏水泵、灰浆泵、输煤设备及化学水处理设备等负荷。水电厂中大部分厂用设备也属于这类负荷。对Ⅱ类厂用负荷，一般应由两段母线供电，并可采用手动切换。

3. Ⅲ类厂用负荷

较长时间停电而不直接影响电能生产的厂用负荷，如修配车间、实验室、油处理室等用电负荷，一般由一个电源供电。

4. 事故保安负荷

在主发电机停机过程及停机后的一段时间内，仍应保证供电，否则可能引起主要设备损坏、自动控制失灵及危及人身安全的厂用负荷停电。事故保安负荷主要有实时控制用电子计算机、发电机组的润滑油泵电动机、盘车电动机、事故照明设备等。

课题二　厂用电接线原则

一、工作电源与备用电源

1. 厂用电供电电压

确定厂用电电压等级，需从电动机的容量范围和厂用电供电电源两方面综合考虑，这样才会保证供电可靠性，又有好的经济效果。

发电厂中拖动各种机械的电动机，其容量相差悬殊，从数千瓦到数千千瓦。可以从投资和有色金属消耗量两方面考虑，确定厂用电供电电压。随着电动机容量的加大，其额定电压也应提高，因为大容量电动机采用较低的额定电压时，会使包括厂用电供电系统在内的有色金属消耗量增加，有功损耗增加，投资和运行费用也相应加大。另一方面，高压电动机绝缘等级高，尺寸大，价格也高。因此，只用一种供电电压显然不合理。实践表明：容量在75kW以下的电动机采用380V电压，220kW及以上的电动机采用6kV电压，1000kW以上的电动机采用10kV电压比较经济合理。

电压等级过多，会造成厂用电接线复杂，运行维护不方便，降低供电可靠性。所以，大中型火力发电厂厂用电，一般均用两级电压，且大多为6kV及380/220V两个等级。当发电机额定电压为6.3kV时，高压厂用电压即定为6kV。当发电机额定电压为10.5kV或更高时，需设高压厂用变压器降压至6kV供电。有些参数热电厂的发电机额定电压为10.5kV，厂用电电压采用3kV及380/220kV两级，这是由于在这类电厂中200kW以上的大型电动机不多，而3kV的电动机以75kW为起点之故。小型火电厂厂用电只设置380/220V母线，少量高压电动机直接接于发电机电压母线上。水力发电厂的厂用电动机容量均不大，通常只设380/220V一个电压等级。大型水电厂中，在坝区和水利枢纽装设有大型机械，如船闸或升船机、闸门启闭装置等，这些设备距主厂房较远，需在那里设专用变压器，采用6kV或10kV供电。

2. 工作电源

发电厂正常运行时，向厂用电供电的电源为厂用工作电源。厂用电的供电可靠性，很大程度决定于厂用电源的取得方式。这里主要介绍厂用工作电源的取得方式。

现代发电厂的厂用电，一般均由主发电机供电。在设计发电厂电气主接线时，总是力求主发电机与电力系统有紧密的联系。由于科技水平和运行水平的提高，电力系统和主发电机的事故率均大大降低，即使发生故障，继电保护与自动装置也能迅速将故障部分切除。再者，即使厂内发电机全部停机，还可以方便地从系统得到电源。因此，由主发电机供电的方式具有很高的可靠性。这种供电方式运行简单，调度方便，投资和运行费均较低；

而且，由于接近电源，重要电动机的自启动也有保证。

由主发电机引接厂用电源的具体方案，决定于发电厂电气主接线方式。当有发电机电压母线时，由各段母线引接厂用工作电源，供给接于该段母线上机组（发电机、汽轮机、锅炉）的厂用负荷。当发电机与主变压器连接成单元接线时，则由主变压器低压侧引接。厂用工作电源的两个引接方案如图 8-1 所示。

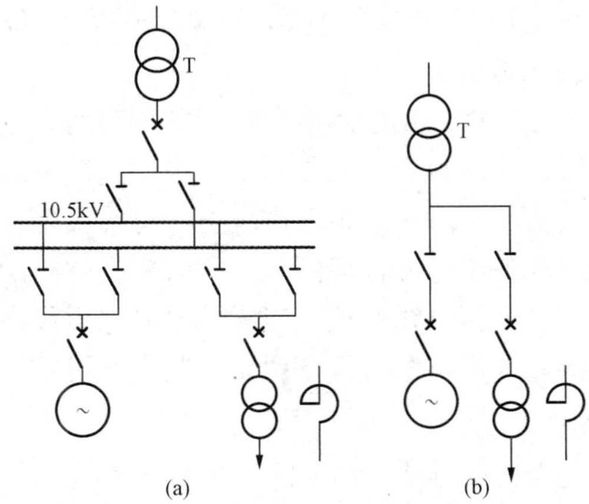

图 8-1　厂用工作电源的引接方式
(a) 从发电机电压母线引接；(b) 从主变压器低压侧引接

厂用电工作电源得到合理安排后，仍不能忽视电力系统、主发电机以及厂用电自身的故障给整个厂用电系统造成的不良影响，为此，必须进一步采取措施，以提高其可靠性。这些措施是厂用电母线按炉分段、设置可靠的备用电源和装设备用电源自动投入装置。

3. 备用电源

为了提高可靠性，每一段厂用电母线至少要由两个电源供电，其中一个为工作电源，另一个为备用电源。当工作电源故障或检修时，仍能不间断地由备用电源供电。厂用备用电源有明备用和暗备用两种方式。

明备用就是专门设置一台变压器（或线路），它经常处于备用状态（停运），如图 8-2 (a) 中的变压器 T3。正常运行时，断路器 QF1～QF3 均为断开状态。当任一台厂用工作变压器退出运行时，均可由变压器 T3 替代工作。很明显，备用变压器的容量应等于最大一台工作变压器的容量。

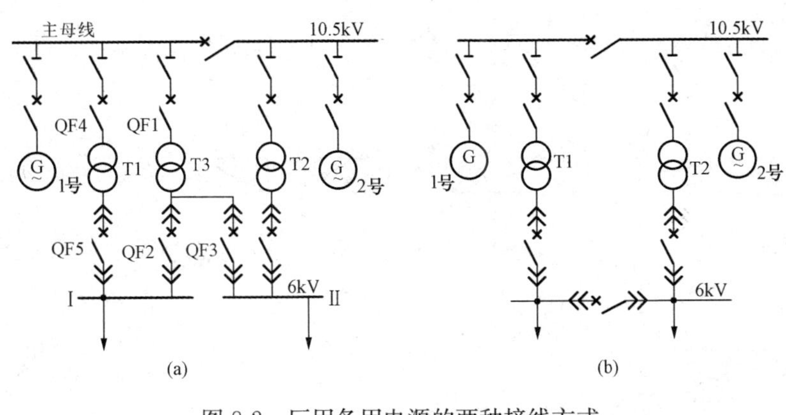

图 8-2　厂用备用电源的两种接线方式
(a) 明备用；(b) 暗备用

暗备用是不设专用的备用变压器，而将每台工作变压器容量增大，当任一台厂用变压器退出工作时，该段负荷由另一台厂用工作变压器供电，如图 8-2 (b) 所示。正常工作时，每台变压器只在半载下运行，此方案投资较大，运行费用高。

在大中型发电厂特别是大型火电厂中，由于每组机炉的厂用负荷很大，为了不使每台厂用变压器的容量过大，一般均采用明备用方式。中小型水电厂和降压变电站，多采用暗备用方式。

在考虑厂用备用电源由何处取得时，应尽量保证电源的独立性，并在与电力系统联系得最紧密处取得，以便在全厂停电的情况下，仍能从系统获得电源。当有发电机电压母线时，厂用备用电源一般由发电机电压母线引接，这样既简单又经济。当所在段主母线故障时将失去厂用备用电源，但两元件同时发生故障的概率很小。需要两个厂用备用电源时，不应均从发电机电压母线引接。当无发电机电压母线时，备用电源一般由与电力系统相连的高压母线引接，这样与电力系统联系更紧密，可靠性更高。

4. 备用电源自投装置

为了做到对厂用电不间断供电，还应装设备用电源自动投入装置。当工作电源故障切除时，此装置能自动地、有选择地把备用电源迅速投入到停电的那段母线上。在图 8-2（a）中，当 1 号厂用工作变压器 T1 故障时，QF4、QF5 自动跳闸，然后 QF1、QF2 自动投入，厂用备用变压器 T3 运行，从而替代了 1 号厂用变压器向Ⅰ段母线继续供电。在切换过程中，拖动重要机械的电动机尚在惰性，母线电压恢复后，便很快升速而转入正常运行，因而提高了运行可靠性。

5. 不间断交流电源

现代的大型发电厂及变电站，一般都装有计算机控制系统。它具有数据的处理、计算、调节和自动控制的功能，并能记录各种情况下的状态，特别是各种故障状态，有利于我们分析研究。但是，计算机是不能有短暂中断供电的，因为计算机电源一旦消失，它会丢失数据、控制出错。所以，计算机的供电电源不能用一般的备用电源自动投入装置。如果使用蓄电池的逆变装置供电，不但设备复杂，而且不经济、不方便。为了解决这个问题，可以采用如图 8-3 所示的不间断交流电源。当自用电源全部消失时，可以将计算机电源转移到蓄电池上，由蓄电池组继续供电。

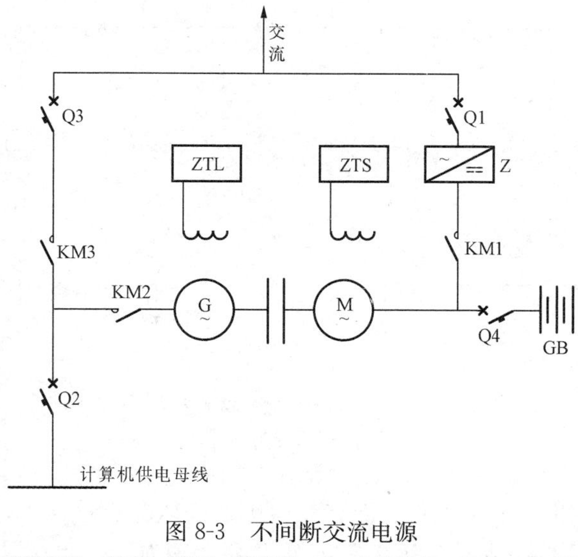

图 8-3　不间断交流电源

Q1～Q4—低压断路器；KM1、KM2—接触器；Z—整流装置；ZTL—自动调节励磁装置；ZTS—自动调速装置；GB—蓄电池；G—交流发电机；M—直流电动机

在正常运行时，低压断路器 Q1 合上，接触器 KM1 接通，整流装置 Z 给蓄电池组 GB 进行浮充电，同时给直流电动机供电。直流电动机 M 运转带动交流发电机 M，M 发出交流电。当接触器 KM2 接通并合上低压断器路 Q3 时，计算机的电源就由发电机 G 提供。M 和 G 配有自动调速（ZTS）和自动调压（ZTL）装置，可以保证计算机用交流电源电压的稳定。

当交流系统发生故障而使电压消失时，Q1 便自动断开，G 利用蓄电池能量继续运转，M 仍对计算机提供交流电源，不会中断供电。

当直流系统发生故障时，直流电源被切除，G 和 M 因有足够的惯性仍然可以在短时间内继续运转，使计算机交流电源不失去供电，到低压断路器 Q3 及接触器 KM3 自动接通后，由交流系统提供计算机电源。仍不会中断供电。

如果要检修 G 和 M，可先将 Q3 及 KM3 接通，使计算机由交流系统供电，然后再断开 KM2 和 KM1。投入 G 和 M 时可先接通 KM2 和 KM1，然后再断开 Q3 及 KM3。整个过程，计算机不失去交流电源。

二、厂用电接线

1. 厂用电接线的基本要求

厂用电的技术水平主要决定于厂用电接线，厂用电接线应满足下列基本要求。

（1）供电可靠、运行灵活。应根据电厂的容量和重要性，对厂用负荷连续供电给予保证，并能在日常、事故、检修等各种情况下均能满足供电要求。机组启停、事故、检修等情况下的切换操作要方便、省时，发生全厂停电时，能尽快地从系统取得启动电源。

（2）接线简单清晰、投资少、运行费低。由可靠性分析得知，过多的备用元件会使接线复杂，运行操作繁琐，故障率反而增加，投资运行费也增加。

（3）厂用电源的对应供电性。本机、炉的厂用电源由本机供电，这样，厂用系统发生故障时，只影响一台发电机组的运行，缩小了事故的范围，接线也简单。

（4）接线的整体性。厂用电接线应与发电厂电气主接线密切配合，体现其整体性强。

（5）电厂分期建设时厂用电接线的合理性。不因电厂分期建设而破坏整个厂用电接线的可靠性、灵活性及简单方便等特点，尤其对备用电源的接入和公用负荷的安排要全面规划、便于过渡。

2. 厂用电母线的分段原则

在火力发电厂中，锅炉的辅助设备多，耗电量大，高压厂用母线均采取按炉分段的原则。即将厂用电母线按照锅炉台数分成若干独立段，凡属同一台锅炉的厂用负荷均接于同一段母线上，与锅炉同组的汽轮机的厂用负荷一般也接于该段母线上，而该段母线即由该机组供电。每台锅炉的一些重要辅助设备（如吸风机、送风机）各装设两台，在锅炉满负荷时，必须同时投入运行，所以可将它们接在同一段母线上。但每台汽轮机均装设两台循环水泵和凝结水泵，其中一台纯属备用，故允许分别接在不同母线段上。全厂公用性负荷应根据负荷功率及可靠性的要求，分别接到各段母线上，各段上的负荷应尽可能均匀分配。当公用负荷较大时，可设公用母线段。对于 400t/h 及以上的大型锅炉，每台锅炉设两段高压厂用母线。

按炉分段的方式具有明显的优越性。一段母线发生故障，只影响一台锅炉的运行；厂用电系统发生短路时，短路电流较小有利于厂用电气设备的选择；将同一机炉的厂用电负荷接于同一段母线，便于运行管理和安排检修。

低压厂用母线一般也按炉分段，高压厂用电源则由相应的高压厂用母线提供。为了限制380/220V网络中的短路电流，低压厂用变压器容量最大不超过1000kVA。

厂用电各级电压均采用单母线（按炉分段）接线，并由成套开关柜构成，使系统清晰、可靠，便于运行与检修。

三、厂用电动机自启动

前面所述，主要是从厂用电系统和厂用机械设备等方面，如何提高厂用电的可靠性。还有一项提高发电厂运行可靠性的技术，那就是发电厂重要厂用电动机群的自启动。

厂用母线电压下降或消失往往是暂时性的，为了不致使主机停运，当厂用电压消失时，一些重要机械的电动机并不立即断开，电动机在机械负载阻力作用下有一定惰性，经过很短一段时间（0.5～1.5s），当厂用母线电压恢复或备用电源自动投入后，电动机又会自动启动升速，并逐渐恢复到稳定运行，这一过程称为电动机自启动。

自启动过程中会出现两方面的问题：一是同时参加自启动的电动机数量过多，容量过大时，总的启动电流将很大，在厂用变压器或电抗器等元件上产生较大的电压降，致使厂用母线电压明显降低，危及厂用电系统的稳定运行；二是厂用母线电压降低，自启动的时间拉长，可能发生电动机定子绕组和转子过热，甚至被烧毁的事故（当电压降低到某一数值时，电动机甚至不能重新启动，发生堵转事故），影响电动机安全与寿命。

电动机的转矩与外加电压的平方成正比，自启动时厂用母线电压愈低，愈不利于电动机的自启动。当自启动时厂用高压母线电压低于额定电压的60％～70％，低压母线电压低于额定电压的55％～60％时，便不能保证电动机的自启动。同时，参加自启动电动机总的启动电流越大，厂用变压器的阻抗越大，厂用母线电压就越低。为了保证使Ⅰ类厂用负荷重要电动机能自启动，一般采用的办法是限制同时参加自启动电动机的数量，即对不重要电动机加装低电压保护装置，发生事故时断开，不参加自启动；对重要电动机，加装低电压保护和自动重合闸装置，分批自启动，这样便改善了重要电动机的自启动条件。

四、事故保安电源

对于200MW及以上的发电机组，当厂用电源完全消失时，为确保在事故状态下能安全停机，应设置事故保安电源，并能自动投入，保证事故保安负荷的用电。事故保安电源可分为直流和交流两种。

直流事故保安电源，由蓄电池组供电，如发电机组的直流润滑系统、事故照明等负荷的供电。事故照明电源，由装在主控制室的专用事故照明屏（箱）供电，直流电源均采用单回路供电。事故照明屏顶有事故照明小母线，各处的事故照明线路均自小母线引出，并有交流电源和直流电源接到小母线上。平时交流电源接通，直流电源断开；当交流电源消失时，便自动切换，使交流电源断开，直流电源接通。

交流事故保安电源，宜采用快速启动的柴油发电机组，或由外部引来的可靠交流电源，此外还应设置交流不停电电源。交流不停电电源，宜采用接于直流母线上的电动发电机组或静态逆变装置。目前多采用静态逆变装置，静态逆变装置的核心部分是晶闸管逆变器，如图8-4所示。可控硅组成的逆变装置有单相和三相的，关键在于要有正确、可靠的触发回路，使晶闸管元件能迅速准确地导通。晶闸管逆变器具有体积小、重量轻、开关时间短、功率增益大等优点，在大型发电厂和变电站中得到广泛应用。图8-5为交流事故保安电源接线示意图。

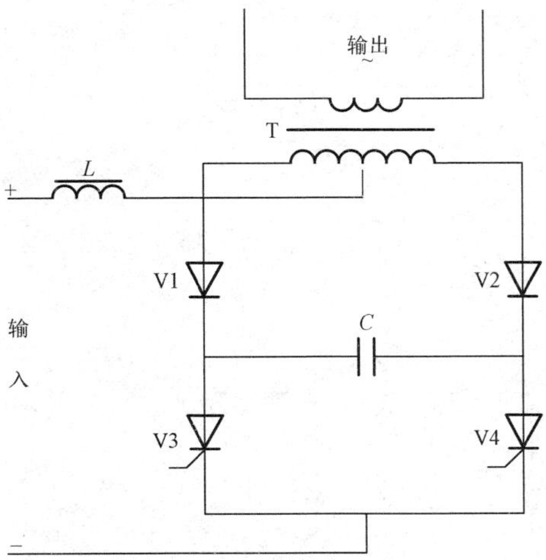

图 8-4　单相（并联）晶闸管逆变装置原理简图

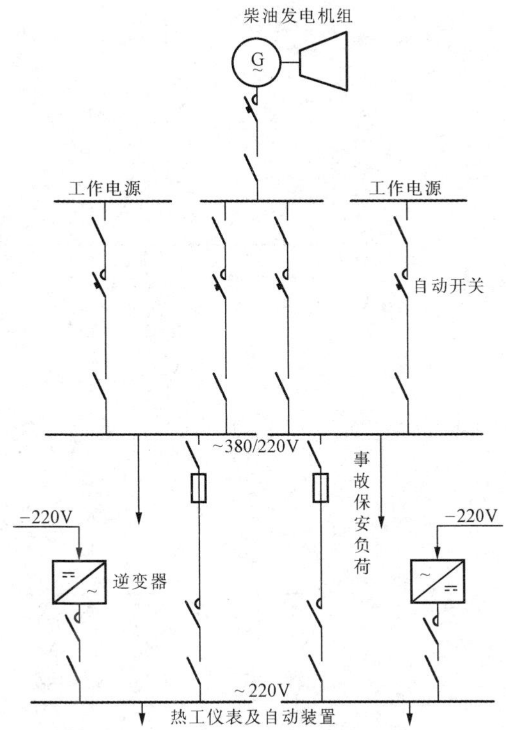

图 8-5　交流事故保安电源接线示意图

课题三　发电厂、变电站自用电接线

一、火电厂的厂用电接线

图 8-6 所示为中型热电厂厂用电接线图。热电厂共装设二机三炉，因此高压厂用母线按锅炉数分三段，厂用高压为 6kV，通过 T3、T4、T5 三台高压工作厂用变压器分别接与发电厂主母线的两个工作母线上。由于机组容量不大，低压厂用母线分为两段。备用电源采用明备用方式，即专门设置高压备用厂用变压器 T6 和低压备用厂用变压器 T9。为了提高厂用电运行可靠性，在运行方式上，可将电厂的一台升压变压器（如 T2）与高压厂用备用变压器 T6 均接到备用主母线上，将所在段的母联断路器 QF2 接通，这样可使高压厂用备用变压器与系统的联系更加紧密，并很少受到主母线故障的影响。

对厂用电动机的供电，可分为分别供电和成组供电两种方式。图 8-6 中所示的高压电动机的供电电路为分别供电方式，即对每台电动机均敷设一条电缆线路，通过专用的高压开关柜或低压配电盘进行控制。55kW 及以上的Ⅰ类厂用负荷和 40kW 以上的Ⅱ、Ⅲ类厂用重要机械的电动机，均采用分别供电方式。图 8-6 中低压Ⅰ、Ⅱ段的其他馈线表示去车间的专用盘，为成组供电方式，即数台电动机只占用一条线路，送到车间专用盘后，再分别引接电动机，对一般不重要机械的小电动机和距离厂用配电装置较远的车间（如中央水泵房）的电动机，这种供电方式最为适宜，可以节省电缆，简化厂用配电装置。

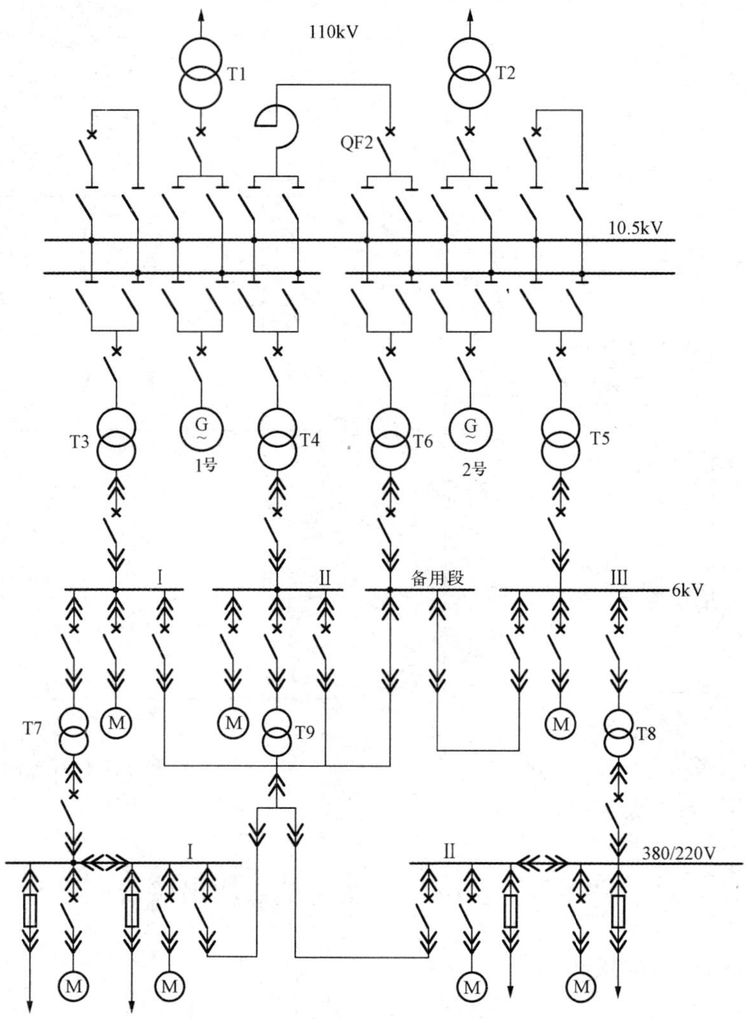

图 8-6　中型热电厂厂用电接线

图 8-7 所示为装有 2×200MW 发电机组的大型火电厂厂用电接线。厂用电工作电源从发电机出口端引接，经分裂绕组高压厂用工作变压器供电给厂用 6kVⅠ、Ⅱ和Ⅲ、Ⅳ段母线，厂用变压器高压侧不装设断路器，发电机、主变压器之间及厂用变压器高压侧之间均用封闭母线连接。厂用备用电源引自与系统联系较紧密的 110kV 母线（即发电厂升高电压中较低的一级电压），经高压厂用备用变压器分别接到四个高压厂用工作母线段上，构成对两台机组厂用电的明备用。选择大型火电厂的厂用变电器时，应注意其接线组别，升压变压器的接线组别为 YNd11，因此升高电压与发电机电压的相位相差为 30°。运行中需要投入厂用备用变压器时，为了避免厂用电停电，厂用备用变压器与工作变压器总有一段时间并联运行，为此，当高压厂用备用变压器的接线组别为 YNd11 时，高压厂用工作变压器必须是 Yy0 接线。

高压厂用备用变压器也用作全厂启动电源，当全厂停运而重新启动时，首先投入高压厂用备用变压器，向各工作段和公用段送电，一般应选用带负荷调压变压器作为高压厂用备用变压器。

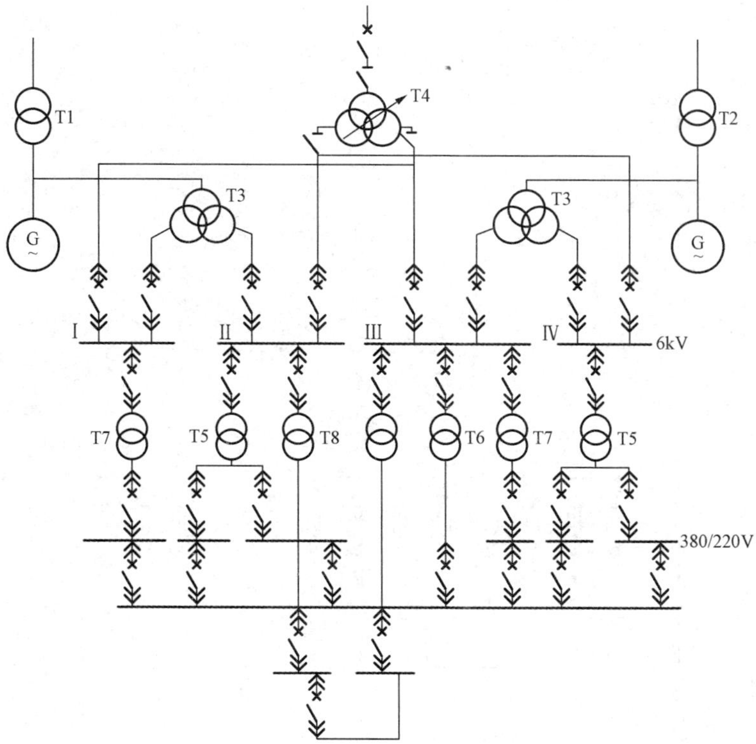

图 8-7 大型火电厂厂用电接线

G—发电机；T1、T2—主变压器；T3—高压厂用变压器；T4—高压厂用备用变压器；T5—低压厂用工作变压器；T6—低压厂用备用变压器；T7—低压厂用公用变压器；T8—输煤变压器

二、水电厂的厂用电接线

水电厂的厂用机械数量和容量均比同容量火电厂少得多，因此厂用电系统也较简单。但是，在水电厂仍有重要的Ⅰ类厂用负荷，如调速系统和润滑系统的油泵，发电机的冷却系统等，仍应认真考虑其供电可靠性。对于中小型水电厂，一般只有 380/220V 一级电压，厂用电母线采用单母线分段，且全厂只设两段，两台厂用变压器以暗备用方式供电。对于大型水电厂，380/220V 厂用母线按机组分段，每段均由单独的厂用变压器自各发电机端引接供电，并设置明备用的厂用备用变压器。距主厂房较远的坝区负荷用 6kV 或 10kV 电压供电。

图 8-8 所示为大型水电厂的厂用电接线，它的特点是机组的厂用负荷与全厂性公用负荷分别由不同的厂用变压器供电。每台机组的厂用负荷采用 380/220V 电压，分别由厂用变压器 T5～T8 供电，从各自的发电机出口处引接。各段的厂用备用电源（明备用）由公用段引接。6kV 公用厂用系统为单母线分段接线，由高压厂用变压器 T9、T10 供电，备用方式为暗备用方式。此外，还在两台发电机的出口装设了断路器 QF1、QF4，这样就能即使在全厂停运时，仍可以从电力系统取得电源，即厂用电由 T1 或 T4 低压侧取得电源。

三、变电站的自用电接线

降压变电站的站用电负荷比发电厂厂用电负荷小得多，站用电负荷主要有主变压器的冷却设备、蓄电池的充电设备或硅整流电源、油处理设备、照明、检修器械及供水水泵等用电

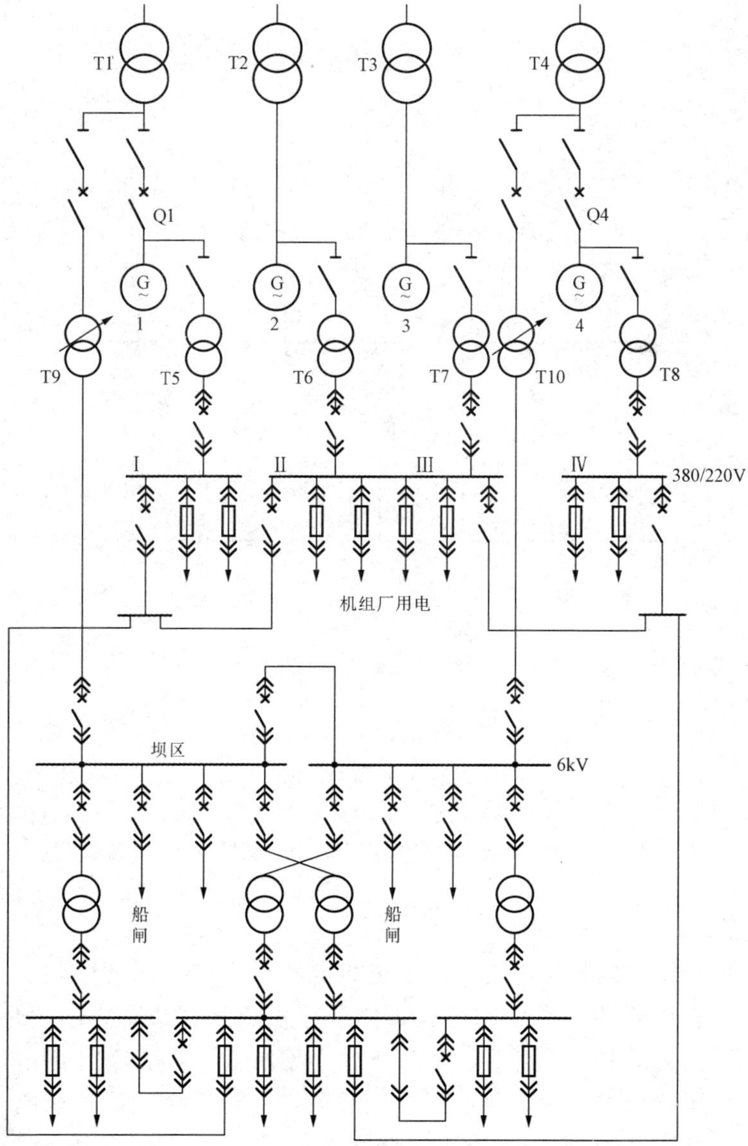

图 8-8　大型水电厂的厂用电接线

负荷。其中，重要负荷有主变压器的冷却风扇或强迫油循环冷却装置的油泵、水泵、风扇以及整流操作电源等。因此，降压变电站的站用电接线很简单，中小型降压变电站采用一台所用变压器即可，从变电站低压主母线引接，所用变压器的二次侧为 380/220V 中性点接地的三相四线制。

大容量枢纽变电站，大多装设强迫油循环冷却的主变压器和同步调相机，为保证供电可靠性，应装设两台站用变压器，分别接到变电站低压侧不同的母线段上，如图 8-9（a）所示。在中等容量变电站中，站用电重要负荷为主变压器冷却风扇，站用电停电时，由于冷却风扇停运，会使变压器负荷能力下降，但它仍能供给重要负荷用电，因此允许只装设一台站用变压器，并应能在变电站两段低压母线上切换。

在一些中小型变电站中，采用了复式整流装置代替价格昂贵、维护复杂的蓄电池组，变电站的控制信号、保护装置、断路器操作电源等均由整流装置供电。由于取消了蓄电池组这一独立电源，所以站用交流电源就显得重要了。因此，应装设两台站用变压器，而且要求将其中一台接到与电力系统有联系的高压进线端，如图 8-9（b）所示。

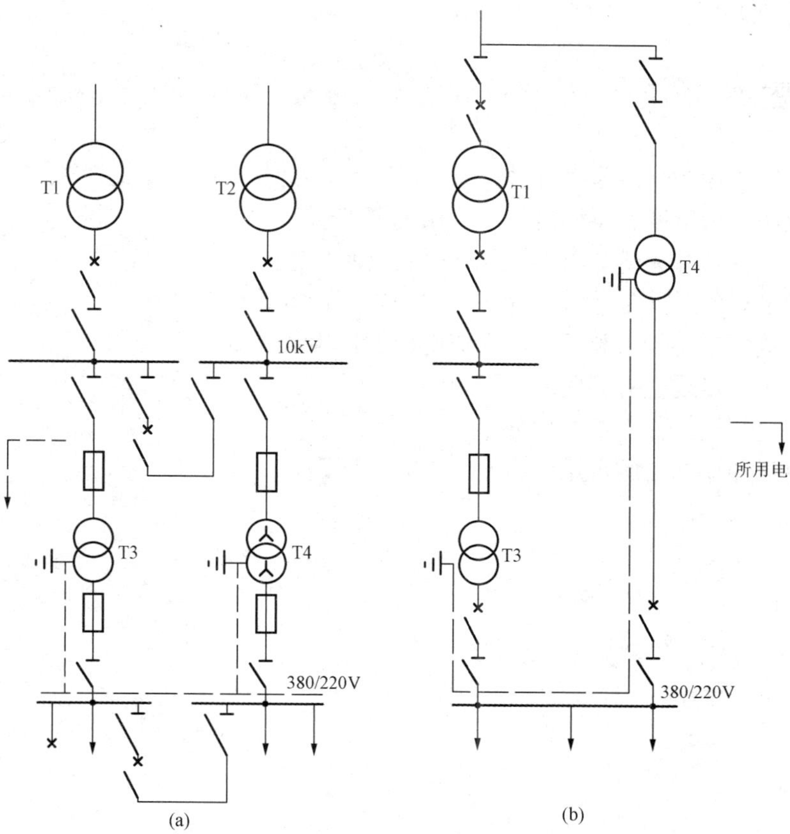

图 8-9　降压变电站自用电接线

（a）大型变电站自用电接线；（b）无蓄电池变电站自用电接线

小　结

自用电，是指发电厂和变电站本身的用电。对于发电厂，尤其是火力发电厂，其自身的用电占发电负荷很大的比重，并且是非常重要的负荷。发电厂的自用电是发电厂的重要经济指标。

火力发电厂的厂用电系统，为了保证发电设备的连续运行，其接线应采取以下措施。厂用电接线采用单母线分段，并要求按炉分段为原则；设置备用母线段，用专用备用变压器引接，采用明备用方式，并最好接在相对独立的电源处；装设备用电源自动投入装置；重要机械的电动机能参加自启动；设置事故保安电源装置。

水力发电厂的厂用机械数量相对较少，容量也较小，厂用电系统的接线比较简单。一般采用按机组分段的原则，并采用暗备用的方式。

变电站的自用电要比相同容量发电厂少得多。大型枢纽变电站一般装设两台站用变压器中小型变电站可装置一台。

不同的发电厂和变电站，自用电的接线形式也不同。应根据其类型、容量大小、电压等级、地理环境等多方面考虑自用电的接线。应采取有效的措施提高自用电的可靠性，以保证发电厂或变电站的安全稳定运行。

习　题

8-1　自用电的作用和意义是什么？

8-2　什么叫厂用电率？不同电厂的厂用电率如何？

8-3　厂用电负荷分为哪几大类？为什么要进行分类？

8-4　备用电源的意义是什么？什么是明备用？什么是暗备用？

8-5　备用电源自动投入和不间断交流电源的作用是什么？

8-6　对厂用电接线上有哪些基本要求？

8-7　厂用电接线为什么要按炉分段？

8-8　发电厂和变电站的自用电在接线上有何区别？

第九单元

配 电 装 置

配电装置是按主接线的要求，由开关设备、保护和测量电器、母线装置和必要的辅助设备组建而成，用来接受和分配电能的电工建筑物，它是发电厂、变配电站的重要组成部分。配电装置可分为屋内配电装置、屋外配电装置和成套配电装置。本单元主要介绍配电装置的安全净距和配电装置的类型、特点及其布置原则。

课题一 概 述

一、配电装置的基本要求

配电装置作为发电厂、变配电站的重要组成部分，应满足如下基本要求：

(1) 配电装置的设计和建造，应认真贯彻国家的技术经济政策和有关规程的要求，因地制宜，特别应注意节约用地，争取不占或少占地。

(2) 保证运行安全和工作可靠，按照系统和自然条件，对设备进行合理选型。布置应力求整齐、清晰。在运行中必须满足对设备和人身的安全距离，并应有防火、防爆措施。

(3) 巡视、操作和检修设备安全方便。

(4) 在保证上述条件要求下，布置紧凑，力求节约材料、减少投资。

(5) 考虑施工、安装和扩建（水电厂考虑过渡）的方便。

二、配电装置的类型及其特点

配电装置按电气设备装置地点的不同，可分为屋内和屋外型配电装置。按其组装的方式又可分为现场组装的装配式配电装置，以及预先将有关电气设备安装在柜（屏）中的成套配电装置两种。

1. 屋内配电装置的特点

(1) 由于允许安全净距小，且可以分层布置，故占地面积较小。

(2) 维修、操作、巡视在室内进行，比较方便，且不受气候影响。

(3) 外界污秽空气对电气设备影响很小，可以减轻维护工作。

(4) 需建造房屋建筑，投资较大。但35kV及以下电压等级可采用价格较低的户内型设备，减少一些设备的投资。

2. 屋外配电装置的特点

(1) 土建工程量和费用较少，建设周期短。

(2) 扩建较方便。

(3) 相邻设备之间的距离较大，便于带电作业。

(4) 占地面积大。

(5) 设备露天运行，受外界污秽影响较大，使得设备运行条件较差，所以必须加强绝缘。

（6）外界气候变化对设备维护和操作有较大影响。

3. 成套配电装置

成套配电装置的特点是结构紧凑、占地面积小、建造期短、运行可靠、维护方便，便于扩建和搬迁，但耗用钢材较多、造价较高。配电装置形式的选择，应考虑所在地区的地理情况和环境条件，因地制宜、节约用地，并结合运行及检修要求，通过技术经济比较再确定。

在发电厂和变电站中，一般35kV及以下的配电装置采用屋内型，110kV及以上的采用屋外型。但110～220kV配电装置在严重污秽地区，如海边、化工厂区或大城市中心，如技术经济合理时，也可采用屋内配电装置。目前我国生产的3～110kV各种成套配电装置在发电厂和变电站中已广泛应用，我国生产的110～220kV六氟化硫全封闭组合电器也得到了应用。

三、配电装置的安全净距

配电装置的整个结构尺寸，是综合考虑到设备外形尺寸、检修维护、搬运的安全距离、电气绝缘距离等因素决定的。对于敞露在空气中的配电装置，在各种间隔距离中，最基本的是带电部分对接地部分之间和不同相的带电部分之间的空间最小安全净距，即GBJ5—1985《高压配电装置设计技术规程》中所规定的A1和A2值。保持这一距离时，无论在正常或过电压的情况下，都不致使空气间隙击穿。

我国《高电压配电装置设计技术规程》规定的屋内、屋外配电装置的安全净距，如表9-1、表9-2所示，其中，B、C、D、E等类电气距离是在A1值的基础上再考虑一些其他实际因素决定的，其含义如图9-1、图9-2所示。

表9-1　屋内配电装置的安全净距　（mm）

符号	适用范围	额定电压（kV）									
		3	6	10	15	20	35	60	110J	110	220J
A1	1. 带电部分至接地部分之间；2. 网状和板状遮栏向上延伸线距地2.3m处，与遮栏上方带电部分之间	75	100	125	150	180	300	550	850	950	1800
A2	1. 不同相的带电部分之间；2. 断路器和隔离开关的断口两侧带电部分之间	75	100	125	150	180	300	550	900	1000	2000
B1	1. 栅状遮栏至带电部分之间；2. 交叉的不同时停电检修的无遮栏带电部分之间	825	850	875	900	930	1050	1300	1600	1700	2550
B2	网状遮栏至带电部分之间	175	200	225	250	280	400	650	950	1050	1900
C	无遮栏裸导体至地（楼）面之间	2375	2400	2425	2450	2480	2600	2850	3150	3250	4100

续表

符号	适用范围	额定电压（kV）									
		3	6	10	15	20	35	60	110J	110	220J
D	平行的不同时停电检修的无遮栏裸导体之间	1875	1900	1925	1950	1980	2100	2350	2650	2750	3600
E	通向屋外的出线套管至屋外通道的路面	4000	4000	4000	4000	4000	4000	4500	4500	5000	

注 J系指中性点直接接地系统。

表 9-2 **屋外配电装置的安全净距** （mm）

符号	适用范围	额定电压（kV）								
		3～10	15～20	35	60	110J	110	220J	330J	500J
A1	1. 带电部分至接地部分之间； 2. 网状遮栏向上延伸线距地 2.5m 处，与遮栏上方带电部分之间	200	300	400	650	900	1000	1800	2500	3800
A2	1. 不同相的带电部分之间； 2. 断路器和隔离开关的断口两侧引线带电部分之间	200	300	400	650	1000	1100	2000	2800	4300
B1	1. 设备运输时，其外廓至无遮栏带电部分之间； 2. 交叉的不同时停电检修的无遮栏带电部分之间； 3. 栅状遮栏至绝缘体和带电部分之间； 4. 带电作业时的带电部分至接地部分之间	950	1050	1150	1400	1650	1750	2550	3250	4550
B2	网状遮栏至带电部分之间	300	400	500	750	1000	1100	1900	2600	3900
C	1. 无遮栏裸导体至地面之间； 2. 无遮栏裸导体至建筑物、构筑物顶部之间	2700	2800	2900	3100	3400	3500	4300	5000	7500
D	1. 平行的不同时停电检修的无遮栏带电部分之间； 2. 带电部分与建筑物、构筑物的边沿部分之间	2200	2300	2400	2600	2900	3000	3800	4500	5800

注 J系指中性点直接接地系统。

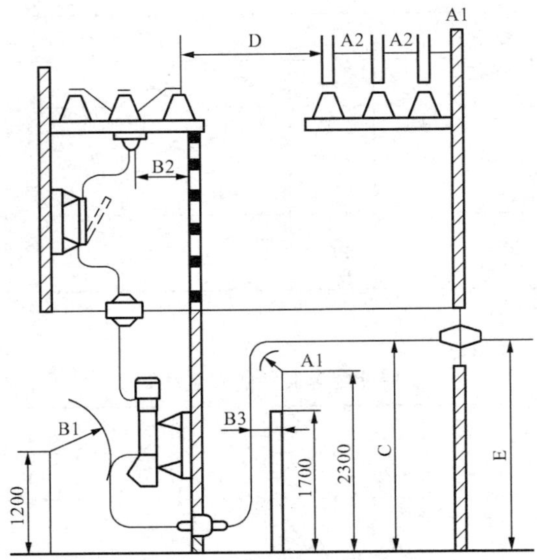

图 9-1　屋内配电装置安全净距校验图

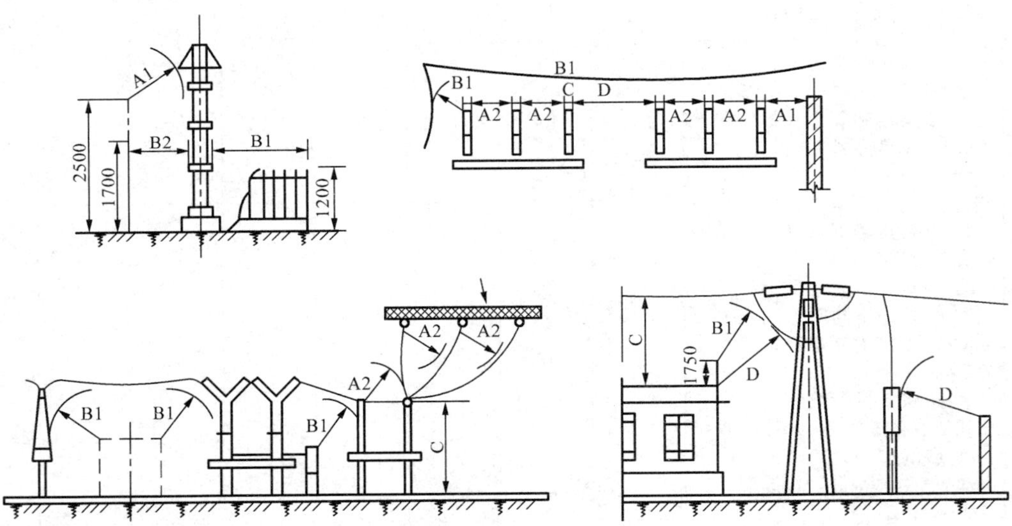

图 9-2　屋外配电装置安全净距校验图

设计配电装置，选择带电导体之间和导体对接地结构架的距离时，应考虑减少相间短路的可能性及减少电动力、软绞线在短路电动力、风摆、温度等因素作用下使相间及对地距离的减少，以及减少大电流导体附近的铁磁物质的发热。35kV 以上要考虑减少电晕损失，带电检修因素等。工程上所采用的各种实际距离，通常要大于表 9-1、表 9-1 的数据。

课题二　屋内配电装置

一、屋内配电装置概述

1. 屋内配电装置的类型及其特点

屋内配电装置的结构形式，不仅与电气主接线形式、电压等级和采用的电气设备形式等有着密切关系，还与施工、检修条件、运行经验和习惯有关。

屋内配电装置按其布置形式的不同，可分为单层、二层和三层式。

发电厂 6～10kV 屋内配电装置因多采用少油或真空断路器，体积较小，所以配电装置结构形式主要和有无出线电抗器有关。目前，无出线电抗器的配电装置多为单层式，该方式是将所有电气设备布置在一层建筑中，其占地面积大，通常采用成套开关柜，以减少占地面积。主要用在中小容量的发电厂中和发电厂的厂用配电装置中。有出线电抗器的配电装置多为二层式，二层式是将母线、母线隔离开关等较轻设备放在第二层，将电抗器、断路器等较重设备布置在底层，与单层式相比占地面积小，但造价较高。35kV 屋内配电装置多采用二层式，110kV 屋内配电装置有单层和二层式两种。三层式我国已很少采用。

2. 配电装置图

为了表示整个配电装置的结构及其中设备的布置和安装情况，通常用平面图、断面图和配置图三种图说明。平面图是按比例画出房屋及其间隔、走廊和出口等处的平面布置轮廓。平面图上的间隔只是为了确定间隔数及其排列位置，并不画出其中所装设备。断面图是表明配电装置某间隔所取断面中，各设备的相互连接及其具体布置的结构图，断面图按比例画出。配置图是一种示意图，是按一定方式根据实际情况表示配电装置的房屋走廊，间隔及设备在各间隔内布置的轮廓。它不需按比例画出，故不表明具体的设备安装情况。配置图主要是便于了解整个配电装置设备的内容和布置，以便统计采用的主要设备。

一般配置图如图 9-3所示。进行配置时，通常将同一回路的电器和导体布置在一个间隔内。从图中可以看出，屋内配电装置的间隔，按照回路用途可分为发电机、变压器、线路、母联（或分段）断路器、电压互感器和避雷器间隔。在间隔中，电器的布置尺寸，除满足表 9-1 最小安全净距外，还要考虑设备的安装和检修条件，进而确定间隔的宽度和高度。设计时可参考一些典型方案进行。

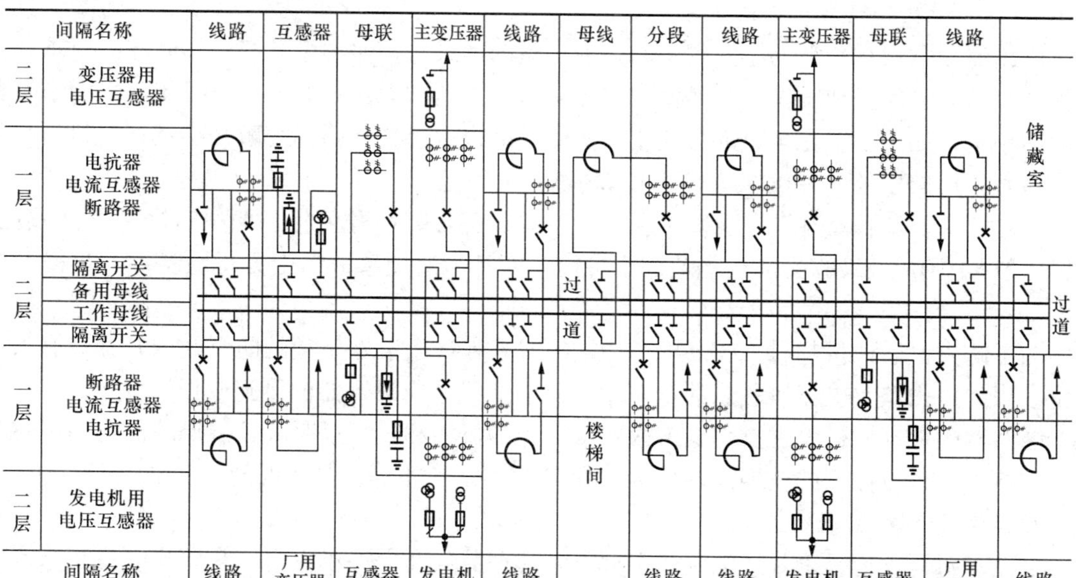

图 9-3 二层二通道双母线分段、出线带电抗器的 6～10kV 配电装置配置图

二、屋内配电装置的布置原则

1. 整体布局要求

（1）同一回路的电器设备和导体应布置在同一间隔内，间隔之间用隔墙隔开，以保证检修安全和把故障限制在本回路范围内。

（2）较重的设备（如电抗器）等应布置在底层，以减轻楼板的荷重并便于安装。

（3）尽量将电源布置在每段母线的中部，使母线截面通过较小的电流。

（4）布置应清晰，力求对称，并便于运行人员记忆和操作，整个配电装置要易于扩建。

2. 母线及母线隔离开关的布置

母线通常装在配电装置的上部。三相母线的布置一般有水平、垂直和三角形三种布置方式。水平布置不如垂直布置便于观察，但可降低房屋高度，容易安装，多在中、小容量的发电厂中应用。垂直布置时，母线支持绝缘子装在水平隔板上，绝缘子之间的跨距可以取较小值，因此母线可获得较高的机械强度。但该结构复杂，增加房屋高度，一般用于短路电流较大的配电装置中。三角形布置方式结构紧凑，可充分利用间隔的高度和深度，但三相非对称布置，外部短路时，各相母线和绝缘子受力均不相同，常用于6～35kV大、中容量的配电装置中。

母线相间距离a决定于相间电压，还应考虑短路时的电动力稳定及安装条件等。6～10kV配电装置中，母线水平布置时，a约为250～350mm；垂直布置时，a约为700～800mm；35kV母线水平布置时，a约为500mm。

双母线或分段母线布置中，应将两组或两段母线用垂直隔板分开，保证一组母线故障或检修时，不影响另一组母线的正常工作。

母线隔离开关，一般装在母线的下方。为了防止在带负荷误拉隔离开关时形成电弧短路，并延烧至母线，在3～35kV双母线布置的屋内配电装置中，母线与母线隔离开关之间宜装设耐火隔板。两层式的配电装置中，母线隔离开关宜单独布置在一个小室内。

3. 断路器及其操动机构的布置

断路器通常设在单独的小室内。断路器小室的形式，按照油量的多少及防爆的要求，可分为敞开式、封闭式和防爆式。四壁用实体墙壁、顶盖和无网眼的门完全封闭起来的小室称为封闭小室；如果小室完全或部分使用非实体的隔板或遮栏，则称为敞开小室；当封闭小室的出口直接通向屋外或专设的防爆通道，称为防爆小室。

一般35kV以下屋内断路器和油浸式互感器，宜安装在开关柜或两侧有隔板的间隔内；35kV及以上则应安装在有防爆隔墙的小室内，而且为避免事故向上方母线扩展，也需设置隔板。

为了防火，总油量超过100kg的屋内油浸设备，应安装在单独的防爆间内，并应有灭火设施。当间隔内单台电器设备总油量在100kg以上时，应设置储油设施或挡油设施。

断路器的操动机构设在操作通道内。手动操动机构和轻型远距离控制操动机构均装在间隔的前壁上，远方控制的重型操动机构（如CD3、CD3-X等）装在混凝土基础上。

4. 互感器和避雷器布置

电流互感器无论是干式或油浸式，都可和断路器放在同一小室内。穿墙式电流互感器应尽可能作为穿墙套管使用。

电压互感器都经隔离开关和熔断器（110kV及以上只用隔离开关）接到母线上，它需占用专门的间隔，但同一间隔内，可以装设几个不同用途的电压互感器。

当母线接有架空线路时，母线上应装设阀型避雷器，由于其体积小，通常与电压互感器共占一个间隔，但应以隔层隔开，并可共用一组隔离开关。

5. 电抗器布置

由于电抗器比较重，所以一般都布置在第一层的封闭小室内，并要求具有良好的通风条件。按其容量不同，电抗器有三种不同的布置方式：三相垂直、品字形和三相水平布置。通常线路电抗采用垂直或品字形布置。当电抗器的额定电流超过 1000A、电抗值超过额定值 5%～6%时，由于重量及尺寸过大，垂直布置会使小室高度增加很多，故采用品字形布置；额定电流超过 1500A 的母线分段电抗器或变压器低压侧的电抗器（或分裂电抗器），则采用水平落地布置。

安装电抗器必须注意：在垂直和品字形布置时，不能使 U、W 相电抗器叠装在一起，因为 V 相电抗器线圈的绕向与 U、W 相相反，这样在外部短路时，电抗器相间的最大作用力是吸力，而不是排斥力，以便利用瓷绝缘子抗压强度比抗拉强度大得多的特点（制造厂是按受压计算）。

6. 配电装置的通道和出口

配电装置的布置应便于设备操作，检修和搬运，故要求设维护通道、操作通道和防爆通道。凡用来维护和搬运设备的通道，为维护通道；通道内设有断路器、隔离开关的操动机构或就地控制屏的通道，为操作通道；仅与防爆小间相通的通道称为防爆通道。

屋内配电装置内各种通道的最小宽度为：维护通道 0.8～1m，操作通道 1.5～2.0m，防爆通道 1.2m。

为保证工作人员安全和工作方便，屋内配电装置设有不同数目的出口。长度小于 7m 的配电装置设一个出口，长度大于 7m 的应设有两个出口，长度大于 60m 时再增加一个出口，配电装置门应向外开，并装弹簧锁。

7. 配电装置室的采光和通风

配电装置室可以开窗采光和通风，但应采取防止雨雪、风沙、污秽和小动物进入室内的措施。配电装置室应按事故排烟要求，装设足够的事故通风装置。

三、屋内配电装置实例

1. 二层式配电装置

图 9-4 为双母线出线带电抗器的 6～10kV 二层二通道式配电装置布置图。

母线和母线隔离开关布置在第二层，两组母线用墙隔开，三相母线垂直排列，相间距离为 0.75m。母线隔离开关装在母线下面的敞开式小室内，用防火隔板与母线隔开，以防止事故蔓延。第二层有两个维护通道，并用网状遮栏与母线隔离开关小室分开，以便于巡视。

断路器和电抗器等较重设备布置在第一层，呈双列布置。中间为操作通道，断路器和隔离开关的操动机构集中在操作通道内，操作较方便。出线电抗器垂直布置在电抗器小室内，为了改善冷却条件，在电抗器小室地板下面设有通风道，引入冷空气，热空气自电抗器室上部的百叶窗排出室外。出线回路的电流互感器采用穿墙式，兼作穿墙套管。变压器回路采用架空引入，出线采用电缆经电缆隧道引出。

为了能在操作通道上观察到第二层母线隔离开关的工作状态，在母线隔离开关下方的楼板上开有较大的“观察孔”。但发生故障时，两层会相互影响。

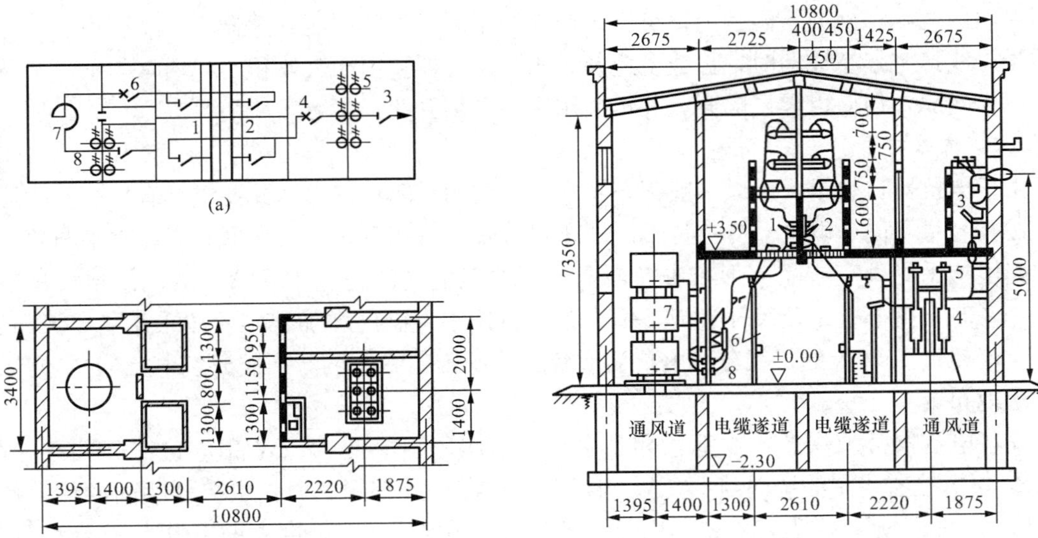

图 9-4　二层二通道、双母线、电缆出线带电抗器的 6～10kV 屋内配电装置（单位：mm）

（a）配置图；（b）平面图；（c）断面图

1、2、3—隔离开关；4—少油断路器（SN 10-10）；5、8—电流互感器；

6—少油断路器（SN4-10G）；7—电抗器

二层二通道式配电装置，操作地点集中，巡视路线短；断路器都布置在第一层，对于检修、运行、维护都比较方便。

2. 单层式配电装置

图 9-5 为变电站 110kV 单层式屋内配电装置。

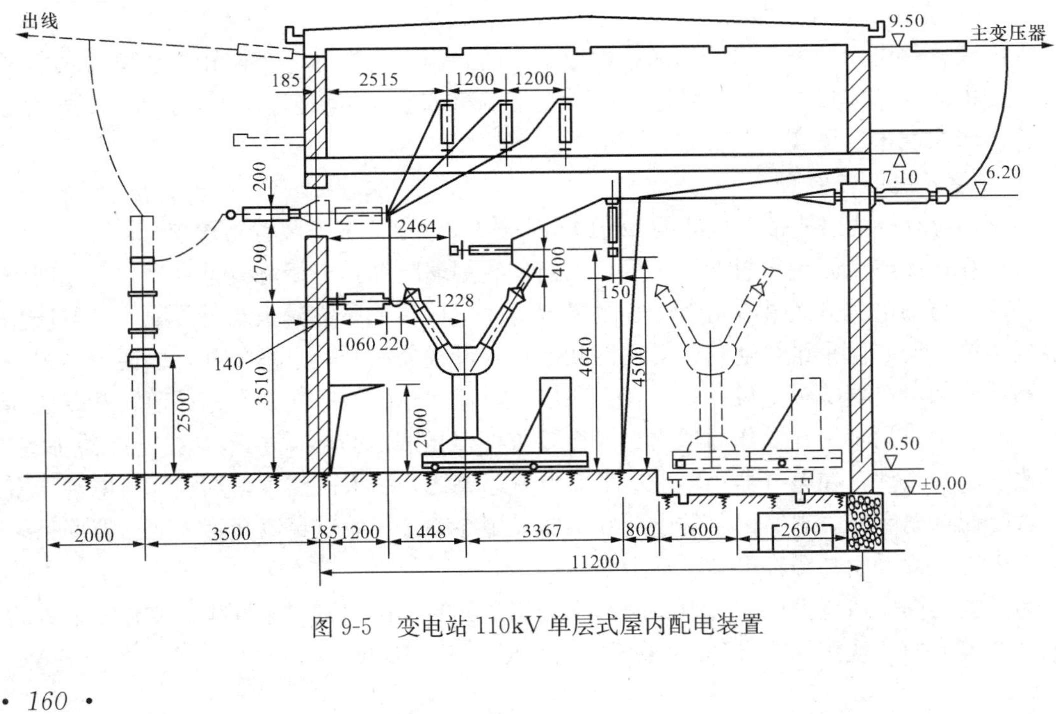

图 9-5　变电站 110kV 单层式屋内配电装置

母线采用管形铝母线，三相水平布置在上侧，与少油断路器重叠布置。断路器采用手车式少油断路器。屋内靠出线外墙侧有一维护通道。靠进线侧有操作通道，在该通道上敷设两条钢轨，以便检修断路器时可将断路器拉出，换上备用断路器。间隔宽度为 6m，跨距为 11.2m，利用人工采光。单列布置通道较长，维护巡视不方便。

课题三 屋外配电装置

一、屋外配电装置的类型及其特点

根据电气设备和母线布置的高度和重叠情况，屋外配电装置可分为中型、半高型和高型三种。

中型配电装置的所有电气设备基本处于同一水平面上，并安装在一定高度的设备支架上，以保持带电部分与地之间必要的高度。母线则布置在比电气设备略高的水平面上，母线和各种电器设备均不能上、下重叠布置。所以无论施工、运行和检修都比较方便、可靠，但是占地面积过大。

高型和半高型屋外配电装置是将母线布置抬高，母线和电器设备布置在几个不同高度的水平面上，并上、下重叠。凡两组母线及母线隔离开关上下重叠布置就称为高型配电装置。若仅将母线与断路器、电流互感器等设备上、下重叠布置则为半高型配电装置。高型配电装置可节省占地面积 50%左右，但耗用钢材多，投资增大，操作和维护条件较差。半高型配电装置介于中型和高型之间，其占地面积比普通中型减少 30%。由于高型和半高型配电装置可大量节省占地面积，所以在 110kV 和 220kV 系统中得到了较广泛的应用。

二、屋外配电装置的布置原则

1. 母线及构架的布置

屋外配电装置的母线有软母线和硬母线两种。软母线多采用钢芯铝绞线和分裂导线，三相母线水平布置，用悬式绝缘子串挂在母线构架上。由于软导线需考虑弧垂和风吹时的摆动，其相间及对地距离较大。硬母线常用的有矩形和管形两种，固定在支柱绝缘子上，前者用于 35kV 及以下的配电装置中，后者用于 110kV 及以上的配电装置中。由于硬母线没有弧垂和拉力且不会左右摇摆，所以硬母线相间及对地距离较小。管母与剪刀式隔离开关配合，可节省占地面积，但抗震能力较差。

屋外配电装置的构架，一般由型钢或钢筋混凝土制成。钢筋混凝土构架可节约大量钢材、经久耐用、维护简单，是我国配电装置构架的主要形式。以钢筋混凝土环形杆和镀锌钢梁组成的构架，兼顾了以上两者的优点，所以在我国 220kV 及以下的屋外配电装置中得到广泛的应用。

2. 电力变压器的布置

变压器外壳不带电，故落地布置在铺有铁轨的双梁形钢筋混凝土基础上，轨距与变压器的中心距相等。对单个油箱的油量超过 1000kg 的变压器，为防止变压器事故时燃油流散扩大事故，在变压器下面应设置储油池，且其尺寸应比设备外廓大 1m，并在储油池内铺设厚度不小于 0.25m 的卵石层。

主变压器与建筑物的距离不应小于 1.25m，且在距变压器 5m 以内的建筑物上，在主变压器总高度以下及外轮廓两侧各 3m 范围内，不应有门窗。两台油重均超过 2500kg 的变压器布置在一起时，其间净距不小于 5～10m 或设防火隔墙。

3. 电气设备的布置

按照断路器在配电装置中所占据的位置，可分为单列布置和双列布置。其排列方式必须根据主接线、场地地形条件、总体布置和出线方向等多种因素合理地选择。

断路器有低式和高式两种布置。低式布置的断路器安装在 0.5～1m 的混凝土基础上，使检修较方便，抗震性好，但需设围栏，以免影响道路的畅通。中型配电装置的断路器一般采用高式布置，即安装在约 2m 高的混凝土基础上。

隔离开关和电流、电压互感器均采用高式布置，其要求与断路器相同。

避雷器也有高式和低式两种布置。110kV 及以上的阀型避雷器由于器身细长，多落地安装在 0.4m 的基础上，四周加围栏。磁吹避雷器及 35kV 阀型避雷器形体矮小，稳定度较好，一般采用高式布置。

4. 电缆沟和通道

屋外配电装置中电缆沟的布置，应使电缆所走的路径最短。有纵向和横向两种布置方向。横向电缆沟一般布置在断路器和隔离开关之间。纵向电缆沟为主干电缆沟，大型变电站因电缆数量较多，一般分为两路。

为了运输设备和消防需要，应在主要设备附近铺设行车道路。大型、中型变电站内一般应铺设 3m 宽环形道路，还设置 0.8～1m 宽的巡视小道。

三、屋外配电装置实例

普通中型屋外配电装置是我国较多采用的一种类型，但由于占地面积过大，近年来逐步限制了它的使用范围。随着配电装置电压的增高，出现了分相中型、高型和半高型配电装置，并得到了广泛的应用。

1. 中型配电装置

中型配电装置按照隔离开关的布置方式，分为普通中型和中型分相两种。

(1) 普通中型配电装置。图 9-6 所示为 220kV 双母线进出线带旁路、合并母线架、断路器单列布置的配电装置。

采用 GW4-220 型隔离开关和少油断路器，除避雷器外，所有电器都布置在 2～2.5m 高的基础上。主母线及旁路母线的边相距隔离开关较远，故在引下线设支持绝缘子 15。本方案将两组主母线、电压互感器和专用旁路断路器合并在一间隔内，以节约占地面积。搬运设备的环形道路，设在断路器和母线架之间，检修和搬运设备比较方便，道路还可兼作断路器的检修场地。采用钢筋混凝土环形杆三角钢梁，母线架 17 与中央门型架 13 合并，使结构简化。

普通中型的优点是布置比较清晰，不易误操作，运行可靠，施工和维修较方便，构架高度较低，造价低。但其最大的缺点是占地面积较大。

(2) 中型分相布置。将隔离开关分相直接布置在母线的正下方，这种方式就是分相布置。图 9-7 为 500kV、3/2 断路器三列布置的进出线断面图。

本方案断路器采用三列布置，所有出线都从第一、二列断路器之间引出，所有进线均从第二、三列断路器间引出，布置清晰，占地面积小。当只有两台变压器时，应将其中一台主变压器与出线交叉布置，以提高接线的可靠性。为了不使交叉引线多占间隔，可与母线电压互感器及避雷器共占二个间隔，以提高场地利用率。

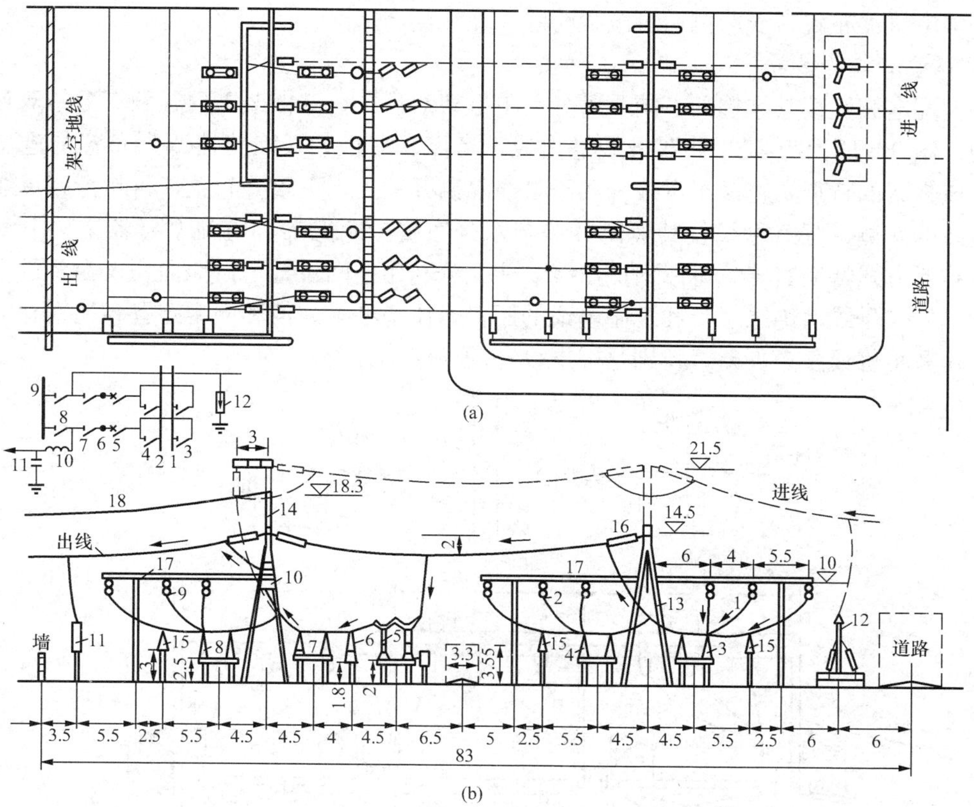

图 9-6　220kV 双母线进出线带旁路、合并母线架、断路器单列布置的中型配电装置（尺寸单位：m）

(a) 平面图；(b) 断面图

1、2、9—母线Ⅰ、Ⅱ和旁路母线；3、4、7、8—隔离开关；5—少油断路器；6—电流互感器；10—阻波器；11—耦合电容器；12—避雷器；13—中央门形架；14—出线门形架；15—支持绝缘子；16—悬式绝缘子；17—母线构架；18—架空地线

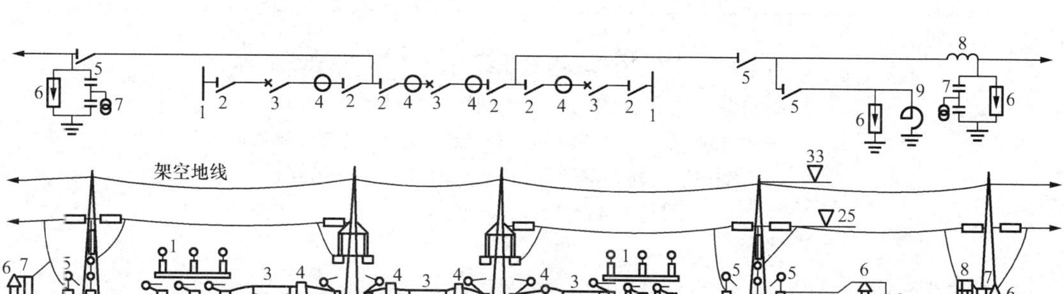

图 9-7　500kV、3/2 断路器接线、断路器三列布置的进出线断面图（尺寸单位：m）

1—管形硬母线；2—单柱式隔离开关；3—断路器；4—电流互感器；5—双柱伸缩式隔离开关；6—避雷器；7—电容式电压互感器；8—阻波器；9—高压并联电抗器

采用管形硬母线及伸缩式隔离开关，可降低构架高度，减小母线相间距离，节约占地面积。并联电抗器布置在线路侧，可减少跨线。

2. 高型配电装置

高型配电装置按其结构的不同，可分为单框架双列式、双框架单列式和三框架双列式三种类型。图 9-8 所示为 220kV 双母线进出线带旁路、三框架、断路器双列布置的进出线断面图。该方案的特点是将两组母线和两组母线隔离开关上、下重叠布置，再将旁路母线布置在主母线的两侧，旁路母线及其隔离开关与双列布置的断路器和电流互感器上、下重叠布置。该布置方式特别紧凑，可以两侧出线，能充分利用空间位置，占地面积仅为普通中型的 50%。此外，母线、绝缘子串和控制电缆的用量也比中型少。但和中型布置相比钢材消耗量多，操作和检修设备条件差，特别是上层设备的检修不方便。

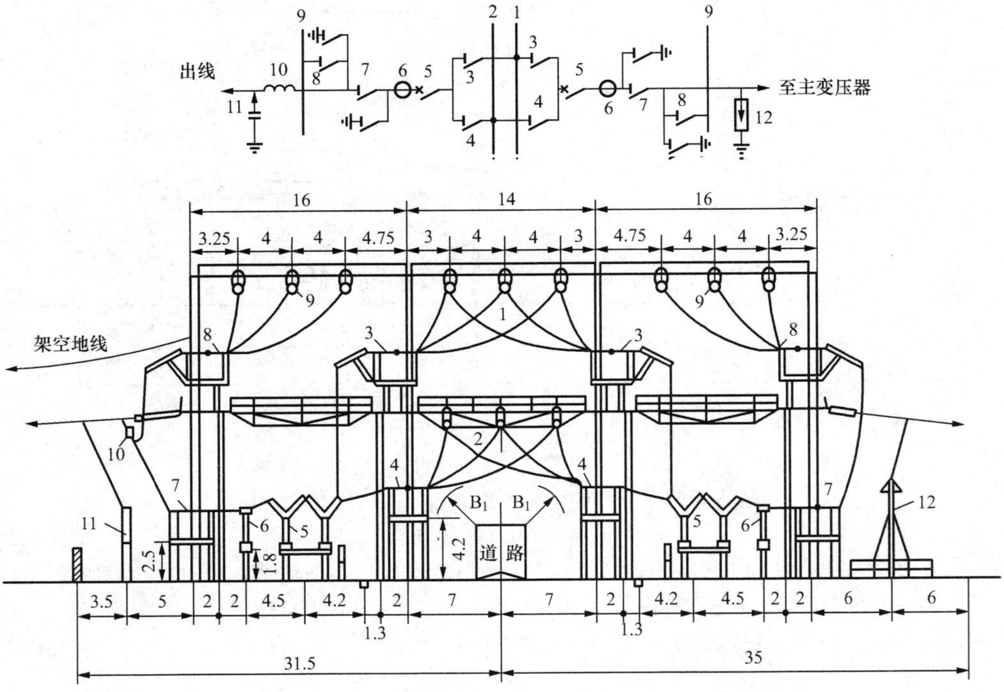

图 9-8　220kV 双母线进出线带旁路、三框架、断路器双列布置的进出线断面图（尺寸单位：m）

1、2—主母线；3、4—隔离开关；5—断路器；6—电流互感器；7、8—带接地开关的隔离开关；9—旁路母线；10—阻波器；11—耦合电容；12—避雷器

3. 半高型配电装置

图 9-9 所示为 110kV 单母线、进出线带旁路、半高型布置的进出线断面图。该方案的特点是将旁路母线架抬高为 12.5m，与出线断路器、电流互感器重叠布置，而主母线及其他电器与普通中型相同，这种布置既保留了中型配电装置在运行、维护和检修方便等方面的大部分优点，又使占地面积比中型布置节约约 30%。

由于旁路母线与主母线采用不等高布置，实现进出线均带旁路很方便。

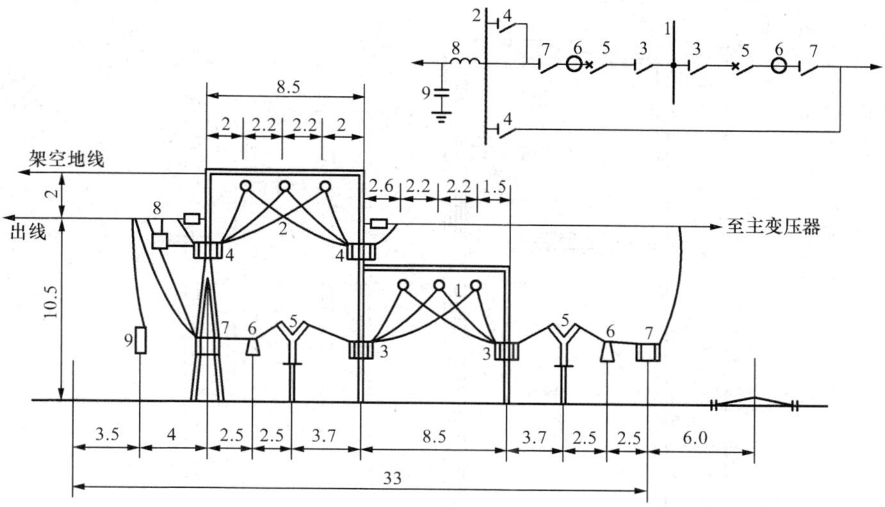

图 9-9　110kV 单母线、进出线带旁路、半高型布置的进出线断面图（尺寸单位：m）

1—主母线；2—旁路母线；3、4、7—隔离开关；5—断路器；6—电流互感器；8—阻波器；9—耦合电容器

课题四　成套配电装置

成套配电装置是制造厂成套制造的配电装置。它是将电气主电路中同一个回路内的所有设备（如开关电器、测量仪表、保护电器和辅助设备等）都集中装配在全封闭或半封闭的金属柜内。设计配电装置时，可根据主接线要求选择制造厂提供的各种不同电路的开关柜或标准元件，组成一套相应的配电装置。

成套配电装置分为低压配电装置、高压开关柜和六氟化硫全封闭组合电器三类。

成套配电装置大多为屋内式。该装置虽然投资大，但可靠性高，运行维护方便，安装工作量小，所以被广泛使用。

一、低压成套配电装置

低压成套配电装置是指电压为 1000V 及以下的屋内成套配电装置，有固定式低压配电屏和抽屉式低压开关柜两种。

固定式低压配电屏主要为离墙安装。图 9-10 所示为 PGL 系列低压配电屏。配电屏的钢架用角钢焊成，用薄钢板做正面面板。面板上部装有测量仪表，中部设有闸刀开关的操作手柄，屏面下部为两扇向外开启的门，内有继电器和二次线端子排。母线布置在屏顶，闸刀开关、熔断器、低压断路器和电流、电压互感器都装在屏后，后上部装有电能表。

固定式低压配电屏结构简单，价格便宜，并可从双面进行维护，检修方便，在发电厂和变电站中作低压厂（站）用配电装置。

抽屉式低压开关柜，为封闭式结构，具有密封性好，可靠性高的优点。由薄钢板和角钢焊接而成，主要低压设备均装在抽屉内或手车上，回路故障时，可立即换上备用抽屉或手车，迅速恢复供电，既提高了供电可靠性，又便于对故障设备进行检修。抽屉式开关柜布置紧凑，可节约占地面积，但结构较复杂，钢材消耗较多，价格比较高。它将逐步取代固定式低压配电屏。

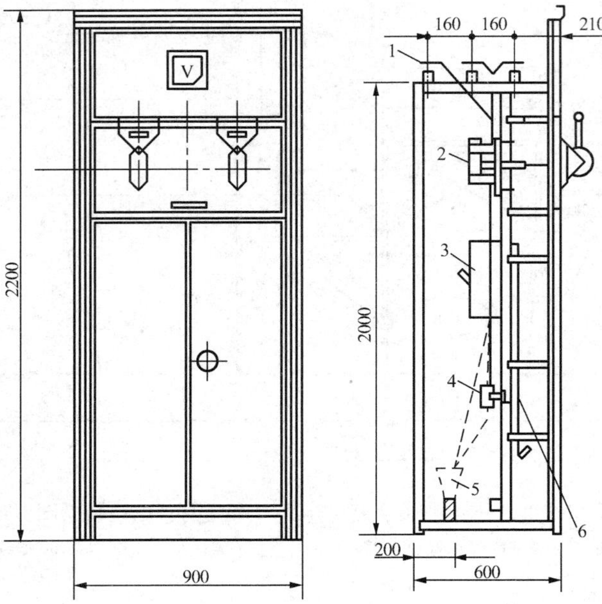

图 9-10　PGL-1 低压配电屏结构示意图

1—母线及绝缘框；2—闸刀开关；3—低压断路器；
4—电流互感器；5—电缆头；6—继电器

二、高压开关柜

（一）开关柜的特点及分类

高压开关柜是以开关为主体，将其他各种电器元件按一定主接线要求组装为一体的成套电气设备。除一次电器元件外，高压开关柜还包括控制、测量、保护和调整等方面的元件和电气连接、附件、外壳等，有机组合在一起即构成高压开关柜（以下简称为开关柜）。

开关柜由于从电力系统实际出发，考虑了性能参数的合理配合及电器元件的合理布局，因而具有占地面积小、安装与使用方便、运行安全可靠、适合于工厂大批量生产等特点。目前在 10kV 及以下系统大多以开关柜的形式供货，35kV 系统也已开始大量采用开关柜。

1. 开关柜的发展趋势及特点

自 20 世纪 80 年代以来，我国开关柜的面貌有了巨大的变化，出现了自行设计或引进消化的几十种型号的铠装式、箱式开关柜，有通用单层、双层开关柜系列，也有 F-C 柜和环网柜等专用柜。其主要特点为：

（1）采用了性能良好的元件和原材料。现在的开关柜中采用了新型真空断路器，如 ZN28、ZN12 等，六氟化硫断路器，各种型号负荷开关和接触器等主开关，其开断性能参数有了很大的提高。新型隔离开关和接地开关，可满足不同形式柜体的要求。采用了与主开关特性配合较好的操动机构，可靠性大幅提高，尺寸缩小。同时开关柜上还包括带电显示装置、电缆附件及新的辅助开关等新一代附件。

（2）较好地符合开关柜的国标及国际标准。现在的开关柜防护等级一般较高，安全等级一般为铠装式，目前也有少数箱式或间隔式。环网柜则较多采用箱式结构。

开关柜的绝缘水平除满足国标外，一般均能达到工频耐压要求，10kV 线路的绝缘距离不小于125mm净空气间隙，组合绝缘中空气间隙不小于60mm。连锁要求（俗称五防）通过机械机构实现主开关、隔离装置、接地装置及前门、后门之间的正确操作程序。

2. 开关柜的分类

开关柜按绝缘方式可分为充气（六氟化硫）柜和空气绝缘柜两大类。充六氟化硫气体环网柜于1993年由多家厂所联合研制完成，目前在国内已有所应用，但充气柜内装断路器尚在起步阶段，且充气柜对密封性要求较高，现在国内尚未大量推广。空气绝缘开关柜目前还是开关柜的主流产品。

空气绝缘开关柜（以下简称开关柜）按结构可分为固定式和手车式两种。固定柜的优点是结构简单、工艺要求低、价格便宜，主回路接线固定。其缺点是尺寸偏大、检修开关的工作条件差、时间长。因此，固定柜的新型设计如XGN2、GGX2等柜体尺寸已大为缩小，也便于检修。相比较而言，GGIA柜母线外露易短路，不符合国标及国际标准，体积偏大，且连锁不如机械锁方便、可靠，目前已基本淘汰。手车柜目前大体上可分为铠装式和间隔式两种。

（1）铠装式。铠装式按手车的位置可分为落地式和中置式两种。落地式的主要特点是落地手车易于兼容少油、六氟化硫、真空断路器，配置电磁或弹簧操动机构。制造工艺较中置式要求低，手车进出和停放方便，便于维修。目前10kV落地式铠装式手车柜有多种型号，如KYN1、KYN3、KYN4、KYN8等多种型号，在结构上也有众多差别，如母线采用三角、垂直、水平排列，手车插头有圆形和扁形，电流互感器单独安装或与接头组合，关门操作或是打开门操作等。多数产品有单独的门，有的产品则手车面板与门合一等。35kV级则主要是落地式铠装柜，采用环氧涂覆母线等复合绝缘，其产品代表有KYN10、KYN34等。

中置式开关柜是在真空、六氟化硫断路器小型化后设计出的产品。手车小型化后，有利于手车的互换性和经济性，提高了电缆终端的高度，符合用户的要求；同时也使柜体尺寸（宽度）大为缩小；可实现单面维护。总的来讲，中置柜的使用性能有所提高，近几年来国内外推出的新柜型以中置式居多，代表产品有KYN28A-12等。

（2）间隔式。间隔式的代表产品如JYN1-35及JYN2、JYN6-12等。间隔式比铠装式造价低，深度尺寸小，可简化触头和活门结构。但从开关柜的造价比例看，间隔型节省部分不多，而安全等级要比铠装式低得多。这也是近几年来铠装柜多而间隔柜少的主要原因。

（二）开关柜的型号含义及结构

1. 开关柜的型号含义

开关柜的型号及其含义如下所示。

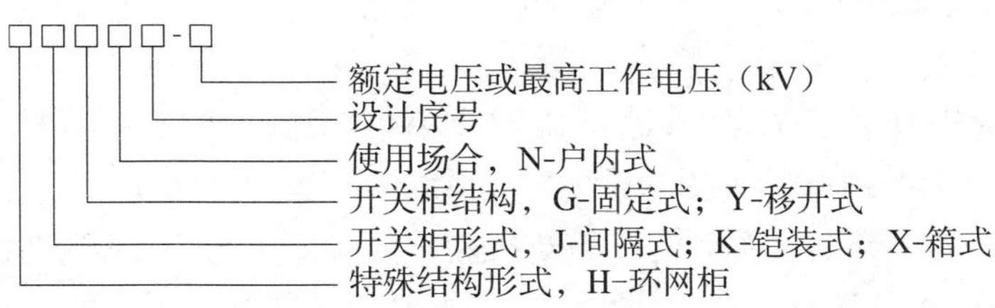

2. JYN2-12型金属封闭移开式开关柜

JYN2-12型开关柜适用于三相交流50Hz、额定电压3～10kV，额定电流3000A的单母线系统中，作为接受和分配电能用。

图9-11所示为JYN2-12型手车柜内部结构及安装尺寸。开关柜柜体用钢板弯制焊接而

成，柜的整体由固定的壳体和装有滚轮可移动的落地手车两部分组成，电缆室用盖板封口，防止小动物进入，故称为全封闭手车式开关柜。该开关柜具有防误操作装置。

开关柜壳体用钢板分隔成手车室、母线室、电缆室和继电仪表室四部分。柜体前上部分是继电仪表室，下门内是手车室及断路器的排气通道，一次隔离触头采用触头盒且装有活门，二次插头为手插式。柜的后上部是主母线室，下部是电缆室，后门封板上有观测窗。下封板与接地开关有连锁，上封板下面装有电压显示装置，当母线带电时灯亮，不能拆卸上封板。

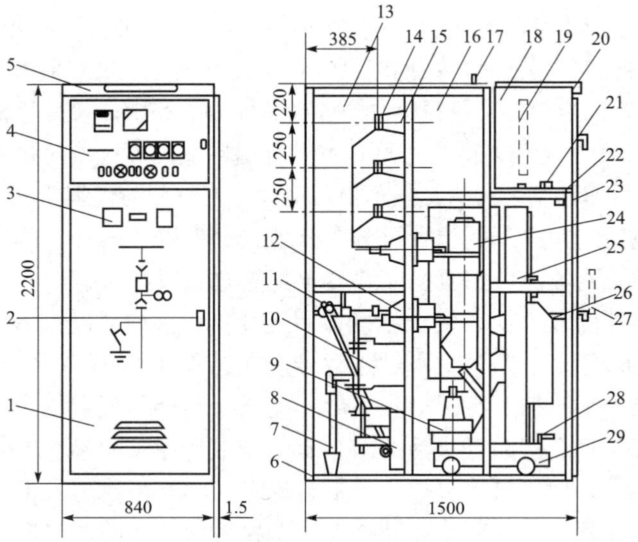

图 9-11　JYN2-12 型手车柜内部结构及安装尺寸（mm）

1—手车室门；2—门锁；3—观察窗；4—仪表板；5—用途标牌；6—接地母线；7—一次电缆；8—接地开关；9—电压互感器；10—电流互感器；11—电缆室；12—一次触头隔离罩；13—母线室；14—一次母线；15—支持绝缘子；16—排气通道；17—吊环；18—继电仪表室；19—继电器屏；20—小母线室；21—端子排；22—减震器；23—二次插头座；24—油（或真空）断路器；25—断路器手车；26—手车室；27—接地开关操作棒；28—脚踏锁定跳闸机构；29—手车推进机构扣攀

手车用钢板焊接而成，上部有观测窗及照明灯，底部装有滚轮能沿水平方向移动，还装有接地触头导向装置、脚踏锁定跳闸机构及手车杠杆推进机构和扣攀。手车拉出后用附加转向小轮使手车灵活转向移动。手车分断路器车、电压互感器车、电压互感器避雷器车、电容器避雷器车、所用变压器车、隔离手车及接地手车七种。

3. KYN1-12 型高压开关柜

KYN1-12 型为铠装移开式金属封闭高压开关柜，适用于交流 50Hz、额定电压 3～10kV、额定电流 3150A 的单母线及单母线分段系统中，作为接受和分配电能用。

KYN1-12 型开关柜为全国联合设计的新产品，具有安全可靠、维护方便等特点。开关柜的柜体用钢板弯制焊接而成，全封闭型结构，主要由继电器室、手车室、母线室和电缆室四个部分组成。各部分用钢板分隔、螺栓连接，具有架空进出线、电缆进出线及左右联络的功能，外形及内部结构安装尺寸如图 9-12 所示。

手车是由角钢和钢板焊接而成，分为断路器手车、电压互感器避雷器手车、电容器避雷器手车、所用变压器手车、隔离手车及接地手车等。断路器根据需要可配少油或真空断路器。相间采用绝缘隔板，电磁操动机构采用 CD10，弹簧机构采用 CT8。手车上的面板就是柜门，门上部有观测窗及照明灯。门正中的模拟母线旁有手车位置指示旋钮，同时具有把手车锁定在工作位置、试验位置及断开位置的功能。手车底部装有接地触头及五个轮子，其中四个滚轮能沿手车柜内的导轨进出，当抽出柜后，另一附加转向小轮能使手车灵活转动。手车在试验位置可使用推进机构使手车均匀插入或抽出。该产品还具有同类型的手车可互换及防止不同类型“手车”误入其他柜内的措施。

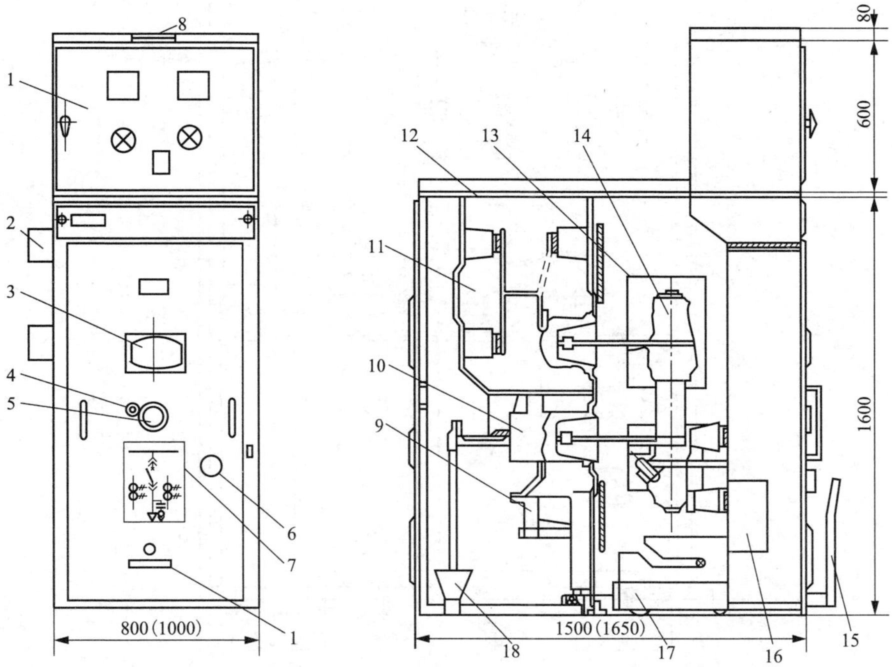

图 9-12　KYN1-12 型开关柜结构及安装尺寸（mm）

1—仪表室；2—套管；3—观测窗；4—推进机构；5—手车位置指示及位置旋钮；6—紧急分闸旋钮；7—模拟母线牌；8—标牌；9—接地开关；10—电流互感器；11—母线室；12—排气窗；13—绝缘隔板；14—断路器；15—接地开关手柄；16—电磁式弹簧机构；17—手车；18—电缆头

继电仪表室底部用四组减震器与柜体连成一体，前门可装设仪表、信号灯、信号继电器、操作开关等。二次电缆沿手车室左侧壁自底部引至仪表继电器室。

柜体顶部装有泄压孔，手车室、母线室及电缆室均装有泄压活门，在发生内部闪络时可及时打开，泄放内部压力和隔开带电间隔。柜体的前后柜之间用钢板及活门隔离，柜内可装电流互感器、接地开关、电压互感器等元件。各段母线室用金属板隔开，后门用螺栓紧固。断路器与接地开关装有机械连锁，只有断路器分闸，手车抽出后，接地开关才能合闸。手车在工作位置时，接地开关不能合闸，防止带电挂接地线。接地开关接地后，手车只能推进到试验位置，能有效防止带地线合闸。

4．KYN28A-12 型金属封闭铠装中置式开关柜

KYN28A-12 型金属封闭铠装中置式开关柜，用于交流 50Hz、额定电压 3～10kV 的单母线或单母线分段系统中，作为接受和分配电能的成套电气设备。开关柜由柜体和中置式可抽出部件（即手车）两大部分组成。柜体的外壳及各功能单元的隔板均用铝锌复合钢板经数

控机床加工和折弯之后拴接而成。其内部可分为手车室、母线室、电缆终端室及二次测量继保室四个部分，其内部结构及安装尺寸如图 9-13 所示。

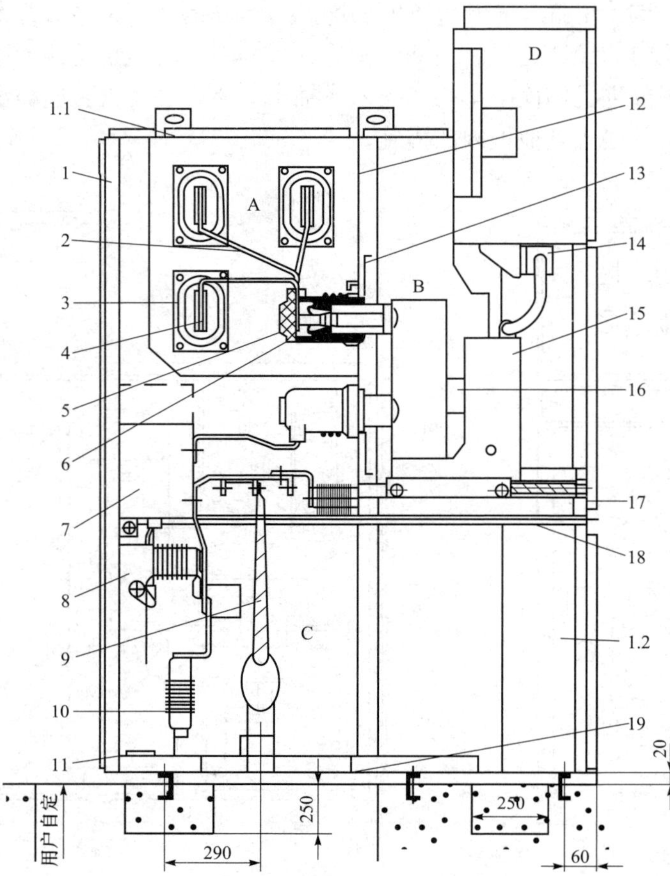

图 9-13　KYN28A-12 型开关柜内部结构及安装尺寸（mm）

A—母线室；B—断路器手车室；C—电缆室；D—继电器仪表室；1.1—泄压装置；1.2—控制小线槽
1—外壳；2—分支小母线；3—母线套管；4—主母线；5—静触头装置；6—静触头盒；7—电流互感器；8—接地开关；9—电缆；10—避雷器；11—接地主母线；12—装卸式隔板；13—隔板（活门）14—二次插头；15—断路器手车；16—加热装置；17—可抽出式水平隔板；18—接地开关操动机构；19—底板

中置式开关柜由于母线排列的方式不同（有三角、垂直一字形等）、出线电缆室中电缆头的前后位置不同、选用开关不同及手车插接方式不同，可分多种。但基本的结构和构造相仿，其特点是采用中置式手车取代旧式落地手车，实现真正意义上的手车互换。

手车骨架也采用薄钢板加工而成，根据用途不同手车分断路器手车、电压互感器手车、计量手车、隔离手车。同规格手车可完全自由互换。手车在柜体内有断开位置、试验位置和工作位置，每一位置都分别有定位装置，为保证连锁可靠必须按连锁防误操作程序进行操作。各种手车均采用丝杠、螺母推进、退出，其操作轻便、灵活。

开关柜中主要电气元件都设有独立隔室。除继电器外，其他三隔室都设有泄压通道。由于采用中置式结构，电缆室位置大大增加，因此设备可接多路电缆。

断路器隔室两侧安装了轨道，供手头装置在其上移动和定位。当手车抽出或手车在试验位置时，静触头的隔板（活门）则自动闭合，完全盖住静触头盒，形成有效隔离，从而保证检修人员不触及带电体。在断路器室门关闭时，也可对手车进行操作，通过上门观测窗，可观察隔室内手车所处位置，合闸、分闸显示，储能状况。

母线隔室中主母线是单台拼接相互贯穿连接的，通过支母线与静触头盒固定，主母线、支母线均为矩形铜排。用于大电流负荷时采用双根母线拼成。支母线通过螺栓连接于静触头盒和主母线上，不需要其他支撑。

由于采用中置式结构，电缆室内空间较大，电流互感器、接地开关装在电缆室后壁上，避雷器安装在隔室后下部。维护时将手车和可抽出式水平板移开后，就可从正面进入柜内安装和维护。

该开关柜内装有安全可靠的连锁装置，完全满足“五防”要求。仪表室门上装有提示性按钮或者 KK 型转换开关，以防止误合、分断路器。断路器手车在试验或工作位置时，断路器才能进行合分操作，而且在断路器合闸后，手车无法移动，防止带负荷误推动断路器。只有当接地开关分闸后，手车才能被插入到工作位置，防止带接地线合断路器。只有当手车在试验位置或手车抽出后，接地开关才能合闸。断路器手车在工作位置是二次插头被锁定不能拔出。各柜体可装电气连锁，还可在接地开关操动机构上加装电磁锁以提高可靠性。

课题五 箱 式 变 电 站

在配电系统中，由于以变电站为中心的供电线路半径过大，线路损耗随着用电负荷的增加而大大增加，同时供电质量也大大降低。要减少线路损耗，保证供电质量，就得提高供电电压。为此，国家在城乡供电网络建设中，要求高压直接接入负荷中心。资料表明，将供电电压由 400V 提高至 10kV，可减少线路损耗 60%，减少总投资和用铜量 52%，其经济效益相当可观，而要实现高压深入负荷中心，箱式变电站是最经济、方便、有效地配电设备。

箱式变电站（又称预装式变电站）是一种将高压开关设备、配电变压器和低压开关设备、电能计量设备、无功补偿设备等，按一定接线方案组成一体的工厂预制的户内、户外紧凑式配电设备，即将高压受电、变压器降压、低压配电等功能有机地组合在一起，安装在一个防潮、防锈、防尘、防鼠、防火、防盗、隔热、全封闭、可移动的箱体内，机电一体化，全封闭运行。箱式变电站具有成套性强、结构紧凑，占地面积小、通用性及互换性强、能深入负荷中心、提高供电质量、缩短送电周期、选址灵活、对环境适应性强、安装方便、运行安全可靠、维护工作量小及投资少、可实现无人值守、效益高且外形美观，易与环境协调等一系列优点，广泛应用于城市公共配电、高层建筑、住宅小区、矿山、油田、工厂企业、风力发电站及施工场所等，已经成为我国变配电设备的主流产品之一。

一、箱式变电站分类

箱式变电站有多种分类方法，如按产品结构可分为组合式和一体式变电站，按安装场所分户内和屋外，按高压接线方式分为终端接线、双电源接线和环网接线，按箱体结构分为整体和分体，按箱体材料分金属材料型（普通钢板、铝合金式、热镀锌钢板、彩色复合钢板式）和非金属材料［水泥预制板、玻璃纤维增强塑料（水泥）板］等。

组合式变电站是将高压开关设备为一室称为高压室，变压器为一室称为变压器室，低压配电装置为一室称为低压室。这三个室组成的变电站可有两种布置，即“目”字形布置和“品”字形布置，如图 9-14 所示“目”字型与“品”字型相比，“目”字型接线较为方便，故大多数采用“目”字型布置；但“品”字型结构较为紧凑，特别是当变压器室排布多台变压器时，“品”字型布置较为有利，而且“品”字型布置时，变压器室一般放在后部，变压器可以很容易的从箱体内拉出来或从上部吊出来，方便用户维修、更换和增容。组合式变电站的变压器放在外壳内，其有利的因素是可以防止阳光直接照射变压器而产生的温升，同时也可以有效地防止外力碰撞、冲击及发生触摸感电事故，其不利因素是对变压器的散热提出更高的要求。

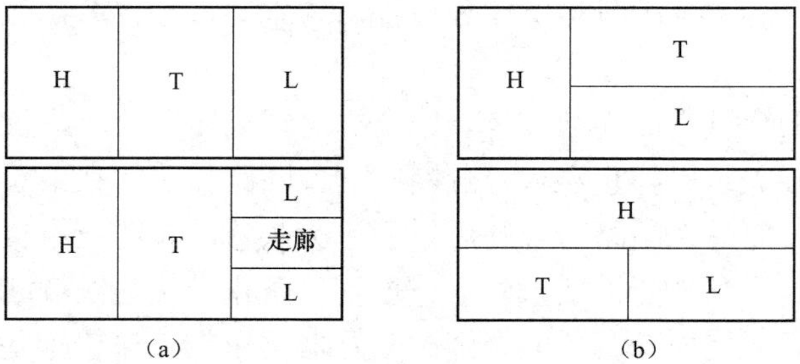

图 9-14　箱式变电站布置

（a）“目”字形；（b）“品”字形

H—高压室　T—变压器室　L—低压室

一体式变电站是将变压器的器身、高低压配电装置置于一个共同的封闭邮箱内，用变压器油作为带电部分相间及对地的绝缘介质，因而箱变体积更小、结构更为紧凑，但结构局限性太大，往往无法满足用户各种各样的需求。

箱式变电站一般用于户外，因此要在结构上解决许多问题，如防凝露（高压开关和低压开关设备若表面出现凝露，会引起闪络放电）、防发热（变压器过热，会引起输出功率下降，严重时会烧毁设备）、防腐蚀（壳体在大气中容易受到腐蚀）、防灰尘（自然通风，会夹杂灰尘，对绝缘不利）、防水（雨水进入箱变后，会影响设备正常工作）、防爆炸（对于采用油浸变压器的箱变，要防止内部故障电弧引发爆炸）。此外，还要考虑它的外观，增加美学特点，与环境协调，如不能太高，以免影响人们的视线，也不能太低，以免有人爬到变电站顶上，造成危险。

箱式变电站壳体材质可用普通钢板、热镀锌钢板、铝合金板、玻璃纤维增强塑料板及钢板夹层彩色板等。普通钢板造价相对较低，热镀锌钢板及铝合金板耐腐蚀好，而玻璃纤维增强塑料板则具有轻巧，玻璃纤维增强水泥板则具有机械强度高、防晒性能好、防潮、阻燃、耐腐蚀、不会因冷热交替产生凝露且易加工成型等优点。

二、箱式变电站结构

1. ZBW 型组合式变电站

ZBW 型组合式变电站中，ZB 表示组合式变电站，W 表示户外。

图 9-15 所示为 ZBW 型组合式变电站的电气一次接线。由图可见，高压侧有两路 10kV 进线，低压侧有 7 回 400V 电缆出线，1 回无功补偿，1 回站用电及计量仪表等。箱式变电站的变压器可采用 Dyn11 或 Yyn11 联结，采用 Dyn11 联结能较好控制谐波分量增大的影响，电压质量可得到保证。

由图 9-16 可见，高压室 1、变压器室 2 和低压室 3 为目字型布置，箱体顶盖有隔热层 4，四面有门；变压器室装有排气扇 5，以强化空气循环，变压器设有温度监测、超温报警与跳闸，并设有机械和电气连锁，满足五防要求。各室均装有应急照明，操作维修方便。

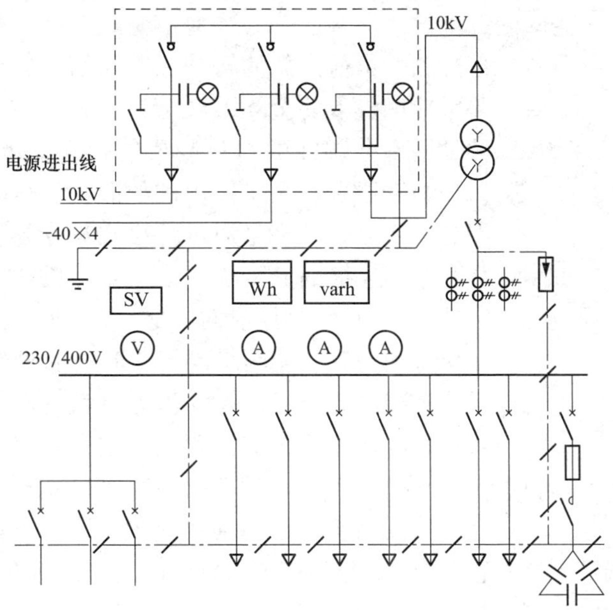

图 9-15　ZBW 型组合式变电站的内部结构示意图

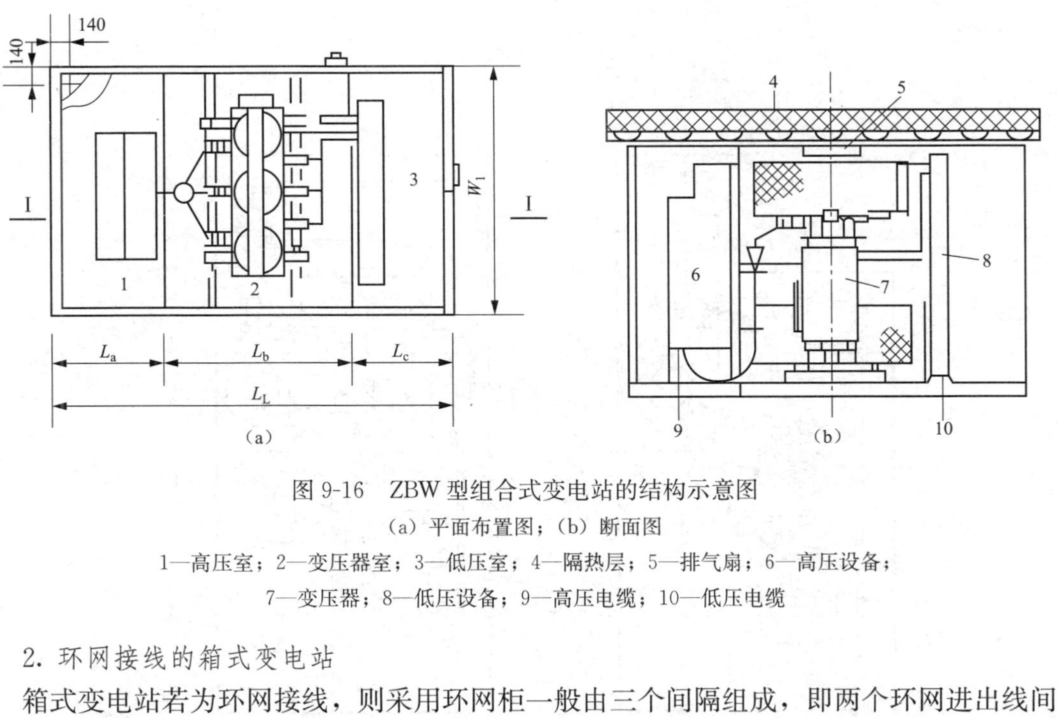

图 9-16　ZBW 型组合式变电站的结构示意图

(a) 平面布置图；(b) 断面图

1—高压室；2—变压器室；3—低压室；4—隔热层；5—排气扇；6—高压设备；

7—变压器；8—低压设备；9—高压电缆；10—低压电缆

2. 环网接线的箱式变电站

箱式变电站若为环网接线，则采用环网柜一般由三个间隔组成，即两个环网进出线间隔（环网供电单元）和一个变压器间隔，如图 9-17 所示。

QL_A、QL_B 为进出线负荷开关；F、QLc 为变压器回路负荷开关与熔断器组合电器；MV、LV 为变压器的一、二次侧。

图 9-18 所示为 8DH10 型六氟化硫环网供电单元，柜体由五个功能小室，即开关、母线、电缆、机构、熔断器或仪表小室组合焊接而成。

在不锈钢板密封焊接而成的内充 5kPa 六氟化硫气体的开关室内，可安装真空断路器和

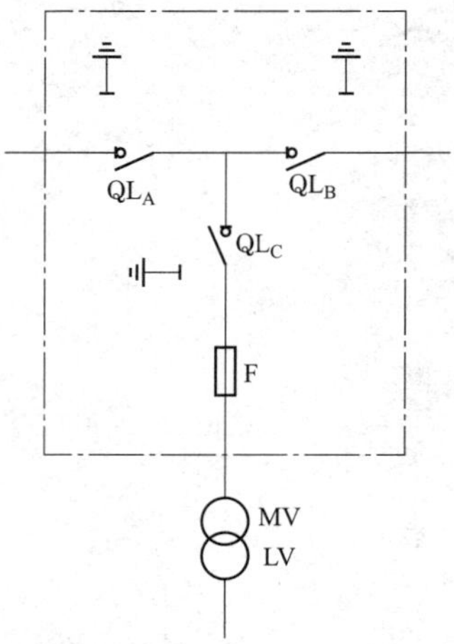

图 9-17　环网供电单元基本布置

三工位（即合、分、接地，完成开断、隔离及接地任务）负荷开关。负荷开关的转轴和断路器的驱动杆是通过焊接在开关室前侧板上的金属波纹管进入机构室的。操动机构的零部件是用不会锈蚀的材料制成的，其轴承不需要加润滑油脂。每只熔断器安装在可抽出的树脂浇注的圆形组件内。每个组件的一次隔离触头是通过焊接在熔断器室底板上的套管与负荷开关相连接的。母线室位于柜体的中下部，其内部配置了用硅橡胶绝缘的母线插接的终端装置。这种环网柜还配置了一个特制的气体监测装置，其工作原理如图 9-19 所示。

该装置的密封气体的压力盒系统和指示系统分别安装在开关室内外侧的相应位置上。这个装置不会受温度和压力变化的影响，其指针时常指在“可以运行”的位置。一旦开关室的六氟化硫气体的密度变化，该装置随之动作，其指针即指在“没有准备好运行”的位置，以表明开关室的六氟化硫气体已泄漏。这种环网柜外形美观、结构合理、封闭性好。特别是开关室的密封界面，采用了焊接的金属波纹管和套管，这种永久性密封的方法，确保了该室的密封胶的性能。

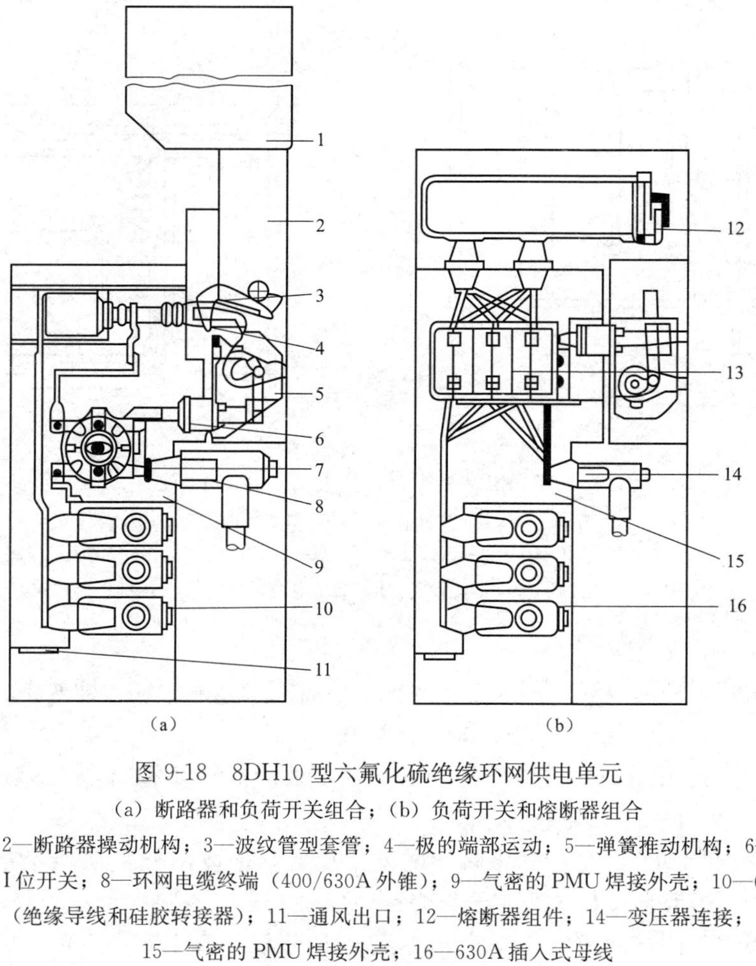

图 9-18　8DH10 型六氟化硫绝缘环网供电单元

（a）断路器和负荷开关组合；（b）负荷开关和熔断器组合

1—低压室；2—断路器操动机构；3—波纹管型套管；4—极的端部运动；5—弹簧推动机构；6—肘节机构；7、13— _ I 位开关；8—环网电缆终端（400/630A 外锥）；9—气密的 PMU 焊接外壳；10—630A 母线（绝缘导线和硅胶转接器）；11—通风出口；12—熔断器组件；14—变压器连接；15—气密的 PMU 焊接外壳；16—630A 插入式母线

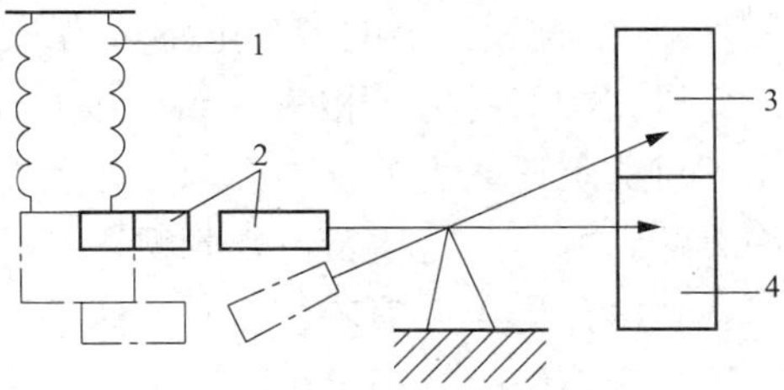

图 9-19　气体监视原理

1—测量盒；2—耦合磁铁；3—红色指示："没有准备好运行"；4—绿色指示为"准备好运行"

熔断器的结构及触发如图 9-21 所示。

高压熔断器安装于单极的环氧树脂浇注的小室内，这些小室位于气箱上方通过焊有法兰盘的套管与气箱内的开关相连。

硅橡胶密封，保证抗高压能力及避免外界灰尘及水分进入内部，并使带电部分受到良好的保护。只有当变压器馈线处于接地位置时，熔断器室才可被打开，操作人员无需特殊工具即可更换熔断器。

一相熔断器的撞针运动即可触发三工位开关。熔断器撞针是通过小室前端的硅橡胶罩，与开关的操动机构相连接。另外，由于小室内过热、过电压而触发硅橡胶小室盖，也可触发开关。

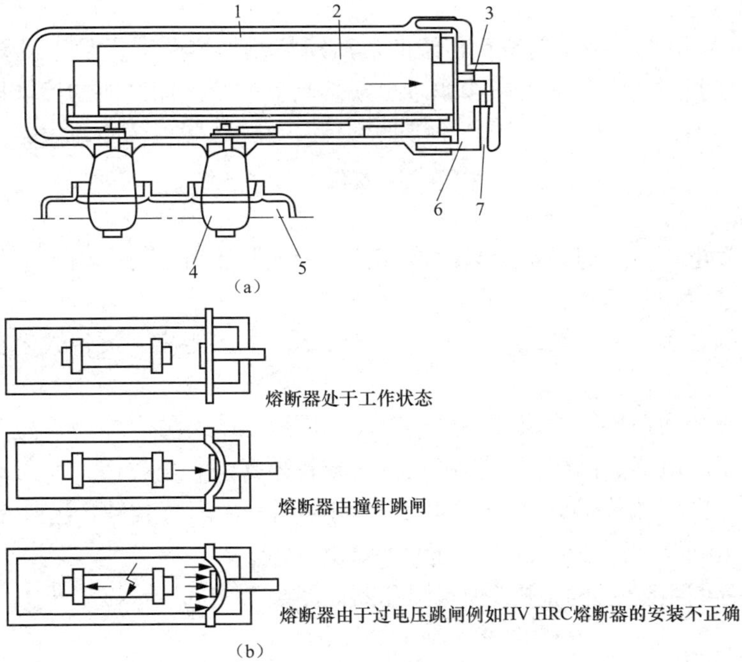

图 9-20　熔断器及触发示意图

（a）安装熔断器；（b）熔断器跳闸示意图

1—熔断器箱；2—熔断器；3—撞针；4—绝缘套管；5—气箱；6—气密箱盖；7—弹簧操作/储能机构装置

三、箱式变电站的特点

概括起来，箱式变电站具有以下特点：

（1）组合式变电站箱体材料采用非金属玻纤增强特种水泥制成，它具有易成形、隔热效果好、机械强度高、阻燃特性好及外形美观、易与周围建筑群体形成一体化的环境。

（2）箱体内部用金属钢板分为高压开关室、变压器室和低压开关室，各室间严格隔离。

（3）高压室采用完善可靠的紧凑型设计，具有全面的防误操作连锁功能，性能可靠，操作方便，检修灵活。

（4）变压器可选用 SC 系列干式变压器和 S7、S9 型油浸式变压器及其他低损耗变压器。特别是新 S9 型变压器，其能耗比 S7 型变压器的空载损耗降低约 10%，短路损耗降低约

25%。新 S9 型变压器的容量范围可为 30～1600kVA。

变压器的器身为三相三柱或三相五柱结构。三相五柱式 Dyn11 联结变压器的特点是带三相不对称负荷能力强，不会因三相负荷不对称造成中性点电压偏移，同时较好控制谐波分量增大的影响，电压质量可得到保证，此外这种变压器还具有很好的耐雷特性。

（5）设计为无人值班，具有“四遥”功能，停电、送电均采取远方监视操作，并具有微机闭锁装置功能等，可最大限度地避免设备误操作事故。低压室有配电柜、计量柜和无功补偿柜，满足不同用户的需求。

（6）箱式变电站适用于环网供电系统，也适用于终端供电和双线供电等供电方式，并且这三种供电方式的互换性极好。

（7）高压侧进线方式推荐采用电缆进线（高压进线采用肘型电缆插头，可操作 200A 负荷电流，紧急情况下，可作负荷开关操作，并且具有隔离开关的特点），在特殊情况下与厂方协商可采用架空进线。

（8）10kV 侧采用真空断路器替代传统的负荷断路器加熔断器，易于设置保护和快速消除故障，可迅速恢复供电，从而可减少由于更换熔断器的熔丝而造成的停电损失。

小结

配电装置是发电厂、变电站的重要组成部分。配电装置可分为屋内配电装置、屋外配电装置和成套配电装置。

配电装置中的各种尺寸，是综合考虑了设备外形、电气距离、设备搬运和检修等因素而确定的。

屋内配电装置分为单层、双层和三层式三类。屋外配电装置有中型、高型和半高型。成套配电装置有低压配电屏、高压开关柜和六氟化硫封闭式组合电器等。一般 35kV 及以下采用屋内配电装置，在特殊情况下 110～220kV 也可采用屋内配电装置。屋外配电装置主要用于 110kV 及以上电压等级。成套配电装置多用于屋内。

配电装置工程图主要有平面图、配置图和断面图。

习题

9-1　对配电装置的基本要求是什么？

9-2　试述配电装置的类型及其特点。

9-3　什么是最小安全净距？

9-4　什么是配置图和平面图？

9-5　屋内配电装置的布置形式有哪几种？各自有什么特点？

9-6　屋外配电装置的分类有哪几种？各自有什么特点？

9-7　成套配电装置的分类有哪几种？

9-8　六氟化硫全封闭组合电器由哪些元件组成？它与其他类型配电装置相比，有什么特点？

9-9　箱式变电站有哪些特点？

第十单元

保　护　接　地

发电厂变电站中的接地，按作用的不同可分为两种：工作接地和保护接地。为了保证电力系统在正常运行及故障情况下，能够可靠工作的接地是工作接地；为了保证工作人员人身安全的接地是保护接地。本单元主要介绍保护接地原理及接地装置的有关问题。

课题一　接地的概念与人身安全

一、地和接地

1. 地

图 10-1 为一台变压器外壳装有单一接地体的保护接地装置示意图。当某一相绝缘损坏形成载流导体碰壳时，则有电流从导体通过变压器外壳流向大地，此电流称为接地电流。如果土壤的电阻率在各方向都是相同的，则接地电流应通过接地点向四周流散，且各方向的分布是均匀的，形成以接地点为中心向大地扩散的半球形的散流场，如图 10-1 中所示。

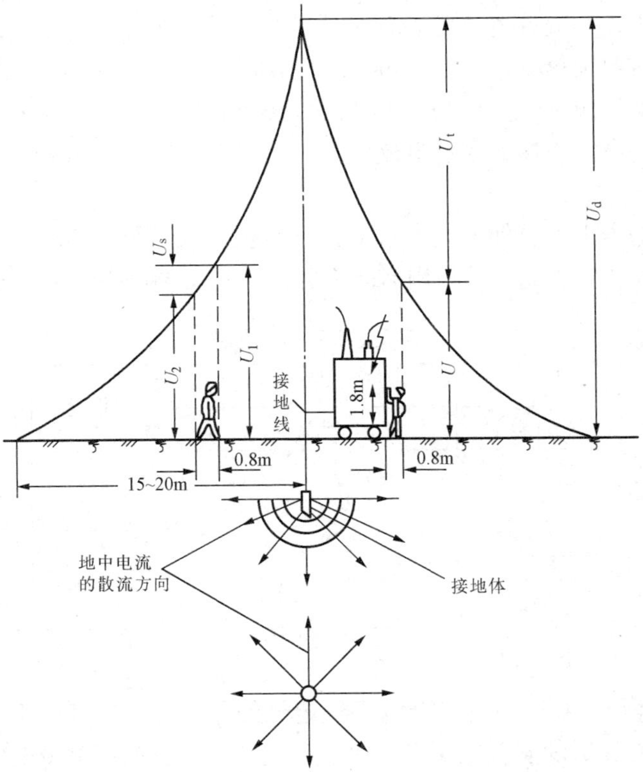

图 10-1　接地散流及电位分布示意图

显然，接地点处的散流线密度大，地中电流强度大，随着与接地点距离的增加，散流线密度疏，电流强度减小；同时半球体的表面随接地点距离的增加迅速增大，其对应的土壤电阻减小。在接地回路中两点之间的电位差在接地处最高，随着与接地点距离的增大，电位差下降，一般距接地点15～20m处，两点之间电位差可以忽略不计，可以认为电压降为零，这就是通常所说电气的“地”。接地载流体大地表面的电位分布情况如图中所示。虽然，接地载流体的对地电压U_d，等于接地电流与接地电流自接地体向周围大地散流所遇到的全部电阻的乘积，而在距接地载流体15～20m范围内任一点的对地电压，为该点与“地”之间的电位差。

2. 接地

将电气装置的必须接地部分，通过接地装置与大地有良好的电气连接称为接地。

二、零和接零

1. 零

在380/220V的低压配电网中，电机三相绕组接成星形的星点与地有良好的连接，即为常说的零，由零点引出的金属导体即是零线，或称中性线。

2. 接零（接中性线）

在380/220V的低压配电网中，将电气装置的必须接地部分与零线有良好的电气连接称为接零。如单相三孔插座的使用。

三、人身安全电压与电流

为了防止触电事故，由特定电源供电的电压系列称为安全电压，其上限值规定为：在任何情况下，两导体间或任一导体与地之间电压都不得超过交流50～500Hz有效值50V。

1. 人体允许电流

一般情况下，人体的允许电流可以看成是受电击后能摆脱带电体，并解除触电危险的电流。男性的最大允许电流为9mA，女性的最大允许电流为6mA。在线路或设备装有防止触电的速断保护装置的情况下，人体的允许电流可按30mA考虑。在空中、水面等可能因电击导致摔死、淹死的场合，人体的允许电流应按不引起强烈痉挛的5mA考虑。

2. 人体电阻

人体体内电阻基本上不受外界因素影响。其数值一般不低于500Ω。皮肤电阻随环境条件的不同有很大的变化，也使人体电阻有较大的变化。不同条件下人体电阻如表10-1所示。

表10-1　　不同条件下人体电阻

接触电压（V）	人体电阻（Ω）			
	皮肤干燥	皮肤潮湿	皮肤润湿	皮肤浸入水中
10	7000	3500	1200	600
25	5000	2500	1000	500
50	4000	2000	875	440
100	3000	1500	770	675
250	1500	1000	650	325

3. 安全电压

（1）安全电压等级。我国规定安全电压额定值的等级分别为42、36、24、12、6V。当电气设备采用了超过24V的安全电压等级时，必须有防止直接接触带电体的保护措施。

（2）安全电压的选用。通常采用的安全电压为36V或12V。机床照明或手提式照明灯，一般都采用 36V 安全电压。在特别潮湿的环境中，或在金属容器、隧道、矿井内使用的手提式或插卡式照明灯，均应采用 12V 及以下的安全电压。

四、跨步电压和接触电压

由上可知，在距接地载流体 15～20m 范围内，沿径向电位的分布是不相同的，靠接地载流体越近，电位值越高，离接地载流体的水平距离越远，电位值越小，人进入此区域或触及到接地载流装置的外壳时，两脚或手脚之间就会有电位差产生于人体，危及安全。

1. 跨步电压

在接地短路 15～20m 的范围内，人体一步之间的电位差称为跨步电压（U_s）。一般人体步距为 0.8m，故跨步电压为该区域水平距离 0.8m 之间的电位差值：$U_s=U_1-U_2$，如图 10-1所示。可见，当高压带电体落于附近时，切不可大步逃离。

2. 接触电压

人站在电气设备的附近，用手触及漏电设备的外壳时，加于人手和脚之间的电位差称为接触电压（U_t）。通常人距设备有一定距离（一步 0.8m），人触及设备有一定高度（1.8m），故接触电压 U_t 按距漏电设备 0.8m，高度 1.8m 计算，即 $U_t=U_d-U$，如图 10-1 所示。

为了保证人身安全，电气工程在接地装置的设计和施工时，应保证接触电压和跨步电压在允许值范围内。

课题二　保　护　接　地

保护接地是为了保证人身安全的接地，即将正常时不带电，而故障时可能带电的电气装置的金属部分与地有良好的电气连接。按照接线方式的不同，可以分成两种。

一、保护接地

图 10-2 为说明保护接地作用的原理接线图。图中为小接地电流系统，正常工作时电动机外壳不带电，对人是安全的。当绝缘损坏、某一相碰壳时，外壳带上了电压。此时人触及会有接地电流通过人体流入大地。考虑最严重的情况，若电动机对地绝缘，且碰壳发生在绕组的首端，这时人触及外壳与直接触及电源线一样会发生电击的危险，如图 10-2（a）所示。

图 10-2（b）中，电动机执行保护接地时，人触及同样碰壳的电动机时，接地电流将通过人体和接地装置组成的并联支路流入地中，通过人体的电流为

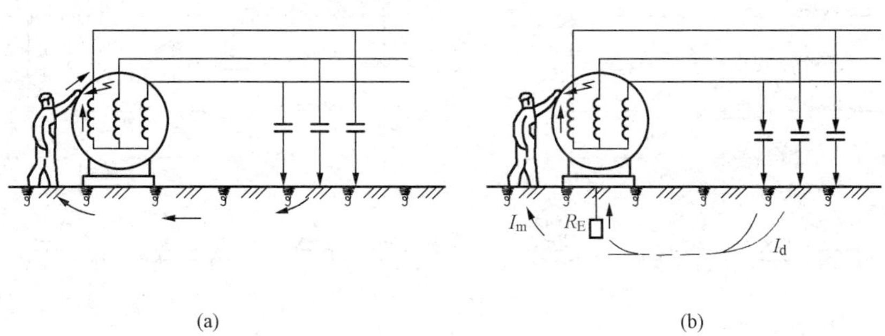

图 10-2　保护接地作用的原理接线图

$$I_m=\frac{R_E}{R_m+R_E+R_t}I_d \tag{10-1}$$

式中 I_m——流过人体的电流，A；

I_d——单相接地电流，A；

R_m——人体电阻，Ω；

R_E——接地电阻，Ω；

R_t——人体与带电体之间的接触电阻，Ω。

由式（10-1）可见，欲使通过人体的电流 I_m 足够地小，就必须提高人体电阻 R_m，人体与带电体之间的接触电阻 R_t 或降低接地装置的接地电阻 R_E。要提高 R_m 值，应保证人体在健康、洁净、干燥的状态下参加工作；要提高 R_t 值，安全规程规定了人触及可能漏电的电气装置时，应穿绝缘鞋、戴绝缘手套、地面应铺设绝缘垫等。考虑到实际工作情况，降低 I_m 值，防止人体触电的根本技术措施是降低接地电阻 R_E 值，只要 R_E 足够小，是能够保证人身安全的。

二、保护接零与中性线的重复接地

1. 保护接零

在中性点直接接地的 380/220V 的三相四线网络中，为了保证人身安全，将用电设备的金属外壳与中性线作良好的电气连接，称为保护接零，如图 10-3 所示。

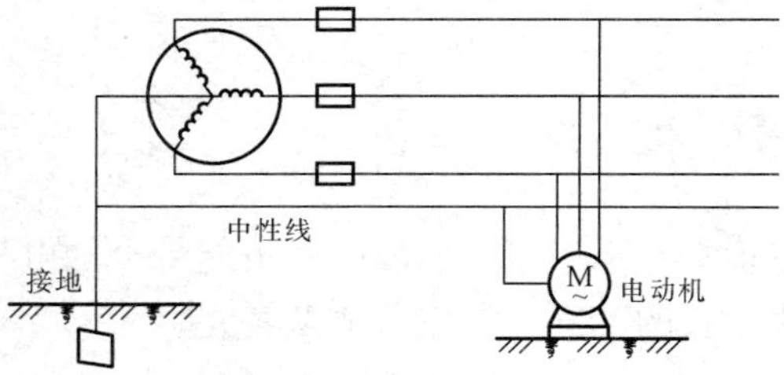

图 10-3 保护接零

用电设备若某相绝缘损坏碰壳时，在故障相中会产生很大的单相短路电流，使电源处的熔断器熔断，或低压断路器跳闸，切断电源，可以避免人体触电；即使保护动作之前触及到了绝缘损坏的用电设备的外壳，由于接零回路的电阻远小于人体电阻，短路电流几乎全部通过接零回路，通过人身的电流几乎为零，从而保证了人身安全。

2. 中性线的重复接地

在保护接零的系统中，为了防止接地中性线断线失去接零的保护作用，有时还需中性线的重复接地。所谓中性线的重复接地，即在保护接零的系统中，将中性线每隔一段距离而进行的数点接地，如图 10-4 所示。

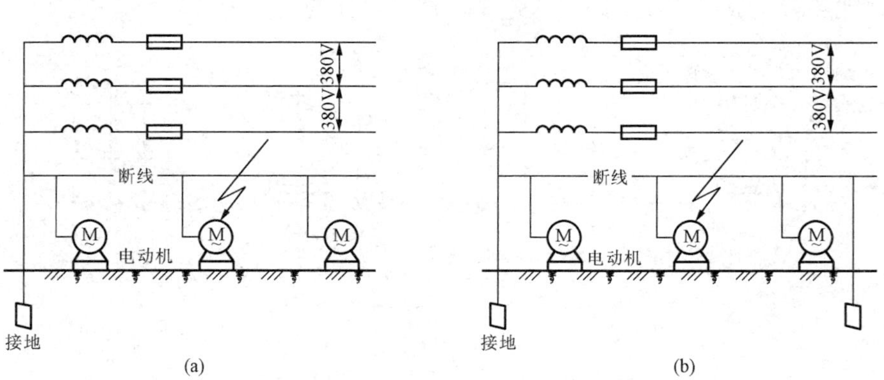

图 10-4 中性线的重复接地

（a）无重复接地时；（b）有重复接地时

图 10-4（a）中，运行中若接地中性线断线，断线之前的部分可以得到接零保护，而断线后的部分当电动机某相故障搭壳，特别是有单相负载的情况下，即使电动机未发生故障，也会使电动机外壳会出现危险的电压。图 10-4（b）中，当采用了中性线的重复接地措施后，中性线断线之后的部分实际上将保护接零转变成了保护接地，从而提高了安全性。需要指出的是，重复接地对人体并非绝对安全，重要的是使中性线不能断线，这在施工和运行中要特别注意。

三、接地的 TN、TT、IT 系统

在 380/220V 的低压配电系统中，为了取得相电压、线电压、保护人身安全及供电的可靠性，我国现已广泛采用了中性点直接接地的 TN、TT 和 IT 接线的供电方式，如图 10-5 所示。从触电防护的角度出发，它们分别采用了保护接地和保护接零的技术措施。

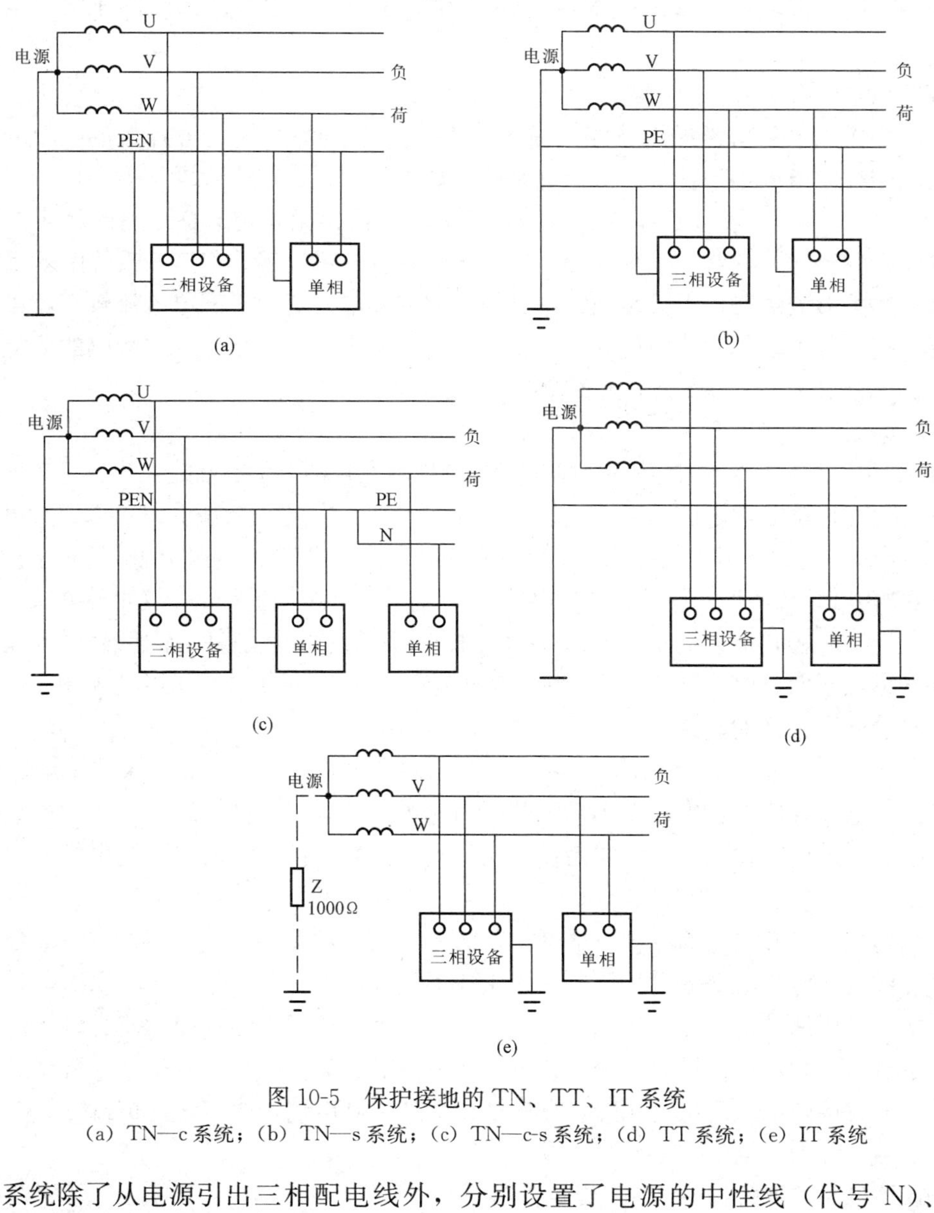

图 10-5　保护接地的 TN、TT、IT 系统

（a）TN—c 系统；（b）TN—s 系统；（c）TN—c-s 系统；（d）TT 系统；（e）IT 系统

各系统除了从电源引出三相配电线外，分别设置了电源的中性线（代号 N）、保护线（代号 PE）或保护中性线（代号 PEN）。

中性线（N 线）一是用于接额定电压为 220V 的单相设备，二是用于传导三相系统中不平衡电流，三是用于减小系统中性点的偏移。保护线（PE 线）是保证人身安全、防止触电事故发生的接地线。保护中性线（PEN 线）兼有中性线和保护线的功能。

1. TN 系统

TN 系统中的触电防护采用的是保护接零的措施，即将供电系统内用电设备的必须接地部分与 N 线、PE 线或 PEN 线相连。如果 N 线与 PE 线全部合并成 PEN 线，则此系统称为 TN-C 系统用三相四线制供电，如图 10-5（a）所示。如果 N 线和 PE 线分设，此系统称为 TN-S 系统，用三相五线制供电，如图 10-5（b）所示。如果系统的前一系分 PE 线和 N 线合为 PEN 线，而后一部分 N 线和 PE 线分设，则此系统称为 TN-C-S 系统，用三相四线制供电，如图 10-5（c）所示。其中 TN-S 系统具有更高的电气安全性，广泛使用于小企业及民用生活中。

2. TT 系统

TT 系统中引出的 N 线提供单相负荷的通路，用电设备的外壳与各自的 PE 线分别接地，是三相四线制但采用保护接地的供电系统，如图 10-5（d）所示。

TT 系统由于各设备的 PE 线分别接地，无电磁联系、无互相干扰，因此适用于对信号干扰要求较高的场合，如对于数据处理、精密检测装置的供电等。但 TT 系统中若干用电设备的绝缘损坏不形成短路，而仅是绝缘不良而引起的漏电时，由于漏电电流较小，可能电路中的电流保护装置不动作，从而使漏电设备的外壳长期带电，将增加人体触电的危险性。因此为了保护人身安全，TT 系统中应装设灵敏的触电保护装置。

3. IT 系统

IT 系统的中性点不接地或经阻抗（1000Ω）接地，通常不引出中性线，为三相三线制的小接地电流系统供电方式。由于小接地电流系统的运行方式，发生设备碰壳时可以继续供电，供电的可靠性较高，但设备外壳可能带上危险的电压，危及人身安全。预防触电的安全措施是各用电设备分别用 PE 线接地，如图 10-5（e）所示。另外 IT 系统应装设灵敏的触电保护装置和绝缘监视装置，或单相接地保护。同 TT 系统一样，IT 系统用电设备的各 PE 线之间无电磁联系。IT 系统多用于对供电可靠性要求过高的电气装置中，如发电厂的厂用电及矿井等。

四、保护接地方式的选择

（1）电压为 1000V 及以上的高压电气装置，在各种情况下均应采取保护接地。电压在 1000V 以内的电气装置，在中性点不接地的电力网中，应采用保护接地；在中性点直接接地的电力网中，应采用保护接零和零线的重复接地，在设有中性线的情况下，也可采用保护接地措施。

（2）由同一个电源供电的低压配电网中，只能采用一种保护方式，不可对一部分电气设备采用保护接地、对另一部分电气设备又采用保护接零。因为在三相四线制保护接零的供电网中，若又有采用保护接地方式的电气装置，当该装置一相发生绝缘损坏碰壳时，接地电流受到接地电阻的限制，使保护装置动作失灵，故障不能切除。同时，此接地电流流回电源的中性点时在电源接地电阻产生电压降，在中性线上产生高电位，直接使保护接零的电气设备外壳上带上不允许的高电位，从而会危及人身安全。

五、接地电阻的允许值

从保护接地的原理分析可知，接地装置的接地电阻越小，接地电压也越低。实际上保护接地的基本原理就是将绝缘损坏时设备外壳上的对地电压限制在安全范围内。要对降低接地电阻值提出过高的要求是不经济的，对不同的电网可以有不同的要求。接地电阻 R_E 可计算为

$$R_E = U_E / I_E$$

式中　U_E——接地电压，V；

I_E——接地电流，A。

（一）高压设备的接地电阻

1. 中性点接地系统

在 110kV 及以上的电力网中，单相短路时，接地短路电流很大，相应的继电保护迅速将故障切除。因此，在接地的装置上只在短时间内出现过电压，且工作人员此时触及装置外壳的机会很小。考虑到一般此系统的接地电流大于 4000A，规定接地电压不超过 2000V，接地电阻 R_E 不得超过 0.5Ω。

2. 小电流接地系统

小电流接地系统中发生单相接地时，允许继续运行一段时间，用电设备发生故障碰壳时，增大了触电的可能性。但其接地电流相对不大，对接地电压值的规定也较低；一般高压、低压装置共用同一接地装置时，接地电压 U_E 不超过 120V；对高压装置单独设立的接地装置 U_E 不应大于 250V，总的来说，R_E 不应大于 10Ω。

（二）低压设备的接地电阻

（1）对于总容量在 100kVA 以上的发电机或变压器供电系统相连的接地装置，R_E 不应超过 4Ω，以上系统有中性线的重复接地时，每处的 R_E 不应超过 4Ω。

（2）对于总容量在 100kVA 以下的发电机或变压器供电系统相连的接地装置，R_E 不应超过 10Ω，以上系统中中性线的重复接地每处的 R_E 不应超过 30Ω，且接地处不应少于 3 点。

（3）对于 TT、IT 系统中用电设备的接地电阻，按接地电压不高于 50V 计算，一般 R_E 不大于 100Ω。

课题三　电气装置的接地

为了保证安全必须将正常时不带电而故障时可能带电的电气装置的外露金属部分采用保护接地或保护接零的措施，接地装置设计技术规程对必须接地和不须接地部分作了明确的规定。

一、必须接地或接零的部分

（1）电机、变压器、电器、携带式及移动式电器具等的底座和外壳。

（2）电力设备传动装置。

（3）互感器的二次绕组。

（4）配电屏和控制屏的金属框架。

（5）屋内、外配电装置的金属构架和钢筋混凝土构架、靠近带电部分的金属围栏和金属门。

（6）交流、直流电力电缆接线盒和终端盒的外壳、电缆的外壳、穿线的钢管等。

（7）装有避雷线的电力线路杆塔。

（8）在非沥青地面的居民区内，无避雷线的小接地短路电流系统中，架空电力线路的金

属杆塔和钢筋混凝土杆塔。

（9）控制电缆的金属外皮。

（10）装在配电线路构架上的开关电器、电容器等电力设备外壳。

二、不需接地或接零的部分

（1）安装在已经接地的金属构架上设备的金属外壳。

（2）安装在配电屏和控制屏及配电装置上的电气测量仪表、继电器和其他低压电器的外壳，以及当发生绝缘损坏时在支持物上不会引起危险电压的绝缘子金属底座等。

（3）在干燥场合，交流额定电压 127V、直流额定电压 110V 及以下的电力设备外壳，但爆炸危险场所除外。

（4）在木质、沥青等不良导电地面的干燥房间内，交流额定电压 380V 及以下、直流额定电压 440V 及以下的电力设备外壳，但当维护人员可能同时触及电力设备外壳和接地物件时除外。

（5）额定电压 220V 及以下的蓄电池室内的支架。

（6）发电厂、变电站区域的铁路轨道。

（7）与已接地的机床底座之间有可靠电气接触的电动机和电器的外壳，但爆炸危险场所除外。

课题四　接　地　装　置

一、接地装置

1. 接地装置

上述讨论接地电阻实际上是接地装置的电阻。接地装置由接地体和接地线组成，其中埋入地下直接与大地接触的金属导体称为接地体，将电气装置中的必须接地部分与接地体连接起来的金属导体称为接地线，若干接地体在大地中互相用导体连接起来组成的整体称为接地网。

2. 接地装置的作用

接地装置的作用是供工作接地和保护接地之用。

二、接地装置的敷设

电气设备的接地装置，应充分利用自然接地体。如果自然接地体的接地电阻小于要求值时，一般可不再敷设人工接地体，但为了降低接触电压和跨步电压，发电厂、变电站应敷设均压带。可作为自然接地体的有：敷在地下的供水管道，但输送液体或气体燃料的管道除外；建筑物与地连接的金属结构；水工建筑物的金属桩；建筑物的钢筋混凝土基础等。自然接地体的接地电阻由实际测量确定。

人工接地体普遍采用垂直埋入土中的钢管或角钢，其长度为 2～3m，钢管的外径为 48～60mm，管壁厚度不小于 3.5mm，角钢的厚度不小于 4mm。钢管或角钢埋入地中时，其上端离地面的深度为 0.4～1.5m，这样可以使接地电阻不会由于冬季土壤表面的冻结和夏季水分的蒸发而引起较大的变动。在一般的土壤内，一根钢管或角钢的垂直接地体，其接地电阻为 20～50Ω。

埋入土中的接地棒之间用扁钢带焊接相连，形成地下接地网。扁钢带敷设在地下的深度不小于 0.3m，扁钢带截面积不得小于 48mm²，厚度不得小于 4mm。

在土质坚硬的地区，如果不能垂直打入钢管及角钢时，则可采用圆钢或角钢平放敷设，埋入深度不小于 0.8m，由于腐蚀影响，圆钢直径应不小于 8mm。

在装设保护接地时，为了尽量降低接触电压和跨步电压，应使装置地区内的电位分布尽可能地均匀。为了达到此目的，可在装置区域内适当地布置钢管、角钢和扁钢等，形成环形接地网。

图 10-6 表示屋内配电装置房屋周围的环形接地网，此接地网由垂直埋入地中的钢棒和连接它们的扁钢组成。图中示出了断面Ⅰ—Ⅰ的电位分布曲线。由于接地体间相互影响的结果，区域内的电位分布比用单管接地体时要均匀得多，所以接触电压和跨步电压也大为降低。

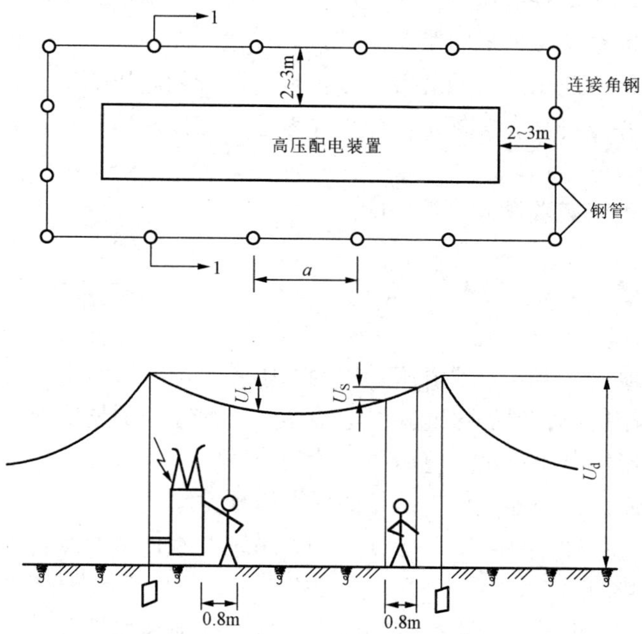

图 10-6　由钢管和扁钢组成的环形接地网及电位分布

屋内接地网是采用敷设在电气装置所在房屋每一层内接地干线组成，各层接地干线用几条上下联系的导线互相连接。屋内接地网在几个地点与主接地网相连。接地干线采用扁钢或圆钢，扁钢的厚度应不小于 3mm，截面积应不小于 24mm²，圆钢的直径应不小于 5mm。

接地线应尽量利用金属结构、钢筋混凝土、钢管等。接地线相互之间及与接地体之间的连接应采用焊接。

电气装置中的每一接地元件，应采用单独的接地线与接地体或接地干线相连接。几个接地元件不可串联连接在一个接地线中。

接地线与电气设备的外壳连接时，可采用螺栓连接或焊接。

为了明显起见，对明设的接地线连接的结构和扁钢等，应涂上紫色。

小　结

将电气装置的必须接地部分与地有良好的连接称为接地。发电厂、变电站中电气装置的接地分为工作接地和保护接地两种。为了保证电力系统正常和故障情况下能可靠工作的接地称为工作接地，为了保证人身安全而将电气装置的必须接地部分进行的接地称为保护接地。

从保证人身安全的角度出发，可分为保护接地和保护接零。在保护接零的供电网络中，为了安全，有时还需进行中性线的重复接地。

380/220V 的低压配电网一般采用 TN、TT 和 IT 等系统的供电方式，用户可分别采用各自保证安全的措施。

为了保证人身安全，高压电气装置应采用保护接地的措施；低压电气装置当采用 TN 系统供电时，应采用保护接零；当采用 TT、IT 系统供电时，应采用保护接地，同时该系统必须装设灵敏的触电保安装置。

降低接地电阻是防止接触电压和跨步电压伤害的主要技术措施，不同电压等级的电力网及不同接线方式的供电系统接地电阻都不应超过允许值。

供工作接地和保护接地用的接地装置，根据电气装置的电压等级、接线方式及周围环境等条件，具体实施、并应符合有关规定，应首先考虑自然接地体；尽量降低接地电阻值；应考虑接地体周围的电位分布均匀。

发电厂、变电站中，应敷设人工接地网。

习 题

10-1　什么是接地、接零、对地电压、接触电压和跨步电压？

10-2　什么是工作接地、保护接地和保护接零、中性线的重复接地？各有什么作用？

10-3　如何防止接触电压、跨步电压对人体的伤害？

10-4　试分别叙述保护接地、保护接零的保安原理。

10-5　380/220V 供电网络中的 TN、TT、IT 系统各有什么特点？你在学习和生活中应选用哪一种系统的供电方式？

10-6　为什么同一供电系统中不允许同时采用保护接地和保护接零？

10-7　中性线上允许安装熔断器吗？为什么？

10-8　什么是接地电阻、对接地电阻有什么要求？

10-9　电气装置中哪些部分必须接地，哪些部分不须接地？依据是什么？

10-10　什么是接地装置？应如何敷设？

10-11　在你学习和生活中常用到的电源插座有两孔、三孔的，各有什么作用？应如何与电源连接？

第十一单元

过电压及过电压保护设备

电气设备在运行中承受正常的工作电压，但是由于某些原因，系统中某部分的电压可能升高，而且往往大大超过设备的最高允许电压值，那么这种电压升高就被称为过电压。过电压一旦超过电气设备的绝缘强度，就会引起设备的绝缘损坏，造成事故。因此，分析可能的作用于发电厂、变电站电气设备上的各种过电压，正确地选择电气设备的绝缘水平和限压保护措施具有重要的意义。

课题一　发电厂、变电站的过电压

发电厂变电站的过电压，包括内部过电压和外部过电压两大类。由电力系统内部操作或故障引起的过电压叫作内部过电压；由于雷云放电在电力系统中引起的过电压叫作外部过电压或大气过电压（又称雷电过电压）。

一、外部过电压

外部过电压又分为直击雷过电压和感应雷过电压，它们都是由于雷云放电引起的，所以在分析讲述外部过电压之前先了解一下雷电的形成及危害。

1. 雷电的形成及其危害

18世纪40年代，著名的科学家富兰克林通过有名的风筝试验，证实了雷是一种电的现象，从而揭开人们对雷电科学研究的序幕。

雷雨季节里，在太阳的照射下，地面水分部分蒸发，蒸发的水汽到高空中遇到冷空气凝结成水滴，许多的水滴在空中形成积云。云中的水滴受强烈的气流吹袭，会分裂成为一些小水滴和较大些的水滴。水滴受上升气流的摩擦而带电。实验证明，较大些水滴带正电，而较小的水滴带负电。大小水滴同时被气流携走，于是云中的各部分带有不同的电荷。此外，水在结冰时，冰粒上会带正电，而被风吹走的剩余水将带负电。带电的云称为雷云，雷云对地有静电感应，地面被感应出异种电荷，在雷云和地间形成电场，当电场强度达到大约30kV/cm时，空气开始游离，就会产生先导放电，当此时场强足够高，先导放电才会断续下去，最后完成云对地放电。雷云对地的电位可高达数千万伏。实际上，雷云放电大部分是云对云或云内进行的，只有小部分是对地发生的。有破坏性的主要是云对地放电，放电时产生很大的雷电流，雷电流的幅值高达数百千安，且时间很短，以百万分之一秒计。雷云放电具有多次重复性，即同一个放电通道中，在很短的时间间隔内可能有多次放电现象。以上所述的都是线状雷电，有时在云层中能见到片状雷电，个别情况下会出现球状雷电。

雷电有很大的破坏效应，常击毁建筑物、劈裂树木或造成人畜的伤亡等；电力系统的电气设备或线路常遭雷击，往往造成供电中断，设备损坏，系统故障，给国民经济带来重大损失。

2. 直击雷过电压

直击雷是指可能直接打到电气设备上的雷电。这种情况很危险，极易击毁电气设备。

当电气设备遭受雷击时，雷电将通过设备向大地传导电流，而设备与大地间又呈现一定的电阻（为冲击接地电阻），所以使设备上产生较高的电压；同时，由于雷电放电极快，通过设备的电流变化剧烈，形成变化率很大的磁场，设备与大地间的电感上作用出电压。以上两种电压的叠加，构成了直击雷过电压。其大小可计算为

$$u = iR_{ch} + L\frac{di}{dt} \tag{11-1}$$

式中 u——直击雷过电压，kV；

i——雷电流，kA；

R_{ch}——设备对地冲击接地电阻，Ω；

L——设备对地等效电感，μH；

$\frac{di}{dt}$——雷电流的变化率，kA/μs。

由式（11-1）可知，直击雷过电压的大小与被击物阻抗的性质及参数、雷电的放电电流及变化速度（或电流波形）有关。

3. 感应雷过电压

当雷击中线路附近的地面或物体时，会在架空线路三相导线上出现感应电压，它常会使绝缘较低的电气设备发生闪络事故。这就是感应雷过电压作用的结果。

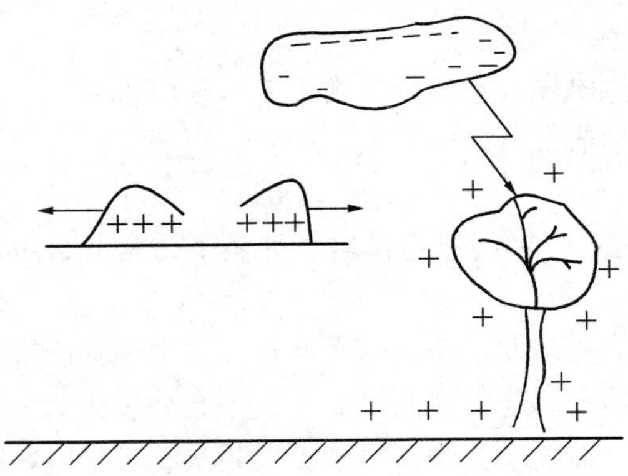

图 11-1　感应雷过电压的产生

如图 11-1 所示，雷电向输电线路附近的物体（或大地）放电，在放电初始阶段，由于雷电中积聚大量的电荷，在静电感应的作用下，在输电线路上积累大量的异性束缚电荷。当雷击物体放电时，雷电中的电荷向大地快速释放而迅速流入地中，输电线上的感应电荷再不受束缚而迅速流动，电荷的迅速流动产生感应雷过电压。感应雷过电压可达到几万至几十万伏。

感应雷过电压的大小，与雷电放电电流的幅值、雷击点与输电线间的距离及导线悬挂的高度有关，可以按下式进行近似计算。

（1）雷击点距离输电线 $S>50$m 时有

$$U=25\times\frac{I\times h_p}{S} \tag{11-2}$$

式中 U——感应雷过电压的幅值，kV；

S——直接雷击点距线路的水平距离，m；

I——雷电放电电流的幅值，kA；

h_p——导线悬挂的平均高度，m。

（2）雷击点距离输电线 $S\leqslant 50$m 或雷直击线路杆塔时有

$$U=\alpha h_p \tag{11-3}$$

式中　α——随雷电放电电流的幅值而变化的系数，kV/m，一般 $\alpha=\frac{I}{2.6}$。

二、内部过电压

1. 内部过电压及分类

在电力系统内部，由于断路器操作、系统故障或其他原因造成的电网电压升高，被称为内部过电压。内部过电压的能量来源于电网本身，所以它的形成与系统的接线方式、设备参数、故障的性质及操作过程等因素有关。内部过电压持续时间相对运行电压来说要短得多，但是如果幅值太高，会造成电气设备的损坏，影响系统的安全稳定。

内部过电压的种类很多，根据它们的特点，一般分为两大类，即短时过电压和操作过电压。短时过电压又可分为工频过电压和谐振过电压。

为了更清楚地说明内部过电压的分类和组成，下面给出电力系统中各种内部过电压一览表：

- 内部过电压
  - 工频过电压
    - 空载线路的电容效应
    - 不对称接地短路
    - 甩负荷时感性负荷变为容性负荷
  - 谐振过电压
    - 线性谐振过电压
    - 铁磁谐振过电压
    - 参数谐振过电压
  - 操作过电压
    - 操作电容器组过电压
    - 操作空载线路过电压
    - 操作电感负荷过电压（切空变等）
    - 弧光接地过电压

2. 内部过电压的产生原因及特点

工频过电压形成的主要原因是：电力系统的不对称短路、发电机突然甩掉负荷，以及伴随而来的长线电容效应、发电机飞转等。工频过电压的意义在于，它直接或间接地决定了电力系统的绝缘水平。例如决定线路绝缘子串中的绝缘子个数，决定避雷器灭弧电压，以及研究某些操作过电压时，均考虑工频过电压。

谐振过电压产生的原因是：系统中某一电感和电容元件参数的适当配合，形成产生谐振的振荡回路。在一定条件下，引起网络的线性或非线性的谐振暂态现象。这种过电压幅值较高，持续时间较长。

操作过电压产生的原因是：开关对线路或其他电器进行各种正常或故障开闭过程时，产生的电压振荡及间歇性电弧短路、系统解列、中性点不接地系统的弧光接地等。随着电压等级的提高，操作过电压对决定系统绝缘水平越来越重要，因此在超高压系统中，操作过电压的防护和限制成为主要的研究课题。

需要指出，根据运行经验表明，220kV 及以下系统内部过电压的事故率及危险性要比外部过电压小，因此绝缘配合中只考虑外部过电压的影响。而 330kV 及以上超高压系统中，内部过电压的问题比较突出，因此绝缘配合中应特别注重内部过电压的影响。这是因为，内部过电压幅值与电网工频电压基本上成正比，一般将内部过电压幅值与电网最高运行相电压幅值之比，称为内部过电压倍数，即内部过电压与电网额定电压有关；而外部过电压主要与雷电的参数有关。雷电产生的过电压对额定电压较低的电网威胁较大，但对超高压电网，过电压数值有可能小于电网额定电压，故威胁不大；一般来讲，电压较低电网的绝缘裕度较大，超高压电网的绝缘裕度较小，所以内部过电压对电压较低电网威胁不大，而对超高压电网威胁较大。但是，铁磁谐振内部过电压对6～35kV系统，易造成较多的损坏事故。

课题二 防 雷 设 备

过电压危及发电厂变电站电气设备的绝缘安全，我们可以采用避雷针、避雷线、避雷器进行防护，这些设备通常称为防雷设备。防止直击雷过电压一般使用避雷针或避雷线；防止感应雷过电压、侵入波以及内部过电压一般使用避雷器。

一、避雷针与避雷线

（一）避雷针与避雷线的基本结构和保护原理

避雷针由三部分组成，上部的接闪器（针头）、中部的接地引下线及下部的接地体。接闪器可用直径10～12mm、长1～2m的钢棒做成；接地引下线应保证雷击电流通过时不致熔断，可用6mm的圆钢或截面积不小于35mm^{2}的镀锌钢绞线，也可用厚不小于4mm、宽不小于20mm的扁钢做成，还可以利用钢筋混凝土杆内的钢筋或钢塔（或称铁塔）的本身作为引下线；接地体为一金属电极，其接地电阻不应大于规定的数值。引下线与接闪器及接地体之间及引下线本身的接头，都应可靠连接，连接处不允许用绞合的办法，必须用烧焊或线夹、螺钉进行连接。

避雷线也是由三部分组成，平行悬挂在空中的金属线（接闪器）、接地引下线和接地体。引下线上端与接闪器连接、下端与接地体相连。对避雷线的引下线及接地体的基本要求与避雷针相同；接闪器一般采用不小于35mm^{2}的镀锌钢绞线。避雷线悬挂在输电导线的上面，如用木杆架设时应在木杆腿上固定接地引下线；如用铁塔或钢筋混凝土杆架设时，可用铁塔本身或钢筋混凝土杆内的钢筋作引下线。当架设两根避雷线时，在每根杆处两避雷线应互相成金属连接，以减少避雷线阻抗，降低过电压。

避雷针（线）高出被保护物，其作用是将雷电吸引到避雷针（线）本身上来，并安全地将雷击电流引入大地，从而保护了设备。其保护原理是利用雷云对地放电先导阶段的选择性，即雷电向大地（或地面物体）放电过程中，它是选择向地面上较高的物体发展进行。在雷电放电的初始阶段，由于距离地面较高，故其发展的方向不受地面上物体的影响。当放电发展到地面的某一高度时，开始受地面上物体的影响而决定其放电的方向。由于避雷针（线）较高，而且具有良好的接地，因此避雷针（线）上容易因静电感应而积聚与雷电相反的电荷，使雷电与避雷针（线）间的电场强度显著增强。即雷电向大地放电的电场因避雷针（线）的作用发生歪曲，将放电的路径引向避雷针（线），并继续发展，直到对避雷针（线）发生放电。这样，在避雷针（线）附近的物体遭受雷击的可能性明显降低，也就是说受到了避雷针（线）的保护。显然，距离避雷针（线）越近的物体，遭受雷击的可能性越小。

（二）避雷针与避雷线的保护范围

受避雷针（线）保护的空间是有一定范围的，范围的大小可由模拟试验和运行经验来确定。由于雷电的放电路径受多种偶然因素的影响，因此，要保证被保护物绝对不遭受雷击是非常困难的。所谓保护范围，一般是指在此空间范围内，被保护物遭受雷击的概率仅为0.1%左右。

1. 单支避雷针

如图11-2所示，在被保护物高度h_x的水平面上，其保护半径r_x为

当 $h_x \geqslant h/2$ 时　$r_x=(h-h_x)p$　(11-4)

当 $h_x < h/2$ 时　$r_x=(1.5h-2h_x)p$　(11-5)

式中　h——避雷针的高度，m；

p——考虑到避雷针太高时保护半径不与针高成正比时增大的系数。

当 $h \leqslant 30$m 时　$p=1$

当 30m$<h \leqslant$120m 时，$p=5.5/\sqrt{h}$。

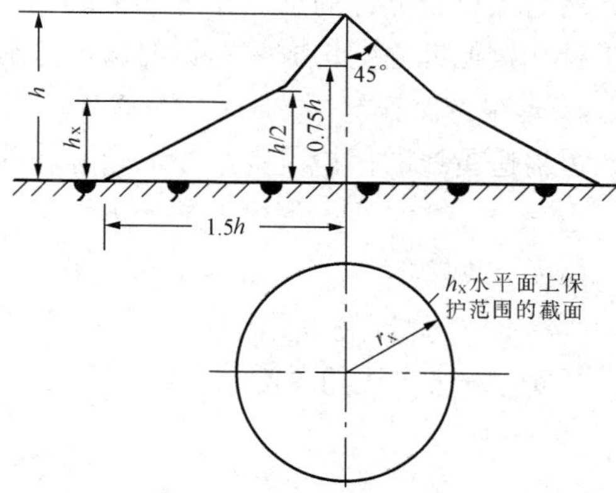

图 11-2　单支避雷针的保护范围

2. 两支避雷针

两支等高避雷针的保护范围应按下列方法确定：

(1) 两针外侧的保护范围，按单支避雷针的计算方法确定。

(2) 两针间的保护范围，应按通过两针顶点及保护范围上部边缘最低点 0 的圆弧（见图 11-3所示）确定，圆弧的半径为 R_0。0 点的高度应按下式计算

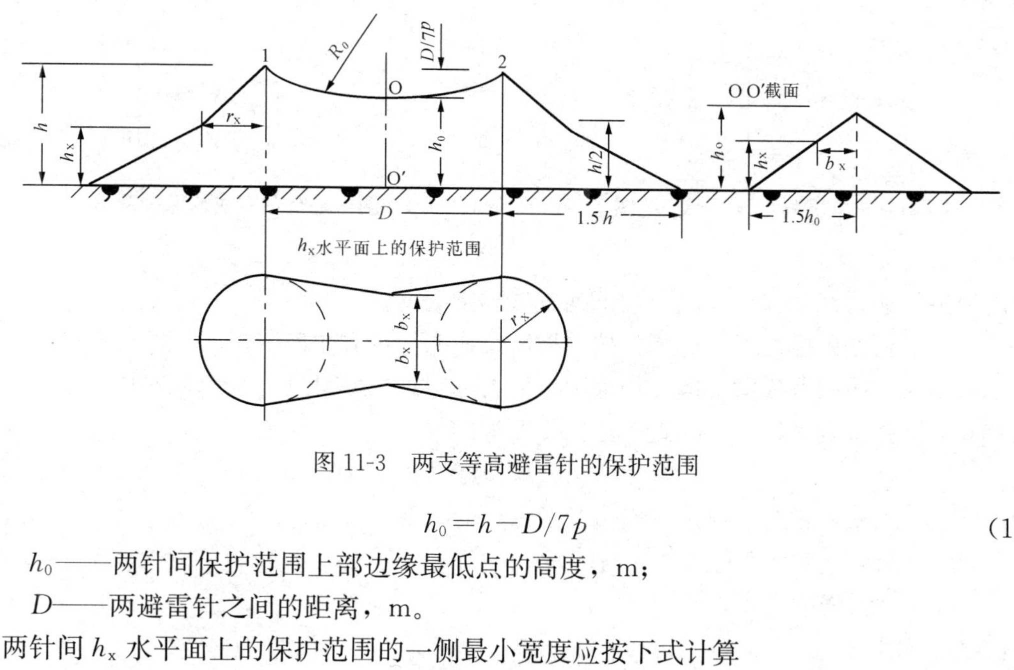

图 11-3　两支等高避雷针的保护范围

$$h_0=h-D/7p \tag{11-6}$$

式中　h_0——两针间保护范围上部边缘最低点的高度，m；

D——两避雷针之间的距离，m。

两针间 h_x 水平面上的保护范围的一侧最小宽度应按下式计算

$$b_x=1.5\ (h_0-h_x) \tag{11-7}$$

式中　b_x——为针间保护范围的一侧最小宽度，m。

当两针间距离太大时，b_x 计算值可能为负，故一般 $D/h \leqslant 5$。

3. 多支避雷针

多支避雷针的保护范围，相邻两针之间按两针保护范围的计算确定 b_x，被保护物得到保护的条件是：相邻两针的 $b_x \geqslant 0$。

在实际中，根据情况经常采用高度不等的避雷针防雷。两支不等高避雷针，其外侧的保护范围仍按单针的方法确定；两针内侧的保护范围，可先按单针方法作出较高针保护的边

界，然后经过较低针的顶点作一水平线，与较高针内侧斜线的交点假想为一避雷针的针顶。假想针与较低针之间构成等高针的保护范围。

4. 单根避雷线

单根避雷线的保护范围应按下列方法确定（见图 11-4 所示）：

当 $h_x \geqslant h/2$ 时 $r_x = 0.47(h - h_x)p$ (11-8)

当 $h_x < h/2$ 时 $r_x = (h - 1.53h_x)p$ (11-9)

式中 r_x——每侧保护范围的宽度，m；

h——避雷线的高度，m。

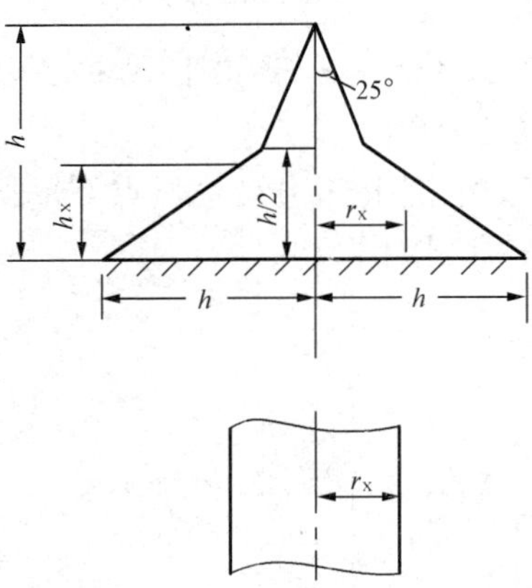

图 11-4 单根避雷线的保护范围

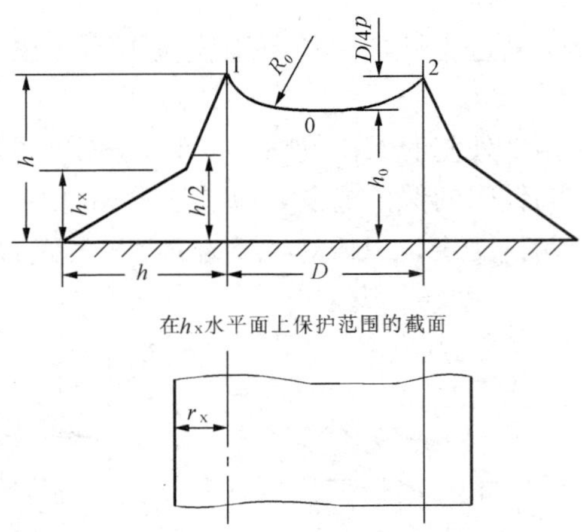

图 11-5 两根平行避雷线的保护范围

5. 两根平行避雷线

两根平行避雷线的保护范围应按下列方法确定（见图 11-5）：

（1）两避雷线外侧的保护范围，按单根避雷线的计算方法确定。

（2）两避雷线间各横截面的保护范围，应按通过两避雷线 1、2 点及保护范围上部边缘最低点 0 的圆弧确定。0 点的高度应按下式计算

$$h_0 = h - D/4p \tag{11-10}$$

式中 h_0——两根避雷线间保护范围边缘最低点的高度，m；

D——两根避雷线间的距离，m；

h——避雷线的高度，m。

6. 避雷线端部

单根避雷线端部的保护范围，可按单根避雷线保护范围计算式确定；两根的则按两支等高避雷针的计算方法确定其保护范围，等效避雷针的高度可近似取避雷线悬点高度的 80%。

（三）消雷器

20 世纪 80 年代，一种称为消雷器的用于直击雷防护的装置逐渐发展起来，并在一些地方投入使用。但是，它从诞生至今，在学术界里一直存在着分歧，持否定者对其可行性有怀疑，这个问题还有待今后解决；作为了解，这里介绍一下消雷器的技术性能。消雷器理论是在对避雷针功能进行剖析而产生的，认为避雷针的作用是引雷，但它又不能完全可靠地将雷击引到自身的顶端，且避雷针的保护范围有一定的限制，在避雷针保护范围内仍会有雷击事故。目前国

内生产的消雷器有几种牌号，它们在结构上略有不同。大体上消雷器的顶部是些由多根导体或半导体材料构成的针阵，称为消雷针，针阵构架经接地引下线入地，有些型号消雷器在消雷针和接地引下线之间连接一个限流器。消雷器工作原理是，在空中雷电荷形成的过程中，消雷器将感应出与雷电荷极性相反的电荷，在雷电发展的初期，消雷器根据雷电场的大小，发送适量异性电荷逐渐消除雷电能，使之无法形成闪击的雷电场，达到消雷目的。

二、避雷器

雷电击到输电线路上时，产生雷电波，它会沿着线路行进，侵入到发电厂、变电站的一次电气设备上，我们把这种雷电波称为雷电侵入波。雷电波的传播过程实质是电磁波的传播过程，一旦侵入波幅值超过电气设备的雷电冲击耐压水平，电气设备绝缘就有损坏的危险。避雷针（线）只能对直击雷起到防止的作用，而对于感应雷或侵入波过电压的限制措施，就是安装避雷器。

1. 避雷器的类型及特点

避雷器一般分管式、普通阀式（FZ、FS）、磁吹阀式（FCZ、FCD）和金属氧化物（MOA）四种类型。目前现场使用较多的阀型避雷器，内部元件主要由放电间隙和阀片（非线性电阻）组成，外面是绝缘瓷套，上、下两个电极分别接工作母线和可靠接地。

四种类型避雷器，在基本结构上有较大区别。管式避雷器只有放电间隙，阀式避雷器含有间隙和阀片，金属氧化物避雷器（目前推出的只有氧化锌避雷器）一般无间隙、只含有阀片。磁吹阀式避雷器是在普通阀式避雷器的基础上进行了改进的，它主要是通过间隙改进来达到改善保护性能的目的。磁吹间隙中利用磁场对电弧的电动力使电弧运动，从而提高间隙的灭弧能力（即可切断更大的续流）。磁吹阀式避雷器的电气参数与普通阀式避雷器基本相同，但它们在同一电压等级的工频放电电压、冲击放电电压、残压在数值上一般比普通阀型要低，表现为切断比和保护比不同。

各种避雷器的共同特点是在系统额定电压下运行时，避雷器内部没有电流或流过的电流很小。当避雷器上电压超过了间隙的放电电压或某一数值时，避雷器流过很大的电流，此时，由于间隙和阀片的保护作用，将作用于避雷器上的电压限制在一定的数值上，即限制过电压。但是，避雷器在过电压下动作后，会产生工频续流造成短路，所以避雷器应具备切断工频续流的功能。管型避雷器由于没有阀片，是靠产气管在电弧高温下产气吹弧来切断工频续流，工作不稳定，故仅用于变电站进线保护；普通阀型避雷器和氧化锌避雷器能较稳定切断工频续流，一般用作保护变电站的电气设备；磁吹阀式避雷器具有较大的断流能力，多用来保护旋转电机。

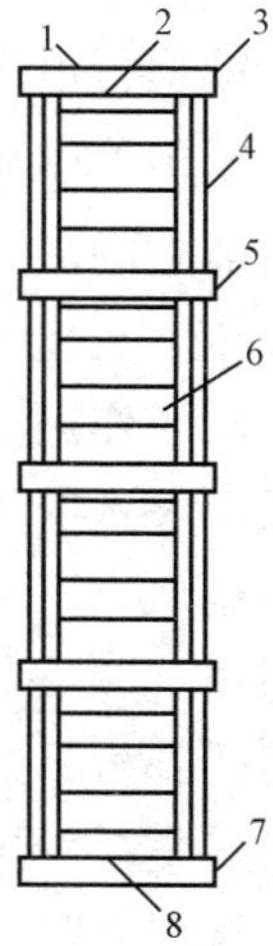

图 11-6　氧化锌避雷器基本结构图

1—上金属隔板；2—弹簧；3—螺钉；4—绝缘拉杆；5—绝缘固定套板；6—阀片；7—螺钉；8—下金属隔板

2. 氧化锌避雷器

氧化锌避雷器是电力系统过电压保护的新型产物，20 世纪 70 年代末在我国开始采用。由于其优越的保护性能，有逐步取代其他类型避雷器的趋势。氧化锌避雷器一般是无间隙的，内部由氧化锌（ZnO）阀片组成。其内部结构见图 11-6 所示，其优越性能取决于它的无间隙结构和氧化锌电阻片良好的非线性。氧化锌避雷器由于取消了传统碳化硅避雷器不可缺少的串联间隙，避免了间隙电压分布不均的缺点，提高了产品的保护可靠性，宜与被保护设备的绝缘配合。并且，在正常运行电压下，氧化锌电阻呈现出极高的电阻，通过它的电流只有微安级，对电网运行影响极小。

归纳起来，氧化锌避雷器具有以下优点：

(1) 由于不用串联火花间隙，所以结构简单、体积缩小。且防污性能好，避免了由于瓷套外污秽使串联火花间隙放电电压不稳定的缺点。

(2) 由于氧化锌阀片的通流能力很大（必要时也可采用两柱或两柱阀片并联），提高了避雷器的动作负载能力。

(3) 可以降低电气设备所受的过电压。

(4) 当装入六氟化硫组合电器时，不存在因六氟化硫气体变化引起放电电压的变动和间隙中电弧引起六氟化硫气体分解的问题。

(5) 易于制成直流避雷器。因为直流续流不像工频续流那样会通过自然过零点，所以直流避雷器中如用串联间隙就比较难以制造。

(6) 氧化锌避雷器在过电压下动作后，实际上没有工频续流通过，所以通过避雷器的能量大为减少，从而可以承受多重雷击，并延长工作寿命。

氧化锌避雷器的主要电气参数如下：

(1) 系统标称电压，即系统额定电压。

(2) 避雷器额定电压，是指施加到避雷器端子间最大允许工频电压有效值。按照此电压所设计的避雷器，能在所规定的动作负载试验中确定的暂时过电压下正确地工作，它是表明避雷器运行特性的一个重要参数，但它不等于系统额定电压。在氧化锌避雷器铭牌型号上标明的额定电压系指该参数。例如型号为 Y10WS-200/496 的避雷器，额定电压为 200kV，残压为 496kV，用于电压为 220kV 等级的系统。

(3) 持续运行电压，为在运行中允许持久地施加在避雷器端子上的工频电压有效值。

(4) 工频参考电压，为在工频参考电流（工频参考电流通常在 1～20mA 范围内）下测量出的避雷器上的工频电压最大峰值除以$\sqrt{2}$。

(5) 残压，氧化锌避雷器的残压一般指雷电流冲击下的残压，由于氧化锌避雷器对操作过电压具有限压作用，所以有时给出操作冲击电流下的残压。

(6) 直流参考电压，通常为 1mA 下测出的避雷器上的电压。

3. 避雷器与被保护设备间的距离

在理想情况避雷器与被保护设备间的距离为零时，只要二者的绝缘配合得当，那么被保护设备就能得到可靠的保护。但是，实际中的很多设备，不可能在每个设备旁边都装一组避雷器，一般只是在变压器母线上装设一组避雷器。避雷器离开各电气设备都有一段不等的距离，当雷电波侵入时，各设备受到避雷器保护的效果就不同。不难想象，距离避雷器近的保护效果好，远的效果就差些。如果距离超过一定的范围，避雷器就不能保护设备。正如避雷针（线）有一定的保护范围一样，避雷器也存在一定的保护范围，那就是避雷器与被保护设备之间的最大距离。

实际中避雷器与被保护设备间的最大距离，与设备的冲击耐压值、避雷器动作后的残压及雷电侵入波陡度有关，一般可用下式进行近似计算

$$l_m \leqslant \frac{1}{2\Delta}(U_j - U_c)K \tag{11-11}$$

式中　l_m——避雷器与被保护设备间的最大距离，m；

Δ——雷电侵入波的陡度，kV/m；

U_j——设备冲击耐压值，kV；

U_c——避雷器动作后的残压，kV；

K——与母线出线回数有关的系数。当母线上出线总数为1、2、3、4时，K值分别为1.0、1.25、1.5、1.7。

课题三　发电厂、变电站防止过电压的基本措施

发电厂、变电站的雷害可能来自三个方面：一是雷直击于发电厂、变电站；二是雷击输电线后产生的雷电波侵入发电厂或变电站；三是雷直击线路附近地面或物体，在三相导线上产生感应雷电波作用于电气设备上。为防止雷电对电力系统的危害，必须采取有效的防雷措施。

一、发电厂、变电站防止雷电直击

防止雷电直击，发电厂、变电站常采用避雷针和避雷线作为直击雷防护，并要求被保护物体处于避雷针（线）的保护范围之内。避雷针（线）实质上是引雷针（线），它是将雷电引向自身，通过引下线接地，将雷电流引入大地，从而保护电气设备免遭雷击。由于避雷针的保护效果较强，并且发电厂、变电站中要求被保护的物体比较集中，所以一般采用避雷针。避雷线多用于保护输电线路。峡谷地区的发电厂、变电站宜采用避雷线保护。

1. 避雷针的设计原则

发电厂、变电站的下列设施应在避雷针的保护范围内。

（1）屋外配电装置，包括组合导线和母线廊道。

（2）烟囱、冷却塔和输煤系统的高建筑物。

（3）油处理室、燃油泵房、露天油罐及其架空管道、装卸油台、大型变压器修理间、易燃材料仓库等建筑物。

（4）乙炔发生站、制氢站、露天氢气罐、氢气罐储存室、天然气调压站、天然气架空管道及其露天储罐。

（5）多雷区的列车电站。

发电厂的主厂房（无钢筋砖木结构的主厂房除外）、主控制室和配电装置一般不装设直击雷保护，但雷电活动特别强烈的地区需设置。

为了减少投资，可利用配电装置构架装设避雷针，其原则是：

（1）电压在110kV及以上的配电装置，一般将避雷针装在配电装置构架上。但在土壤电阻率大于1000Ωm的地区，宜装设独立避雷针。否则，应通过验算，采取降低接地电阻或加强绝缘等措施。

（2）35kV及以下高压配电装置构架和房顶不宜装避雷针，应采用独立避雷针。

（3）装在构架上的避雷针应与接地网连接，应在其附近装设集中接地装置。避雷针与主

接地网的地下连接点至变压器接地线与主接地网的地下连接点之间，沿接地体的长度不得小于 15m。

在变压器门型构架上，不应装设避雷针、避雷线。

（4）独立避雷针在非高土壤电阻率地区，其接地电阻不宜超过 10Ω。

2. 反击与绕击

雷击避雷针（线）时，由于避雷针（线）引下线或构架有自身电感和接地电阻，则在顶端会产生很高的电压，顶端电位受雷电强度、电感和接地电阻等参数的影响，在一定的条件下，易引起对设备的放电，这种现象称为反击现象（或称逆闪络）简称反击。因此，避雷针（线）和电气设备空间距离及避雷针（线）的独立接地网和设备主接地网地中距离，应满足一定要求。规程要求前者空间距离不宜小于 5m，后者地中距离不宜小于 3m。所以，为防止雷击应使设备靠近避雷针（线）；为防止反击应使设备远离避雷针（线）。

在某种气象条件下或受周围地理环境影响时，也发生过在避雷针（线）保护范围内的物体被雷击的现象，这种情况通常称为绕击。绕击现象，使避雷针（线）失去了对直击雷的防护作用，要特别注意。

二、发电厂、变电站防止过电压入侵

发电厂、变电站的过电压入侵，主要是感应过电压形成后引起的。所以，首先应尽可能避免感应过电压的形成，要求发电厂、变电站的三相母线或三相输配电线路，应尽量远离易引雷的物体（如避雷针、树木等）；然后再充分利用变电站的进线保护段对来波进行限制；最后利用避雷器对电气设备作可靠的保护。

1. 进线段保护

未沿全线架设避雷线的 35～110kV 架空送电线路，应在变电站 1～2km 进线段架设避雷线，并同管型避雷器一起构成变电站的进线段保护。如图 11-7 所示。

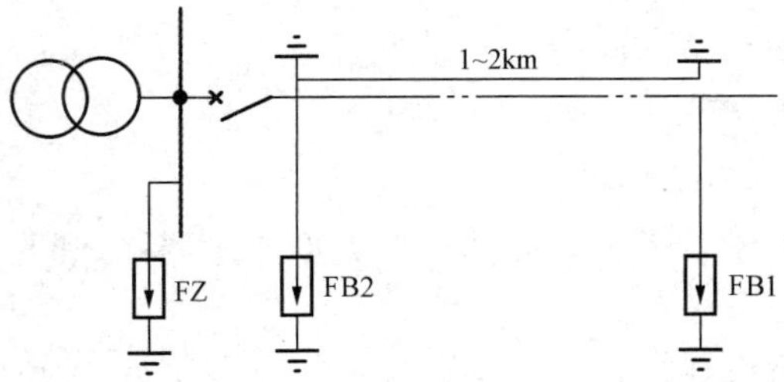

图 11-7　35～110kV 变电站的进线保护接线

在木横担杆塔线路进线段的首端，应装一组管型避雷器 FB1，其工频接地电阻不宜超过 10Ω。铁横担的线路，以及全线有避雷线的线路，一般不装设管型避雷器 FB1。

在雷雨季节，如变电站 35～110kV 进线的隔离开关或断路器可能经常断路运行，同时线路侧带电，则必须在靠近隔离开关或断路器处装设一组管型避雷器 FB2。FB2 动作值的整定，应使其在断路运行时能可靠地保护隔离开关或断路器，而在闭路运行时不动作，并应处在母线阀型避雷器 FZ 的保护范围内。

发电厂、变电站的 35kV 及以上电缆进线段，在电缆与架空线的连接处应装设管型避雷器，其接地端应与电缆的金属外皮相连。对于三芯电缆，末端的金属外皮应直接接地，如图 11-8（a）所示；对于单芯电缆，应经接地器 FJ 或保护间隙 JX 接地，如图 11-8（b）所示。连接电缆段的 1km 架空线路应装设避雷线。

对于较小容量变电站或根据其重要程度，可简化进线保护，如可以考虑采用长度仅为 500～600m 的进线段保护。

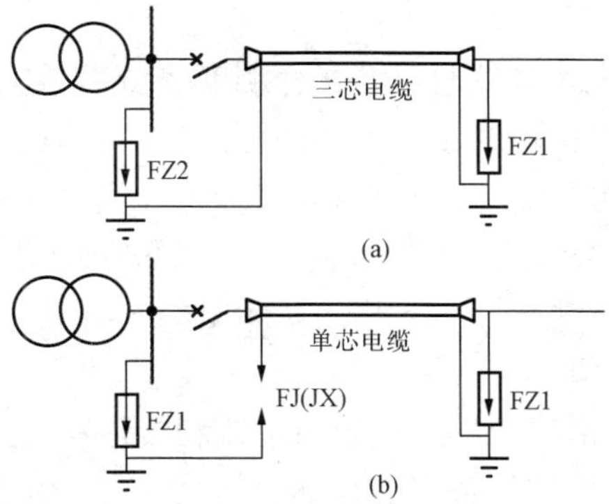

图 11-8　具有 35kV 及以上电缆段的变电站进线保护接线

（a）金属外皮直接接地；

（b）经接地器或保护间隙接地

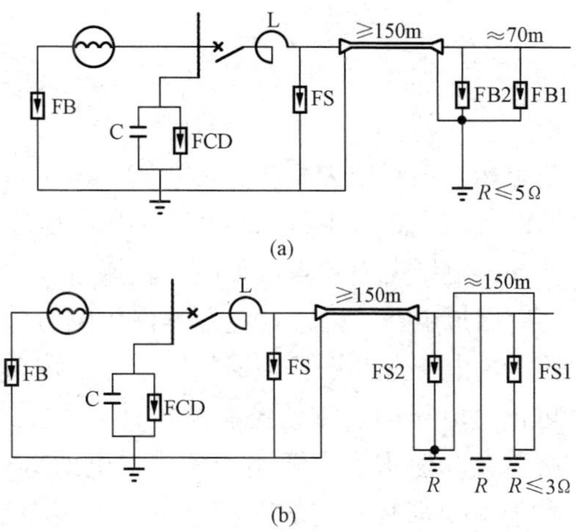

图 11-9　25～60MW 直配电机的保护接线

L—限流电抗器；FB—普通阀型避雷器；

FCD—磁吹避雷器；C—电容器

2. 避雷器保护

避雷器是防止过电压入侵（包括内部过电压），保护电气设备绝缘最有效的防雷设备。发电厂、变电站的每组母线上，都应装设阀型避雷器（或氧化锌避雷器）。所有避雷器应以最短的接地线与配电装置的主接地网相连，同时应在其附近装设集中接地装置。并且，所有被保护设备均应在避雷器保护范围内，即其之间的距离满足最大距离的要求。

变压器是变电站中最重要的设备，一般在其出口装设避雷器就能有效的保护。但在电网运行中，我国 60kV 及以下电网中的变压器中性点不直接接地，另外出于继电保护的要求，中性点直接接地系统中的部分变压器中性点也是不接地的。这些变压器中性点的绝缘水平一般比较低（多数变压器的中性点按半绝缘设计），当三相来波时，理论上中性点电位是绕组首端电位的 2 倍，这样极易造成变压器的损坏。所以对这类变压器应采用避雷器保护，限制中性点过电压。

对于发电厂的发电机，由于装设在厂房内，所以不会受直击雷和感应雷作用，但可能有雷电压的入侵。发电机在电力系统处在非常重要的地位，并且它本身的绝缘水平较低（相对于变压器而言），需要用专用的磁吹阀型避雷器以及电缆、电容器等共同防止过电压。单机容量为 25～60MW 的直配电机（直接与架空线相连），宜采用图 11-9 所示的保护接线。

图中，电缆段的作用是利用电缆外皮分流降压。管型避雷器的接地端是接在电缆外皮上，过电压动作时，管型避雷器中的雷电流大部分经电缆外皮流入大地，并在电缆芯中感应出反电动势，阻碍雷电流沿电缆芯侵入，从而初步限制了雷电流。与磁吹避雷器并联的电容器，可以降低来波陡度保护电机的匝间绝缘。电机中性点上装设一组只相当最高运行相电压的普通阀型避雷器，保护中性点绝缘。

单机容量在 60MW 以上的电机不应与架空线路直接相连，一般是经过变压器。变压器有专门的防雷保护，而且它本身也能降低电压，同时变压器绕组能降低侵入波的陡度，所以不需要装设像小容量电机那样复杂的防雷保护。

小结

过电压，是指电力系统在运行中，由于雷云放电及某些故障、操作引起系统参数的变化，使运行设备出现超过本身最高允许电压的电压。过电压一般分为外部过电压和内部过电压两大类：外部过电压是由于雷云放电，直接击到电气设备产生的直击雷过电压，或雷云放电时在设备上感应出过电压；内部过电压是由于电力系统内部故障、断路器的操作、参数变化的谐振等引起的。过电压危及设备绝缘的安全，影响系统的正常运行，所以必须加以防护。

防止过电压的防雷设备有避雷针、避雷线和避雷器。

避雷针和避雷线主要用于防止雷电的直击，均由接闪器、接地引下线和接地体组成。避雷针和避雷线都有一定的保护范围，使用中是将被保护设备安装在其保护范围内，设备即将得到保护（严格地讲是雷击的概率很低）。避雷针主要用于保护发电厂和变电站的电气设备及其重要建筑等，避雷线主要用于保护输电线路。

避雷器主要用于防止感应雷过电压或雷电波的入侵，它直接并联于发电厂和变电站的主要电气设备或母线上。对避雷器的要求是在过电压时动作将电压限制在一定范围，过电压过后又要及时切断工频续流使系统恢复正常。避雷器一般有管式、阀式（又分普通型和磁吹型两种）和金属氧化物式几种，目前在使用中阀式较为普遍，但新型发电厂和变电站多采用氧化锌避雷器。

发电厂和变电站的防雷，首先要通过避雷针和避雷线防止雷电的直击，但特别要注意反击和绕击现象。对主要设备要利用避雷器进行防护，防止各种过电压波的入侵。对发电厂和变电站还要利用进线保护段防雷，对于直配电机要用专门的保护接线。

习题

11-1 什么是电力系统过电压？它对系统的运行有什么影响？

11-2 直击雷过电压和感应雷是如何形成的？

11-3 内部过电压有哪几类？是如何产生的？

11-4 外部过电压和内部过电压对不同电压等级的电网影响如何？

11-5 避雷针和避雷线由哪几部分构成？其保护原理是什么？

11-6 画出避雷针和避雷线的保护范围图。

11-7 避雷器有哪几类？它是如何工作的？

11-8 氧化锌避雷器有哪些优点？其技术参数有哪些？

11-9 发电厂和变电站防止过电压的基本措施有什么？

11-10 什么是反击和绕击？如何防止反击？

11-11 试画一典型的进线保护段的接线图。

11-12 试画一典型的直配机防雷保护的接线图。

操　作　电　源

发电厂及变电站的操作电源，是作为继电保护及自动装置、信号设备，控制及调节设备的工作电源及断路器的跳闸、合闸电源。大中型发电厂及变电站主要采用直流操作电源。

课题一　直流负荷及操作电源

一、直流负荷的分类

发电厂及变电站的直流负荷，按其用电特性的不同可分为经常负荷、事故负荷和冲击负荷三类。

1. 经常负荷

经常负荷指在所有运行状态下，由直流电源不间断供电的负荷。它主要包括：

（1）经常带电的直流继电器、信号灯、位置指示器。

（2）经常点亮的直流照明灯。

（3）经常投入运行的逆变电源等。

一般来说，经常负荷在总的直流负荷中所占的比重是比较小的。

2. 事故负荷

事故负荷指正常运行时由交流电源供电，当发电厂和变电站的自用交流电源消失后由直流电源供电的负荷。它一般包括有事故照明、汽机润滑油泵、发电机氢冷密封油泵及载波通信备用电源等。

3. 冲击负荷

冲击负荷是指直流电源承受的短时最大电流。它包括断路器合闸时的冲击电流和当时所承受的其他负荷电流（经常负荷与事故负荷）。

上述三种负载是选择直流电源的主要依据。

二、操作电源的分类及作用

发电厂及变电站的操作电源有直流电源和交流电源两大类。直流操作电源用于发电厂及大中型变电站，通常以蓄电池组、复式整流装置或带电容器储能的硅整流装置供电。交流操作电源用于小型变电站，以站用变压器、电流互感器及电压互感器供电。

1. 蓄电池组直流电源

蓄电池组是一个独立、可靠的直流电源，即使在全厂（站）交流系统都停电的情况下，仍能在一定的时间内（通常为 2h）可靠供电，是发电厂及大中型变电站不可缺少的电源设备。蓄电池组通常采用 110V 或 220V 的电压供电。

蓄电池一般分为酸性蓄电池或碱性蓄电池两种。前者端电压较高、冲击放电电流大，适合于断路器跳闸、合闸的冲击负荷，但运行维护比较复杂；后者维护简便、寿命长，但事故放电时电流较小。

2. 带电容器储能的硅整流直流电源

带电容储能的硅整流装置由硅整流设备和储能电容器组构成，将厂（站）用的交流电源变为直流作操作电源。为了在故障状态下，如当厂（站）自用交流电源消失时，能继续供给操作电源，装设了储能电容器。由于受到储能电容器容量的限制，这种操作电源在交流电源消失后，只能在短时间内向继电保护及自动装置以及断路器跳闸回路供电。主要使用在小型发电厂及中小型变电站。

3. 复式整流直流电源

这是一种以厂（站）自用交流电源、电压互感器二次电压、电流互感器二次电流等为输入量的复合式整流设备。在正常运行时，由厂（站）自用交流电源或电压互感器二次电压经整流后供电；故障状态情况下，由电流互感器二次电流通过磁饱和稳压器变为一定的电压，再经过整流供电。因此，也可以说复式整流电源是由电压源（从厂、站自用交流电源或电压互感器取得）和电流源（从电流互感器取得）两部分组成。其结构简单、运行维护工作量小，并能在故障状态下输出较大的直流电流，广泛用于具有单电源的中小型变电站。

4. 交流操作电源

交流操作电源就是直接使用交流电源作二次回路的工作电源。采用交流操作电源时，一般由电流互感器供电给反应短路故障的继电器和断路器的跳闸线圈；由自用电变压器供电给断路器合闸线圈；由电压互感器（或自用电变压器）供电给控制与信号设备。这种操作电源接线简单、维护方便、投资少，但其技术性能尚不能完全满足大中型发电厂及变电站的要求，主要用于小型变电站。

三、对操作电源的基本要求

(1) 保证供电的高度可靠性。

(2) 具有足够的容量，以保证正常运行及故障状态下的供电。

(3) 使用寿命长，运行、维护方便。

(4) 投资少，布置面积小。

课题二　蓄电池组直流系统

一、蓄电池的作用、容量及直流系统

蓄电池是一种既能把电能转换为化学能以便储存，又能把化学能转变为电能供给负载的化学电源设备。以若干个蓄电池连接成蓄电池组，作为发电厂及变电站的操作电源，不受电网运行方式变化的影响，在故障状态下仍能保证一段时间的供电，具有很高的可靠性。

蓄电池主要由容器，电解液和正、负电极构成。当外电路接通时，由于氧化还原的化学反应，正负极板上有电子的得失，有电流通过外电路，为直流负荷提供电能。

（一）蓄电池组的作用

由蓄电池构成的蓄电池组，主要为直流负荷提供可靠的电能。但现代的发电厂和变电站一般采用浮充电的形式，即蓄电池组与交流整流后的直流并联，一同为下列负荷供电。

(1) 主控制室、就地操作的主配电装置、各电压等级的厂用配电装置技术控制屏的控制信号回路，以及各级电压配电装置的断路器合闸线圈等。

(2) 汽机和锅炉技术控制屏的控制信号回路，各汽机直流润滑油泵及氢冷直流密封油泵

的电动机。

(3) 事故照明网络，即在主控制室的专用事故照明屏。对于只装一组蓄电池的发电厂及变电站，设置一块事故照明屏；装有两组蓄电池的发电厂，则设置两块事故照明屏。

(4) 其他直流用电设备，如通信备用电源、主控制室经常照明灯及电气试验室等直流负荷。

（二）蓄电池的容量及自放电

蓄电池的容量，就是蓄电池放电到某一容许最小电压（或称终止电压）的过程中所放出的电量，以安时（Ah）表示。蓄电池的容量与极板类型、电解液的比重、放电电流的大小及工作温度等因素有关。蓄电池通常以放电率表示放电至终止电压的快慢。放电率可用放电电流大小或放电到终止电压的时间长短表示。例如，某 216Ah 容量的蓄电池，以恒定的 21.6A 电流放电，经 10h 到达终止电压，以电流表示放电率，则为 216A 放电率；以时间表示则为 10h 放电率。蓄电池的额定容量就是指 10h 放电率放出的电量。放电时间大于 10h，则放电电流就应低于 10h 放电率的电流值，放出的容量就允许大于额定容量。

蓄电池充电后，由于电解液上下层比重不同会形成一定的电势差，同时电解液中含有的金属杂质沉淀在极板上会形成局部短路，因此蓄电池存在着自放电现象。自放电现象的存在增加了蓄电池的内部损耗。

（三）直流供电系统的接线

1. 主控制室内控制、信号小母线供电网络

如图 12-1 所示，图中±KM、±XM 和（+）SM 为安装在各控制屏顶的控制、信号和

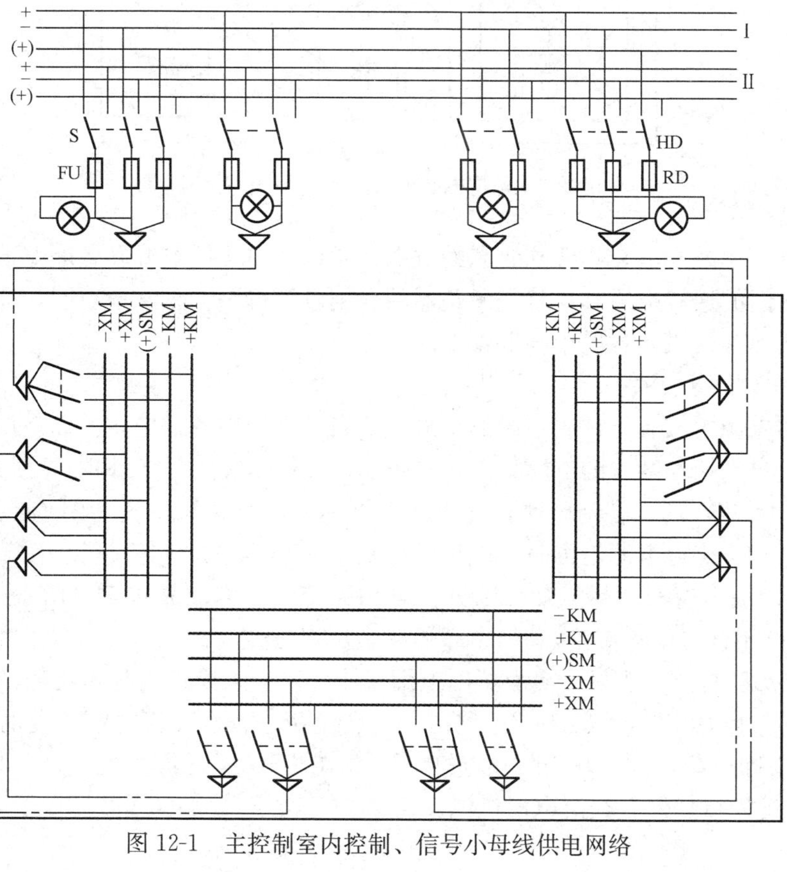

图 12-1　主控制室内控制、信号小母线供电网络

闪光电源小母线。小母线按屏组分段，段间以电缆连接，再通过两路与电源相连，在各段间及电源进线都装设隔离开关。断开段间的连接隔离开关，即可实现网络的开环运行。小母线分段的目的是为了便于检修和处理故障。

2. 屋外配电装置断路器合闸线圈供电接线

某电压级屋外配电装置断路器合闸线圈的供电接线如图 12-2 所示。

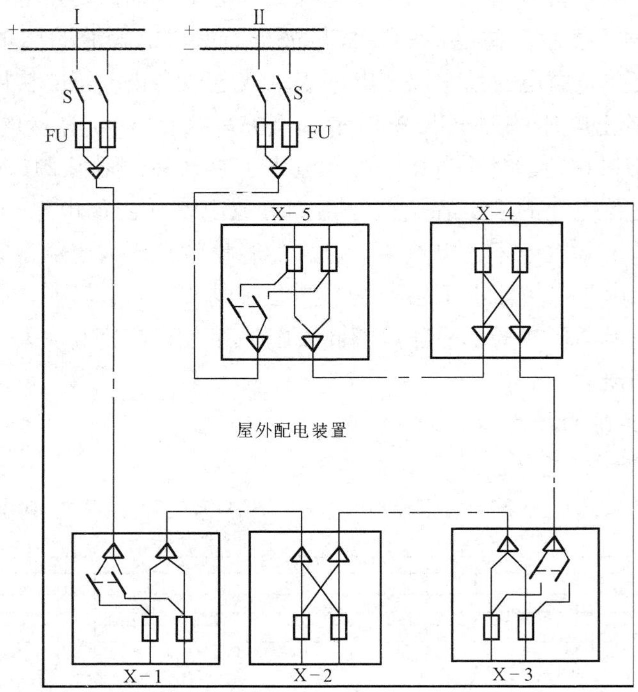

图 12-2　屋外配电装置断路器合闸线圈供电接线

从图可见，屋外配电装置合闸线圈的供电，是以电缆连接电源和各断路器的端子箱构成的。端子箱之间的连接电缆芯，就是断路器的合闸电源母线。正常运行时，通过隔离开关将合闸电源母线分为两段，各段单独取得电源。

3. 事故照明供电接线

事故照明电源由安装于控制室内的事故照明自动切换装置供电，并以单回路供电。

事故照明自动切换装置的电路如图 12-3 所示。正常运行时，三相隔离开关 QS、事故照明馈线开关 S1 与 S2 均在合闸位置；交流接触器 KM1 在动作状态。事故照明负荷由 220V 交流电源供电。当交流电源消失时，电压继电器 KV1～KV3 失电，其动合触点打开，使交流接触器 KM1 失电返回。其主触头断开，先切断交流电源。紧接着，由于 KV1～KV3 和 KM1 动断触点闭合，使直流接触器 KM2 启动，KM3 随之启动。KM2 与 KM3 主触头闭合，将蓄电池组 220V 直流电源投入事故照明电源母线。以上切换过程是很迅速的。在由直流电源供电期间，接触器 KM2 与 KM3 一直在带电启动状态。当交流电源恢复时，电压继电器 KV1～KV3 立即启动，首先其动断触点打开使 KM2、KM3 相继失电返回，切断直流电源。随之 KM1 启动，重新恢复交流电源供电。

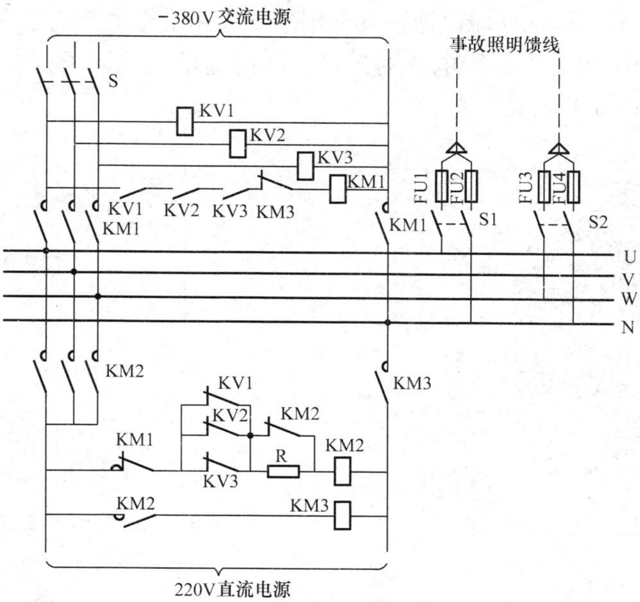

图 12-3　事故照明供电接线

二、蓄电池组的运行方式

蓄电池组直流电源主要采用充电—放电式和浮充电式两种运行方式。

1. 充电—放电运行方式

蓄电池组的充电—放电运行方式，就是对运行中的蓄电池组进行定期的（或根据运行规程要求）充电，以保持蓄电池的良好状态。充电装置除充电时间外是不工作的，在充电过程中除了向蓄电池组供电外，还要担负经常直流负载，故充电设备必须有足够的容量。其典型电路接线如图 12-4 所示。

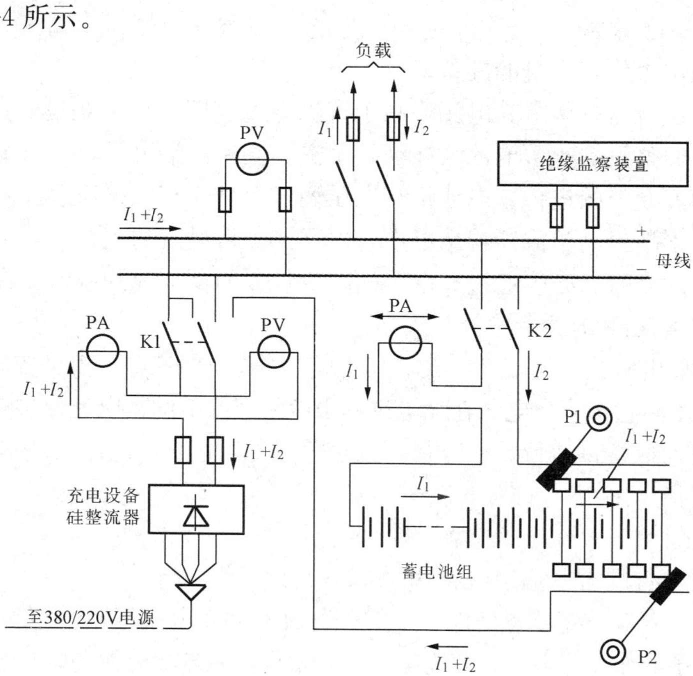

图 12-4　按充电—放电运行方式工作的蓄电池组电路图

图中蓄电池组由基本电池和端电池两部分组成，采用端电池是为了在放电过程中调节接入蓄电池的数量，以保持直流母线电压的稳定。端电池的调节是通过端电池调整器来实现的，如图 12-5 和图 12-6 所示。

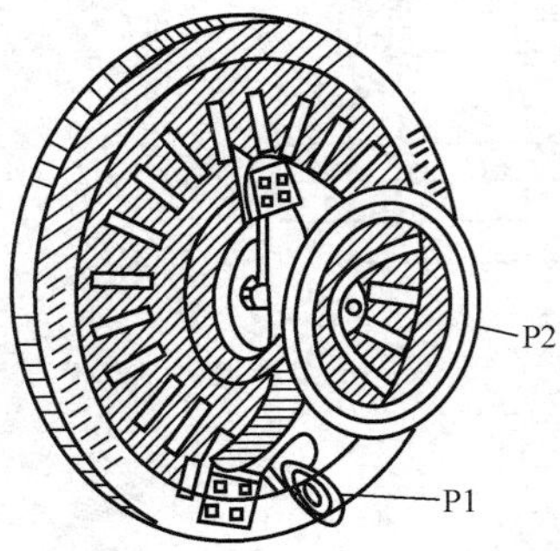

图 12-5　端电池调整器构造图

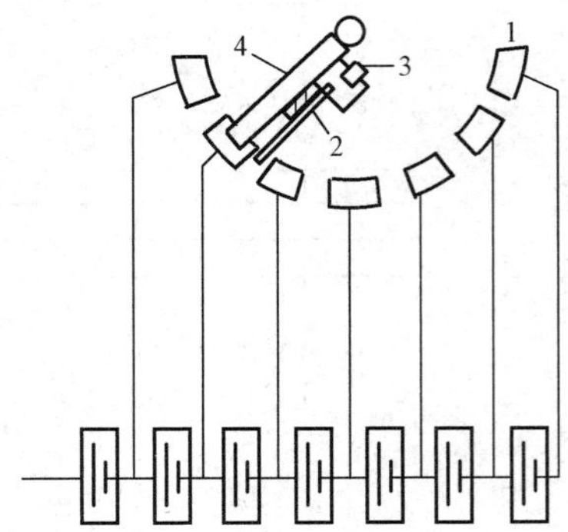

图 12-6　端电池调整器接线示意图

1—金属片；2—辅助触点；3—电阻；4—主触头

端电池调整器的构造如图 12-5 所示，其接线如图 12-6 所示。互相绝缘的金属片依次连接到端电池间的抽头上，通过操作放电手柄 P1 或充电手柄 P2 就可调节投入蓄电池的数量。为了在调节过程中防止电路中断，将每一个手柄的触头分为两部分，如图 12-6 中的 2 和 4。在调节过程中先使 2 和 4 跨接在相邻的两个金属片上，并通过电阻 3 连接着，然后再断开 2 完成一次调节。

充电手柄是在充电时退出已充好的端电池用的；放电手柄是在直流母线电压降低时投入端电池提高母线电压用的。蓄电池组在正常放电工作状态时，放电手柄应放在使母线电压为正常工作电压的位置。随着放电时间的延长，蓄电池端电压下降，此时需调节放电手柄增加投入蓄电池的数量。如果端电池已全部投入且已放电到终止电压时，则认为已完全放电，将充电手柄调到终端位置作好充电的准备。

充电时通过硅整流器，调节其电压略高于直流母线电压，合上双投开关 K1 到充电位置（图中右侧位置），使整流器与蓄电池组并联，稍提高整流器端电压，使整流器带经常负荷并向蓄电池充电。随着充电的进行蓄电池组端电压逐渐上升，充电电流逐渐减小。为了维持充电电流不变，就需不断提高整流器输出电压，但又要保持母线的正常工作电压。为此，在调节整流器输出电压的同时，必须通过放电手柄减少投入的蓄电池的数量。在充电终止时，放电手柄将移到基本电池部分。

由于端电池在放电时接入比较晚，放电时间短，而充电时充电电流又较大，所以端电池会比较早的充好。为了防止过度充电，在充电过程中应将充好电的蓄电池通过充电手柄切除。

这种运行方式，通常每运行 1～2 昼夜就要充一次。显然，操作比较频繁，也影响蓄电池的寿命，目前已很少采用。

2. 浮充电运行方式

按浮充电方式运行的蓄电池组电路如图 12-7 所示。

本电路采用了两套硅整流装置（也可用交—直流电动发电机组），一套容量较大的作充电用，另一套容量较小的作浮充电用。浮充电就是正常运行时整流电源与蓄电池组并联运行，整流电源一方面担负直流经常负荷，另一方面以很小的电流向蓄电池组浮充电，以补充由于自放

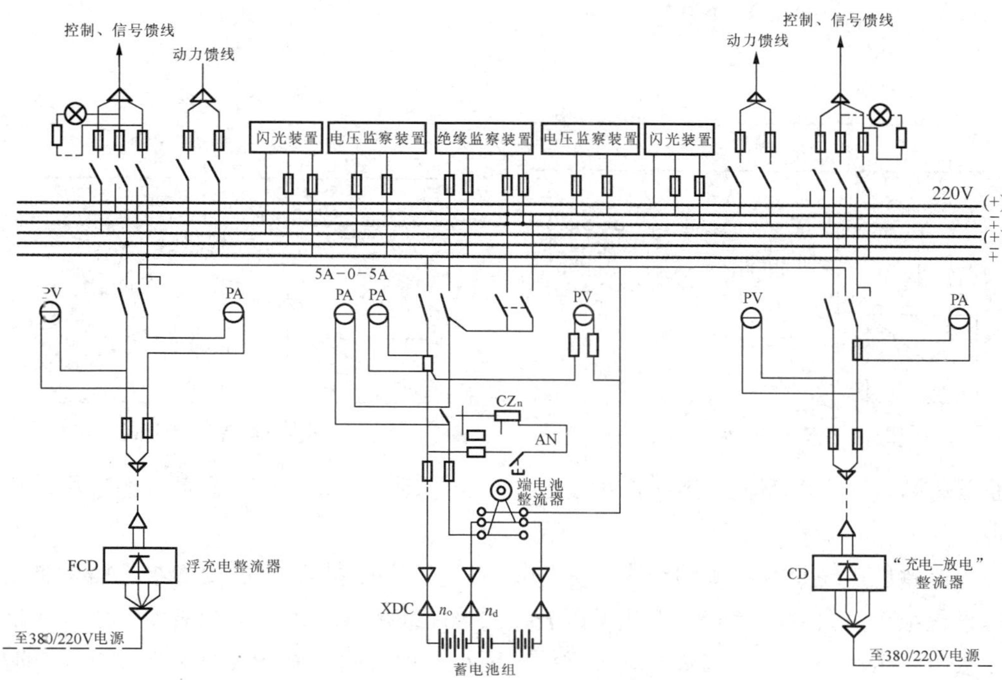

图 12-7　按浮充电方式运行的蓄电池组电路图

电造成的容量损失，使其经常处于充满电状态。在这种运行方式下，蓄电池组主要是担负冲击负荷（如断路器合闸电流）和事故负荷。充电整流器的作用与充电——放电运行方式相同。

按浮充电方式工作的蓄电池组，经常处于充满电状态，只有当交流电源消失或浮充整流器故障时，才转为长时间放电状态。蓄电池组除了事故放电后要及时充电以外，平时每个月要进行一次充电；每 3 个月必须进行一次核对性放电与均衡充电，以保持其有效的功能。浮充电源工作方式在实际运行中有以下两种不同的形式。

第一种浮充电源运行形式，如图 12-8 所示。硅整流器 Z 的输出开关 S 投入放电位置 1、3 侧。这时整流器一方面供电给经常负荷 I_2，同时以 I_1 对蓄电池进行浮充电，但端电池（或称备用电池）BXDC 得不到充电。整流器的端电压要满足浮充电的要求，通常按每只酸性蓄电池取 2.15V，每只碱性蓄电池取 1.35～1.45 选定。当交流电源消失时，整流器停止运行，蓄电池组转入放电状态。为了维持母线电压要随时调整放电手柄 P1。

第二种浮充电源运行形式，如图 12-9 所示。整流器的输出开关投入充电位置 2、4 侧，正常运行时一方面向经常负荷供电，同时向包括端电池在内的全部蓄电池浮充电。这种运行形式在整流器退出工作及重新充电时引起母线电压的波动较大。

总之，蓄电池组直流电源采用浮充方式运行，不仅可提高工作的可靠性、经济性，还可减少运行维护工作量，因而在发电厂及变电站中广泛应用。

三、直流绝缘监察

正常运行时直流系统的对地绝缘电阻是很大的，通常 0.2～0.5MΩ 范围内，这是保证直流系统安全可靠工作不可缺少的条件。但是，由于受到许多因素的影响，在实际运行中时常发生绝缘降低甚至直接接地的现象。直流系统发生一点接地时，并不影响正常工作。但是在一点接地后，又在同一极或在另一极发生接地，将形成两点接地，可能造成直流电源短路

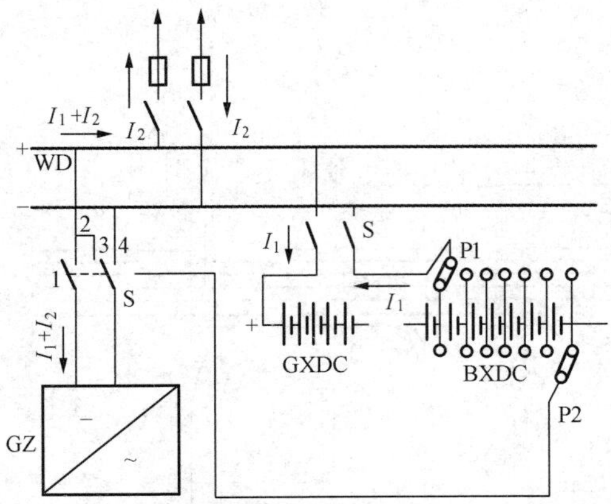

图 12-8　浮充电源运行形式（一）

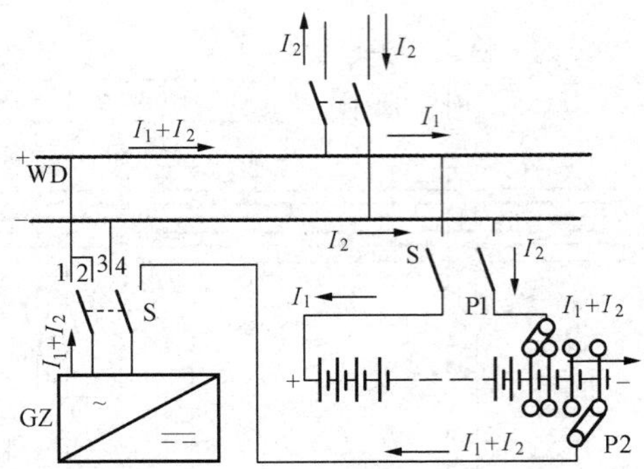

图 12-9　浮充电源运行形式（二）

使熔断器熔断，或使断路器、继电保护及自动装置拒动或误动，给二次系统的工作带来很大的危害。

为了有效地监视直流系统的绝缘状况，发电厂及变电站都装设必要的绝缘监察装置。最简单的直流绝缘监察方法是利用直流电压表，用电压表测量正极、负极对地电压。如果绝缘良好，电压表指示应为零；如果电压表指针有指示，则说明直流系统对地绝缘下降。这种方法通过人工操作，不能及时反映绝缘状况，一般用于小型变电站，在发电厂及大、中容量变电站中用作辅助监视。在发电厂及变电站广泛采用的能发信号的绝缘监察装置。

（一）直流绝缘监察装置

直流绝缘监察装置如图 12-10 所示。其电路主要由三部分组成，即测量母线电压、正极对地电压及负极对地电压的电压表 PV2 与切换开关 SA；测量直流系统对地总绝缘电阻的电

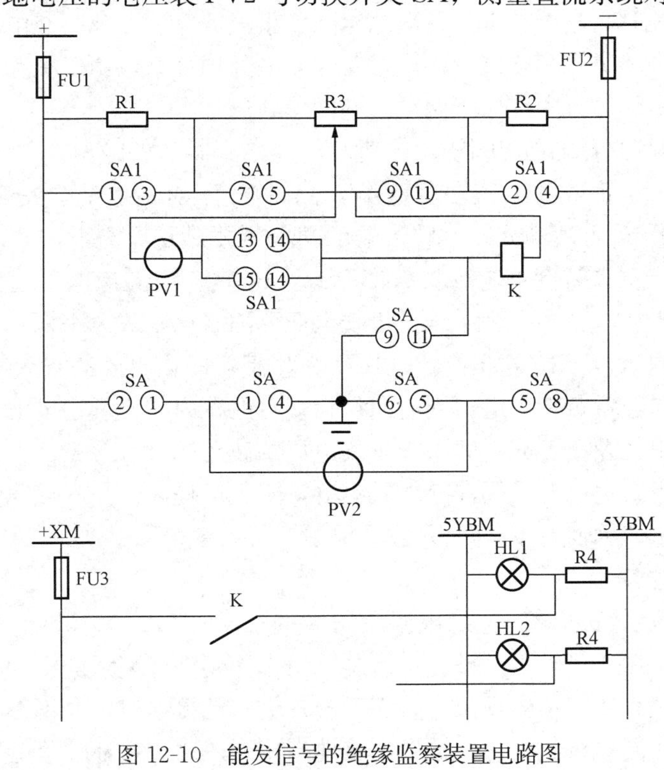

图 12-10　能发信号的绝缘监察装置电路图

压表 PV1（此表有电压、欧姆双刻度）、切换开关 SA1 与电阻器 R1～R3；在直流系统发生接地故障时用作自动发信号的接地信号继电器 K 与光字牌 HL1 等。

电路的工作状态与切换开关的位置有直接关系，切换开关 SA 和 SA1 均有三个位置，接通不同触点，见表 12-1。

表 12-1　　切换开关的位置与触点接通情况

切换开关	开关位置	接通触点	切换开关	开关位置	接通触点
SA	母线	1-2、5-8、9-11	SA1	信号	5-7、9-11
	正对地	1-2、5-6		测量Ⅰ	1-3、13-14
	负对地	1-4、5-8		测量Ⅱ	2-4、14-15

正常运行时，切换开关 SA 置于“母线”位置。电压表 PV2 指示母线电压。切换开关 SA1 置于“信号”位置，使接地信号部分构成图 12-11 所示的电桥接线。图中，R_+ 与 R_- 为正极、负极对地绝缘电阻；R1 与 R2 为两个阻值相等的电位器；K 为动作灵敏的信号继电器。由于正常运行时两极对地绝缘电阻相等，电桥处于平衡状态，K 中没有电流，其动合触点是打开的，光字牌 HL1 不亮。

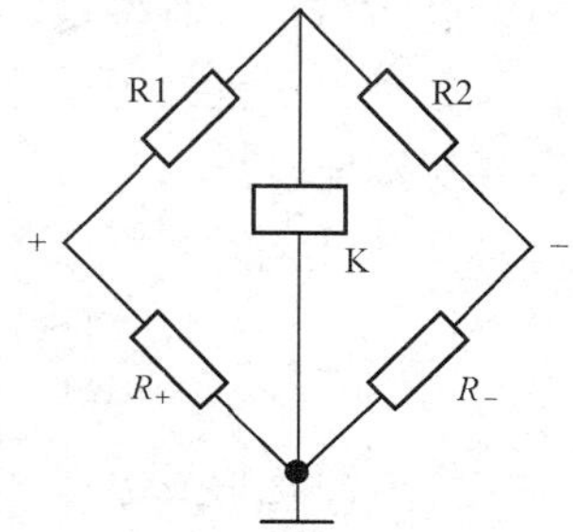

图 12-11　接地信号部分的等值电桥

当发生了正极接地或对地绝缘电阻严重下降时，电桥的平衡被破坏，K 线圈中出现电流并使其动作，点亮光字牌并发出音响信号。为了判断是哪个极接地，需利用切换开关 SA 和电压表 PV2 分别测量正极、负极对地电压，如果负极对地电压大于正极对地电压，即可判定正极接地。然后可进行直流系统对地绝缘电阻的测量。其测量方法如下：

（1）将 SA1 至“测量Ⅰ”位置，接入电压表 PV1，短接 R1，调节电位器 R3，使 PV1 指示为零，读取 R3 的百分数 x。

（2）再将 SA1 至“测量Ⅱ”位置，短接 R2，电压表 PV1 即指示出直流系统的对地绝缘电阻 R_{xt}。以此可进一步计算出正、负极对地的绝缘电阻，即

$$\begin{cases} R_+ = \dfrac{2R_{xt}}{2-x} \\ R_- = \dfrac{2R_{xt}}{x} \end{cases}$$

如果是负极接地，在测量直流系统对地绝缘电阻时，需将 SA1 至“测量Ⅱ”位置重新调整电桥的平衡，再搬至“测量Ⅰ”位置读取绝缘电阻值，此时正、负极对地的绝缘电阻为

$$\begin{cases} R_+ = \dfrac{2R_{xt}}{1-x} \\ R_- = \dfrac{2R_{xt}}{1+x} \end{cases}$$

（二）直流系统接地的故障处理

当直流系统发生一点接地时，将发出预告信号。运行人员必须迅速找出接地点并加以消除，以防发展为两点接地。

1. 判断接地极及性质

利用直流绝缘监察装置的电压表，测量正、负极对地电压，检查是正极还是负极接地或对地绝缘电阻降低。正常时，正极、负极对地电压均为零。如果正极对地电压升高或等于母线电压，则为负极接地或绝缘降低；如果负极对地电压升高或等于母线电压，则为正极接地。

2. 寻找接地点的一般原则

（1）对于双母线的直流系统，应首先判明是哪一条母线发生接地。

（2）按先次要负荷后重要负荷、先室外后室内的顺序检查各馈线，然后检查蓄电池、充电设备、直流母线。

（3）对不重要的直流馈线，采用试停电的方法寻找。如在拉开某一回路时，接地信号消失和各极对地电压指示正常（不能单靠接地信号消失为准），则说明接地点即在该回路中。但不论该回路是否有接地，拉开后均应先合上，然后再设法处理。

（4）对于不允许短时停电的重要直流馈线，必须先将其负荷转移到另一母线上供电，然后再寻找接地点。

小　结

操作电源是指发电厂和变电站中用于控制、信号、操作、保护及自动装置等二次回路供电的电源。它对发电厂和变电站的安全运行起着极其重要的作用。

目前在发电厂和变电站中多采用直流操作电源。提供的直流负荷一般分为经常负荷、事故负荷、冲击负荷，它们是选择直流负荷的主要依据。直流操作电源，通常以蓄电池组、复式整流装置或带电容器储能的硅整流装置供电。交流操作电源用于小型变电站，以站用变压器、电流互感器及电压互感器供电。

蓄电池是一种既能把电能转换为化学能、又能把化学能转变为电能的化学电源。作为操作电源，不受电网运行方式变化的影响，在故障状态下仍能保证一段时间的供电，具有很高的可靠性。但是蓄电池存在自放电现象，需要长期或定期充电。

蓄电池组直流电源的运行方式主要采用充电—放电式和浮充电式两种。充电—放电运行方式，就是对运行中的蓄电池组进行定期的充电，以保持蓄电池的良好状态。按浮充电方式工作的蓄电池组，经常处于充满电状态，只有当交流电源消失或浮充整流器故障时，才转为长时间放电状态。浮充电工作方式在实际中广泛应用。

直流系统在实际运行中，如果发生绝缘降低甚至直接接地的现象，可能造成断路器、继电保护及自动装置拒动或误动，给二次系统的工作带来很大的危害。为了有效地监视直流系统的绝缘，发电厂和变电站都装设直流绝缘监察装置，当直流系统发生一点接地时，将发出预告信号。运行人员必须迅速找出接地点并加以消除，以防发展为两点接地。

习　题

12-1　什么叫操作电源？对发电厂和变电站的运行有何影响？

12-2　发电厂和变电站的直流负荷有哪几种？并简单解释。

12-3　操作电源有哪几类？其作用有何不同？

12-4　对操作电源有哪些基本要求？

12-5　蓄电池是一种什么设备？其特点是什么？

12-6　什么是蓄电池的容量？为什么蓄电池会自放电？

12-7　蓄电池组有哪两种运行方式？各有什么特点？

12-8　发电厂和变电站为什么要装设直流绝缘监察装置？

12-9　直流系统接地后如何进行处理？

第十三单元

测 量 监 察 回 路

发电厂及变电站的二次设备及其相互间的连接电路称为二次回路或二次接线。二次回路是电力系统安全经济、稳定运行的重要保障，是发电厂及变电站电气系统的重要组成部分。本单元讲述二次回路图的基本知识及测量监察回路。

课题一　二次回路图的基本知识

一、二次回路的分类及作用

二次回路是一个具有多种功能的复杂网络，其内容包括高压电气设备和输电线路的控制、调节、信号、测量与监察、继电保护与自动装置、操作电源等系统。

（一）控制回路

控制回路由各种控制器具、控制对象和控制网络构成。其主要作用是对发电厂及变电站的开关设备进行远方跳、合闸操作，以满足改变主系统运行方式及处理故障的要求。

（二）信号回路

信号回路由信号发送机构、接收现实元件及其网络构成。其作用是准确、及时地显示出相应一次设备的工作状态，为运行人员提供操作、调节和处理故障的可靠依据。

（三）测量监察回路

测量与监察回路由各种电气测量仪表、监测装置、切换开关及其网络构成。其作用是指示或记录主要电气设备和输电线路的运行参数，作为生产调度和值班人员掌握主系统的运行情况，进行经济核算和故障处理的主要依据。

（四）继电保护与自动装置

继电保护与自动装置由互感器、变换器、各种继电保护及自动装置、选择开关及其网络构成。其作用是保护主系统的正常运行，一次系统一旦出现故障或异常便自动进行处理，并发出相应信号。由于继电保护与自动装置已形成独立的专业技术，设有专门课程进行系统讲授，所以本教材仅将有关内容作简单讲述。

（五）调节回路

调节回路由测量机构、传输设备、执行元件及其网络构成，其作用是调节某些主设备的工作参数，以保证主设备及电力系统的安全、经济、稳定运行。如同期装置中对同期的调节等。

（六）操作电源

操作电源由直流电源设备和供电网络构成，其作用是供给上述各二次系统的工作电源，高压断路器的跳、合闸电源及其他重要设备的事故电源。有关要求的内容已在上个单元讲述。

二次回路技术水平的高低是发电厂及变电站生产自动化程度的重要标志，发电厂及变电站的控制方式是二次回路技术发展的重要体现。和电力系统的发展一样，二次回路经历过从简单到复杂、从低级到高级的发展过程。就发电厂及变电站的控制方式而言，经历了以下四个发展阶段。

1. 就地分散控制

就地分散控制是对每一个被控制对象设置独立的控制回路，在安装地点实现一对一的控制。这种控制方式简便易行，但不便于各机组、设备间的协调配合，适用于小型发电厂及变电站。

2. 集中控制

集中控制是在发电厂或变电站内设置一个中央控制室（又称主控制室），对全厂（站）的主要电气设备（如同步发电机、主变压器、高压厂用变压器、35kV 及以上电压的输电线路等）实行远方集中控制。采用集中控制时，相应的继电保护、自动装置也安装在中央控制室内，不但可以节省操作电缆、便于调试维护，而且会提高运行的安全性。

3. 单元控制

单元控制是单机容量在 200MW 及以上发电机采用的控制方式。按单元制控制时，炉、机、电按单元制运行，设置数个单元控制室和一个网络控制室。每个单元控制室包括发电机或发电机——双绕组变压器组，高压厂用工作及备用变压器，以及其他需要集中控制的设备。在网络控制室控制三绕组及自耦变压器，高压母线设备和 110kV 及以上高压输电线路。运行实践表明，采用单元控制有利于运行人员协调配合，尤其是便于炉、机、电的统一指挥调度和事故处理，并可大大改善炉、机值班人员的工作条件，是目前我国大型发电厂主要采用的控制方式。

4. 综合控制

综合控制就是以电子计算机为核心，同时完成发电厂及变电站的控制、监察、保护、测量、调节、分析计算、计划决策等功能，实现最优化运行。综合控制是电力生产过程自动化水平高度发展的重要标志。

二、二次回路图的阅读及绘制

图纸是工程的语言。二次回路图是用来详细表示二次设备及其连接的原理性电路图。它的用途是详细理解二次电路和设备的作用原理，为测试和寻找故障提供信息，用作编制二次接线图的依据，是发电厂及变电站的重要技术资料。

为了便于利用和管理，按用途和绘制方法的不同一般分为原理图、布置图、安装图和解释性图四类。原理图是二次接线的原始图纸，用以表达二次回路的构成和动作顺序和工作原理。在我国习惯上把原理图分为归总式和展开式两种形式。归总式原理图是一种将二次回路与有关一次设备画在一起，以整体图形符号表示二次设备，按电路实际连接关系绘制的图纸；展开式原理图是将二次设备的线圈与触点分别用图形符号表示，按回路性质的不同分为几部分（如交流电流回路、交流电压回路、直流回路、信号回路等）绘制的图纸。布置图和安装图将在第十七单元讲述。解释性图是除了原理图、布置图和安装图以外，根据实际需要绘制的图。

（一）二次回路图的阅读

二次电路图中的元件和设备都应用国家统一规定的图形符号表示。需要时可用简化外形来表示，元件和设备的布置可不符合实际位置。图形符号的旁边应标注项目代号，一般标注项目种类代号。项目种类代号用一个英文字母或两个英文字母表示，在字母前加前缀“—”，在不致引起混淆的情况下，前缀可以省略（本单元二次电路图中均省略）。

二次回路图常用的图形符号如表 13-1 所示，常用的项目种类代号如表 13-2 所示。为了区别同类的不同设备，可在字母后加数字，如 K1、K2 等。为了区别同一设备同类的不同部件，如一个继电器有几对触点，第一对触点可用 K1. 1 表示，第二对触点可用 K1. 2 表示。

表 13-1　　二次电路图常用的图形符号

序号	名称	图形
1	操作器件一般符号	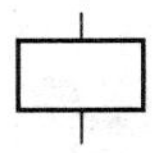
2	具有两个绕组的操作器件	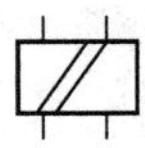
3	交流继电器线圈	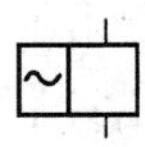
4	机械保持继电器线圈	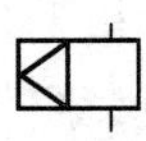
5	动合触点	
6	动断触点	
7	延时闭合的动合触点	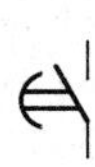
8	延时断开的动合触点	
9	延时闭合的动断触点	
10	延时断开的动断触点	
11	按钮开关	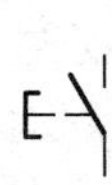
12	自动复归按钮	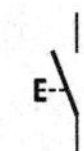
13	熔断器	
14	指示仪表	
15	记录仪表	
16	积算仪表	
17	信号灯一般符号	
18	蜂鸣器	
19	电铃	
20	电喇叭	
21	电阻	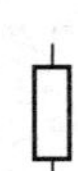
22	电容	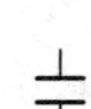

表 13-2　　二次电路图常用的项目种类代号

序号	名称	字母	序号	名称	字母
1	电容器	C	12	断路器	QF
2	保护器件	F	13	隔离开关	QS
3	熔断器	FU	14	电阻器	R
4	发电机	G	15	控制电路的开关、按钮	S、SB
5	信号器件	H	16	变压器	T
6	红色信号灯	HR	17	电流互感器	TA
7	绿色信号灯	HG	18	电压互感器	TV
8	继电器、接触器	K、KM	19	晶体管	V
9	电感器	L	20	控制电路用电源的整流器	VC
10	电动机	M	21	端子	X
11	电力电路的开关	Q	22	电气操作的机械器件	Y

对于元件和设备的可动部分如触点，通常表示在非激励或不工作的状态和位置。例如，继电器和接触器在非激励状态，断路器和隔离开关在断开位置，事故、报警等开关在设备正常使用的位置。

对于在驱动部分和被驱动部分之间采用机械连接的元件和设备，如继电器的线圈和触点，在二次电路图中有集中表示法、半集中表示法和分散表示法三种表示，三种表示法的画法如表 13-3 所示。

表 13-3　　集中表示法、半集中表示法和分散表示法画例

序号	集中表示法	半集中表示法	分散表示法
1	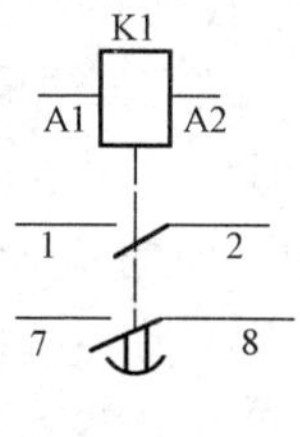	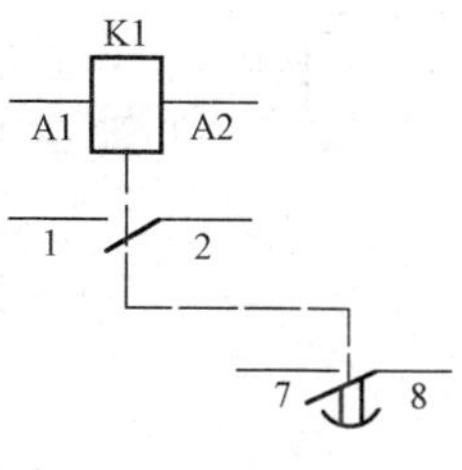	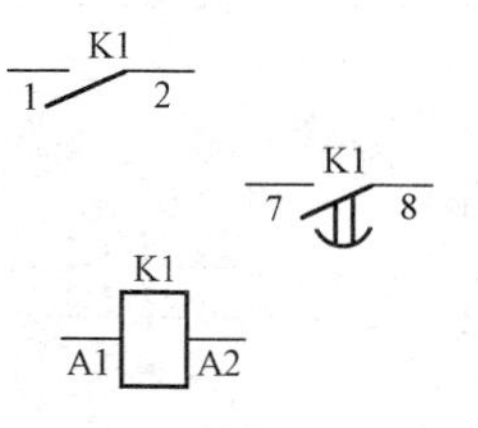
2	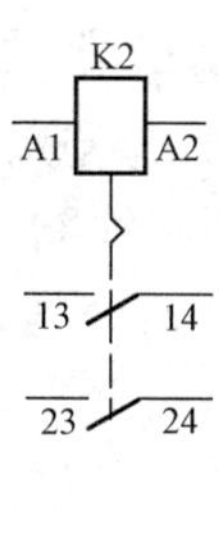	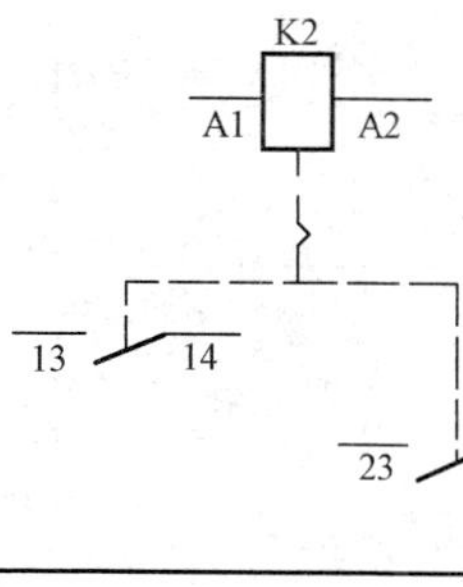	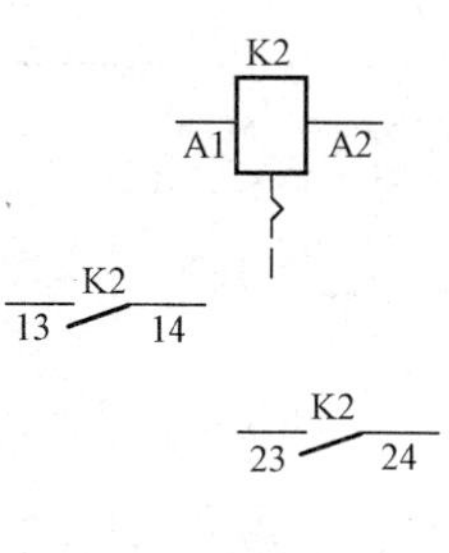

续表

序号	集中表示法	半集中表示法	分散表示法
3	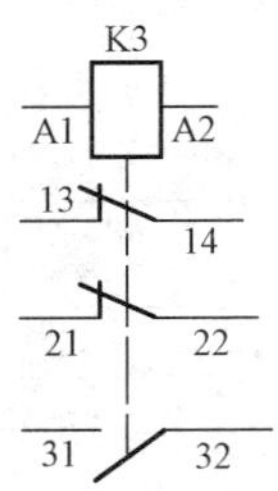	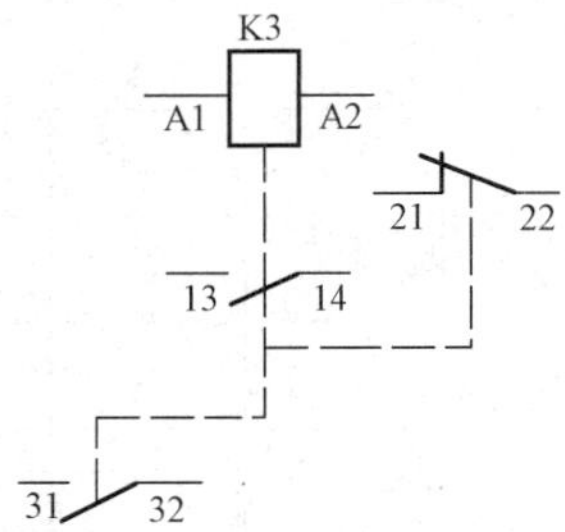	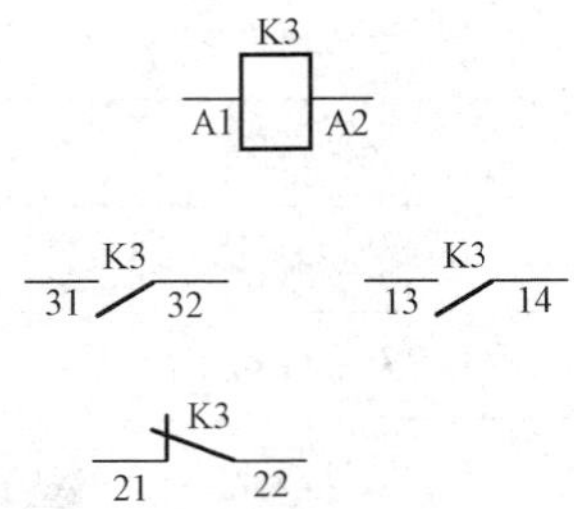

集中表示法是将设备的线圈和触点画在一起，并用虚线表示它们之间的机械连接，在线圈旁标注设备的项目种类代号。半集中表示法与集中表示法相似，只是部分触点可分散开画，表示机械连接的虚线允许折弯、分支和交叉。分散表示法是将同一设备的线圈和触点分散画在不同位置，为表示它们之间的机械连接，在线圈和触点旁标注该设备的项目种类代号。

上述内容为二次回路图的基本知识，也是阅读二次回路图的基本依据。阅读二次回路图应遵循“从左往右看，自上往下看”的原则；阅读展开式原理图时应“先看交流回路，后看直流回路以及分、合闸回路等”。

（二）二次回路图的绘制

二次回路图常见的绘制方法有两种。一种是二次元件和设备用集中和半集中表示法画出；另一种是二次元件和设备用分散表示法画出。用后一种画法绘制的二次回路图称为展开式回路图。

图 13-1 为 6～10kV 线路过电流保护电路图，图中断路器和继电器等设备用集中表示法画出。由图可见，整套保护装置由四只继电器 K1、K2、K3、K4 组成。K1、K2 为电流继电器，其线圈分别接于电流互感器 TA1、TA3 的二次侧回路中。当一次电路发生相间短路时，电流互感器二次侧回路中的电流增大，当通过继电器 K1 或 K2 线圈中的电流超过其动作值时，其触点闭合，将直流电源的正极加到时间继电器 K3 的线圈上，线圈的另一端接在直流电源的负极，时间继电器 K3 启动，经一定时限后其延时触点闭合，直流电源正极经信号继电器 K4 的线圈、断路器 QF 的辅助触点 S2 和分闸线圈 Y2 到负极。分闸线圈 Y2 通过电流时，使断路器自动分闸，将短路事故切除。信号继电器 K4 的线圈通过电流后继电器启动，其触点闭合，发出信号。

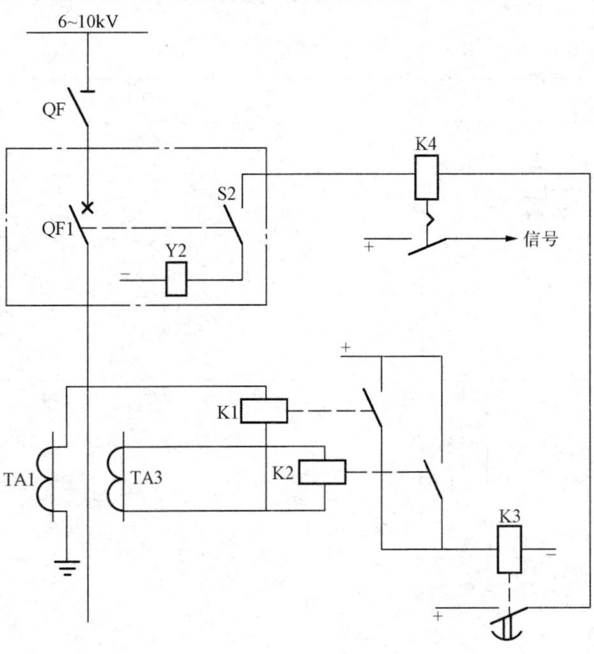

图 13-1　6～10kV 线路过电流保护电路图

注意，断路器自动分闸前是闭合的，所以其动合辅助触点 S2 处于闭合状态；当断路器自动分闸后，辅助触点 S2 断开，切断分闸线圈 Y2 中的电流。

用集中表示法画出的电路图能比较直观而清楚地说明保护装置的工作原理，而且图中将二次电路和有关的一次部分画在一起，所以这种电路图能给阅图者建立一个明确的整体概念。但是，图中线条较多，当二次电路较复杂时，不很清晰，故这种电路图仅用于简单的电路中。在工程中比较广泛地应用展开式电路图。

图 13-2 为 6～10kV 线路过电流保护展开式电路图，图中二次设备的线圈、触点以分散表示法画出。

展开式电路图中各二次元件分解为若干部分，按其动作顺序可分成交流电流回路展开图、交流电压回路展开图、直流控制回路和信号回路展开图等几部分。图 13-2 所示展开式电路图便由交流电流回路、直流控制回路和信号回路三部分组成。属于某个回路中的设备部件应画在展开式电路图的该部分中，于是属于同一设备的不同部件可能会画在展开式电路图的不同的回路中。每种回路又有许多电路的支路，这些支路在绘制展开式电路图时可以垂直排列，如图 13-2（a）所示，也可以水平排列，如图 13-2（b）所示。各支路排列的顺序为：对交流回路按相序，对直流回路按动作顺序。垂直排列时各支路自左往右排列；水平排列时各支路自上往下排列。各支路中设备的部件按实际情况相互连接。垂直排列时自上往下画，水平排列时自左往右画。

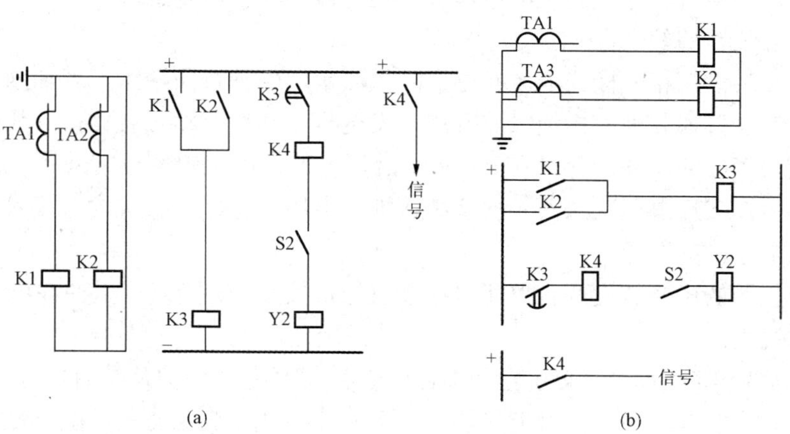

图 13-2　6～10kV 线路过电流保护展开式电路图
（a）支路垂直排列；（b）支路水平排列

以图 13-2 为例，在回顾一下二次回路图的阅读。当一次电路发生短路时，电流互感器 TA1 和 TA3 二次侧电路中电流增大，电流继电器 K1 和 K2 启动。在直流控制回路中找到 K1 和 K2 的触点，此动合触点闭合、使时间继电器 K3 启动。经一定延时后 K3 触点闭合，一方面使断路器自动分闸，同时启动信号继电器 K4，K4 启动后其触点闭合后发出信号。看展开式电路图要细心，要一个支路一个支路地看通，一个继电器一个继电器地看懂，这样便可以理解整个装置的工作原理。

比较图 13-1 与图 13-2 可知，展开式电路图线条清晰，便于阅读，便于了解整个装置的动作程序和工作原理，尤其在复杂电路中更为突出，故得到广泛应用。

课题二 测量监察回路

发电厂和变电站的测量监察回路，主要供运行人员了解和掌握电气设备及动力设备的工作情况，以及电能的输送和分配情况，以便及时调节、控制设备的运行状态，分析和处理事故。因此，测量监察回路对保证电能质量、保证发电厂和变电站的安全运行，具有重要作用。

测量与监察是通过测量仪表实现的，而测量仪表又要通过互感器反映一次系统状况。所以要实现测量与监察，需要正确地配置互感器和仪表。

1. 电流互感器的配置

凡装有断路器的回路均应装设电流互感器。未装断路器的发电机和变压器的中性点及发电机和变压器的出口等回路中，也应装设电流互感器。装设电流互感器的数量应满足测量仪表、继电保护和自动装置的要求。

在中性点直接接地的三相电网中，电流互感器按三相配置；在中性点非直接接地的三相电网中，电流互感器按二相配置，但当35kV线路采用距离保护时，应按三相配置。发电机和变压器回路应按三相配置。继电保护用电流互感器，应尽可能减小或消除不保护区。同一网络中各线路的电流互感器，均应配置在同名相上。

2. 电压互感器的配置

电压互感器的配置，除应满足测量仪表、继电保护和自动装置的要求外，还应考虑同期装置和绝缘监察装置的要求。

发电机出口装设三相五柱式电压互感器，供测量、保护及同期用，其辅助二次绕组接成开口三角形，发电机未并列前作绝缘监察用。发电机自动调节励磁装置，一般配置专用电压互感器，以获得较大的功率。容量在200MW及以上的发电机中性点常采用经高电阻接地的接地方式，即中性点经电压互感器一次绕组接地，电压互感器的二次绕组接入电阻，并作为发电机定子接地保护的电源。

三绕组变压器低压侧装设两台单相电压互感器，按成Vv接线，以便在低压侧断路器分闸后供同期监视用。

每段工作母线和备用母线都必须装设电压互感器，供测量、保护及同期等用。6～10kV母线装设一只三相五柱式或三只单相电压互感器。35kV以上母线一般装设三只单相电压互感器。

如果线路另一侧有电源时，应在出线断路器线路侧的一相上装设电压互感器，供同期或重合闸用。

3. 电气测量仪表的配置

电路中主要的运行参数有电流、电压、功率、电能、频率、温度和绝缘电阻等，因此应装设的电气测量仪表有电流表、电压表、频率表、有功功率表、无功功率表、有功电能表和无功电能表等。电路中应装设仪表的种类、个数及仪表的准确度等级，应符合《电工测量仪表装置设计技术规程》的有关规定。

一、测量回路图

测量回路图通常采用展开图的形式，并以交流电流及交流电压回路分别表示。

1. 测量仪表的交流电流回路

电气元件或称安装单位（如一台发电机、一组变压器、一条线路、一组电容器或断路器等）常有一个单独的电流回路，当测量仪表与保护装置共用一组电流互感器时，可将它们的电流线圈按相串接，如图 13-3 所示，即电流继电器 KA 和有功电能表 PWh、无功电能表 Pvarh 及电流表 PA 串联在回路中的情况。

测量仪表、保护装置和自动装置一般由单独的电流互感器或单独的二次线圈供电。当保护和测量仪表共用一组电流互感器时，应防止测量回路开路而引起继电保护的误动作。

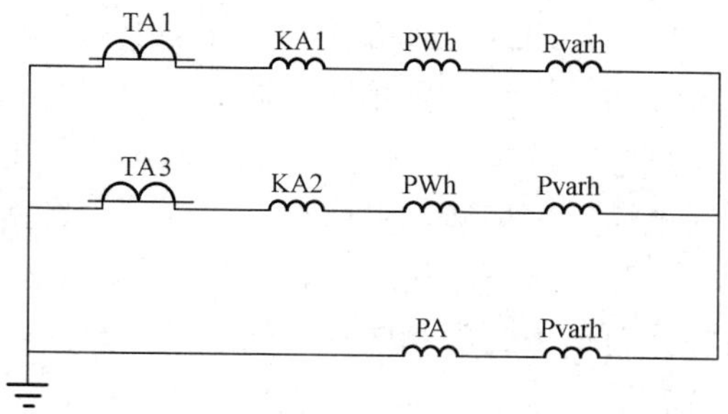

图 13-3　6～10kV 线路交流电流回路

当几种仪表接于同一组电流互感器时，其接线顺序一般为先接指示和积算式仪表，再接记录仪表，最后接变送仪表。

2. 测量仪表的交流电压回路

在电力系统中，电压互感器是按母线数量设置的，即每一组主母线装设一组电压互感器。接在同一母线上所有元件的测量仪表、继电保护和自动装置都由同一组电压互感器的二次侧取得电压。为了减少电缆联系，采用了电压小母线。各电气设备所需要的二次电压可由电压小母线上引接。

图 13-4 所示是 V 相接地的 35kV 电压互感器二次回路接线图。二次侧 V 相接地方式，这是由于发电厂中一般常用的 ZZQ-1～ZZQ-5 型同期装置要求电压互感器二次侧 V 相接地，这样可以简化同期系统接线及减少同期开关挡数，是发电厂内比较普遍应用的接线方式。电压互感器二次线圈接成星形，第三线圈接成开口三角形。

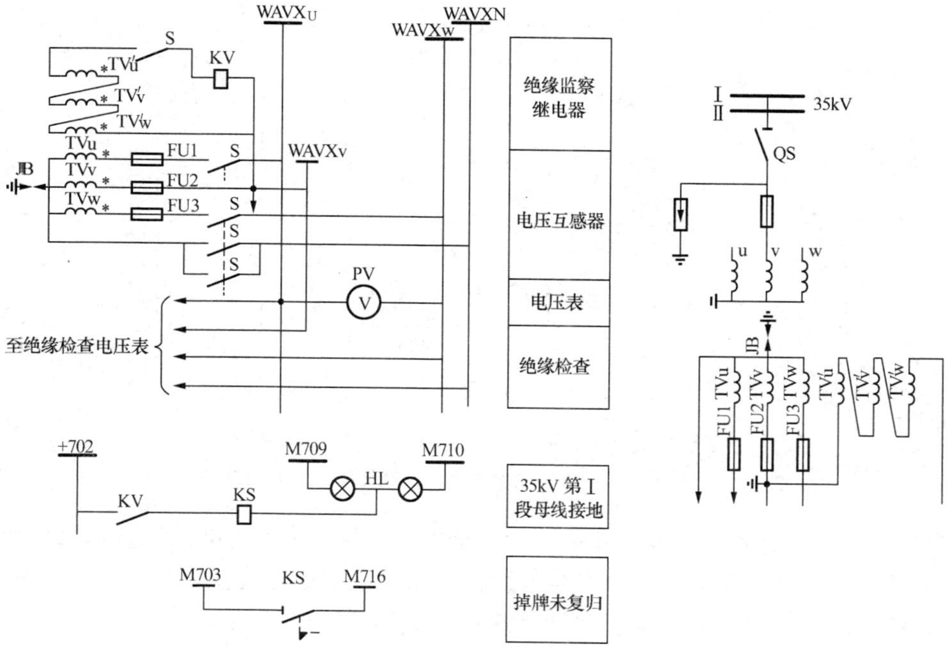

图 13-4　V 相接地的 35kV 电压互感器二次回路接线图

TVu、TVv、TVw—电压互感器二次绕组；TVu′、TVv′、TVw′—电压互感器第三绕组；PV—电压表；HL—光字牌；KV—电压继电器；KS—信号继电器；FU1～FU3—熔断器；JB—击穿保险；S—辅助开关图中，FU1～FU3是用以保护电压互感器二次线圈的熔断器。V相接地点设在2FU之后，以防中性线发生接地故障时烧毁V相绕组。二次线圈中性点经击穿保险JB接地（JB是一个放电间隙）。在正常运行情况下，中性点处于绝缘状态，当V相熔断器FU2熔断时，三相电压失去平衡，中性点电压升高，将其间隙击穿而接地。

V相在端子箱接地后，即用电缆芯线引至电压小母线VS_V。为防止在电压互感器停电或检修时，由二次侧向一次侧反馈，U、W相和中性线N都经过电压互感器一次侧隔离开关的辅助触点S分别引至电压小母线VSu1、VSw1、VS_N1。因为中性线上辅助触点的接触不良现象难以发现，故采用两对S触点并联，以增加其可靠性。

二、交流绝缘监察装置

在图13-4中，电压表V用以监视母线电压。正常运行时，三相电压对称，其相量和为零，接成开口三角形的第三线圈两端没有电压；当电网发生接地故障时，接成开口三角形的第三线圈两端出现三倍零序电压，使绝缘监察继电器KU动作，其动合触点闭合，接通光字牌HL1回路，该光字牌便显示出“35kV第Ⅰ段母线接地”，并发出预告音响信号，同时启动信号继电器KS。KS动作后掉牌，将KU的动作记录下来，并由其触点发出“掉牌未复归”信号。

为了判断是哪一相接地，一般利用接于相电压的三只绝缘监察电压表组成绝缘监察装置。绝缘监察装置一般为全厂（站）各小电流接地网络电压母线所共用，通过切换开关进行选测。如图13-5所示，为6～10kV母线绝缘监察装置接线图，四段母线共用一组电压表（电压表表面是双刻度的）。切换开关SA1和SA2分别用以切换35kV和6～10kV各段母线电压，它们一般处于断开位置。

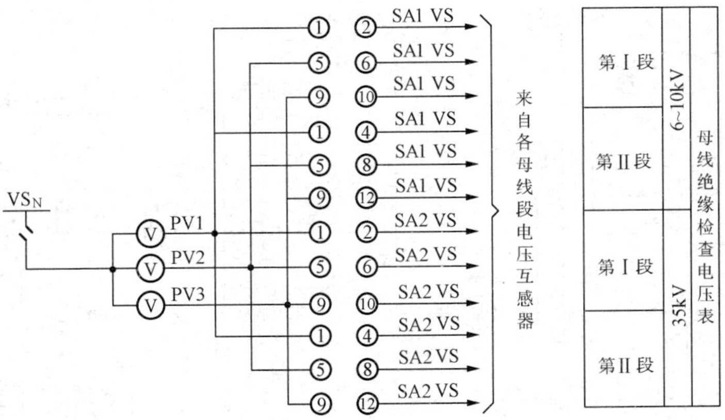

图13-5　6～35kV母线绝缘监察电压表接线图

PV1～PV3—电压表；SA1—转换开关（LW2—H—4，4，4/F7—8x）

变电站的电压互感器二次侧一般采用零相接地。如果站内设有同期装置，可另装中间隔离变压器或采用V相与零相并存的同期接线。零相接地的电压互感器二次接线只需取消图13-4中的V相接地点和击穿保险JB，改为中性点直接接地即可。

当主母线为双母线以及一次元件由一条母线切换到另一条母线时，其测量仪表及保护装置必须切换到相应母线电压互感器的电压小母线上。此时，可操作电压互感器一次线圈的隔离开关辅助触点自动进行切换，也可装设手动切换开关。图13-6就是用手动切换开关的双母线电压切换回路。

每一主母线上所接元件都处于同电位，所以电压表是按母线设置的，各安装单位无需再设置电压表。各元件的有功功率表、无功功率表、有功电能表和无功电能表都按相并联连接在电压小母线上。

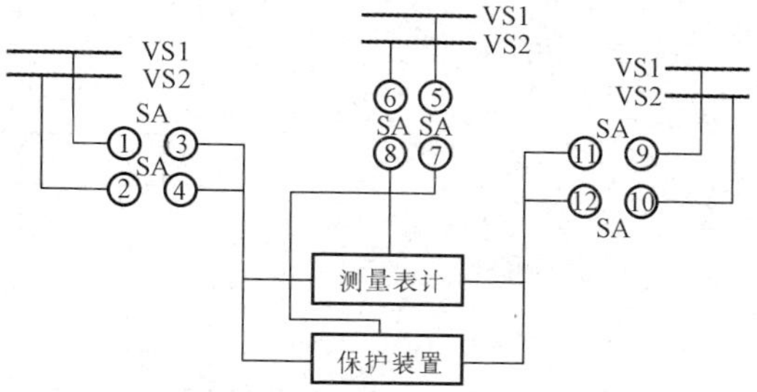

图 13-6 双母线电压切换回路

SA—转换开关（LW2—2，2，2，2，2，2/F4—8x）

三、小电流接地微机选线装置

在中性点不接地或经消弧线圈或电阻接地的电力系统（简称小电流系统）中，当发生单相接地时，为了找出故障线路，运行人员不得不依次拉合各出线开关，以“点灭”接地点来寻找故障线。在不允许停电的系统中，只好派许多人出去查找，这样操作既麻烦，又给运行安全、设备安全和供电可靠性造成很大影响。由于不能及时查找出接地线路，给企业造成重大经济损失，甚至酿成事故。

以往产生的小电流接地选线装置中，基本上采用了“绝对整定值”概念，即通过装置取得的零序电流与一固定的整定值比较。当系统发生单相接地时，取得的零序电流如果大于整定值，使装置中的极化继电器动作，显示故障线路编号。由于在小接地系统中，运行方式变化多，接地整定值整定困难，实际中常常出现误选、多选或选不出的现象。现在在电力系统中广泛采用微机小电流系统接地选线装置。下面以 MLN 型微机小电流接地系统选线装置（如图 13-7）进行介绍。

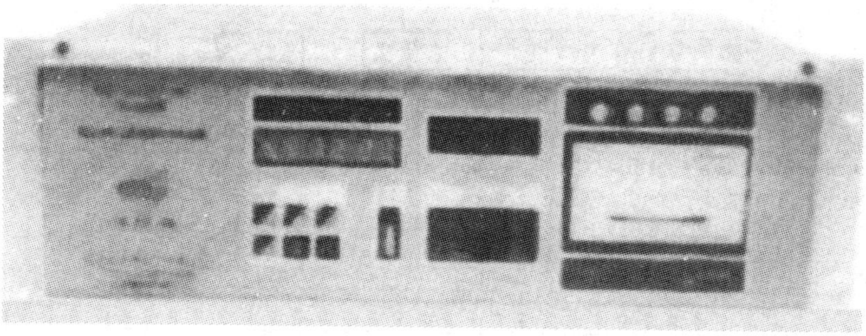
图 13-7 MLN 型微机小电流系统接地选线装置

1. 装置的原理

MLN 微机小电流接地系统选线装置的原理框图如图 13-8 所示。

当小电流接地系统发生单相接地时，故障线路的零序电流为其他非故障线路零序电流之和。原则上它是这组采样值中最大的，但由于 TA 误差、采样误差、信号干扰及线路长短悬殊，有可能在排序时排到第二、第三，一般不会超过前三个，这是第一步为初选，所采用的原理是相对值概念（在现行运行方式下，取前三个最大的）。第二步，在前三个信号里，采用“相对相位”的概念，即用电流之间的方向或电流和电压之间的相位超前与滞后关系，进一步确定是前三个中哪一条线路发生故障、还是母线故障。

由于采用了双重判断，运用了相对原理，克服了电力系统运行方式多变，接地电阻及线路长短影响，并且不需要整定。

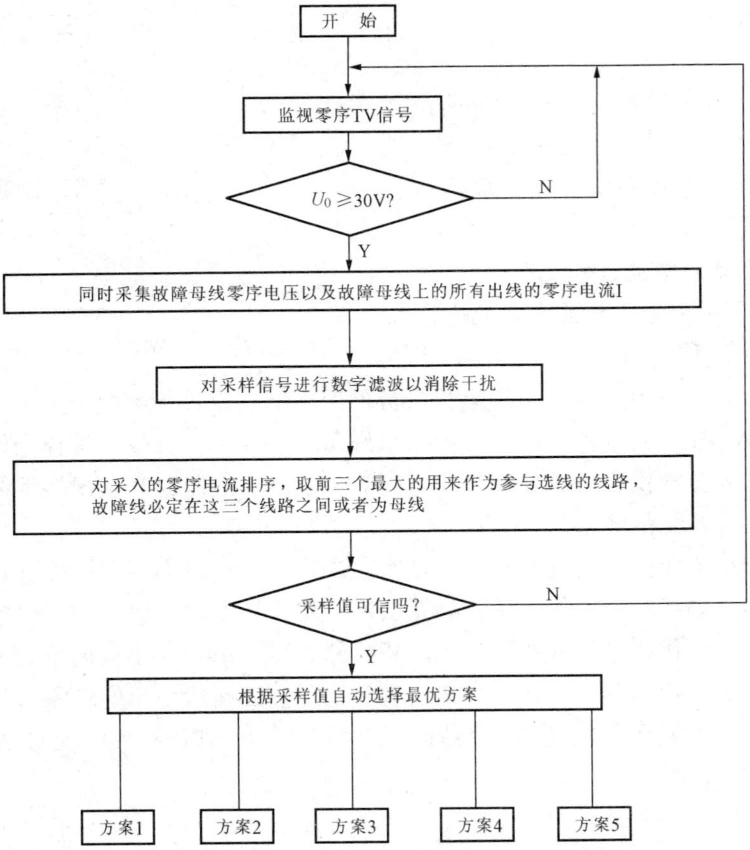

图 13-8　MLN 微机小电流系统接地选线装置的原理框图

2. 装置的硬件组成

如图 13-9 所示，MLN 微机小电流接地系统选线装置主要有以下部件组成。

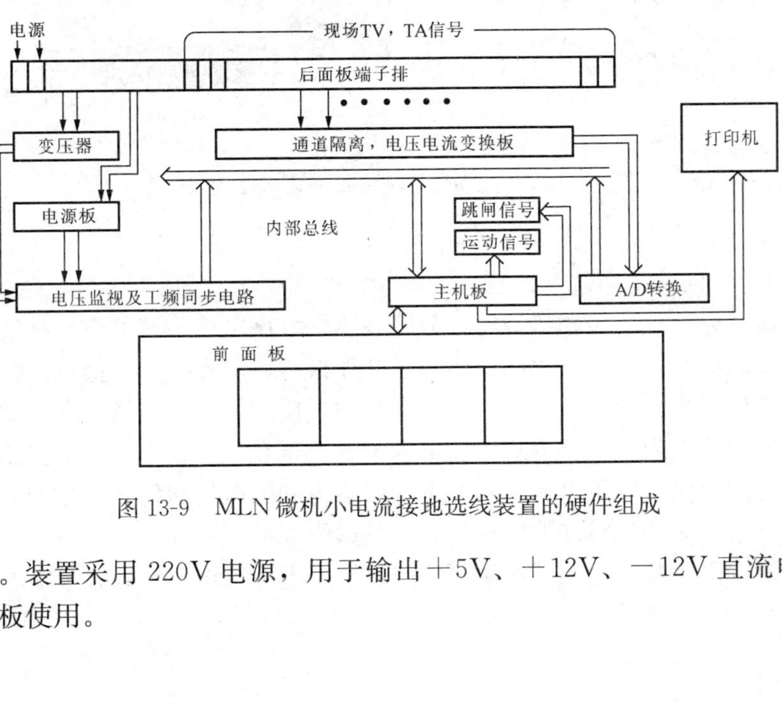

图 13-9　MLN 微机小电流接地选线装置的硬件组成

(1) 电源。装置采用 220V 电源，用于输出＋5V、＋12V、－12V 直流电源，供主机板、远程报警板使用。

（2）主机板。由单片机、存储器、各种接口等组成，作为装置的中心，用于控制、监视、数据采集、数码显示及各功能的转换。

（3）通道隔离变换器。自现场 TV、TA 取得零序电压和零序电流，变换成弱信号供计算机采集用。

（4）远程报警功能板。由主机板取得信息，为远动提供信号、实现自动跳闸。

（5）前面板。实现人机界面，显示信息，进行控制，功能选择等。

（6）后面板接线端子排。用于接通电源，引接 TV、TA，输出远程报警等。

3. MLN 微机小电流接地系统选线装置接线和使用

装置的接线主要通过后面板接线端子排来实现，端子接线如图 13-10 所示。

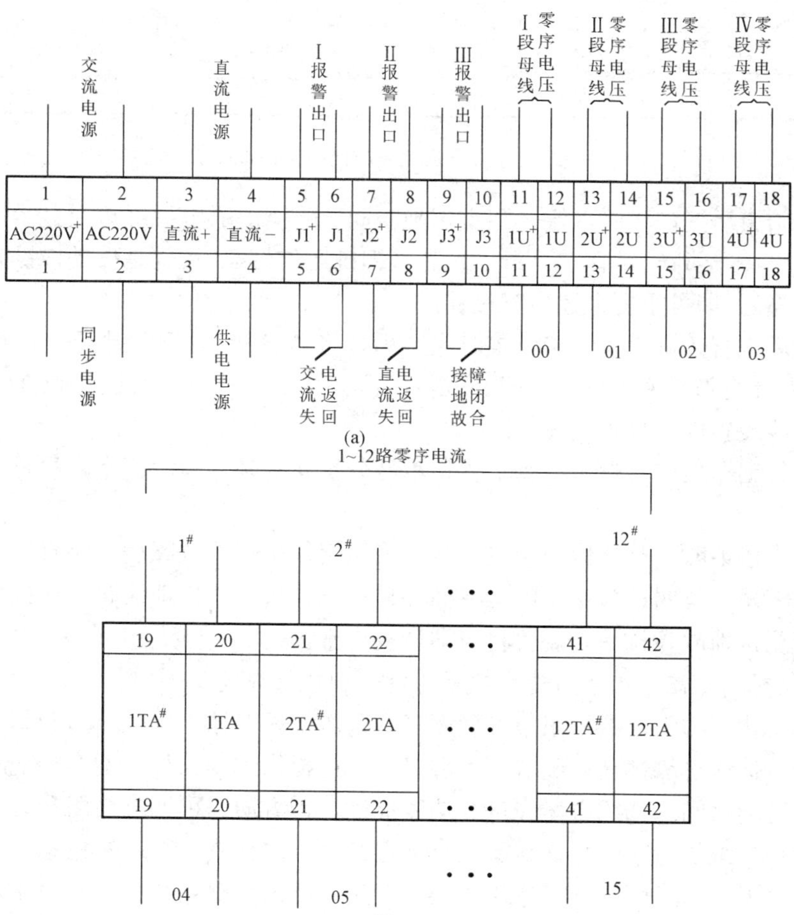

图 13-10　MLN 微机小电流接地系统选线装置后面板端子排图（部分）

（a）综合端子接线；（b）电流互感器端子接线

装置的使用，首先要通过后面板接线端子排进行正确接线，然后熟悉前面板各部分的作用功能。前面板如图 13-11 所示。

装置带电后有以下两种特征：①瞬间通电后屏幕上出现“888888”六个“8”字样，此时“自检/运行”键在“自检”状态（即键上绿灯亮），蜂鸣器发出报警声，打印机带电并打印出“PRINTER OK”字样。按“加一”键，出现时间显示，通过“加一”、“减一”键进

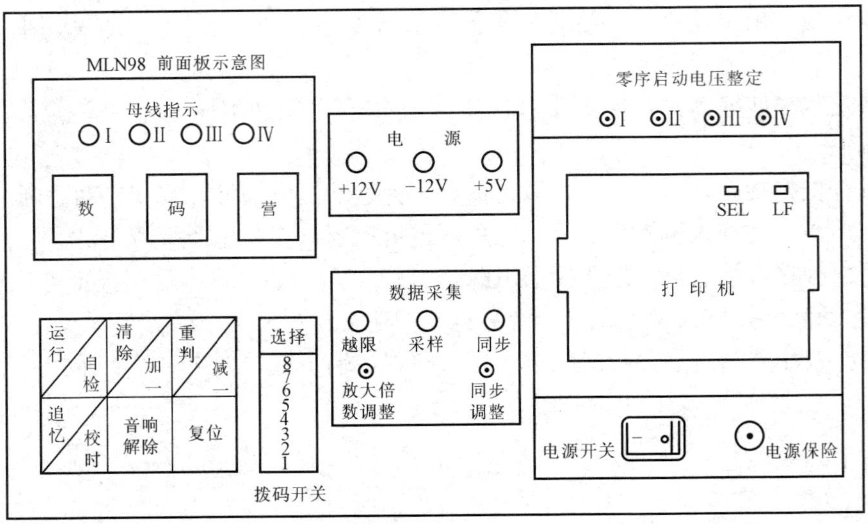

图 13-11 MLN98 前面板示意图

行校对时间，结束后按“校时”键，固定正确时间。②瞬间通电后屏幕上显示一些杂乱的随机数，此时“自检/运行”键在“运行”状态（即键上红灯亮）。这是按动该键到“自检”状态（键上绿灯亮），即可重复上述校时过程。

装置带电后进行正确设置。带电校时完毕后，将“自检/运行”键至“运行”状态（键上红灯亮），查看拨码开关“5、6、7”位是否拨至“ON”状态，其余各位在另一状态。设置完毕后，选线装置即可投入运行。

装置应进行定期检查。随时检查电源指示部分发光管是否指示正常，每月对装置的功能进行检查。

系统未发生接地时，装置像一个电子表。当系统发生接地故障后，装置反映如下：首先装置的报警器将发出鸣叫；其次，屏幕将循环显示三种信息，接地线路号、接地时刻及接地累计时间，直至接地故障排除，装置将自动恢复正常。

4. MLN 微机小电流系统接地选线装置的特点和技术规范

本装置抗干扰能力强、数据采集准确度高；采用“相对原理”“双重判断”“五种”选线方案最优组合，选线可靠性高；配置了远动接口，可提供远动信号；配有接地跳闸系统，可实现接地线路自动跳闸；选线方案先进、选线准确、带方向、可区分线路和母线接地，不用整定、调试简单、维护量小，自动显示、自动记忆、自动检查、自动复位等。

适用于有、无消弧线圈系统，适用于架空线路、电缆线路系统。具有适用范围广，线路长短不限，并联运行的出线数不限等优点。

主要技术规范如下：

（1）电压等级最多两种电压等级。

（2）母线段数为 4 段。

（3）出线数为 12 路、28 路、60 路（每路并联运行出线数不限）。

（4）接地方式为中性点不接地或经消弧线圈、电阻接地系统。

（5）出线形式为电缆或架空线。

（6）工作电源优先选用交、直流 220V。选用交流 220V 时，将后面板接线端子排第一位与第三位短接、第二位与第四位短接。

小　结

测量监察回路在发电厂和变电站中有着重要的作用。发电厂和变电站中直接生产输送和分配电能的电气设备，称为一次设备；对一次设备起控制、保护、调节、测量等作用的设备称为二次设备。二次设备及其相互间的连接电路称为二次回路或二次接线。测量监察组成的二次回路对整个电力系统的安全经济、稳定运行起到重要保障。

二次回路是一个多功能复杂网络，包括控制回路、信号回路、测量监察回路、继电保护与自动装置、调节回路、操作电源等。二次回路图中，各种设备都按国家统一规定的图形符号表示。二次回路一般分为原理图、布置图、安装图和解释性图四类，原理图分为归总式和展开式两种形式，工程中广泛应用展开图。展开图按交流电流、交流电压和直流电路分别画出，元件部件分别画在它们所在的电路中，形成许多支路。这些支路遵循一定规律，可以垂直排列，也可以水平排列。阅读展开图时，应“自上往下看，自左往右看”。对展开图的画法和阅读应熟练掌握。

为了监视一次设备的工作状态，反映一次设备的运行参数，根据需要装设各种电气测量仪表，组成发电厂和变电站的测量系统。在中性点非直接接地的三相交流系统中，由于绝缘损坏常出现接地故障，为了监视发生一相接地，都必须装设交流绝缘装置。随着科学技术的发展，微机型小电流接地系统选线装置，已经更多地应用于中性点非直接接地的三相交流系统中。它是一种智能化的装置，可以自动确定接地线路，自动记录、显示信息、远程报警，甚至实现自动跳闸等。

习　题

13-1　什么是一次设备和二次设备？各包括哪些内容？

13-2　哪些回路或系统属于二次回路？

13-3　如何阅读二次回路图？熟悉各图形符号和文字符号的含义。

13-4　二次回路的绘制有哪两种方法？二者有什么区别？

13-5　发电厂和变电站中互感器和测量仪表是如何配置的？

13-6　交流绝缘监察装置的基本原理是什么？

13-7　微机型小电流接地系统选线装置有什么特点？

13-8　熟悉微机型小电流接地系统选线装置的接线和使用。

第十四单元

控　制　回　路

发电厂、变电站的电气设备一般由断路器进行控制，断路器分、合都是利用操作元件通过控制回路对断路器的操动机构发出指令进行操作的。本单元介绍几种常用的控制回路及设备的连锁控制回路。

课题一　控制回路的类型组成及要求

一、控制的类型

发电厂、变电站对电气设备的控制按距离的不同，可分为距离控制和就地控制。距离控制是将重要电气设备的断路器，经过几十米到数百米在集中控制室内进行的控制，如发电机、变压器、35kV 及以上的线路等的控制。由于需要控制的断路器很多，为了减少运行人员的监视面，缩小控制室的面积及节约控制电缆，将某些不重要或不需经常监视回路的断路器在其安装地点进行控制，对这些断路器的控制称为就地控制，如 10kV 线路及厂用负荷等。

断路器的控制按操作方式的不同，可分为一对一控制和一对 N 控制。一对一控制是一个操作元件（SA）控制一台断路器，一对 N 控制是一个操作元件通过选线的方式对多台断路器进行的控制。

控制回路按电源电压等级的不同，可分为强电控制和弱电控制。强电控制电压一般为直流 220V 或 110V，属于传统的控制电压；弱电控制电压一般为直流 48V 或 24V，可用于一对 N 的控制方式，易于与计算机控制接口。由于断路器分、合闸需要取用一定的功率，48V 或 24V 满足不了要求，断路器分、合闸的操作仍然需要 220V 或 110V，故弱电控制实际上是通过中间继电器接通强电，从而实现对断路器的控制。本单元主要介绍强电控制回路。

二、断路器控制回路的组成

断路器控制回路的组成，与断路器所用操动机构的不同而异，典型的采用电磁操动机构的控制电路，可用图 14-1 所示的框图表示。

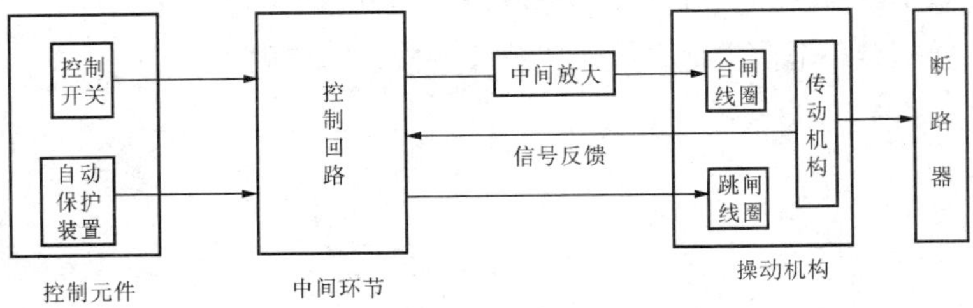

图 14-1　断路器控制回路框图

1. 控制元件

控制元件由手动操作的控制开关 SA 和自动操作的自动装置与继电保护装置的相应继电

器触点构成，后者由其他课程讲授，此处不再赘述。

手动操作的控制开关，目前强电控制的通常采用 LW2 系列组合式万能转换开关，又称为控制开关（SA），运行人员利用 SA 的不同位置发出操作命令，对断路器进行手动合闸和分闸的操作。LW2 系列控制开关的结构如图 14-2 所示。

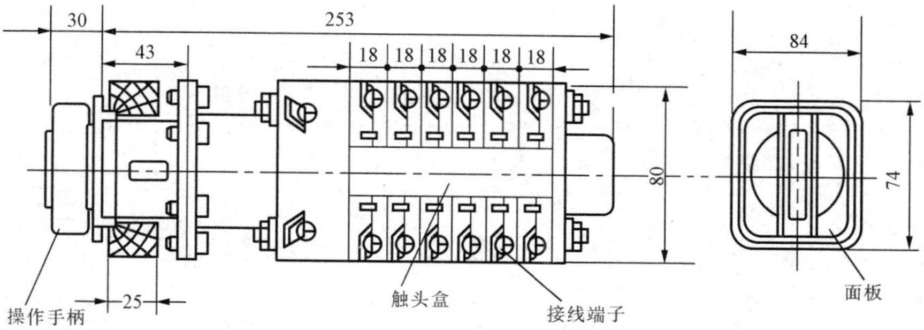

图 14-2　LW2 型控制开关结构图

图中控制开关正面是一个面板和操作手柄，安装在屏正面，与操作手柄轴相连的有数个触点盒，安装在屏后，每个触点盒有四个定触点和两个动触点，由于动触点的凸轮和簧片形状的不同，手柄转动时，每个触点盒内定触点接通与断开的状态各不相同，每对定触点随手柄转动在不同位置时的工作状态，可采用控制开关的触点图表示出。

LW2 形系列控制开关手柄转动挡数一般为 6 挡，最多不超过 6 挡。本单元所采用的是具有两个固定位置和两个操作位置的 LW2-Z 型和 LW2-YZ 型控制开关，其工作状况见表 14-1和表 14-2 所示。

表 14-1　　LW2-Z-1a、4、6a、40、20、20/F8 型控制开关触点图表

在“跳闸后”位置的手柄（正面）的样式和触点盒（背面）的接线图	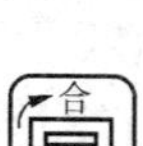	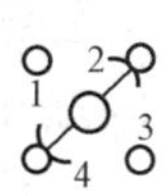		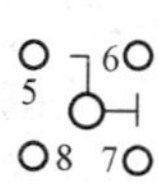		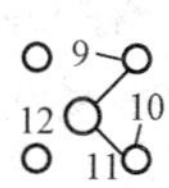			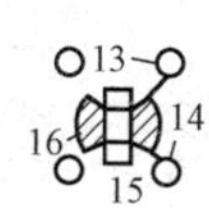			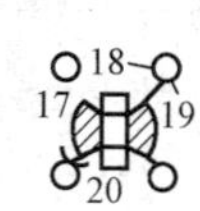			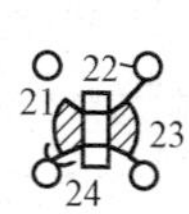		
手柄和触点盒形式	F8	1a		4		6a			40			20			20		
位置 \ 触点号	—	1-3	2-4	5-8	6-7	9-10	9-12	11-10	14-13	14-15	16-13	19-17	17-18	18-20	21-23	21-22	22-24
跳闸后		—	•	—	—	—	—	•	—	•	—	—	—	•	—	—	•
预备合闸		•	—	—	—	•	—	—	•	—	—	—	—	—	—	•	—
合闸		—	—	•	—	—	•	—	—	—	•	•	—	—	•	—	—
合闸后		•	—	—	—	•	—	—	—	—	•	•	—	—	•	—	—
预备跳闸		—	•	—	—	—	—	•	•	—	—	—	•	—	—	•	—
跳闸	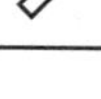	—	—	—	•	—	—	•	—	•	—	—	—	•	—	—	•

表 14-2　　LW2-YZ-1a、4、6a、40、20、20/F1 型控制开关触点图

在“跳闸”后位置的手柄（正面）的样式和触点盒（背面）接线图		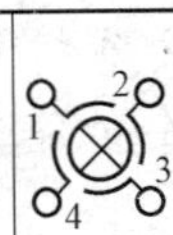		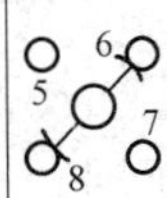		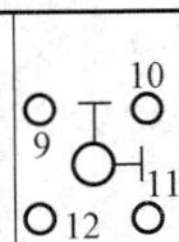		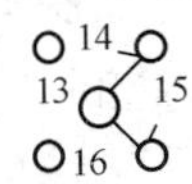			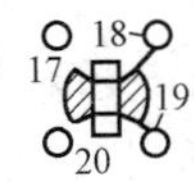			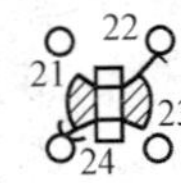			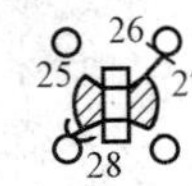		
手柄和触点盒形式	F1	灯		1a		4		6a			40			20			20		
触点号／位置	—	1-3	2-4	5-7	6-8	9-12	10-11	13-14	13-16	14-15	18-17	18-19	20-17	23-21	21-22	22-24	25-27	25-26	26-28
跳闸后		•	—	—	•	—	—	—	—	•	—	•	—	—	—	•	—	—	•
预备合闸		—	•	•	—	—	—	•	—	—	•	—	—	—	•	—	—	•	—
合闸		—	•	—	—	•	—	—	•	—	—	—	•	•	—	—	•	—	—
合闸后		—	•	•	—	—	—	•	—		—	—	•	•	—	—	•	—	—
预备跳闸		•	—	—	—	—	—	—	—	•	•	—	—	—	•	—	—		—
跳闸		•	—	—	—	—	•	—	—	•	—	•	—	—	—	•	—	—	•

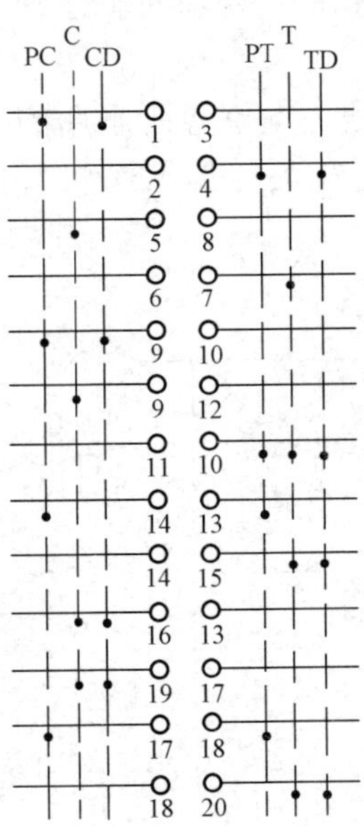

图 14-3　LW2-Z-1a、4、6a、40、20/F8 型触点通断图形符号

由表 14-1 和表 14-2 可见，LW2-Z、LW2-YZ 型控制开关，手柄（Z 表示带有自动复位及定位、YZ 表示带自动复位和定位，手柄内带有信号灯，1a、4、6a、40、20、20 为触点盒代号、F 表示方型面板）都具有 6 个位置，其合闸和分闸的操作都分两步完成，可以防止误操作。表中“•”表示手柄在该位置时，对应的定触点是接通的，“—”表示断开。

在断路器的控制电路中表示触点通断状况的图形符号如图 14-3 所示。其中水平线是开关的接线端子引线，6 条垂直虚线表示手柄 6 个不同的操作挡位，即 PC（预备合闸）、C（合闸）、CD（合闸后）、PT（预备跳闸）、T（跳闸）和 TD 跳闸后，水平线下方的黑点表示该对触点在此位置时是闭合的。

2. 中间环节

中间环节指连接控制、信号、保护、自动装置、执行和电源等元件所组成的控制电路。根据操动机构和控制距离的不同，控制电路的组成不尽相同。

3. 操动机构

操动机构中与控制电路相连的是合闸线圈（YC）和跳闸线圈（YT）。电磁操动机构合闸时由于 YC 取用的电流很大（可达数百安培），控制回路电器容量满足不了要求，必须经过中间放大元件进行控制，即用 SA 控制合闸接触器 KM，再由 KM 主触头控制电磁操动机构的 YC。

三、断路器控制回路的基本要求

(1) 能够由手动利用控制开关对断路器进行分闸、合闸的操作。

（2）满足自动装置和继电保护装置的要求。被控制设备备用时，能够由自动装置通过断路器将该设备自动投入运行；当设备发生故障时，继电保护装置能够将断路器自动跳闸，切除故障。

（3）能够反映断路器的实际位置及监视控制回路的完好。断路器无论在正常工作或故障动作或控制回路出现断线故障时，能够通过 SA 手柄的位置、信号灯及相对应的声、光信号反映其工作状态。

（4）分闸、合闸的操作应在短时间内完成。由于 YC、YT 都是按短时通过工作电流设计的，因此分闸、合断路器后应立即自动断开，以免烧坏线圈。

（5）能够防止断路器短时间内连续多次分闸、合的跳跃现象发生。

课题二　断路器的控制电路

一、具有电磁操动机构用灯光监视的断路器的控制电路

具有电磁操作机构用灯光监视断路器的控制电路如图 14-4 所示。图中：± 为直流电源小母线；M100（＋）是闪光小母线，通过闪光装置与正电源相连，当 M100（＋）通过某一中间回路与电源的负极接通时，M100（＋）上会出现电位高、低的交替变化，从而实现

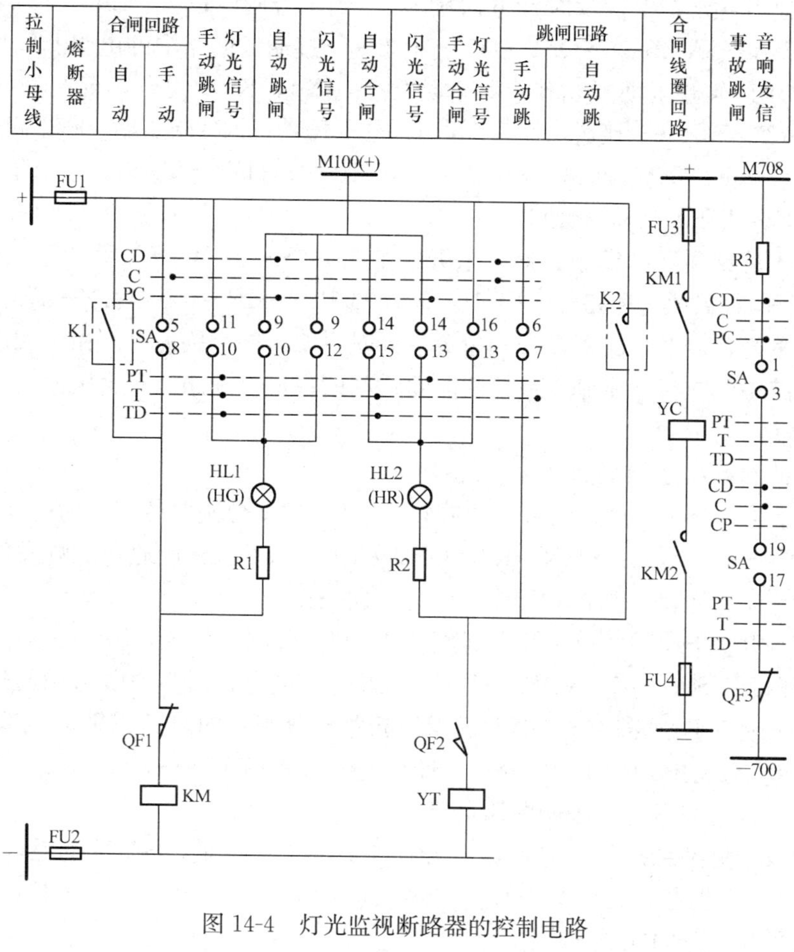

图 14-4　灯光监视断路器的控制电路

灯的闪光；M708 为事故音响小母线，通过信号装置与正电源相连，当 M708 通过某一中间回路接到电源的负极时，会起动音响事故信号装置，发出事故音响信号；−700 为信号电源小母线；HL1、HL2（或 HR、HG）为红、绿色信号灯；FU1～FU4 为熔断器，R 为附加电阻；KM 为合闸接触器；YC、YT 为合、跳闸线圈；K1、K2 分别为自动装置和继电保护装置的相应触点；SA 采用 LW2-Z-1a、4、6a、40、20、20/F8 型的控制开关；QF1、QF3 为断路器的动断辅助触点，QF2 为断路器的动合辅助触点，回路工作过程如下。

（一）手动控制

1. 合闸操作

合闸前的起始状态是：断路器处于跳闸位置，其辅助触点 QF1、QF3 闭合、QF2 断开，控制开关 SA 手柄处于“跳闸后”位置，SA（11-10）通，回路＋→FU1→SA（11-10）→HG→R1→QF1→KM→FU2→－接通。绿灯发平光，表明断路器在分闸位置，同时说明合闸回路完好。由于回路中有电阻和绿灯，此时回路中的电流达不到合闸接触器 KM 的动作值，KM 不会动作合闸。

（1）将控制开关 SA 手柄顺时针方向旋转 90°到“预备合闸”位置，SA（9-10）通，回路 M100（＋）→SA（9-10）→HG→R1→QF1→KM→FU2→－接通。绿灯发闪光，提醒运行人员核对操作是否正确。如核对无误，进行下面操作。

（2）将控制开关 SA 手柄顺时针方向旋转 45°到“合闸”位置，SA（5-8）、SA（16-13）通，回路＋→FU1→SA（5-8）→QF1→KM→FU2→－接通。回路中的电阻和绿灯被短接，合闸接触器 KM 加上全电压励磁动作，其动合触点 KM1、KM2 闭合，合闸回路＋→FU3→KM1→YC→KM2→FU4→－接通，使 YC 励磁动作，操动机构使断路器合闸，同时 QF1、QF3 断开，GN 熄灭，QF2 闭合，回路＋→FU1→SA（16-13）→HR→R2→QF2→YT→FU2→－接通。红灯发平光，表明断路器已合闸。

（3）运行人员见到红灯发平光后，松开控制开关 SA 手柄，SA 手柄返回到“合闸后”位置，SA（16-13）仍通，回路＋→FU1→SA（16-13）→HR→R2→QF2→YT→FU2→－仍接通。红灯发平光，表明断路器在合闸位置，同时说明分闸回路完好。由于回路中有电阻和红灯，此时回路中的电流达不到 YT 使断路器跳闸的数值，断路器不会跳闸。

2. 分闸操作

分闸操作的起始状态同上面（3）所述。

（1）将控制开关 SA 手柄逆时针方向旋转 90°到“预备分闸”位置，SA（14-13）通，回路 M100（＋）→SA（14-13）→HR→R2→QF2→YT→FU2→－接通，红灯发闪光，提醒运行人员核对操作是否正确。如核对无误，进行下面操作。

（2）将控制开关 SA 手柄逆时针方向旋转 45°到“分闸”位置，SA（6-7）、SA（11-10）通，回路＋→FU1→SA（6-7）→QF2→YT→FU2→－接通。回路中电阻和红灯被短接，全电压加到 YT 上使 YT 励磁动作，操动机构使断路器分闸，同时其辅助触点 QF2 打开，红灯 HR 熄灭，QF1、QF3 闭合，回路＋→FU1→SA（10-11）→HG→R1→QF1→KM→FU2→－接通，绿灯发平光，表明断路器已分闸。

（3）运行人员见到绿灯发平光后，松开控制开关 SA 手柄，SA 手柄返回到“分闸后”位置，SA（10-11）仍通，回路＋→FU1→SA（10-11）→HG→R1→QF1→KM→FU2→－仍接通，绿灯发平光，分闸完成。

（二）自动控制

1. 自动跳闸（事故跳闸）

自动跳闸前断路器处于合闸状态，其辅助触点 QF2 闭合，控制开关 SA 手柄在“合闸后”位置，红灯发平光（接通的回路同前述）。

当一次回路中发生事故时，相应的继电保护动作后，K2 闭合，回路+→FU1→K2→QF2→YT→FU2→−接通。红灯 HR 和电阻 R2 被短接，全电压加到 YT 上，使 YT 励磁动作，操动机构使断路器分闸，同时其辅助触点 QF2 打开，红灯 RD 熄灭，QF1、QF3 闭合，由于 SA 手柄在“合闸后”位置时，SA（9-10）、SA（1-3）、SA（19-17）是通的，因此，此时回路 M708→R3→SA（1-3）→SA（19-17）→QF3→−700 接通，启动中央事故信号装置中的蜂鸣器发出音响，告知运行人员断路器事故跳闸。M100（+）→SA（9-10）→HG→R1→QF1→KM→FU2→−接通，绿灯发出闪光，指明该台断路器自动跳闸。为了不影响运行人员处理事故，可按下中央事故信号装置中音响解除按钮，解除音响。但要保留灯光，直到事故处理完毕，再将控制开关 SA 手柄旋转到“分闸后”位置，SA（10-11）接通，回路+→FU1→SA（10-11）→HG→R1→QF1→KM→FU2→−接通，绿灯发平光，恢复到正常的分闸后状态。

2. 自动合闸

现在讨论备用电源自动投入时的自动合闸。自动合闸前断路器在分闸状态，其辅助触点 QF1、QF3 闭合，QF2 断开。控制开关 SA 手柄在“分闸后”位置，绿灯亮平光。此时，自动装置动作 K1 闭合，回路+→FU1→K1→QF1→KM→FU2→−接通。电阻和绿灯被短接，合闸接触器 KM 加上全电压励磁动作，其动合触点 KM1、KM2 闭合，合闸回路+→FU3→KM1→YC→KM2→FU4→−接通，使 YC 励磁，操动机构动作使断路器合闸。同时 QF1、QF3 断开，HG 熄灭。QF2 闭合，由于此时控制开关 SA 手柄在“分闸后”位置，SA（14-15）是接通的，回路 M100（+）→SA（14-15）→HR→R2→QF2→YT→FU2→−接通，红灯发闪光。中央事故信号装置中的电铃发出音响同时点亮光字牌。电铃响，光字牌亮表明断路器自动合闸。红灯发闪光指明该台断路器自动合闸。运行人员可以将控制开关 SA 手柄旋转到“合闸后”位置，红灯发平光，恢复到正常运行状态。

（三）断路器的运行状态与控制回路断线监视

断路器的运行状态与控制回路断线监视，一般用 SA 手柄的位置，灯光和音响信号进行，由上分析可见：

（1）SA 手柄处于水平位置，HG 平光，表明断路器处于断开状态，同时说明合闸回路完好，如果合闸回路断线或熔断器熔断，HG 即会熄灭，需立即处理，否则下一步合闸时将无法进行。但需要说明的是 HG 熄灭并不一定都是断线，也可能是灯泡坏了或是灯泡被短接。

（2）SA 手柄处于垂直位置，HR 平光，表明断路器处于合闸状态，同时说明跳闸回路完好，如果分闸回路断线或熔断器熔断，HR 即会熄灭。必须立即处理，否则一旦系统事故时，断路器将不能自动跳闸，会使事故扩大。

（3）SA 手柄处于水平位置，HR 闪光，控制屏上“××自动投入”光字牌亮，表明断路器自动合闸。

（4）SA 手柄处于垂直位置，HG 闪光，同时中央信号屏上蜂鸣器响，表明断路器事故跳闸。

（5）SA 手柄处于水平位置，HR 闪光，无音响，表明断路器预备分闸。

（6）SA 手柄处于垂直位置，HG 闪光，无音响，表明断路器预备合闸。

闪光装置是根据SA手柄的位置和断路器的实际位置不对应的原则启动的。如“预备合闸”时，SA手柄在垂直位置，断路器在分闸状态。“预备分闸”时SA手柄在水平位置，断路器在合闸状态，也就是说SA手柄位置与断路器的实际位置不对应，闪光装置启动，灯发闪光。事故跳闸后SA手柄在垂直位置，断路器在分闸状态，自动合闸后SA手柄在水平位置，断路器在合闸状态，SA手柄位置与断路器的实际位置也是不对应，闪光装置启动，灯发闪光。

虽然自动合闸与“预备跳闸”都是红灯闪光，自动跳闸与“预备合闸”都是绿灯闪光，但它们还是能够区别的。自动合闸和自动分闸时是长时间的闪光，而且伴随有音响；预备合闸和预备分闸时是操作过程中发闪光，而且时间短、没有音响。

（四）防止跳跃

图14-4的缺陷是没有防止断路器跳跃的功能。

（1）断路器的跳跃现象。所谓断路器的跳跃现象是指断路器在短时间内发生多次合闸、分闸的现象。特别是断路器合闸到永久性故障线路上时，SA（5-8）触点接通，使断路器合闸。合闸瞬间，故障反应于继电保护装置，K2闭合使断路器跳闸；此时运行人员仍将手柄维持在“合闸”位置，SA（5-8）仍通，使断路器立即又合上。由于故障仍然存在，接着继电保护装置又使断路器跳闸，如此循环便形成了断路器的跳跃现象，一直到SA手柄弹回，SA（5-8）触点断开为止。运行中的断路器的是不允许跳跃的，跳跃一方面可能使断路器受到损坏，另一方面使一次系统的工作受到严重影响。为了防止这种跳跃现象的发生，必须采取一定的防跳措施。

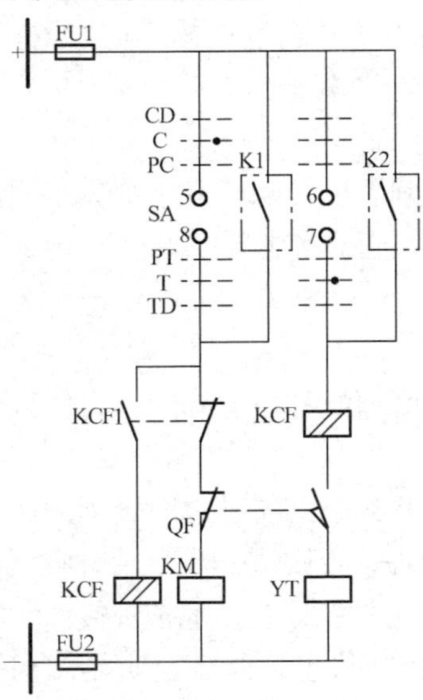

图14-5　由防跳继电器构成电气防跳控制电路

（2）防止跳跃。断路器的防止跳跃，要求每次合闸操作时，只允许一次合闸，跳闸后只要手柄在“合闸”位置（或自动装置的触点K1在闭合状态），则应对合闸操作回路进行闭锁，保证不再进行第二次合闸。防跳可采用机械闭锁和电气的闭锁措施，图14-5是装有跳跃闭锁继电器进行防止跳跃的控制电路。

跳跃闭锁继电器KCF（简称防跳继电器）具有两个线圈：电流启动线圈与电压保持线圈。图14-5除装有KCF外，其他部分与图14-4相同，KCF的电流线圈串联在跳闸线圈回路中，电压线圈与其自身的动合触点串联后再与电路的合闸接触器KM线圈相并联，另一对动断触点与KM线圈串联起闭锁作用。

当手动合闸于故障线路上时，保护出口中间继电器触点K2闭合，启动YT自动跳开断路器，同时启动KCF继电器，KCF动断触点断开。切断合闸接触器线圈回路。使断路器不能合闸。KCF动合触点闭合，接通KCF电压线圈，使其保持KCF动断触点在断开状态，合闸接触器线圈回路不能接通，直到SA（5-8）返回，KCF电压线圈失电，动断触点闭合为止，恢复到正常状态，才可以重新合闸。这就实现了断路器合到短路故障的回路上，自动跳闸以后，不会再重新合闸。这就避免了跳跃现象的发生，实现了跳跃闭锁。自动合闸的情况与此类似不再重述。

在一些场合，可用图 14-6 所示的由跳闸线圈 YT 辅助触点来完成电气防跳功能。

图 14-6（b）中，正常时 YT 不带电，动合触点 3 断开，动断触点 4 闭合，当 YT 带电动作时，铁芯 1 被吸起，使断路器跳闸，同时触点 3 闭合，触点 4 断开。

图 14-6（a）中，当断路器合闸到短路回路上，断路器在继电保护作用下自动跳闸，跳闸过程中，跳闸线圈 YT 的动断触点断开，切断 KM 线圈回路，不允许第二次合闸；动合触点闭合，将闭合脉冲送到 YT，使其一直带电，保持跳闸线圈 YT 的动断触点一直在断开状态，直到 SA（5-8）或自动装置触点 K1 断开为止。此种电气防跳的缺点是 SA（5-8）或自动装置触点 K1 接通时间过长时，YT 超过了允许的带电时间容易损坏。

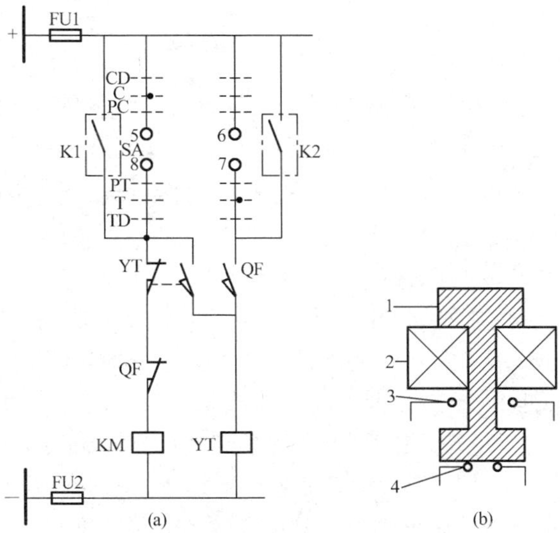

图 14-6　用跳闸线圈辅助触点构成的防跳电路

（a）防跳电路；（b）跳闸线圈辅助触点示意图

1—铁芯；2—线圈；3—辅助动合触点；4—辅助动断触点

二、具有电磁操动机构用音响监视的断路器控制回路

具有电磁操动机构用音响监视的断路器控制回路如图 14-7 所示。

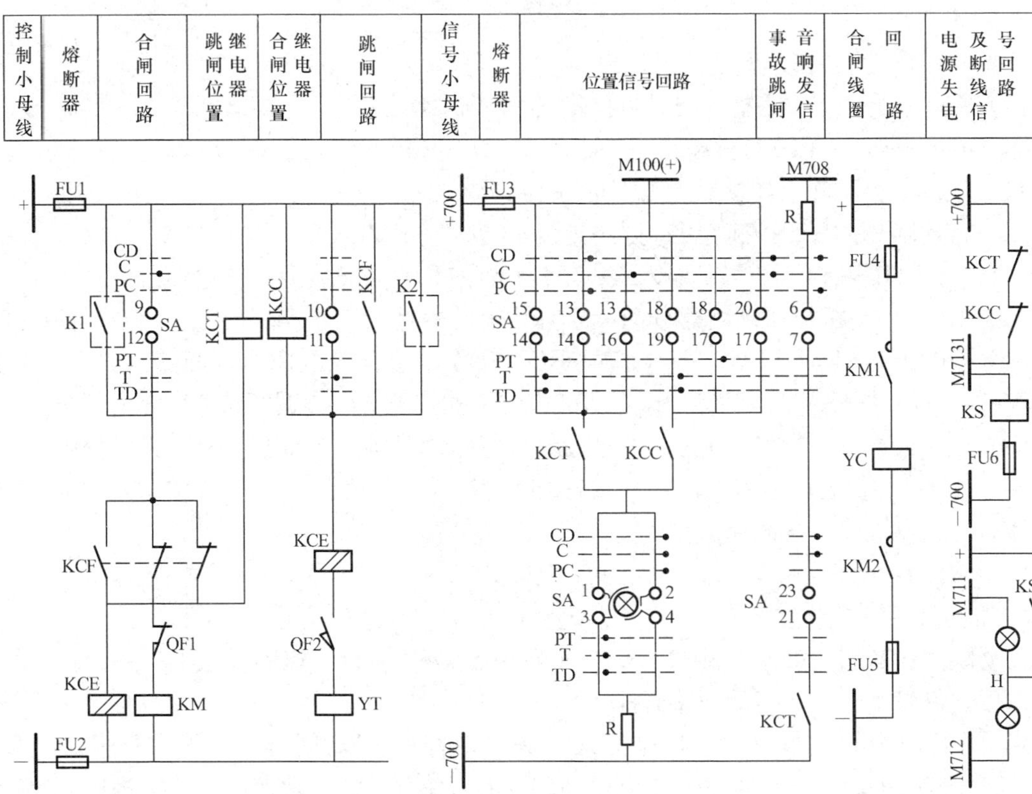

图 14-7　音响监视的断路器控制回路

（一）手动控制

1. 合闸操作

合闸前的起始状态是：断路器处于跳闸位置，其辅助触点 QF1 闭合、QF2 断开，控制开关 SA 手柄处于“跳闸后”位置。回路+→FU1→KCT→QF1→KM→FU2→−接通，跳闸位置继电器动作，动合触点闭合。控制开关 SA 手柄在“分闸后”位置，SA（15-14）通，回路+700→SA（15-14）→KCT→SA（1-灯-3）→R→−700 接通，灯亮平光，一方面表明断路器在分闸位置，另一方面说明合闸回路完好。

（1）将控制开关 SA 手柄顺时针方向旋转 90°到“预备合闸”位置，SA（13-14）通，回路 M100（+）→SA（13-14）→KCT→SA（2-灯-4）→R→−700 接通。灯发闪光，提醒运行人员核对操作是否正确。如核对无误，进行下面操作。

（2）将控制开关 SA 手柄顺时针方向旋转 45°到“合闸”位置，SA（9-12）、（20-17）通，回路+→FU1→SA（9-12）→KCF（动断）→QF1→KM→FU2→−接通。合闸接触器 KM 线圈加上全电压励磁动作，其动合触点 KM1、KM2 闭合，合闸回路+→FU4→KM1→YC→KM2→FU5→−接通，使 YC 励磁动作，操动机构使断路器合闸，同时 QF1 断开，QF2 闭合，回路+→FU1→KCC→KCF→QF2→YT→FU2→−接通，KCC 动作，动合触点闭合。+700→SA（20-17）→KCC→SA（2-灯-4）→R→−700 接通，灯亮平光，表明断路器已合闸。

（3）运行人员见到灯发平光后，松开控制开关 SA 手柄，SA 手柄返回到“合闸后”位置，SA（20-17）仍通，回路+700→SA（20-17）→KCC→SA（2-灯-4）→R→−700 接通，灯仍亮平光。灯发平光，表明断路器在合闸位置，同时说明分闸回路完好。

2. 分闸操作

起始状态同上述（3）所述。

（1）将控制开关 SA 手柄逆时针方向旋转 90°到“预备分闸”位置，SA（18-17）通，回路 M100（+）→SA（18-17）→KCC→SA（1-灯-3）→R→−700 接通，灯发闪光，提醒运行人员核对操作是否正确。如核对无误，进行下面操作。

（2）将控制开关 SA 手柄逆时针方向旋转 45°到“分闸”位置，SA（10-11）、SA（15-14）通，回路+→FU1→SA（10-11）→KCF→QF2→YT→FU2→−接通。全电压加到 YT 上，使 YT 励磁动作，操动机构使断路器分闸，同时其辅助触点 QF2 打开，QF1、闭合，回路+→FU1→KCT→QF1→KM→FU2→−接通，KCT 动作，动合触点闭合，回路+700→FU3→SA（15-14）→KCT→SA（1-灯-3）→R→−700 接通，灯亮平光，表明断路器已分闸。

（3）运行人员见到灯发平光后，松开控制开关 SA 手柄，SA 手柄返回到“分闸后”位置，SA（15-14）仍通，回路+700→FU3→SA（15-14）→KCT→SA（1-灯-3）→R→−700 仍接通，灯仍发平光，分闸完成。

（二）自动控制

1. 自动跳闸（事故跳闸）

自动跳闸前断路器处于合闸状态，其辅助触点 QF2 闭合，控制开关 SA 手柄在“合闸后”位置，灯发平光（接通的回路同前述）。

当一次回路中发生事故时，相应的继电保护动作后，K2 闭合，回路+→FU1→K2→KCF→QF2→YT→FU2→−接通。全电压加到 YT 上使 YT 励磁动作，操动机构使断路器分闸，同时其辅助触点 QF2 打开，QF1 闭合，回路+→FU1→KCT→QF1→KM→FU2→−接通，跳闸位置继电器动作，动合触点闭合。由于SA手柄在“合闸后”位置时，SA（13-14）、（6-7）、（23-21）是通的，因此，此时回路M708→R→SA（6-7）→SA（23-21）→KCT→－700接通，中央事故信号装置中的蜂鸣器发出音响，告知运行人员断路器事故跳闸。M100（＋）→SA（13-14）→KCT→SA（2-灯-4）→R→－700接通，灯发出闪光，指明该台断路器自动跳闸。为了不影响运行人员处理事故，可按下中央事故信号装置中音响解除按钮，解除音响，但要保留灯光。

2. 自动合闸

现在讨论备用电源自动投入时的自动合闸。自动合闸前断路器在分闸状态，其辅助触点QF1、闭合，QF2断开。控制开关SA手柄在“分闸后”位置，灯亮平光。此时，自动装置动作K1闭合，回路＋→FU1→K1→KCF→QF1→KM→FU2→－接通。合闸接触器KM加上全电压励磁动作，其动合触点KM1、KM2闭合，合闸回路＋→FU4→KM1→YC→KM2→FU5→－接通，使YC励磁动作，操动机构使断路器合闸。同时QF1断开，QF2闭合，由于此时控制开关SA手柄在“分闸后”位置，SA（18-19）是接通的，回路M100（＋）→SA（18-19）→KCC→SA（1-灯-3）→R→－700接通，灯发闪光。中央事故信号装置中的电铃发出音响同时点亮光字牌。电铃响、光字牌亮，表明断路器自动合闸。红灯发闪光指明该台断路器自动合闸。运行人员可以将控制开关SA手柄旋转到“合闸后”位置。灯亮平光，恢复到正常运行状态。在此电路中，手动合闸、分闸，灯都亮平光；自动合闸、分闸，灯都闪光。这就要根据手柄的位置和灯光共同来判断。

（三）控制电路及其电源的监视

当控制电路的电源消失（如熔断器FU1、FU2熔断或接触不良）时，跳闸和合闸位置继电器KCT及KCC同时失电，其动合触点KCT、KCC断开，手柄信号灯熄灭。其动断触点KCT、KCC闭合，启动信号继电器KS，KS的动合触点闭合，接通光字牌HL并发出电源失电及断线预告信号，同时发出音响信号（详见第十五单元），此时通过指示灯熄灭即可找出故障的控制回路。需要指出，音响信号装置应带0.2～0.3s的延时。这是因为当发出合闸或跳闸脉冲瞬间，在断路器还未动作时，跳闸或合闸位置继电器会瞬间被短接而失压，此时音响信号亦可能动作。

当断路器、控制开关均在合闸（或跳闸）位置，跳闸（或合闸）回路断线时，都会出现手柄信号灯熄灭、光字牌点亮并延时发音响信号。

如果控制电源正常，信号电源消失，则不发音响信号，只是信号灯熄灭。

音响监视方式与灯光监视方式相比，具有的优点是：

（1）利用音响监视控制回路的完好性，便于及时发现断线故障。

（2）信号灯减半，对断路器数量较多的发电厂和变电站，不但可以避免控制太拥挤，而且可以防止误操作。

（3）减少了电缆芯数（由四芯减少到三芯）。但是，音响监视采用单灯制，增加了两个继电器（KCT和KCC），位置指示灯采用单灯制不如双灯制直观。目前只有大型发电厂、变电站采用音响监视方式。

三、弹簧操动机构的断路器控制电路

弹簧操动机构的断路器控制电路如图14-8所示。图中，M为蓄能电动机，其他设备符号含义与前述相同。电路的工作原理与电磁操动机构的断路器相比，除有相同之处以外，还有以下特点：

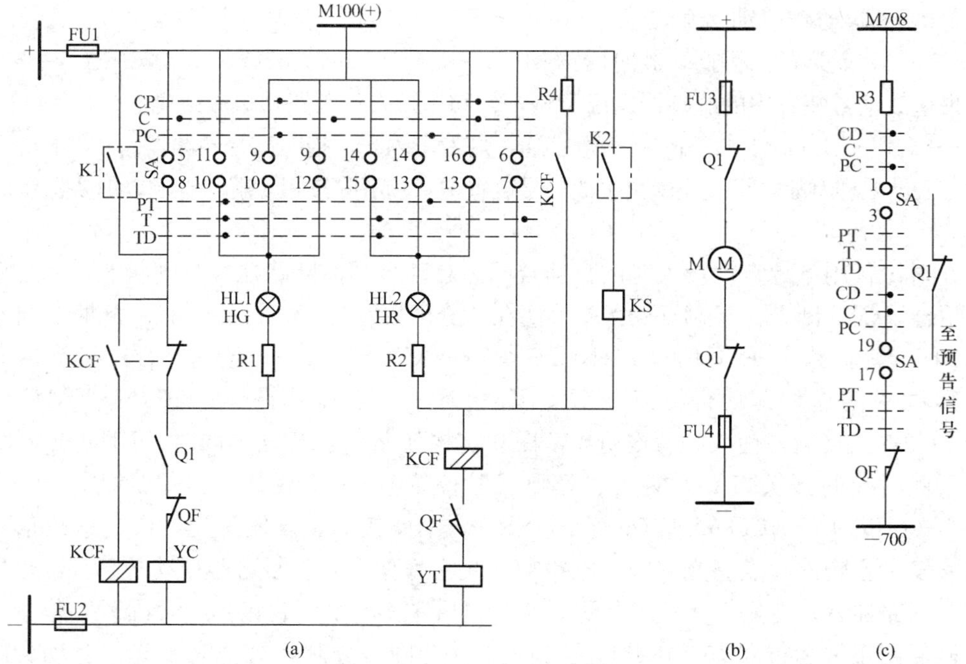

图 14-8　弹簧操动机构的断路器控制回路

（a）控制回路；（b）电动机启动回路；（c）信号回路

（1）断路器合闸是靠释放预先储存在弹簧中的能量来实现的。因此，所需合闸电流不大。所以控制开关 SA 直接控制合闸线圈 YC。

（2）当断路器无自动重合闸装置时，在其合闸回路中串有操动机构的辅助动合触点 Q1。只有在储能结束，弹簧拉紧、Q1 闭合后，才允许合闸。

（3）当弹簧未拉紧时，操动机构的两对辅助动断触点 Q1 闭合，启动蓄能电动机 M，使合闸弹簧拉紧。弹簧拉紧后，两对动断触点 Q1 断开，合闸回路中的辅助动合触点 Q1 闭合，电动机 M 停止转动。此时，进行手动合闸操作，合闸线圈 YC 带电，使断路器利用弹簧存储的能量进行合闸，合闸弹簧在释放能量后，Q1 动断触点闭合，电动机开始运行自动储能，为下次动作做准备。

（4）当断路器装有自动重合闸装置时，由于合闸弹簧正常运行处于储能状态，所以能可靠地完成一次重合闸的动作。如果重合不成功又跳闸，将不能进行二次重合，为了保证可靠“防跳”，电路中装有防跳闭锁继电器。

电气防跳电路前已叙述，现讨论防跳继电器 KCF 的动合触点经电阻 R4 与保护出口继电器触点 K2 并联的作用。断路器由继电保护动作跳闸时，其触点 K2 可能较辅助动合触点 QF 先断开，从而烧毁触点 K2。动合触点 KCF 与之并联，在保护跳闸的同时防跳继电器 KCF 动作并通过另一对动合触点自保持。这样即使保护出口继电器触点 K2 在辅助动合触点 QF 断开之前就复归，也不会由触点 K2 来切断跳闸回路电流，从而保护了 K2 触点。R4 是一个 1～4Ω 的电阻，对跳闸回路无多大影响。当继电保护装置出口回路串有信号继电器线圈时，电阻 R4 的阻值应大于信号继电器的内阻，以保证信号继电器可靠动作。当继电器保护装置出口回路无串接信号继电器时，此电阻可以取消。

四、液压操动机构的断路器控制电路

液压操动机构的断路器控制电路如图 14-9 所示。

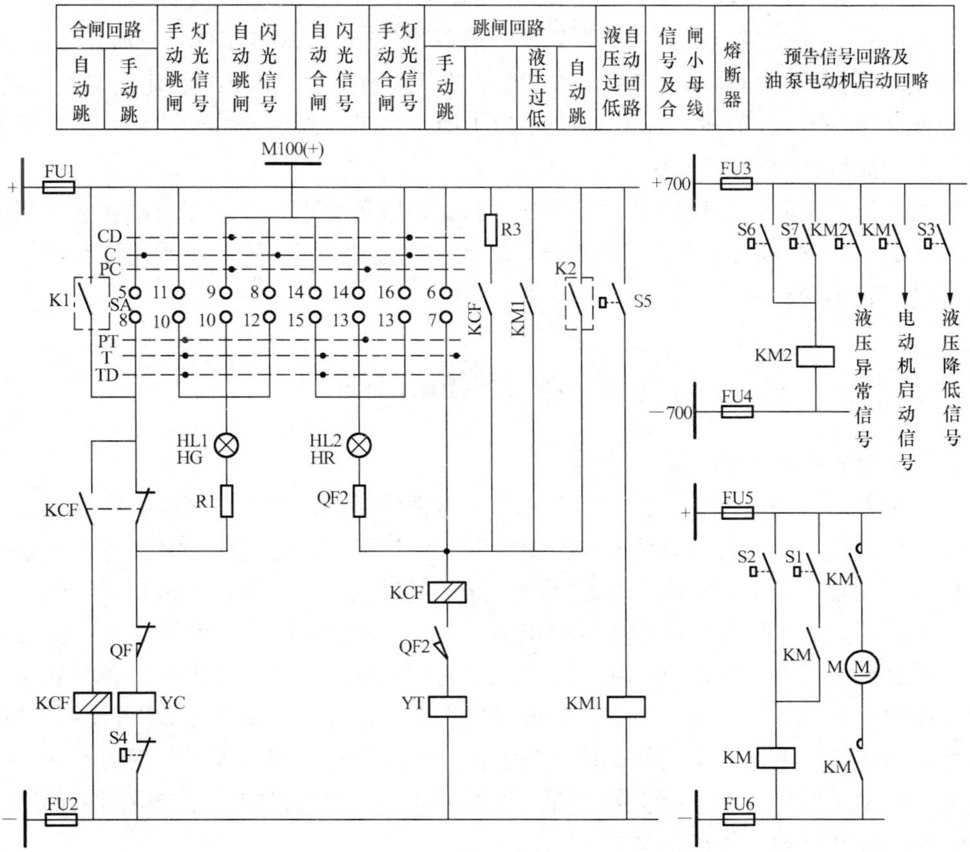

图 14-9　液压操动机构的断路器控制电路

图中，+700、−700 为信号小母线；S1～S5 为液压操动机构所带微动开关的触点，微动开关的闭合和断开，与操动机构中储压器活塞杆的行程调整和液压有关；S6、S7 为压力表电触点。以上各触点的动作条件如表 14-3 所示。KM 为直流接触器，M 为直流电动机，KM1、KM2 为中间继电器，其他设备与前相同。

表 14-3　　　　微动开关触点及压力表触点的动作条件　　　　(MPa)

触点符号	S1	S2	S3	S4	S5	S6	S7
动作条件	<17.5 闭合	<15.8 闭合	<14.4 闭合	<13.2 断开	<12.6 闭合	<10 闭合	>20 闭合

此控制电路与电磁操动机构的控制电路相比，主要差别是液压操作的控制电路增设了液压监察装置。此装置有如下特点：

（1）为保证断路器可靠工作，油的正常压力应在 15.8～17.5MPa 的允许范围之内。运行中，由于漏油或其他原因造成油压小于 15.8MPa 时，微动开关触点 S1、S2 闭合。S2 闭合使直流接触器 KM 线圈带电，其动合触点 KM 闭合，两对启动油泵电动机 M，使液压升高，一对发出电动机启动信号；另一对通过闭合的微动开关触点 S1 形成 KM 的自保持回路。当油压上升至15.8MPa以上时，微动开关触点S2断开，KM并不返回，一直等到油压上升至17.5MPa，微动开关触点S1断开，KM线圈失电，油泵电动机M停止运转，这样就维持了液压在要求的范围内。

（2）液压出现异常时，能自动发信号。当液压降低到14.4MPa时，微动开关触点S3闭合，发液压降低信号；当液压降低到13.2MPa时，微动开关触点S4断开，切断合闸回路。当液压降低到10MPa以下或上升到20MPa以上时，压力表触点S6或S7闭合，启动中间继电器KM2，其触点闭合，发油压异常信号。

（3）油压严重下降，不能满足故障状态下断路器跳闸要求时，应能自动跳闸。当液压降低到12.6MPa时，微动开关触点S5闭合，启动中间继电器KM1，其动合触点闭合，使断路器自动跳闸且不允许再合闸。

课题三　连锁和操作闭锁回路

一、厂用电动机的连锁回路

为了满足发电厂中电能生产连续性和安全可靠性的要求，当动力部分生产的工艺流程遭到破坏时，要求在生产过程中某些互相有紧密联系的厂用辅机之间建立某种连锁关系，即当某些辅机（或设备）正常工作状态被破坏时，立即通过电气二次回路迅速相应地改变另外一些辅机（或设备）的工作状态（投入或退出运行），这种实现联系关系的电气二次回路部分称为连锁回路。按照连锁的性质，从专业分工的角度出发，可分为热工连锁和电气连锁。热工连锁是在生产过程中的参数（压力、温度等）发生变化危及安全、可靠运行时，由热工仪表装置实现的连锁；电气连锁是指利用开关电器的辅助触点或继电器来实现的连锁。厂用电动机的电气连锁又可分为按生产工艺装置的连锁和同一类型辅机中工作与备用设备之间的连锁两类，本书仅介绍前一种连锁类型。

发电厂动力部分中按生产工艺流程要求构成连锁回路的特点是“按序启动，连锁跳闸”所谓“按序启动”指的是辅机的电动机启动（手动或自动）时，必须按工艺流程的顺序才能启动，违反这一顺序，厂用电动机的断路器（或自动开关）就会合不上。在特殊情况下，需要单独实验某一电动机时，必须将连锁解除，才能不按上述工艺流程的顺序操作。所谓“连锁跳闸”是指系统运行中某个环节的电动机跳闸，连锁将会使该系统按启动顺序排在该电动机之后的所有电动机跳闸，使系统部分或全部地停止运行，属于这类连锁最典型的是锅炉系统的辅机连锁。

（一）锅炉系统中各辅机的作用

1. 燃烧及风烟系统

锅炉的燃烧及风烟系统中主要的辅机包括旋转式空气预热器、引风机、送风机、一次风机和给粉机等，且按锅炉容量不同设置的台数各不相同。

（1）旋转式空气预热器。空气预热器利用锅炉尾部烟气余热来提高进入炉膛的风温，可以改善锅炉的燃烧情况降低排烟温度，提高锅炉效率。旋转式空气预热器是利用蓄热板（波形板和定位板）轮流被烟气加热和向空气放热的方式运行，因此具有转动部分，相应设有旋转电动机及提供润滑的辅助设备。

（2）引风机。引风机用于将炉膛内燃烧所产生的烟气抽出，通过烟囱排向大气，维持锅炉炉膛及尾部烟道在负压下运行，防止烟气外漏。

（3）一次风机。对具有中间粉仓式锅炉，一次风机提供的空气经空气预热器加热后作为一次风，用于加热和输送煤粉到炉膛燃烧，或供直吹式制粉系统干燥原煤和输送煤粉到炉膛燃烧。

（4）送风机。送风机产生的压力空气经空气预热器加热后用于：①做二次风，在一次风将煤粉送入炉膛的同时，送入二次风、风煤混合，保证燃烧所需要的氧气，使燃料达到完全燃烧；②向制粉系统供热风。

（5）给粉机。给粉机用于向锅炉提供煤粉，调整给粉量以满足负荷的要求。

2. 制粉系统

发电厂一般具有中间粉仓式的燃烧锅炉，每台锅炉配备2～4组完全独立的制粉系统，制粉系统辅机包括排粉机、磨煤机（含磨煤机的润滑油系统）和给煤机。给煤机向磨煤机送原煤，控制磨煤机的输出功率；磨煤机将原煤加热干燥后研磨成煤粉；排粉机将磨煤机内的风粉抽出，送到细粉分离器进行风粉分离，煤粉落入煤粉仓，剩余的风粉混合粉（含粉量约10%）作三次风送入炉膛参加燃烧，排粉机还需维持制粉系统的负压，以防煤粉外漏。

（二）锅炉辅机连锁构成的原则

1. 制粉系统

制粉系统各辅机启动的顺序是：排粉机→磨煤机→给煤机。

即先启动排粉机，开始送热风暖管，温度达到要求后启动磨煤机，最后启动给煤机供煤。按照“先开后停”的原则，停止制粉系统时，应先停给煤机，待磨煤机中的煤抽空后停止磨煤机，再停排粉机。若违反上述原则不加联锁进行操作，先停磨煤机或先停排粉机，将造成磨煤机的堵塞。所以制粉系统辅机的连锁原则是磨煤机跳了连锁跳给煤机，排粉机跳了连锁跳磨煤机和给煤机。

2. 燃烧和风烟系统

由于锅炉具有复杂的燃烧过程，运行中燃烧、风烟设备之间有密切的联系，若某一环节出现故障停运而其他环节仍维持运行，将造成运行的失调，酿成事故。若送风机或一次风机停止自运行，给粉机仍在给粉，将造成一次风管堵管或燃烧不完全，可能产生炉膛爆炸，或锅炉尾部烟道燃烧的恶果；若引风机停止运行而送风机、一次风机、给粉机和制粉机仍在运行，将造成炉膛正压，大量烟火外喷，严重威胁安全文明生产；若旋转式空气预热器停止旋转，而其他辅机仍在运行，将烧坏旋转式空气预热器。

因此，锅炉燃烧、风烟系统辅机启动顺序为：旋转式空气预热器→引风机→送风机→一次风机→给粉机。

相应燃烧，风烟系统连锁跳的原则是：送风机和一次风机跳了，应连锁跳给粉机；引风机跳了应连锁跳送风机、一次风机和给煤机；旋转式空气预热器跳了应连锁跳其他所有的辅机电动机。

3. 锅炉辅机连锁

锅炉辅机连锁按工艺流程要求启动的顺序为：

旋转式空气预热器→引风机→送风机→一次风机→给粉机
　　　　　　　　　　　　　　　　　　　　　　└→排粉机→磨煤机→给煤机

相应锅炉辅机连锁是：

（1）旋转式空气预热器（指电动机，以下同）跳了应连锁跳引风机。

（2）引风机跳了连锁应跳送风机和一次风机。

（3）送风机或一次风机跳了，应连锁跳给粉机和排风机。

（4）排粉机跳了应连锁跳磨煤机和给煤机。

（5）磨煤机跳了应连锁跳给煤机。

（三）锅炉辅机的连锁回路

1. 锅炉辅机连锁原理图

下面以某台锅炉安装有旋转式空气预热器，引风机、送风机、一次风机各两台，给粉机四台、制粉系统四套为例说明锅炉辅机连锁的构成。各辅机的连锁是通过串联、并联在电动机的合闸、跳闸回路中的连锁开关触点来实现的。锅炉控制屏（台）上设置了锅炉总连锁开关 SA 和各套制粉系统的连锁开关 SA1～SA4，辅机连锁原理如图 14-10 所示。两台旋转式空气预热器（KY）跳闸，连锁跳两台引风机（XF）；两台引风机均跳闸后连锁跳所有的送风机（SF）和一次风机（YF）；两台送风机或两台一次风机跳闸后连锁跳四台给粉机（FY）和四套制粉系统，以上联系跳闸是通过锅炉的总连锁开关 SA 实现的，每套制粉系统各设有连锁开关 SA1～SA4，制粉系统的连锁通过各自的连锁开关实现。

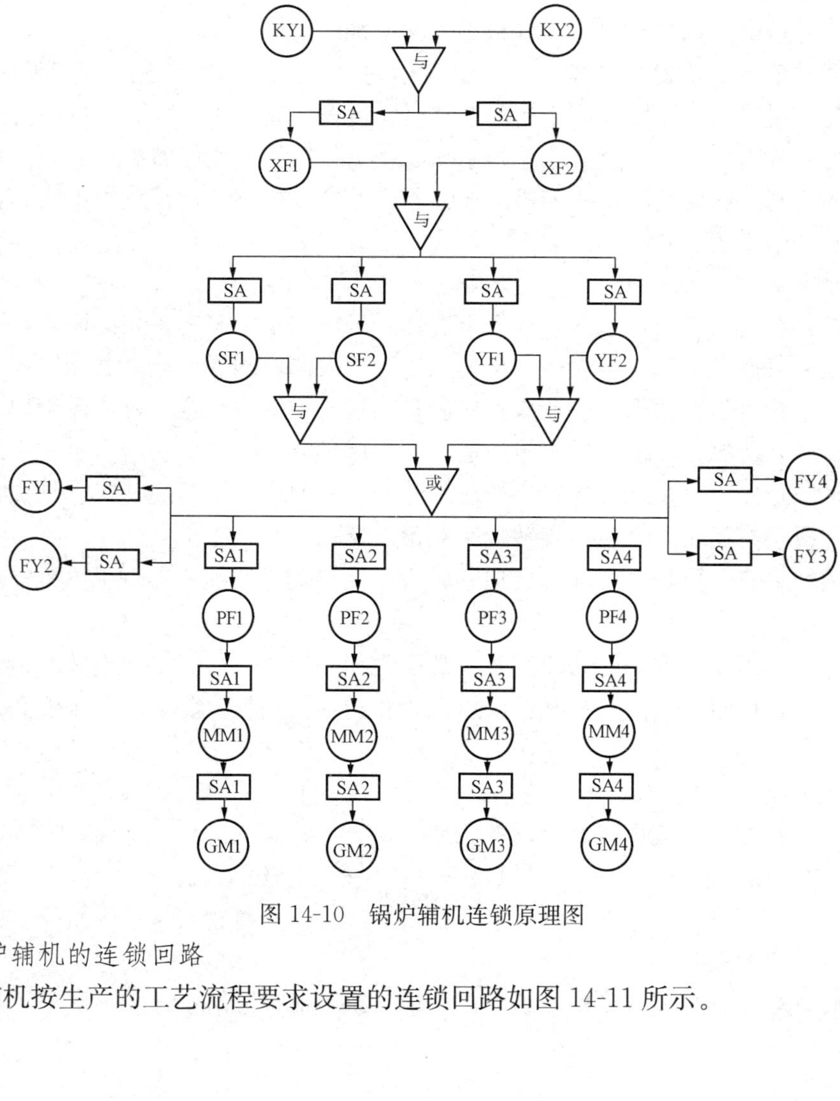

图 14-10　锅炉辅机连锁原理图

2. 锅炉辅机的连锁回路

锅炉辅机按生产的工艺流程要求设置的连锁回路如图 14-11 所示。

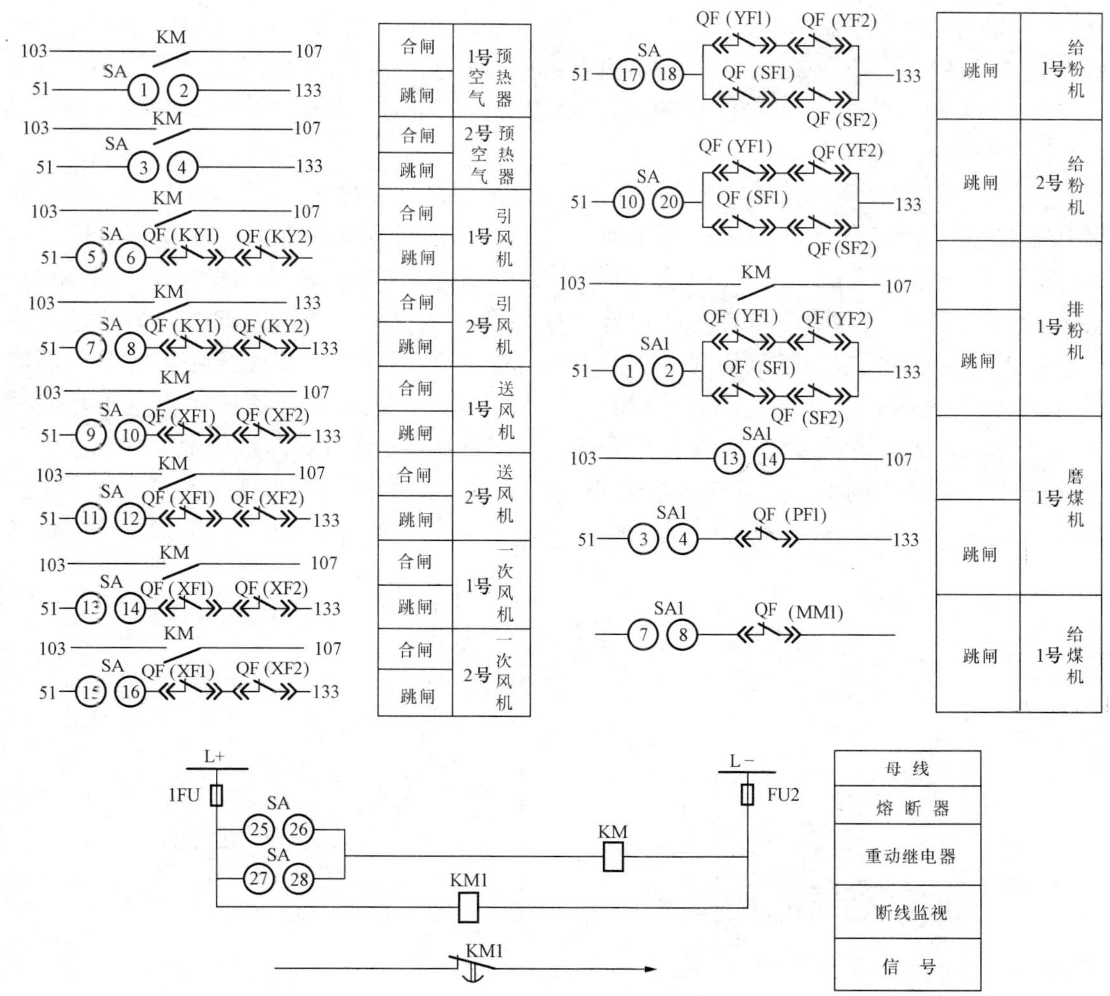

图 14-11　锅炉辅机连锁回路图

由于各辅机连锁控制回路基本相同，图 14-11 中仅列出了各电动机的合闸回路和跳闸回路。SA 投入“连锁”位置时，SA①②、SA③④、SA⑤⑥、SA⑦⑧、…、SA㉓㉔接通，将各辅机的跳闸回路接入连锁。由于总连锁开关触点有限，故加装了重动继电器 KM 以增加触点数量，当 SA“解除”时，SA㉕㉖、SA㉗㉘接通，KM 的动合触点闭合，解除上述各辅机的合闸连锁。图中 103、107 为合闸回路编号，该支路与热工仪表连锁支路（图中未画出）并联之后再串联在控制开关合闸触点（⑤⑧）之后；51、133 是跳闸回路编号，该支路与控制开关的跳闸触点（⑥⑦）相并联。1 号制粉系统的连锁开关 SA1“连锁”时，SA1①②、SA1③④、SA1⑤⑥、SA1⑦⑧接通，将各制粉机械的跳闸回路接入连锁，SA1“解除”时，SA1⑬⑭接通，将 1 号磨煤机的合闸回路连锁解除。

二、隔离开关的操作闭锁回路

为了保证安全，隔离开关与相应的断路器、接地开关之间必须装设闭锁装置以防止误操作。隔离开关的操作闭锁装置有机械闭锁和电气闭锁两种，以下主要简介电气闭锁。

1. 电气闭锁装置

电气闭锁装置通常采用电磁锁实现操作闭锁。电磁锁的结构如图 14-12（a）所示，主要由电锁Ⅰ和电钥匙Ⅱ组成。电锁Ⅰ由锁芯、弹簧和插座组成。电钥匙Ⅱ由插头、线圈、电磁铁、解除按钮和钥匙环组成。在每个隔离开关的操动机构上装有一把电锁，全厂（站）备有2～3把电钥匙作为公用。只有在相应断路器处于跳闸位置时，才能用电钥匙打开电锁，对隔离开关进行合、跳闸操作。

电磁锁的工作原理如图14-12（b）所示，在无跳闸、合闸操作时，用电锁锁住操动机构的转动部分，即锁芯在弹簧压力作用下，锁入操动机构的小孔内，使操作手柄Ⅲ不能转动。当需要断开隔离开关QS时，必须先跳开断路器QF，使其辅助动断触点闭合，给插座加上直流操作电源，然后将电钥匙的插头插入插座内，线圈中就有电流流过，使电磁铁被磁化吸出铁芯，锁就打开了。此时利用操作手柄Ⅲ，即可拉开隔离开关。隔离开关拉开后，取下电钥匙插头，使线圈断电，释放锁芯，锁芯在弹簧压力作用下，又锁入操动机构小孔内，锁住操作手柄，需要合上隔离开关的操作过程与上类似。

目前，我国生产的电磁锁有户内DSN和户外DSW型两种。

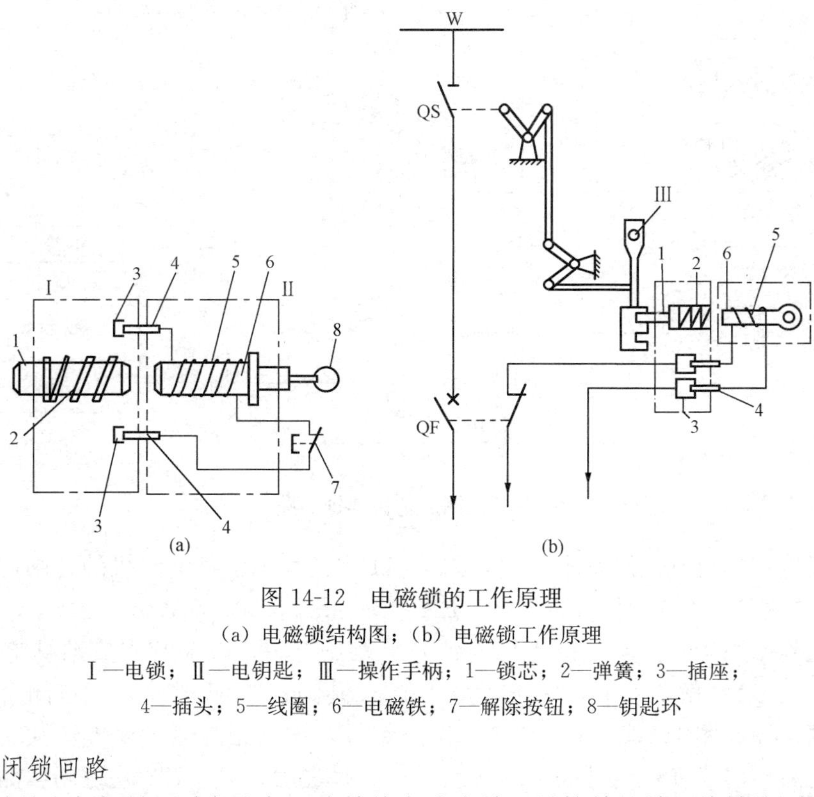

图14-12　电磁锁的工作原理

（a）电磁锁结构图；（b）电磁锁工作原理

Ⅰ—电锁；Ⅱ—电钥匙；Ⅲ—操作手柄；1—锁芯；2—弹簧；3—插座；4—插头；5—线圈；6—电磁铁；7—解除按钮；8—钥匙环

2. 电气闭锁回路

隔离开关的电气闭锁回路与电气一次接线方式有关，最简单的单母线馈线隔离开关闭锁回路如图14-13所示。YA1、YA2分别为隔离开关QS1、QS2的闭锁开关（插座）。闭锁电路由相应断路器QF的合闸电源供电。断开线路时，首先应断开断路器QF，使其辅助动断触点闭合，则负电源（—）接至电磁锁开关SA1和SA2的下端。用电钥匙使电磁锁开关SA2闭合，即打开了隔离开关QS2的闭锁，拉开隔离开关QS2，取下电钥匙，使QS2锁在断开位置；再用电钥匙打开隔离开关QS1的电磁锁开关SA1，拉开QS1，然后取下电钥匙，使QS1锁在断开位置。

在双母线和带旁路母线的接线中，除了投入和断开线路的操作外，还需进行倒母线、代路及其他的操作，这些操作中线路开关、母联及旁路开关往往处于合闸位置时的进行隔离开关的切换操作，因此闭锁回路比较复杂，有关电路可以参看其他书籍，此处不再介绍。

为了保证安全运行，一般高压成套配电装置的闭锁装置应具有如下的“五防”功能：防止带负荷拉、合隔离开关；防止误分、合断路器；防止带接地误合断路器或隔离开关；防止带电挂接地线或合接地开关；防止误入带电间隔。

电气闭锁装置具有防止误拉、合隔离开关的优点，但使操作较麻烦，增加了连接用控制电缆的数目，而且其触点和连线上的缺陷不易被发现，屋外配电装置的电气闭锁装置因气候等因素会影响直流系统绝缘。

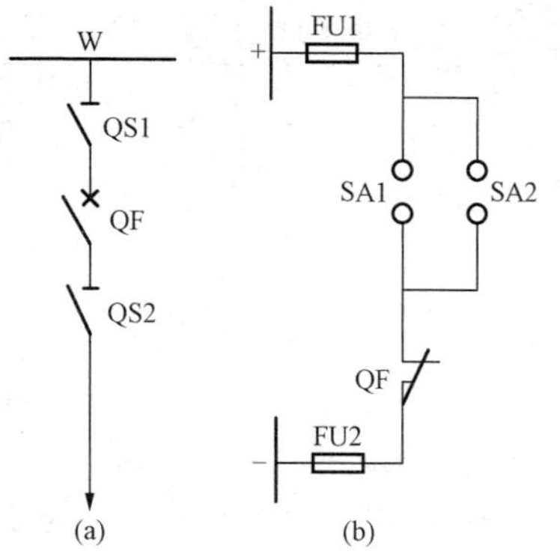

图 14-13　单母线馈线隔离开关闭锁电路

（a）主电路；（b）闭锁电路

小　结

发电厂、变电站中利用操作元件通过控制回路实现对断路器的控制。控制回路根据监视方式和采用操动机构的不同组成不同的结构，但对其要求是基本相同的。断路器的控制回路基本由控制、信号、防跳和断线监视等四部分组成。

断路器的合闸、跳闸回路是控制回路的核心，利用操作把手的位置和灯光信号可以监视断路器的运行状态及回路的完好，信号灯闪光说明一、二次电路处于“不对应”状态。为了防止断路器“跳跃”，控制回路应安装“防跳”装置。

灯光监察、音响监察可以用于不同操动机构的断路器控制电路中。对液压、弹簧操动机构的断路器控制电路中可以利用装置的触点，以满足不同特点的要求。

为了保证发电厂动力部分安全运行的要求，辅机电动机必须加装连锁装置，电气连锁应按辅机“先开后停，按序操作”的原则考虑。

隔离开关的误操作是造成重大电气事故的原因之一，为此，在配电装置中应安装操作闭锁的技术措施，以保证隔离开关“先通后断”的操作顺序。

习　题

14-1　断路器控制回路应满足哪些基本要求？为什么？

14-2　断路器控制回路包含哪些基本回路？试画出断路器控制回路。

14-3　什么是灯光监察和音响监察？各有什么特点？

14-4　用图 14-6 和图 14-9 分析如何满足对断路器控制回路的基本要求。

14-5　断路器为什么要加装防跳装置？如何实现？

14-6　叙述灯光监察采用电磁操动机构断路器控制电路中，如何监视断路器的运行和回路的完好？

14-7　试述弹簧和液压操动机构断路器控制电路的特点。

14-8　试述锅炉辅机联锁的构成原则。运行中若引风机跳闸，有什么反应？

第十五单元

信　号　回　路

在发电厂、变电站中，为了监视各电气设备和系统的运行状态，进行事故处理、分析和相互联系，经常采用信号装置。本单元主要讲述信号的类型和作用，阐述强电信号系统中的事故信号、预告信号的工作原理；并对新型中央信号装置的特殊功能进行了简单的介绍。

课题一　发电厂和变电站的信号

在发电厂和变电站中，为了使值班人员及时掌握电气设备的工作状态，须用信号及时显示出当时的工作情况，如断路器是合闸位置还是分闸位置，隔离开关在闭合位置还是在断开位置等。而当发生事故及不正常运行情况时，更应发出各种灯光及音响信号，帮助值班人员迅速判明是发生了事故还是出现了不正常运行情况，以及事故的范围和地点，不正常运行情况的内容等，以便值班人员作出正确的处理。在各车间之间，还需用信号进行互相联系。

一、信号系统的类型

（1）按使用的电源可分为强电信号系统和弱电信号系统，前者一般为110V或220V电压，后者一般为48V及以下电压。

（2）按信号的表示方法可分为灯光信号和音响信号，灯光信号又可分为平光信号和闪光信号及不同颜色和不同闪光频率的灯光信号，音响信号又可分为不同音调或语音的音响信号。计算机集散系统在电力系统应用后，使信号系统发生了很大的变化。

（3）按用途可分为：

1）位置信号。位置信号是指示开关电器、控制电器及其设备的位置状态的信号。如用灯光表示断路器合、跳闸位置，用专门的位置指示器表示隔离开关位置状态。

2）事故信号。当电气设备发生事故（一般指发生短路），应使故障回路的断路器立即跳闸，并发出事故信号。事故信号由音响和灯光两部分组成。音响信号一般是指蜂鸣器或电喇叭发出较强的音响，引起值班人员的注意，同时断路器位置指示灯（在断路器控制回路中）发出闪光指明事故对象。

3）预告信号。当电气设备出现不正常的运行状态时，并不使断路器立即跳闸，但要发出预告信号，帮助值班人员及时地发现故障及隐患，以便采取适当的措施加以处理，以防故障扩大。预告信号也有音响和灯光两部分构成。音响信号一般由警铃发出，同时标有故障性质的光字牌灯光信号点亮。

常见的预告信号有发电机和变压器过负荷，汽轮发电机转子一点接地，断路器跳闸、合闸线圈断线，变压器轻瓦斯保护动作、变压器油温过高、变压器通风故障，发电机强行励磁动作，电压互感器二次回路断线，交直流回路绝缘损坏发生一点接地、直流电压过高或过低及其他要求采取措施的不正常情况，如液压操动机构压力异常等。

4）指挥信号和联系信号。指挥信号是用于主控室向其他控制室发出操作命令，如主控室向机炉控制室发“注意”“增负荷”“减负荷”“发电机已合闸”等命令。联系信号是用于各控制室之间的联系。

预告信号和事故信号装设在主控室的信号屏上，称为中央信号。中央信号装置按其音响信号的复归方式可分为就地复归和中央复归；按其音响信号的动作性能可分为重复动作和不能重复动作。中央复归能重复动作的信号装置，主要是利用冲击继电器实现的。

在发电厂和有人值班的大型、中型变电站中，一般装设中央复归能重复动作的事故信号和预告信号。在驻所值班的变电站，可装设中央复归的简单的事故信号装置和能重复动作的预告信号装置，并应在屋外配电装置装设音响元件，在无人值班的变电站，一般只装设简单的音响信号装置，该信号装置仅当远动装置停用并转为变电站就地控制时才投入。

二、信号系统的基本要求

发电厂和变电站的信号系统应满足以下要求：

（1）断路器事故跳闸时，能及时发出音响信号（蜂鸣器），并使相应的位置指示灯闪光，信号继电器掉牌，亮“掉牌未复归”光字牌。

（2）发生不正常情况时，能及时发出区别于事故音响的另一种音响（警铃声），并使显示故障性质的光字牌点亮。

（3）对事故信号、预告信号能进行是否完好的试验。

（4）音响信号应能重复动作，并能手动及自动复归，而故障性质的显示灯仍保留。

（5）大型发电厂和变电站发生事故时，应能通过事故信号的分析，迅速确定事故的性质。

（6）对指挥信号、联系信号等，应根据需要装设。其装设原则是应使运行人员迅速、准确地确定所得到信号的性质和地点。

课题二　事　故　信　号

一、简单的事故信号装置

图 15-1 是最简单、不能重复动作的、就地复归事故信号装置的电路图。

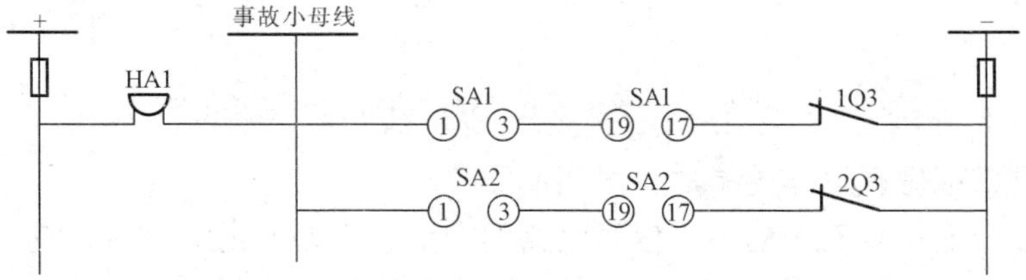

图 15-1　就地复归的事故音响信号电路图

图中 HA1 为蜂鸣器，SA 为控制开关，Q3 为断路器的辅助触点。控制开关在“合闸后”位置，其触点 1-3，19-17 是接通的。当任何一台断路器自动分闸时，利用断路器和控制开关位置不对应原则，将信号回路负电源与事故音响小母线接通。蜂鸣器 HA1 即发出音响，为了解除音响，值班人员要找到指示灯发闪光的断路器，并将其控制开关手柄扭转到相对应位置上去，随着闪光的消失，音响信号也被解除。若再有其他断路器自动分闸，音响信号才能再次动作。显然，这种事故信号装置不能中央复归，也不能重复动作，解除音响时也不能保留信号灯闪光，只能用在电压不高，出线少的小型变电站中。

二、中央复归不能重复动作的事故信号装置

在发生事故时，通常希望音响信号能够较快解除，以免干扰值班人员进行事故处理，而灯光信号则需要保留一段时间，以便判断故障的性质和发生的地点。这就要求音响信号最好能在一个集中的地点手动解除或经一定时间后自动消失。

图 15-2 为中央复归不能重复动作的事故信号装置电路图。它与图 15-1 的差别是增加了一个中间继电器 K 和两个按钮 S1 和 S2。S1 是试验按钮，S2 是解除按钮。

当某一台断路器事故分闸时，由于控制开关和断路器的位置不对应，使信号小母线 3L－经断路器的辅助触点 Q3、控制开关 SA 触点 1-3，19-17 与事故小母线接通，信号小母线 3L＋经蜂鸣器 HA1、中间继电器 K 的动断触点与事故小母线是接通的，蜂鸣器立即发出音响。值班人员听到音响后，只需按下解除按钮 S2，音响立即解除。因为当按下 S2 时，电路从 3L＋经 K 的线圈和 S2，到 3L－接通。中间继电器 K 的线圈有电压，K 动作并通过自身的动合触点实现自保持，其动断触点将蜂鸣器回路切断，使音响解除。继电器 K 的自保持回路，则在断路器位置和控制开关位置对应后，才自行解除。按钮 S1 与断路器和控制开关的不对应回路并联，可试验蜂鸣器是否完好。

图 15-2 所示接线图的缺点是不能重复动作，就是说当第一次音响发出后，值班人员利用解除按钮 S2 将音响解除，而不对应回路尚未复归，自保持回路还未解除，此时如果因连续事故又有第二台断路器事故分闸，事故音响不能再次启动，因而第二台断路器的分闸可能不被值班人员所发现。因此，这种电路只适用于断路器数量较少的发电厂和变电站。

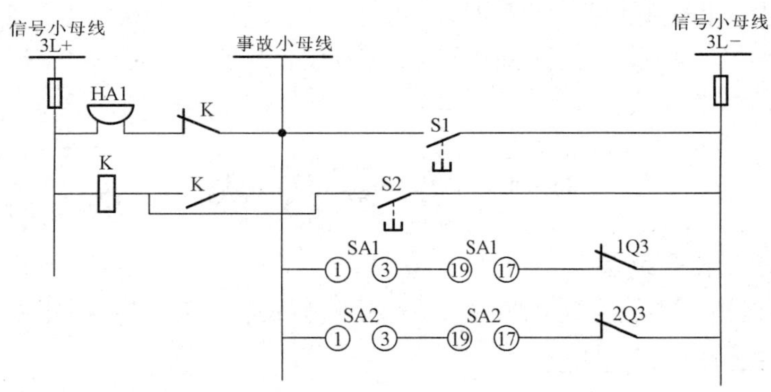

图 15-2　中央复归不能重复动作的事故信号装置电路图

三、中央复归能重复动作的事故信号启动回路

具有中央复归能重复动作的中央信号电路的主要元件是冲击继电器，它可接收各种事故脉冲。冲击继电器有各种不同的类型，但其共同点是都有接收信号的元件（脉冲变流器或电阻）以及相应的执行元件。事故信号的启动回路如图 15-3 所示。

图中，3L＋、3L－为信号电源小母线，TA 为脉冲变流器，K 为执行元件脉冲继电器，SA 为控制开关。

对于图 15-3 的事故信号启动回路，当系统发生事故，断路器 QF1 跳闸时，接于事故小母线与 3L－之间的不对应启动回路接通（即事故小母线经电阻 R、SA1 触点 1-3、19-17、断路器辅助动断触点 1Q3 至 3L－），在变流器 TA 的一次侧将流过一个持续的直流电流（矩形脉冲），而在 TA 的二次侧只有一次侧电流从初始值达到稳定值的瞬变过程中才有感应电

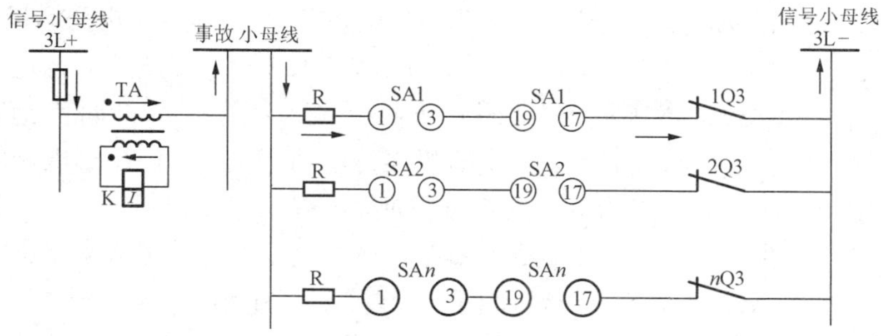

图 15-3　事故信号启动回路

势产生，对应二次侧电流是一个尖峰脉冲电流，此电流使执行元件的继电器 K 动作。K 动作后再启动中央事故信号电路。当变流器 TA 中直流电流达稳定值后，二次绕组中的感应电动势即消失。当这次事故音响已被解除，执行元件的继电器 K 已复归，而相应断路器和控制开关的不对应回路尚未复归，第二台断路器 QF2 又自动跳闸，第二条不对应回路（即由事故小母线经电阻 R、SA2 触点 1-3、19-17、断路器辅助动断触点 2Q3 至 3L－）接通，在事故小母线与 3L－之间又并联一支启动回路，从而使脉冲变流器 TA 的一次侧电流发生变化（每一并联支路均串有限流电阻 R），二次侧感应脉冲电动势，使继电器 K 再次启动事故音响装置。所以该装置能重复动作。

四、JC-2 型冲击继电器构成的事故信号

（一）JC-2 型冲击继电器的内部电路及工作原理

JC-2 型冲击继电器的内部电路如图 15-4 所示。

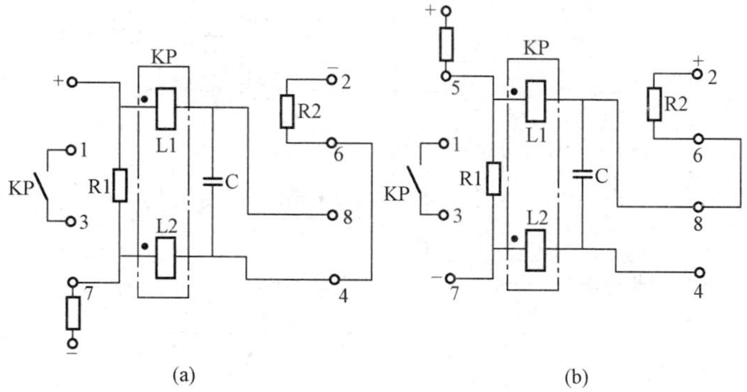

图 15-4　JC-2 型冲击继电器的内部电路图（黑点表示正极性端）

（a）负电源复归；（b）正电源复归

图中，KP 为极化继电器。此继电器具有双位置特性，其结构示意图如图 15-5 所示。线圈 1 为工作线圈，线圈 2 为返回线圈，若线圈 1 按图示极性通入电流时，根据右手螺旋定则，电磁铁 3 及与其连接的可动衔铁 4 的上端呈 N 极，下端呈 S 极，电磁铁产生的磁通与永久磁铁产生的磁通互相作用，产生力矩，使极化继电器动作，触点 6 闭合（图中位置）。如果线圈 1 中流过相反方向的电流或在线圈 2 中按图示极性通入电流时，可动衔铁的极性改变，触点 6 复归。

JC-2 型冲击继电器是利用电容充放电启动极化继电器的原理构成。启动回路动作时，产生

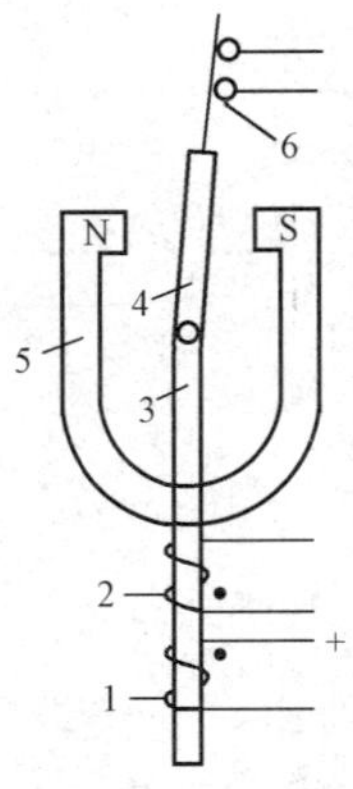

图 15-5　极化继电器结构示意图

1—工作线圈；2—返回线圈；3—电磁铁；4—可动衔铁；5—永久磁铁；6—触点

的脉冲电流自端子 5 流入，在电阻 R1 上产生一个电压增量，该电压增量即通过继电器的两个线圈 L1 和 L2 给电容器 C 充电，充电电流使极化继电器动作（电流从线圈 L1 同名端流入，从线圈 L2 同名端流出）。当充电电流消失后，极化继电器仍保持在动作位置。极化继电器的复归有两种方式，一种为负电源复归，即冲击继电器接于正电源端［如图 15-4（a）所示］时，端子 4 和 6 短接，将负电源加到端子 2 来复归，其复归电流从端子 5 流入，经电阻 R1、线圈 L2、电阻 R2 至端子 2 流出。另一种方式为正电源复归，即冲击继电器接于负电源端［如图 15-4（b）所示］时，端子 6 和 8 短接，将正电源加到端子 2 来复归，其复归电流从端子 2 流入，经电阻 R2、线圈 L1、电阻 R1 至端子 7 流出。

此外，冲击继电器还具有冲击自动复归特性。即当流过电阻 R1 的冲击电流突然减小或消失时，在电阻 R1 上的电压有一减量，该电压减量使电容器经极化继电器线圈放电，其放电电流使极化继电器冲击返回。

（二）JC-2 型冲击继电器构成的事故信号电路

由 JC-2 型冲击继电器构成的中央事故信号电路如图 15-6 所示。

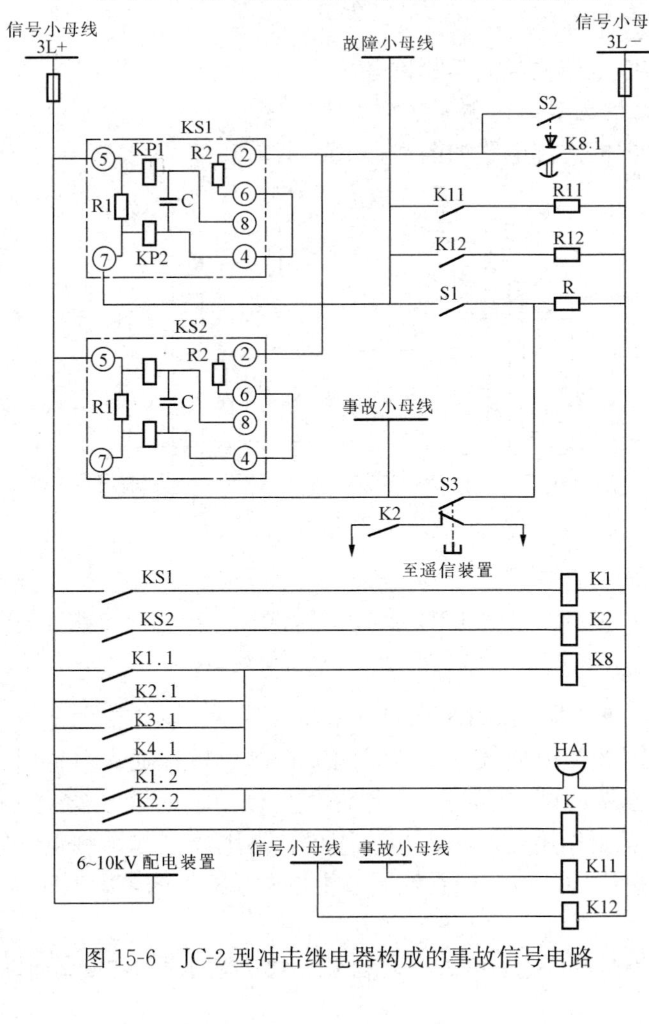

图 15-6　JC-2 型冲击继电器构成的事故信号电路

1. 事故信号的启动

当断路器事故跳闸时，事故信号启动回路（即事故小母线与3L－）接通，给出脉冲电流信号，使冲击继电器KS1启动。其动合触点KS1闭合，启动中间继电器K1，其动合触点K1.1闭合后启动时间继电器K8，动合触点K1.2闭合启动蜂鸣器HA1，发出音响信号。

2. 发遥信

冲击继电器KS2的端子7所连接的事故音响小母线是专为向中心调度所发遥信的小母线。当断路器事故跳闸需要发遥信时，该事故小母线接通负电源3L－，脉冲信号启动冲击继电器KS2，随之启动中间继电器K2。动合触点K2.1、K2.2闭合分别启动时间继电器K8和蜂鸣器HA1，K2闭合将启动遥信装置，发遥信至中心调度所。

3. 事故信号的复归

时间继电器K8被启动后，其触点K8.1经延时后闭合，将冲击继电器的端子2接负电源，冲击继电器KS1和KS2复归。动合触点KS1和KS2断开，中间继电器K1或K2失电，随之蜂鸣器失电，从而实现了音响信号的延时自动复归。此时，整个事故信号电路复归，准备下次动作。按下音响解除按钮S2，也可实现音响信号的手动复归。

4. 6～10kV配电装置的事故信号

6～10kV均为就地控制，当6～10kV断路器事故跳闸，同样也要启动事故信号，6～10kV配电装置设置了两段事故音响信号小母线（如图15-6下部），每段上分别接入一定数量的启动回路（图中未画）。当任一段上的任一断路器事故跳闸，事故信号继电器K11或K12动作，其动合触点K11或K12闭合启动冲击继电器KS1，发出音响信号。另一对动合触点K11或K12闭合，点亮光字牌。（如图15-11所示），指明事故发生在Ⅰ段或Ⅱ段。

5. 事故信号的重复动作

当第二台断路器连续事故跳闸，冲击继电器第二次启动，发出音响信号，实现了音响信号的重复动作。

6. 音响信号的试验

为了确保中央事故信号经常处于完好状态，在回路中装设了音响试验按钮S1、S3。按下S1或S3，冲击继电器KS1或KS2启动，蜂鸣器发出声响，再经延时解除音响，从而实现了手动模拟断路器事故跳闸的情况。当用S3进行模拟试验时，其动断触点断开遥信装置，以免误发信号。

7. 事故信号回路的监视

当熔断器熔断或接触不良时，电源监察继电器K线圈失电，其动断触点K（预告信号电路中）闭合，点亮“事故信号回路熔断器熔断”光字牌，并启动预告信号电路。

五、ZC-23型冲击继电器构成的事故信号

（一）ZC-23型冲击继电器的内部电路工作原理

ZC-23型冲击继电器的内部电路如图15-7所示。图中，TA为脉冲变流器，KR1为执行元件（单触点干簧继电器），KR2为中间继电器（多触点干簧继电器），V1、V2为二极管，C为电容器。执行元件KR1的结构示意图如图15-8所示。

干簧继电器中的干簧管是一个密闭的玻璃管，其舌簧触点是烧结在与簧片热膨胀系数相适应的红丹玻璃管中，管内充以氮等惰性气体，以防止触点污染及电腐蚀。舌簧片由铁镍合金做成，具有良好的导磁性和弹性。舌簧触点表面镀有金、铑、钯等金属，以保证良好的通

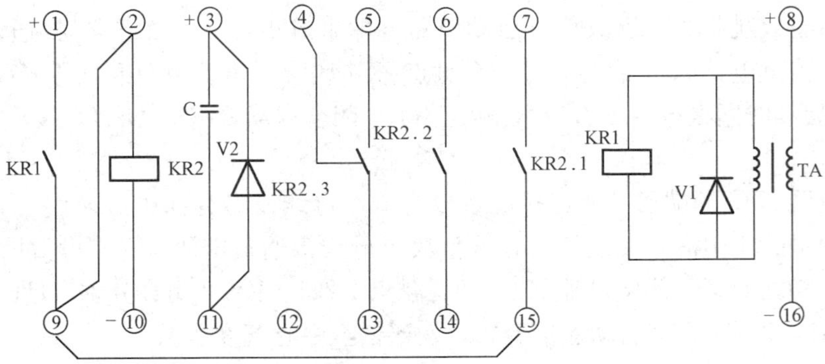

图 15-7 ZC-23 型冲击继电器内部电路图

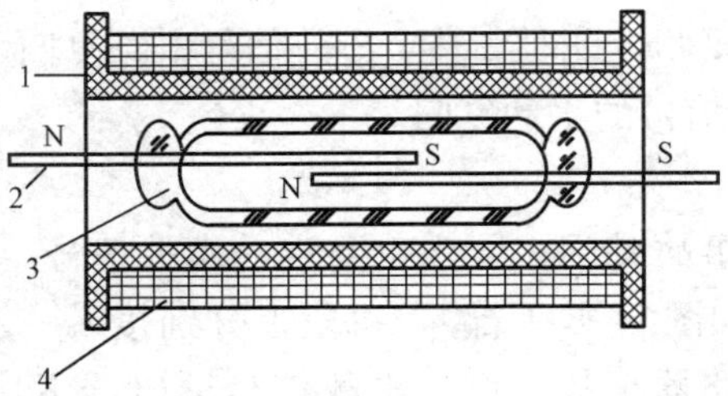

图 15-8 干簧继电器结构示意图

1—线圈架；2—舌簧片；3—玻璃管；4—线圈

断能力，并延长使用寿命。舌簧片既是导电体又是导磁体。当在线圈中通入电流时，在线圈内部有磁通穿过，使舌簧片磁化，其自由端所产生的磁极性正好相反。当通过的电流达到继电器启动值时，干簧片靠磁的“异性相吸”而闭合，接通外电路，当线圈的电流降低到继电器的返回值时，舌簧片靠自身的弹性返回，触点断开。干簧继电器的一个很突出的特点是动作无方向性，并且灵敏度高，消耗功率少，动作速度快，结构简单，从而得到广泛的应用。

ZC-23 型冲击继电器的基本原理是利用串接在直流信号回路中的微分变流器 TA，将回路中持续的矩形电流脉冲变成短暂的尖峰电流脉冲，去启动干簧继电器 KR1，干簧继电器 KR1 的动合触点闭合，去启动中间继电器 KR2。变流器 TA 一次侧并联的二极管 V2、电容器 C 起抗干扰作用，并联于 TA 二次侧的二极管 V1 的作用是把由于一次侧电路突然减少或消失时产生的反向电动势所引起的二次电流旁路掉，使其不流入干簧继电器线圈。这是因为干簧继电器动作无方向性，任何方向的电流都能使其动作。

（二）ZC-23 型冲击继电器构成的事故信号

由 ZC-23 型冲击继电器构成的事故信号电路图如图 15-9 所示。

1. 事故信号的启动

当系统发生事故，使断路器自动跳闸时，对应事故单元启动回路接通，给出脉冲电流信号，经变流器 TA 微分后，送入干簧继电器 KR1 的线圈中，其动合触点 KR1 闭合，启动出口中间继电器 KR2，使 KR2.2 闭合启动蜂鸣器 HA1，发出音响信号。当干簧继电器 KR1 线圈中的尖峰脉冲电流消失后，变流器二次侧感应电动势消失，干簧继电器 KR1 触点返回，而中间继电器 KR2 靠其动合触点 KR2.1 实现自保持。

2. 事故信号的复归

中间继电器 KR2 的动合触点 KR2.3 启动时间继电器 K8，其动合触点经延时后闭合，启动中间继电器 K1。K1 的动合触点断开，KR2 线圈失电，其三对动合触点全部返回，音响信号停止，实现了音响信号的延时自动复归。此时，启动回路的电流虽没有消失，但已到

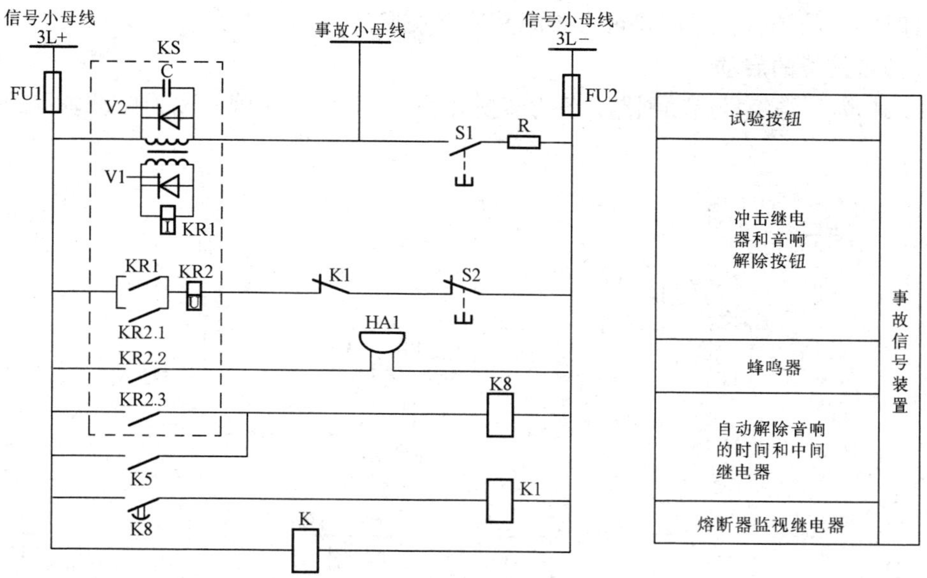

图 15-9　ZC-23 型冲击继电器构成的事故信号电路

稳定，干簧继电器 KR1 不会再启动中间继电器 KR2，冲击继电器 KS 所有元件复归，准备下次动作。此外，按下音响解除按钮 S2，可实现音响信号的手动复归。

当启动回路的脉冲电流信号中途突然消失，由于变流器 TA 的作用，在干簧继电器 KR1 线圈中产生一个返回脉冲，但此返回脉冲被二极管 V1 旁路掉，干簧继电器 KR1、中间继电器 KR2 都不会动作。

事故信号电路的试验可通过按下试验按钮 S1 实现。

事故信号的重复动作和监视原理与 JC-2 型类似，不再赘述。

课题三　预　告　信　号

当设备不正常运行时，利用预告信号装置发出音响和灯光信号，帮助值班人员及时地发现，以便采取适当措施加以处理，防止不正常运行扩大造成事故。

预告信号一般由反映该回路参数变化的单独继电器启动，例如过负荷信号由过负荷信号继电器启动，轻瓦斯动作信号由变压器轻瓦斯继电器启动，绝缘损坏由绝缘监察继电器启动，直流系统电压过高和过低由直流电压监察装置中的相应的过电压继电器和低电压继电器启动等。

预告信号一般习惯上分为瞬时预告信号和延时预告信号两种。对某些当电力系统中发生短路时可能伴随发出的预告信号，如过负荷、电压互感器二次回路断线等，应带延时发出音响信号，这样当外部短路切除后，这些由系统短路所引起的信号就会自动消失，而不让它在发出警报，以免分散值班人员的注意力。以往为了简化二次接线，变电站一般不设延时预告信号，发电厂将预告信号设为瞬时预告信号和延时预告信号两种。但多年运行经验表明，预告信号没有必要分为瞬时和延时两种，而只将预告信号回路中的冲击继电器带有 0.2～0.3s 的短延时，即可既满足以往延时信号的要求，又不影响瞬时预告信号。因此，SDJ-84《火力发电厂技术设计规程》中取消了“中央预告信号应有瞬时和延时两种”的内容，使发电厂、变电站的信号回路统一起来。本单元阐述的是不分瞬时和延时的预告信号回路，如要了解有瞬时和延时之分的预告信号回路可去查阅其他有关书籍。

一、预告信号的启动

图 15-10 为预告信号启动回路。S 为转换开关，HL 为光字牌，K 为保护装置的触点。

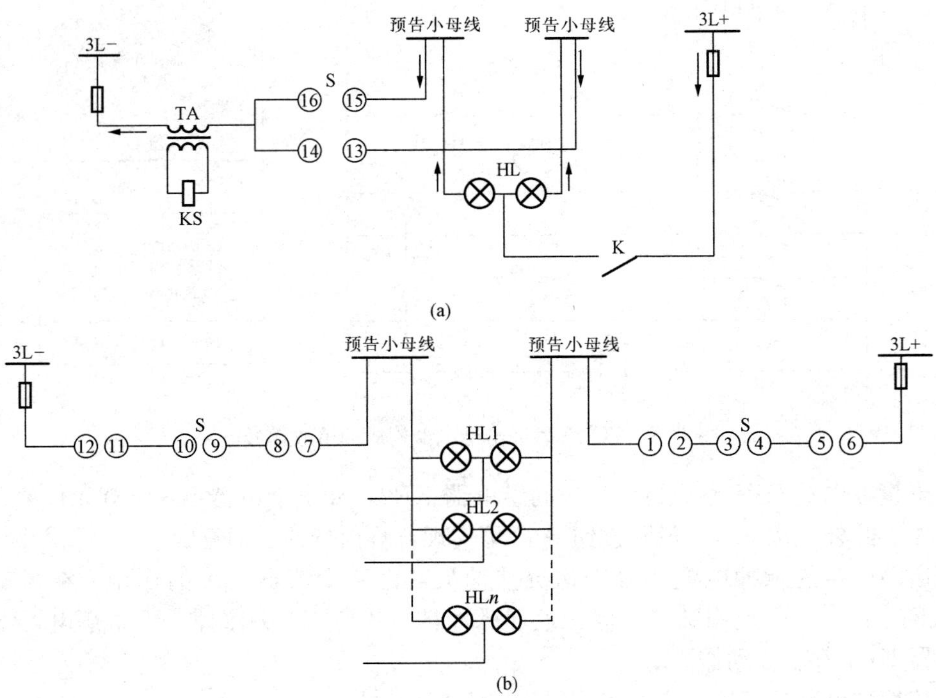

图 15-10　预告信号启动回路

（a）预告信号启动回路；（b）光字牌检查回路

对于图 15-10（a）预告信号启动回路，与图 15-3 相比，脉冲变流器 TA 仍能接收故障信号脉冲，并转换为尖脉冲使继电器 KS 动作，但启动回路及重复动作的构成元件不同，具体区别有以下几点：

（1）事故信号是利用不对应原理，将信号电源与事故音响小母线接通来启动；而预告信号是利用相应的继电保护装置出口继电器动合触点 K 与预告信号小母线接通来启动。此时转换开关 S 在“工作”位置，其触点 13-14、15-16 接通。当设备发生不正常运行状态（如变压器油温过高）时，相应的保护装置的触点 K 闭合，预告信号的启动回路接通，（即 3L＋经触点 K，光字牌 HL 接至预告小母线上，再经过 S 的触点 13-14、15-16，变流器 TA 至 3L－），使 KS 动作，并点亮光字牌 HL。

（2）事故信号是在每一启动回路中串接一电阻启动的，重复动作则是通过突然并入一启动回路（相当于突然并入一电阻）引起电流突变而实现的；预告信号是在启动回路中用光字牌代替电阻启动，重复动作则是通过启动回路并入光字牌实现。

对于图 15-10（b）的光字牌检查回路，当检查光字牌的灯泡是否完好时，可将转换开关 S 由“工作”位置切换至“试验”位置，通过其触点 1-2、3-4、5-6、7-8、9-10、11-12，将预告信号小母线分别接至 3L＋和 3L－，使所有接在预告信号小母线上的光字牌都点亮。

任一光字牌不亮，则说明内部灯泡损坏，可及时更换。需要指出，在发出预告信号时，同一光字牌内的两个灯泡是并联的，在灯泡前面的玻璃框上标注“过负荷”、“气体保护动作”“温度过高”等表示不正常运行设备及其性质的文字。灯泡上所加的电压是其额定电压，因而发光明亮，而且当其中一只灯泡损坏时，光字牌仍能显示。在检查时，两只灯泡是互相串联的，每只灯泡上所加的电压是其额定电压的一半，灯光较暗，如果其中一只灯泡损坏，则不发光，这样可以及时发现已损坏的设备。由于灯泡的使用寿命较短，目前已逐步改用发光二极管代替灯泡。

图 15-11 为用 JC-2 型冲击继电器构成的预告信号的电路图。图中，3KS 为预告信号脉冲继电器，S 为预告信号转换开关，S3 为预告信号试验按钮，S4 为预告信号的复归按钮，

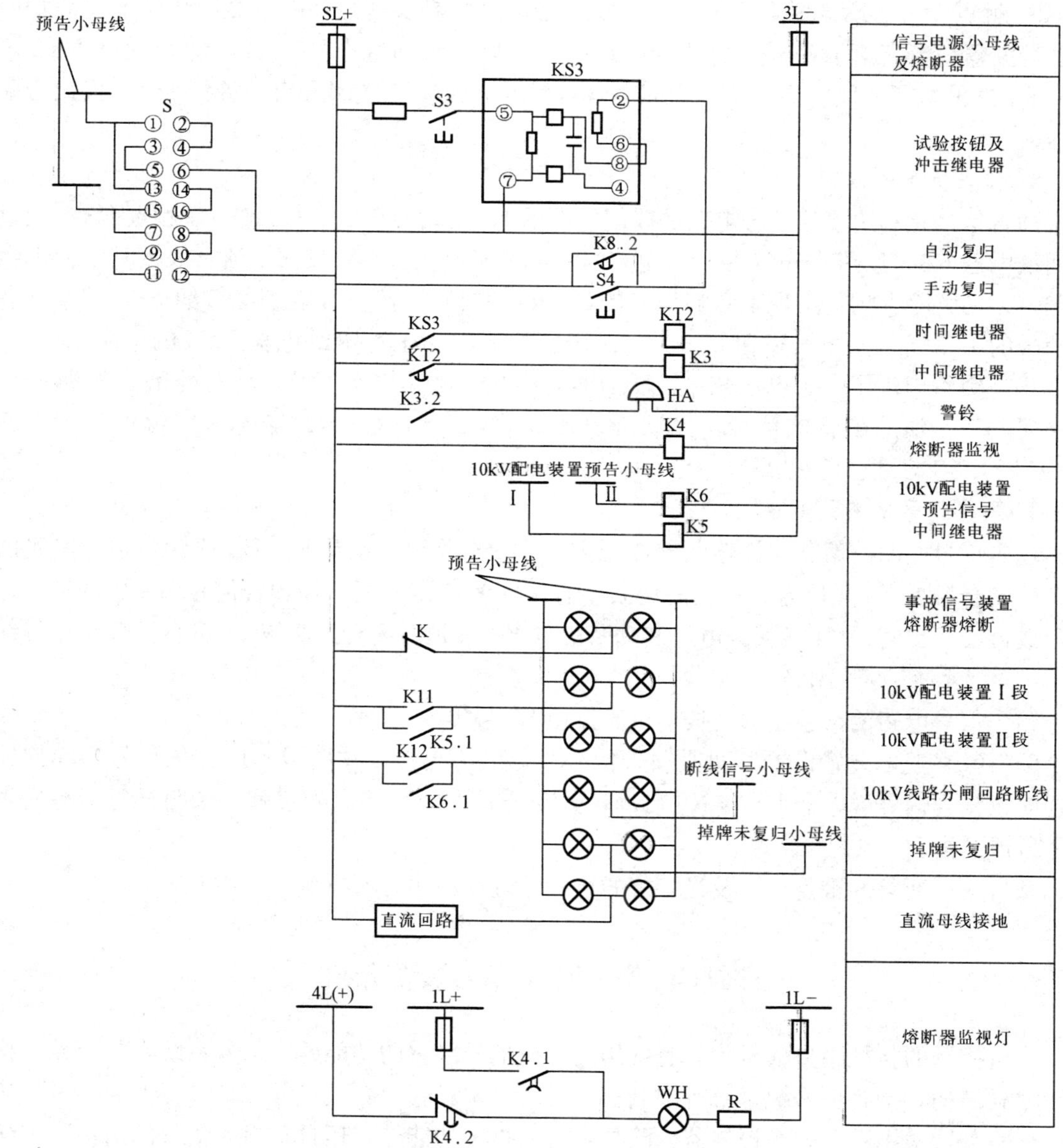

图 15-11　预告信号电路图

KT2 为时间继电器，K3 为中间继电器，K4 为熔断器的监视继电器，K5 和 K6 为 10kV 配电装置预告信号中间继电器，HA 为电铃。

二、预告信号的动作原理

图 15-11 中的预告小母线一般布置在中央信号屏和各个控制屏的屏顶。

1. 回路的启动

正常时转换开关 S 处于“工作”位置，其触点 13-14、15-16 接通，当设备出现不正常的运行状况时，相应的继电保护装置动作，其触点闭合。如事故信号装置断电时，事故信号电源监察继电器 K 失电（见本单元课题二），即图 15-11 中的动断触点闭合，形成下面的回路：3L+→K→并联双信号灯→预告信号小母线→S 的 13-14 及 15-16 双路触点→冲击继电器 KS3 触点 5→经 KS3 触点 7→3L－形成通路，使相应双灯光字牌点亮，显示“事故信号装置熔断器熔断”。同时 KS3 的动合触点闭合，启动时间继电器 KT2，动合触点 KT2 经 0.2～0.3s 的短延时闭合后，启动中间继电器 K3，触点 K3.2 闭合启动警铃 HA，发出音响信号。

2. 预告信号的复归

预告信号是利用事故信号电路的时间继电器 K8 延时复归的。K3 的另一触点 K3.1 启动时间继电器 K8（见图 15-6 事故信号电路），K8.2 延时闭合，将反向电流引入 KS3，使 KS3 复归，自动解除音响，实现了音响信号的延时自动复归。按下音响解除按钮 S4，可实现音响信号的手动复归。当故障在 0.2～0.3s 内消失时，由于冲击继电器 KS3 的电阻 R1（图 15-4 中）突然出现了一个电压减量，冲击继电器 KS3 冲击自动返回，从而避免了误发信号。KS3 复归后，消除了音响信号，光字牌仍点亮着，直到不正常现象消失，继电保护复归（如 K 断开），灯才会熄灭。

3. 预告信号回路的监视

预告信号回路的熔断器由熔断器监视继电器 K4 监视。正常时，K4 线圈带电，其延时断开的动合触点 K4.1 闭合，白色的熔断器监视灯 WH 发平光。当预告信号回路中的熔断器熔断或接触不良时，K4 线圈失电，其动断触点 K4.2 延时闭合，将 WH 切换至闪光小母线 4L（+）上，使 WH 闪光。

预告信号电路的试验是通过按下试验按钮 S3 来实现。

6～10kV 配电装置设置了两段预告信号小母线，当接于这两段上的预告信号启动回路接通时，预告信号继电器 K5 或 K6 启动，其动合触点闭合接通光字牌，指明异常运行发生在Ⅰ段或Ⅱ段。

预告信号回路的重复动作及光字牌的检查原理已说明，不再赘述。

课题四　新型中央信号装置介绍

微机控制的新型中央信号除具有常用的中央信号装置的功能外，信号系统由单个元件构成积木式结构，接收信号数量没有限制。

信号装置采用微机闪光报警器，除具有普通报警功能外，还具备报警信号的追忆、记忆信号的掉电保护、报警方式的双音双色、报警音响的自动消音等特殊功能。装置的控制部分由微处理器、程序存储器、数据存储器、时钟源、输入输出接口等组成微机专用系统。装置的显示部分（光字牌）采用新型固体发光平面管（冷光源）。

该装置的特殊功能分述如下：

（1）双音双色。光字牌的两种颜色分别对应两种报警音响，从视觉、听觉上可明显区别事故信号和预告信号。报警时，灯光闪光，同时音响发生；确认后，灯光平光，音响停；正常运行为暗屏运行。

（2）动合触点、动断触点可选择可对 64 点输入信号的动合、动断触点状态以 8 的倍数进行设定，由控制器内的主板上拨码器控制。

（3）自动确认。信号报警器不按确认键，能自动确认，光字牌由闪光转为平光、音响停止，自动消音时间可控制。

（4）通信功能。控制器具有通信线，可与计算机进行通信，将断路器动作情况通过报文形式报告给计算机。当使用多个信号装置时，通信线可并网运行，由一台控制器作主机，其他控制器分别作子机，且子机计算机地址各不相同。其连接示意图如图 15-12 所示。

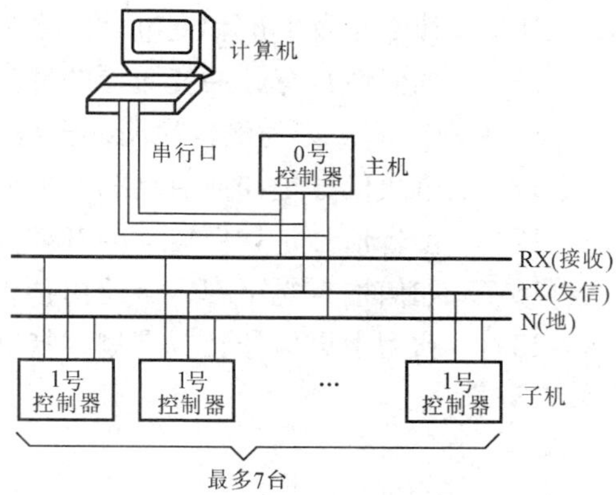

图 15-12　多台控制器连接示意图

（5）追忆功能。报警信号可追忆，按下追忆键，已报警的信号按其报警先后顺序在光字牌上逐个闪亮（1 个/s），最多可记忆 2000 个信号，追忆中报警优先。

（6）清除功能。若需要清除报警器内记忆信号，操作清除键即可。

（7）掉电保护功能。报警器若在使用过程中断电，记忆信号可保存 60 天。

（8）触点输出功能。在报警信号输入的同时，对应输出一动合触点，可起辅助控制的作用。

小　结

在发电厂、变电站中，为使运行人员掌握电气设备的工作状态，及时处理事故和不正常工作状态，必须设置信号装置。信号装置按其用途可分为事故信号、预告信号、位置信号和指挥信号。其中事故信号和预告信号统称为中央信号。

在发电厂和有人值班的大型、中型变电站中，一般装设中央复归能重复动作的中央信号，当发生断路器事故跳闸时，启动事故信号；当发生不正常工作状态时，启动预告信号。每种信号装置中的音响信号是为了唤起运行人员的注意，而灯光信号是为了判别发生事故和不正常运行的设备及其故障性质。事故信号的音响一般为蜂鸣器，而预告信号的音响一般为电铃。

信号装置的重复动作是靠冲击继电器实现的。常用的冲击继电器的型号有 JC-2 型和 ZC-23 型，虽有各种不同的型号，但都有一个脉冲变流器和相应的执行元件，基本部分也都是由信号启动回路和解除回路组成。

计算机集散系统在电力系统应用后，使信号装置发生了很大变化。新型中央信号装置采用微机闪光报警器，除具有普通报警功能外，还具备报警信号的追忆、记忆信号的掉电保护、报警方式的双音双色、报警音响的自动消音等特殊功能。

习　题

15-1　发电厂、变电站中应设哪些信号装置？各有什么作用？

15-2　什么是发电厂和变电站的中央信号？共分几类？

15-3　如何使具有脉冲变流器的冲击继电器能重复动作？

15-4　以 JC-2 型为例，说明冲击继电器重复动作的工作原理。

15-5　事故信号是如何启动的？如何试验？如何复归？

15-6　预告信号是如何启动的？如何试验？如何复归？

15-7　如何检查光字牌？试绘出预告信号光字牌检查回路。

15-8　新型中央信号装置有哪些特殊功能？

第十六单元

同　期　回　路

待并发电机只有在满足一定条件下，才能投入电力系统并列运行，而这些条件就是同期条件，在同期条件下进行并列操作称为同期并列操作。本单元主要讲述同期的方式，同期点的设置，手动准同期装置的接线和操作步骤及对自动准同期装置作扼要的介绍。

课题一　同期方式和同期点的选择

一、同期的概念

目前绝大多数发电机都是在电力系统中并列运行的。但是，待并发电机只有在满足一定条件下，才能投入电力系统并列运行。在发电机投入电力系统并列运行时，必须完成一定的操作，这种操作称为并列操作或同期并列。发电机非同期投入电力系统，会引起很大的冲击电流，它不仅会危及发电机本身，甚至可能使整个系统的稳定受到破坏。

二、同期方式

目前，电力系统采用的同期并列方式有两种：准同期方式和自同期方式。

1. 准同期方式

准同期方式是将待并发电机转速升至接近同步转速后加励磁，然后对发电机进行电压、频率的调节，使之满足下列三个条件后将发电机断路器合闸，合闸瞬间发电机定子电流接近于零。

准同期并列应满足的三个条件是：

(1) 待并发电机电压与运行系统电压大小相等。

(2) 待并发电机的频率与运行系统的频率相等。

(3) 待并发电机电压的相角与运行系统电压的相角相等。

准同期并列方式的优点是在满足上述条件时并列，冲击电流较小，发电机能较快的被拉入同步，对系统扰动小；缺点是如果并列操作不准确（误操作）或同期装置不可靠时，可能引起非同期并列事故，例如频率差太大，将引起非同期振荡失步或经过较长时间振荡才能进入同步运行；电压差太大，则在合闸时会出现较大无功性质的冲击电流；合闸时相角太大，则会出现较大的有功性质的冲击电流，当相角差 $\delta=180^{\circ}$时，则冲击电流将大于发电机出口短路电流，从而引起主设备严重破坏，并引起系统的非同期振荡，以至瓦解。

目前发电厂和变电站广泛采用准同期并列方式。

2. 自同期并列方式

自同期并列方式是对未经励磁的发电机转速升至接近同步转速，在不超过允许转差率的情况下，先把发电机投入系统，然后给发电机加励磁，使发电机自行投入同步。

自同期并列方式的优点在于并列过程快；操作简单，避免了误操作的可能性；易于实现操作过程自动化。特别是在系统事故时能使发电机迅速并入系统；缺点是未加励磁的发电机投入系统，将产生较大的冲击电流和电磁力矩，并使系统电压、频率短时下降。

我国规程规定，在故障情况下，为加速故障处理，水轮发电机一般采用自同期方式，对于单机容量在100MW及以下的汽轮发电机经过计算后，也可采用。

准同期按同期过程的自动化，又可分为手动准同期和自动准同期。目前在发电厂和变电站内一般装设手动和自动准同期装置，作为发电机正常并列之用；若电力系统要求且机组性能允许时，可装设手动或半自动自同期装置，作为电力系统事故情况下紧急并列之用。

三、同期点的设置和同期方式的设置

发电机和变电站的诸多断路器中，并不是每个断路器都可用于并列。只有当断路器断开时，其两侧电压来自不同的电源，该断路器必须由同期装置进行同期并列操作才能合闸，这些担任同期并列任务的断路器，叫做同期点。

同期点的设置原则是断路器断开后，两侧是不同的电源，即应设为同期点。具体同期点和同期方式的设置是：

（1）直接与母线连接的发电机出口断路器、发电机—双绕组变压器单元接线的高压侧断路器以及发电机—三绕组变压器单元接线的各侧断路器应设为同期点。水电厂同时设有手动准同期、自动准同期和自动自同期；火电厂同时设有手动准同期和自动准同期。

（2）两侧有电源的双绕组变压器低压侧断路器、三绕组和自耦变压器有电源的各侧断路器应设为同期点，其同期方式一般采用手动准同期。

（3）母线联络断路器、母线分段断路器、旁路母线断路器应设为同期点，其同期方式一般采用手动准同期。

（4）接在母线上且对侧有电源的线路断路器，应设为同期点，一般采用手动准同期方式，有些线路则采用半自动准同期方式。

（5）对于110kV及以上线路，当设有旁路母线时，也可用旁路母线上的电压互感器进行同期并列。

（6）多角形接线和外桥接线中，与线路相关的两个断路器，均设为同期点；一个半断路器接线的运行方式变化较多，一般所有断路器均设为同期点，且采用手动准同期方式。

在变电站中，一般不考虑设置同期点。根据电力系统运行的要求，对需要经常并列或解列的断路器及调相机，可设置手动准同期装置。

课题二　同期交流回路

同期交流回路，即把需要进行同期操作的断路器两侧电压，经过电压互感器变换和二次回路切换后的交流电压引到控制盘顶部的同期小母线上。通常把同期小母线上的二次交流电压称为同期电压。同期装置从同期小母线取得同期电压。

发电厂的同期交流回路，由于电压互感器二次绕组接地方式及同期装置型式的不同，有三相和单相两种接线方式。

一、三相接线的同期系统图

三相接线的特点是同期电压取待并系统的三相电压和运行系统的两相电压，相应的同期装置为三相式。

（一）发电机出口断路器和母联断路器同期电压的引入

图16-1所示为发电机与发电机电压母线经发电机出口断路器并列时及两组母线经母联

断路器进行并列时，同期电压引入的接线图。

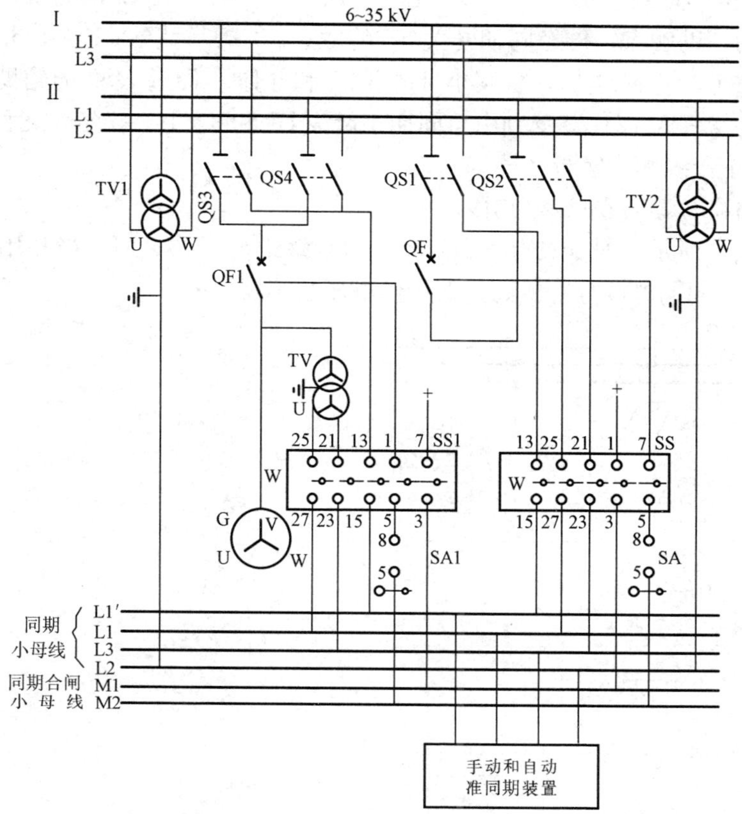

图 16-1　发电机出口断路器和母联断路器同期电压的引入（三相接线）

图中，SS 和 SS1 分别为母联断路器 QF 和发电机出口断路器 QF1 的同期开关，它有“工作”和“断开”两个位置，当在工作位置时，其对应每对触点均接通，断开位置时则均断开。

1. 发电机出口断路器同期电压的引入

当利用发电机出口断路器 QF1 进行并列时，待并发电机同期电压是由发电机出口处电压互感器 TV 的二次绕组 U、W 相电压，经同期开关 SS1 触点 25-27、21-23 分别引至同期小母线 L1、L3；而对于运行母线侧，由于是双母线，其同期电压是由 Ⅰ 母线电压互感器 TV1 或 Ⅱ 母线电压互感器 TV2 的二次 U 相电压，该电压从电压小母线 Ⅰ L1（或 Ⅱ L1）经母线隔离开关 QS3（或 QS4）的辅助触点切换，再经同期转换开关 SS1 的触点 13-15 引至同期小母线 L1′。两侧电压互感器二次线圈均采用 V 相接地方式，V 相经接地后与同期小母线 L2 连接。经过 QS3 或 QS4 切换的目的，是为了确保引至同期电压小母线上的同期电压与所操作断路器两侧系统的电压完全一致。既当断路器 QF1 经隔离开关 QS3 接至Ⅰ母线时，应将Ⅰ母线的电压互感器 TV1 的二次电压从电压小母线ⅠL1 引至 L1′上；当断路器 QF1 经过 QS4 接至Ⅱ母线时，应将Ⅱ母线的电压互感器 TV2 的二次电压，从其电压小母线ⅡL1 引至 L1′上。由此可见，利用隔离开关的辅助触点，在进行倒闸操作的同时，二次电压的切换也自动地完成了。

2. 母联断路器同期电压的引入

当利用母联断路器 QF 进行同期并列时，断路器两侧的同期电压是由母线电压互感器

TV1 和 TV2 的二次电压小母线，经母线隔离开关 QS1 和 QS2 的辅助触点和同期开关 SS 触点，引至同期电压小母线上的。Ⅰ母线电压互感器 TV1 的二次 U 相电压，从其小母线ⅠL1，经过 QS1 的辅助触点，再经同期开关 SS 的触点 13-15，引至 L1′上；Ⅱ母线的电压互感器 TV2 的二次 U、W 相电压，从其小母线ⅡL1 和ⅡL3，经过 QS2 的辅助触点，再经同期开关 SS 的触点 25-27、21-23 分别引至同期小母线 L1 和 L3 上。显然，此种接线Ⅱ母线侧为待并系统，而Ⅰ母线侧为运行系统。

（二）双绕组变压器同期电压的引入

如图 16-2（a）所示，对于具有 Yd11 接线的双绕组变压器 TM，当利用低压侧断路器 QF1 进行并列时，同期电压分别从高、低压侧电压互感器引入。

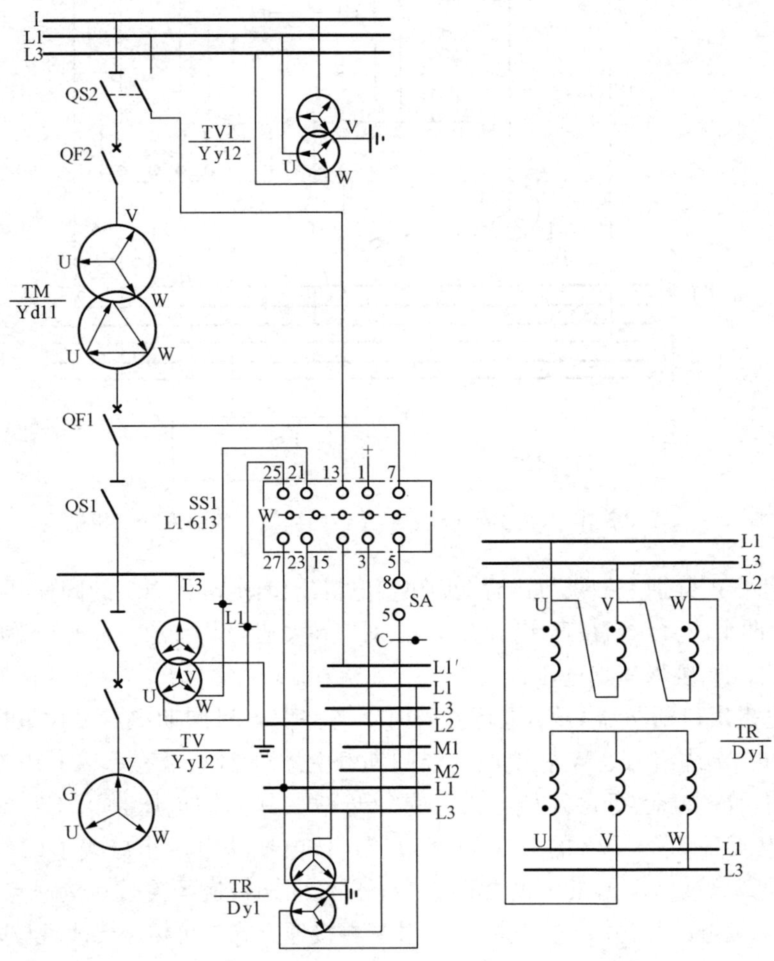

图 16-2　双绕组变压器同期电压的引入（三相接线）

（a）系统图；（b）转角变压器接线

由于变压器 TM 高压侧、低压侧的电压相位相差 30°角，即三角形电压超前星形侧 30°角。而高压侧、低压侧电压互感器 TV1 和 TV 又都采用了星形 Yy12 接线，它们的一、二次电压没有相位差。因此，TV1 和 TV 的二次侧电压的相位也差 30°角，即 TV 的二次线电压超前 TV1 的二次线电压 30°角。所以，同期电压不能直接采用电压互感器的二次线电压，而必须采用转角变压器 TR 对此相位进行补偿。

常用的转角变压器 TR 的接线如图 16-2（b）所示。转角变压器 TR 变比为 $100/\frac{100}{\sqrt{3}}$，绕组采用 Dy1 接线，即星形侧线电压落后三角形侧线电压 30°角，经补偿后，接至同期电压小母线上的二次电压相位就完全一致了。

变压器低压侧母线电压互感器 TV 二次电压，从其电压小母线 L1 和 L3，经过同期开关 SS1 触点 25-27、21-23 分别引至转角小母线 L1 和 L3 上，即接至转角变压器的一次侧（△侧），转角变压器二次侧（Y 侧）则得到与升压变压器高压侧母线电压互感器相位相同的同期电压。再将其引至同期电压小母线 L1、L3 上。可见，转角小母线平时无电压，只有在并列操作并需要转角时，才带有同期电压。

变压器高压侧母线电压互感器 TV1 的二次电压从其电压小母线 L1，经隔离开关 QS2 辅助触点、同期开关 SS1 触点 13-15 引至同期小母线 L1′上。显然，这种接线是把变压器的高压侧视为运行系统，低压侧视为待并系统。

二、单相接线的同期系统图

单相接线的特点是同期电压取待并和运行系统的单相电压（相电压或线电压）和公用接地相，相应的同期装置为单相式。

发电厂单相接线的同期系统（部分）如图 16-3 所示。

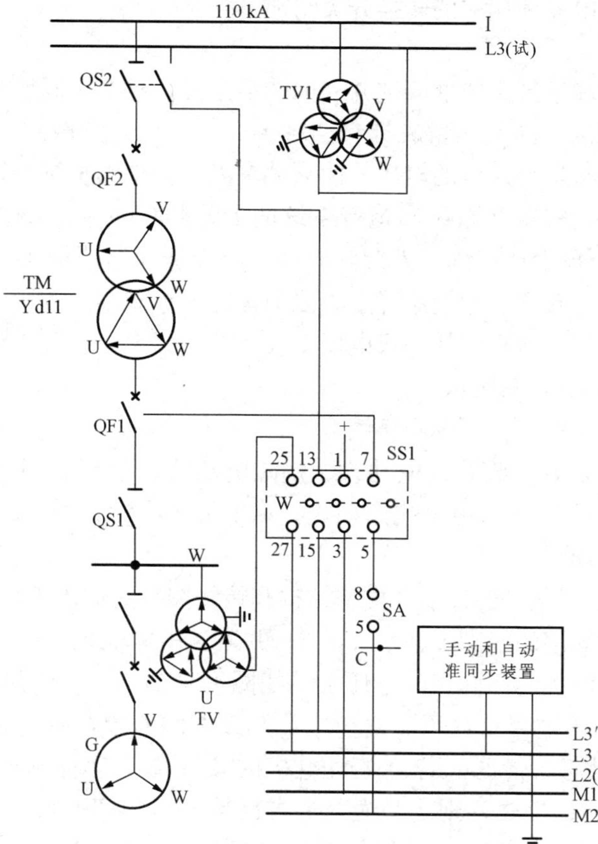

图 16-3　双绕组变压器同期电压的引入（单相接线）

图示为发电机—双绕组变压器单元接线，利用低压三角形侧断路器 QF1 进行同期并列。110kV 母线电压互感器 TV1 为中性点（N）接地，发电机出口电压互感器 TV 为 V 相接地。运行系统即变压器高压侧同期电压，取 TV1 的辅助二次绕组相电压 $\dot{U}_{WN}$，其 W 相电压从小母线 L3 引出，经过 QS2 的辅助触点及同期转换开关 SS1 触点 13-15 引至同期小母线 L3′，待并系统即变压器低压侧同期电压，取 TV 的二次绕组 W 和 V 相间电压 $\dot{U}_{WV}$，其 W 相电压经 SS1 的触点 25-27 引至同期小母线 L3。

综上所述，单相接线与三相接线相比，减少一相待并系统电压（由 L1 引入），又不需要设置转角变压器及隔离变压器，因而接线较简单。今后新建的发电厂和变电站采用单相接线是发展的趋势。

在图 16-1、16-2 和图 16-3 中母线 M1 和 M2 是断路器控制回路中的同期合闸小母线，它连同手动和自动准同期装置将在课题三电路图中予以介绍。

课题三　准同期装置

一、手动准同期的接线原理

（一）手动准同期装置

目前，发电厂中广泛采用手动准同期装置均为非同期闭锁的手动准同期装置。它由同期测量表计、同期监察继电器和相应的转换开关组成。

1. 同期测量表计

为了检查待并系统和运行系统准同期并列的三个条件，需要用同期测量表计来比较两个系统的电压、频率和相位。同期测量表计有两种形式。一种是分散式仪表，它有两只电压表，分别测量待并系统和运行系统的电压，两只频率表，分别测量待并系统和运行系统的频率，一只同期表，用来观察待并系统和运行系统的滑差和相角差，并选择合适的越前时间（此越前时间等于断路器的合闸时间）发合闸脉冲，以保证断路器触头接通瞬间两侧电压的相位差为零。五只表对称布置在同期小屏上，以便运行人员观察比较，如图 16-7（a）所示。另一种形式是组合式同期表，它包括一只电压差表、一只频率差表和一只同期表，布置在集中同期屏上，如图 16-5（a）图所示。

下面主要介绍同期表的工作原理和接线。

（1）同期表。同期表有电磁式、电动式、铁磁电动式、整流式等。目前应用较多的有 1T1-S 型、1T3-S 型和 41T3-S 型电磁式同期表。以下简单介绍目前广泛采用的 1T1-S 型同期表的工作原理及其接线。

图 16-4 为 1T1-S 型同期表的外形和内部结构和接线图。它适用于三相接线方式。

同期表内部有三个固定的线圈 L、L1 和 L3，并适当串联电阻。L1 和 L3 两个线圈垂直布置，分别接在待并发电机的不同相间电压上，线圈 L 布置在 L1 和 L3 的内部，并且沿轴向绕在可动 Z 型铁片 F 的轴套 C 外面，由于电压和频率的差异，可动部分所带动的指针 E 作旋转指示，反映非同期的情况。若待并发电机的频率高于运行系统频率时，指针就向“快”的方向不停地旋转；反之，则向“慢”的方向旋转。频率差得越多，指针转得越快；反之，则越慢。如两侧频率接近，指针停着不动。指针停留的位置与零位中心线（红线）之间的夹角，表示着两侧电压的相位差。当待并发电机电压滞后系统电压一个角度时，则指针

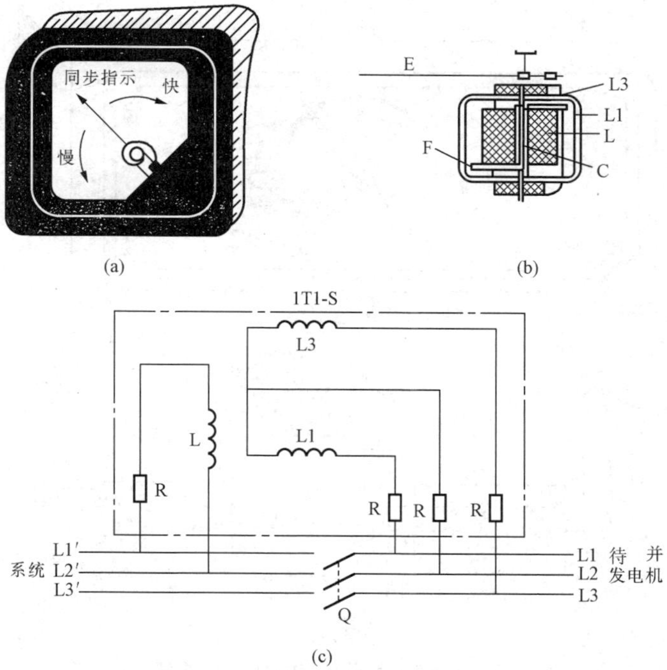

图 16-4　1T1-S 型同期表的外形和内部结构

（a）外形；（b）内部结构；（c）接线图

停留在慢的方向一个相应的角度，当指针在零位中心线（红线）上时，两侧相位差为零。

（2）组合式同期表。组合式同期表常用的为 MZ-10 型，它由频率差表、电压差表和同期表三个测量机构组成。组合式同期表可适用于三相式和单相式两种接线，图 16-5 所示为 MZ-10 型同期表的外形和外部接线。

频率差表 Hz 是一电磁式流比计，它反映待并发电机和运行系统的频率差。当两者频率相同时，指针在零位；当待并发电机的频率高于系统频率时，指针向正方向偏转；反之，则指针向负方向偏转。

电压差表 V 是电磁式微安表，它反映待并发电机和运行系统的电压差值。当两者电压相等时，指针在零位；当待并发电机电压大于系统电压时，指针向正方向偏转；反之，则指针向负方向偏转。

同期表的工作原理与 1T1-S 型基本相同。

当同期过程有“粗略同期”和“精确同期”之分时，U0、V0 接“粗略同期”回路，U0′、V0′接“精确同期”回路。当回路过程不分“粗”、“细”时，则 U0 和 U0′，V0 和 V0′相连。

2. 同期监察继电器

为了避免在较大的相角差下合闸而造成非同期合闸，在手动准同期装置中一般装设同期监察继电器。目前国产的同期监察继电器有 DT-13 型、DT-1 型和 BT-1B 型三种，BT-1B 型是一种晶体管同期监察继电器。DT-13 型和 DT-1 型同期监察继电器的原理相同，下面简单介绍这种继电器的工作原理。

DT-13 型同期监察继电器的内部和外部接线图，见图 16-6 所示。

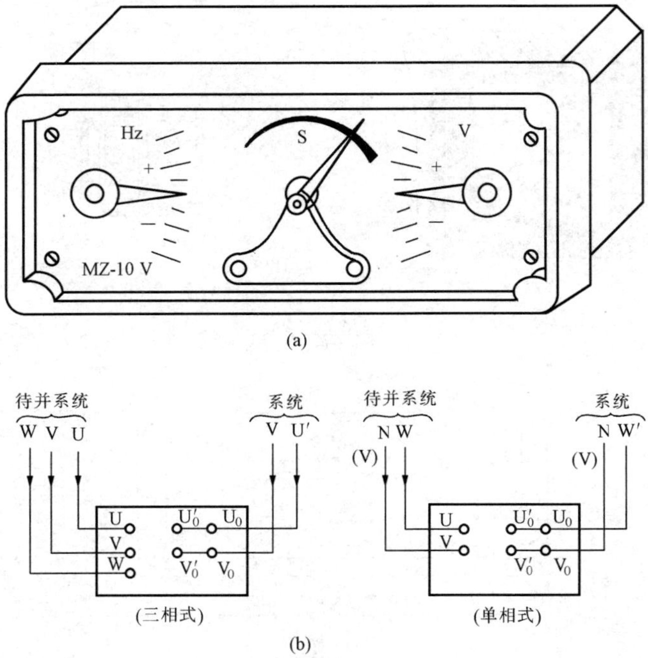

图 16-5　MZ-10 型同期表的外形和外部接线

（a）外形图；（b）外部接线图

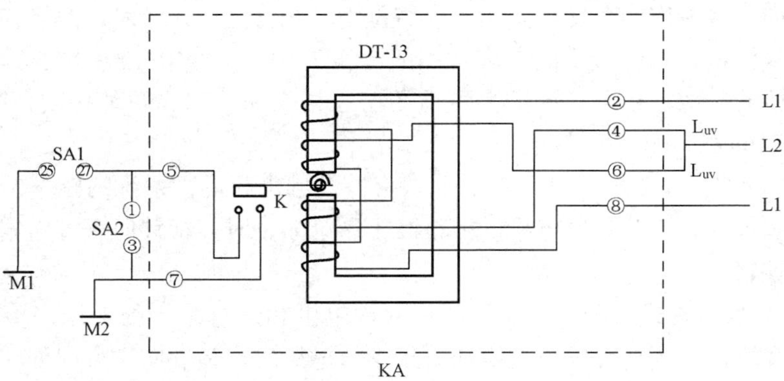

图 16-6　DT-13 型同期监察继电器的内部和外部接线

DT-13 型同期监察继电器的结构，与一般电磁式电压继电器相同，它有两个参数相同的线圈，此线圈在开口的口字形铁芯开口处的上下磁极上各绕一半，并里、外交叉放置，使极性相反。这两个线圈分别接于待并系统和运行系统相间电压上，L1′、L1 分别由待并系统和运行系统电压互感器获取（自同期小母线），L2 为同期回路中公共 V 相接地的二次电压。当两侧电压大小相等、相位一致时，两线圈所产生的磁通大小相等、方向相反，而互相抵消，继电器的动断触点 K 闭合，接通同期合闸小母线 M1、M2，使合闸脉冲回路接通，允许断路器合闸。相反，当同期条件不满足时，继电器的动断触点 K 断开，使断路器不能合闸。

（二）手动准同期方式

手动准同期分集中手动准同期和分散手动准同期两种形式。集中手动准同期电路的同期表一般采用组合式同期表，同期表计和转换开关都布置在集中同期屏上，各同期点的并列操作均在集中同期屏上进行。分散同期方式仅将同期表计集中，而各同期点的操作开关分别设在各同期点的控制屏上，分散同期接线与集中同期接线原则基本相同。集中同期屏可对任一台待并机组进行调速、调压和并列操作，与分散同期方式相比，具有监视直接、操作方便的优点。

（三）手动准同期回路

1. 同期小屏及其接线

图 16-7（a）为同期小屏的屏面布置图，图 16-7（b）为同期小屏的接线图。

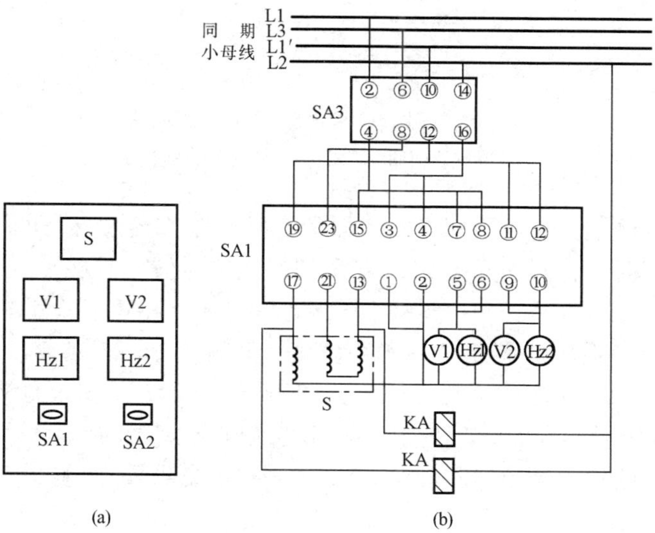

图 16-7　同期小屏

（a）屏面布置图；（b）接线图

SA1、SA2、SA3—转换开关；KA—同期监察继电器

SA1 为同期表计转换开关，它有三个位置：“断开”“粗略”“精确”。平时不使用同期表计时，此开关打在“断开”位置，将表计退出。转换开关 SA1 打到“粗略”位置时，则利用其偶数触点将电压表和频率表分别接于待并发电机和运行系统的同期小母线上，以监视电压和频率，而同期表不接入。如两侧电压差不满足并列条件，可在待并机组控制屏上进行电压调整；如两侧频率差不满足并列条件时，可在待并机组控制屏上进行调速。当两侧频率和电压调节至满足并列条件时，准备同期并列，再将 SA1 置于“精确”位置，其奇数触点接通，将电压表、频率表和同期表都接入同期小母线上。运行人员根据同期表的指示，确定发出合闸脉冲的时刻。当同期表的指针快要到达同期点之前的某一整定超前相角时，立刻发出合闸脉冲，使待并发电机并入系统。

SA3 是自动准同期和手动准同期的切换开关。当 SA3 处在“自动”位置时，其偶数触点断开，手动准同期回路退出，当 SA3 处在“手动”位置时，其偶数触点接通，手动准同期回路投入。

SA2 是投入和退出同期监察继电器 KA 的转换开关。

2. 同期点断路器的合闸控制回路

为了避免作为同期点的断路器非同期合闸，同期点断路器合闸控制回路与一般断路器的合闸回路有所不同，其接线如图 16-8 所示。

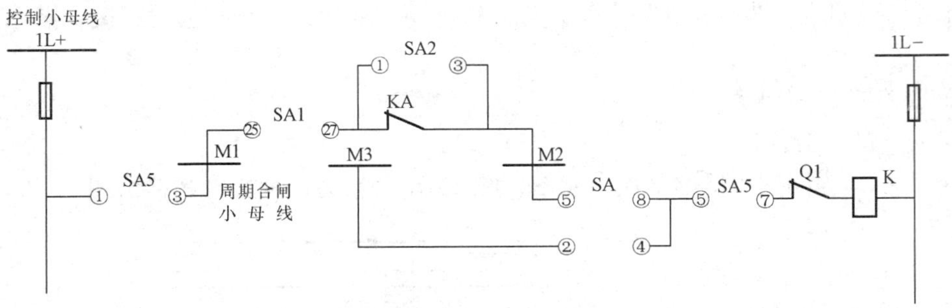

图 16-8　同期点断路器的合闸控制回路

Q1—断路器辅助触点；KA—同期监察继电器

不论采用哪一种同期方式，同期点断路器的合闸回路都经过自身的同期开关 SA5 触点加以控制。同期合闸时，将同期开关 SA5 置于“投入”位置，其触点 1-3、5-7 接通，合闸小母线 M1 经 SA5 触点 1-3 从控制小母线 L＋取得正电源，在频率差和电压差都满足并列条件时，将手动准同期开关 SA1 置于“精确”位置，其触点 25-27 接通，若此时同期监察继电器 KA 处于返回状态，其动断触点闭合，则合闸小母线 M2 经 SA1 触点 25-27、动断触点 KA 取得正电源。合闸操作开关 SA 触点 5-8 一旦接通，断路器的控制回路由 M2 经 SA 触点 5-8、SA5 触点 5-7、断路器辅助动断触点 Q1、合闸接触器线圈 K 至 L－接通，启动合闸接触器，发出合闸脉冲。

3. 手动准同期的闭锁

同期监察继电器的动断触点串接在合闸小母线 M1、M2 之间。当待并系统和运行系统的并列条件不满足时，继电器动作，其动断触点 KA 断开，闭锁了断路器控制回路，使合闸脉冲不能发出。此外，在动断触点 KA 两端并联了同期监察继电器 KA 的投入和退出转换开关 SA2 的 1-3 触点，目的是在某些情况下，解除闭锁回路。例如，对具有单侧电源的同期点断路器进行合闸时，为了能发出合闸脉冲，需要利用 SA2 的触点 1-3 短接动断触点 KA。因为在单侧电源的情况下，同期监察继电器一直处于动作状态。

在手动准同期并列的过程中，为了防止由于同期装置工作不正确及运行人员误操作造成的非同期并列，除在手动准同期电路中装设同期监察继电器外，同期点断路器之间也有互相闭锁。在同一时间内只允许对一台断路器进行并列操作。为此，每个同期点断路器均装有同期开关 SA5，并公用一个可抽出手柄。此手柄只有在 SA5 为断开位置时才能抽出，以保证在同一时间内只对一台断路器进行并列操作。

二、手动准同期的主要操作步骤

下面以采用同期小屏装置，发电机并列于运行母线为例，说明手动准同期的主要操作步骤，如图 16-9 所示。

（1）电机升速至额定值后，合上灭磁开关给发电机励磁。

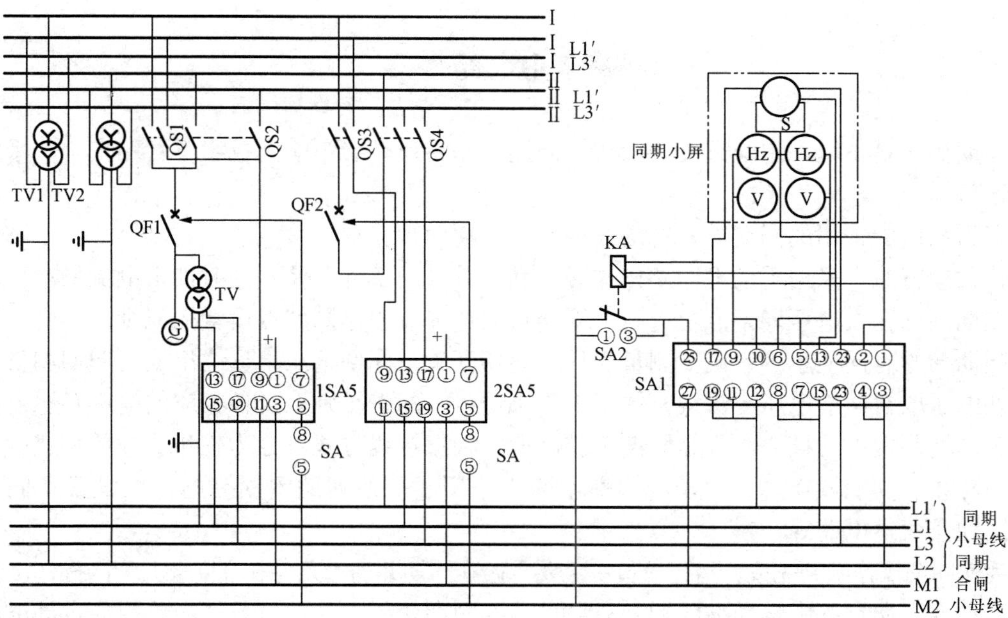

图 16-9　采用同期小屏时手动准同期装置电路图

(2) 调节励磁电流使发电机电压升到额定值，合同期转换开关 SA5 于“投入”位置，将待并发电机与运行母线电压加到同期小母线上。

(3) 转换开关 SA2 至同期闭锁投入位置，断开 SA2 的 1-3 触点，投入同期监察继电器。

(4) 操作同期小屏上的手动准同期开关 SA1 到“粗略”位置，调节发电机转速和电压，使两电压表和频率表的指示一样。

(5) 操作 SA1 到“精确”位置，将同期表投入，同期表开始旋转。

(6) 调节发电机转速，使同期表指针向“快”的方向旋转，即待并发电机频率略高于运行母线电压频率，将控制开关 SA 旋转到“预备合闸”位置，待指针靠近红线时，立即将 SA 转到“合闸”位置，使断路器合闸。由于发电机频率略高，故合闸后立即带上少许有功功率，利用其同步力矩将发电机拖入同期。

三、自动准同期的装置

1. 自动准同期方式

自动准同期有两种方式：一是集中自动准同期方式，即全厂所有需要同期的断路器公用 1～2 台自动准同期装置；另一种是分散自动准同期方式，即每台发电机断路器分别装设一台自动准同期装置。

目前国内使用的自动准同期装置，主要有 ZZQ-3A、ZZQ-3B 和 ZZQ-5 型。ZZQ-3A 型只能自动调频、自动合闸，不能自动调压。ZZQ-3B 型为双通道准同期装置，是 ZZQ-3A 的改进型。ZZQ-3B 和 ZZQ-5 型均能自动调频、自动调压和自动合闸。

2. 微机自动准同期装置

微机自动准同期装置是以 16 位单片机为核心，配以高精度交流变换器（小 TV），准确快速的交流采样，计算断路器两侧的电压、频率和相角差，输入/输出光电隔离、装置能自检、参数设置方便、可实现监控。

小 结

同期操作是发电厂中很重要的操作，同期操作错误，会影响到机组本身的安全和系统的稳定运行。

电力系统中常用的同期方式有准同期和自同期两种。

正常运行时，采用手动准同期操作必须满足其并列条件，使并列时冲击电流最小。

同期并列在发电厂同期点上进行，同期点的选择应遵循同期点设置的原则。

同期装置有同期小屏、同期测量表计、同期开关及同期电压小母线组成。同期测量表计的同期电压取自同期电压小母线，同期电压小母线上的电压则取自各相应的电压互感器的二次侧。同期装置中的核心元件是同期表。同期表根据接线方式可分为三相式和单相式两种。

为防止非同期操作，在手动准同期回路中采用了一系列的闭锁措施，如设置了同期开关、同期监察继电器等。

为使同期操作顺利完成，运行人员一定要掌握准同期并列的条件和准同期并列的操作步骤。

自动准同期有集中自动准同期和分散自动准同期两种方式，目前国内使用的自动准同期装置，主要有 ZZQ-3A、ZZQ-3B 和 ZZQ-5 型。

习 题

16-1　发电机采用准同期并列时应满足哪些条件？

16-2　发电厂设置同期点的原则是什么？

16-3　为什么同期表指针停在红线时不允许合闸？

16-4　当使用共同的同期小屏时，怎样保证只有一台断路器两侧的电压加到同期小屏上？

16-5　转角变压器有何作用？接线组别应如何考虑？变比应怎样选择？

16-6　手动准同期回路中为什么要采用同期监察继电器？试述该继电器的基本工作原理。

16-7　进行同期操作的断路器，其合闸脉冲要经过哪些触点和小母线？为什么？

16-8　试述手动准同期操作的主要步骤。

16-9　试说明手动准同期回路中，都采用了哪些闭锁措施，以防止非同期合闸？

第十七单元

二次回路接线图

二次回路接线图是反映二次设备及其连接的实际安装位置图。主要用于发电厂和变电站二次回路的安装接线，也用于运行和试验中对二次线路的检查、维修和故障处理。习惯上，也称为安装接线图。

本单元主要讲述了发电厂、变电站的控制室的布置，屏面布置图及屏背面接线图的画法，阐述了绘制二次接线图的基本原则和相对编号法，对项目代号的用法、作用也作了扼要的叙述，最后对安装接线图识图进行了举例说明。

课题一　屏面布置图

一、发电厂控制室布置

主控制室是发电厂、变电站的控制指挥中心。在主控制室中装设有控制屏（台），控制屏（台）上装设各种设备的测量仪表、断路器的控制电路、信号电器等。控制屏（台）的结构如图17-1所示。其中，图17-1（a）为独立垂直的控制屏，图17-1（b）为台面倾斜的控制台；图17-1（c）为控制屏台。

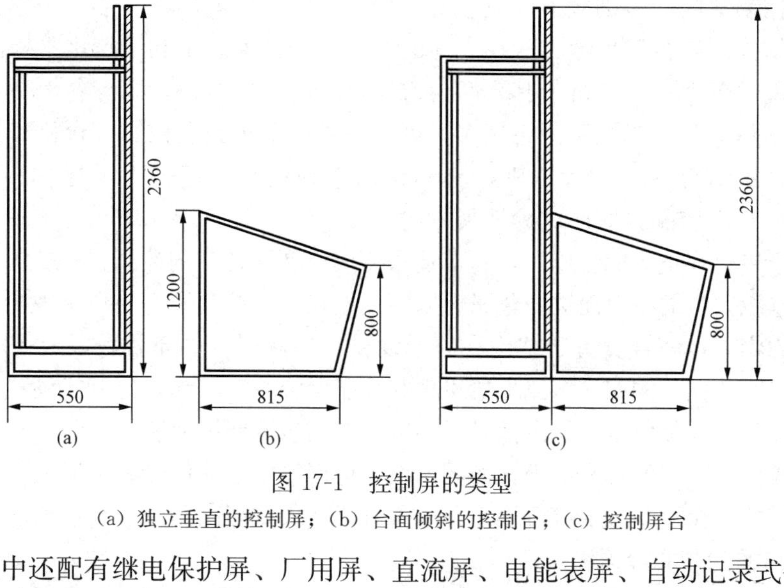

图17-1　控制屏的类型
（a）独立垂直的控制屏；（b）台面倾斜的控制台；（c）控制屏台

主控制室中还配有继电保护屏、厂用屏、直流屏、电能表屏、自动记录式仪表屏等。

主控制室的布置应保证运行和检修安全，操作方便，并注意美观、大方、舒适。

图17-2是一个发电厂的主控制室平面布置图。由图可见，需要经常操作监视的控制屏和控制屏台，布置在正面及左右侧第一排；不需要经常操作监视的保护屏，布置在第二排；

直流屏布置在最后一排。

单机容量在200MW及以上且自动化程度高的大型火电厂，采用炉、机、电单元集中控制，图17-3为某火电厂单元控制室的平面布置图。

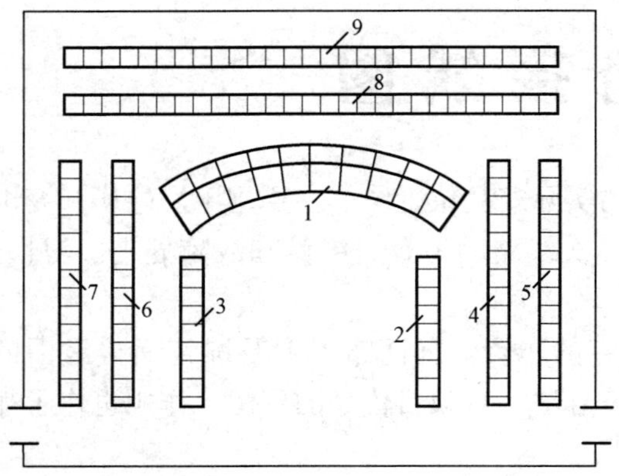

图17-2　火力发电厂主控室平面布置图

1—控制屏台；2—线路控制屏；3—厂用控制屏；4、5—线路及母线保护屏；6—厂用保护屏；7—电能表及自动记录式仪表屏；8—主机主变压器保护及自动装置屏；9—直流屏

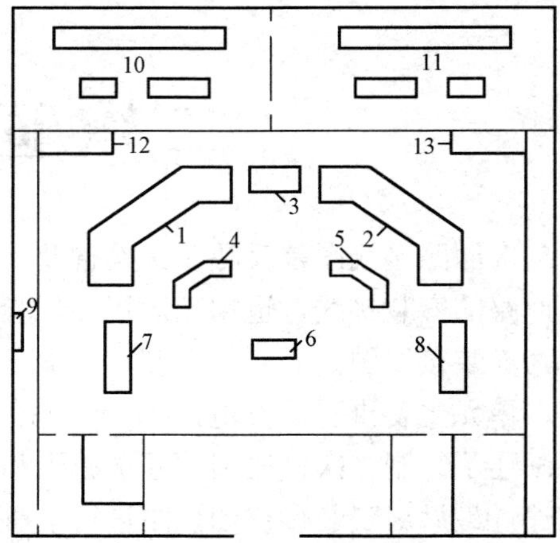

图17-3　某火电厂单元控制室平面布置图

1、2—炉、机、电控制屏；3—网络控制屏；4、5—运行人员工作台；6—值长台；7、8—发电机控制屏；9—消防设备；10、11—计算机；12、13—打字机

炉、机、电集中控制的范围包括主厂房内的锅炉、汽轮机、发电机、厂用电及与它们有密切联系的制粉、除氧、给排水系统，以使运行人员了解生产的全过程。至于主厂房以外的除灰系统、水处理系统，一般采用就地控制。当全厂电气主接线比较简单，厂内电气网络控制可放在单元控制室内，否则应另外设置网络控制室。大型电厂，一般一个单元控制两台机组，两台机组的控制屏台对称地布置在主环的两侧。当技术水平和运行水平提高后，在条件允许时，两台锅炉各由一人值班，其余两台汽轮机和两台发电机及网控各由一人值班，共计三人即可。大型热电厂由于控制设备较多，可以采用一个单元只控制一台机组。

目前，随着机组容量的增大，机组自动化水平的提高，运行人员操作技能日益熟练，炉、机、电单元集中控制方式已成为发展方向。

另外，对于单机容量大的发电厂，目前还采用弱电选测选控的控制方式，弱电化可以使二次回路的设备体积大为缩小，而选线化又可以使测量仪表和控制设备的数量减少。因此，随着弱电选线技术的应用，信号设备的结构和信号设备在控制屏上的布置，以及控制屏台的结构等，也发生了很大变化。例如，可以把值班桌和控制台合并在一起，台上仅设置一些小型的选线按钮、控制开关和少量仪表，另设信号返回屏，在信号返回屏上装设测量仪表、信号装置和全厂电气主接线模拟图。值班人员坐在控制台前，可以清楚地从信号返回屏上了解全厂电气设备的运行情况，并可在控制台上进行操作。这种方式在大型超高压变电站中也常采用。

二、屏面布置的基本要求

二次屏的屏面布置是根据二次回路展开图，选好所用二次设备的型号之后进行绘制的。屏面布置图是为了屏面开孔安装设备时用的，因此屏面布置图中设备尺寸及设备间距离都要按比例准确地绘出，这是二次设备在屏上安装的依据。

二次屏上设备的布置、排列应按照一定的顺序，一般应满足下列要求：

(1) 在控制屏（台）与信号返回屏的面板上，仪表、信号设备、模拟母线及继电器等的布置方式要适当，要求观察清晰、操作调节方便；在运行中需经常监视的仪表，不要布置得过高，最好布置在离地面 1.8m 上下；属于同一电路的相同性质的仪表，布置时应互相靠近；信号设备的布置，要求明显，且易于分辨；对于那些需要经常监视运行状态的继电器，不要布置得太高，最好布置在离地面 1.5m 上下，但如果这类继电器很多，也可以布置在较高的位置。

(2) 控制开关、调节手轮、按钮等，布置的高度要方便操作和调整，其中心线离地面不低于 0.6m，一般布置在距地 0.8～1.5m 处。

(3) 检修试验方便、安全。

(4) 设备布置合理，要求紧凑、对称、美观，并留有余地，以便扩建或方案更改时增加设备。

三、屏面布置图的绘制方法

下面以控制屏和继电保护屏为例说明其屏面布置图的绘制。

1. 控制屏屏面布置图

图 17-4 为 110kV 线路控制屏的屏面布置图。电流表、功率表（其他设备的控制屏，还有电压表、功率因数表和频率表等）位于最上几排，距地面高度为 1.5～2.2m 左右，下面为光字牌、转换开关、同期开关等。再下面为模拟母线、隔离开关位置指示器、信号灯具及控制开关等。模拟母线应涂上相应的颜色：500kV 母线涂深红色，330kV 涂白色，220kV 母线涂紫色，110kV 母线涂米红色，35kV 母线涂鲜黄色。

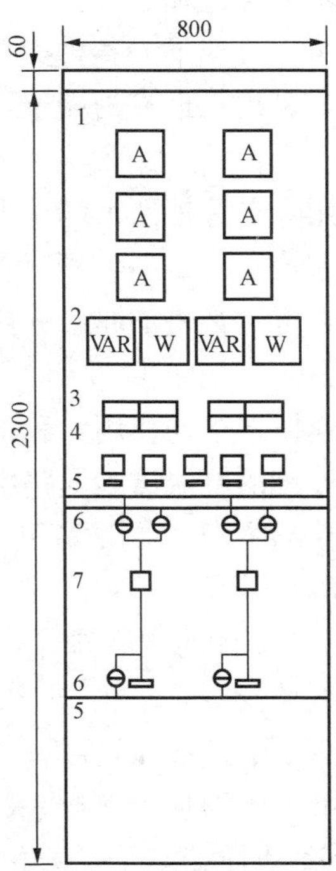

图 17-4 110kV 线路控制屏屏面布置图

1—电流表；2—有功功率表和无功功率表；3—光字牌；4—转换开关和同期开关；5—模拟母线；6—隔离开关位置指示器；7—控制开关

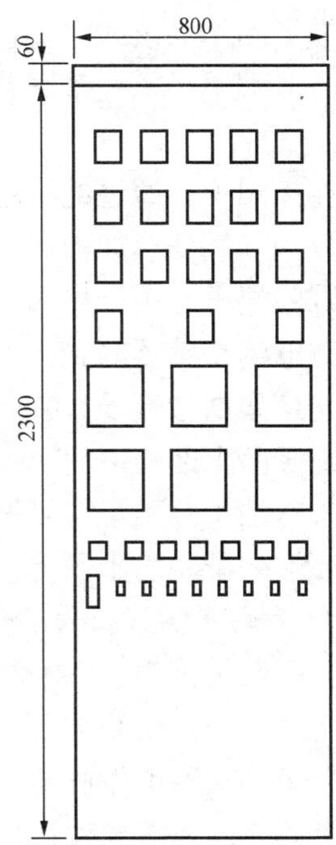

图 17-5 继电保护屏屏面布置图

为了便于运行管理和设计，通常将二次设备、器具和接线，划分为不同的安装单位，或称单元。通常将属于可独立运行的一个一次电路的二次设备，划分为一个安装单元。图17-4中，110kV线路的控制屏有两个安装单元。此外，二次回路中的公用部分，如同期回路、中央音响信号系统等，也可划分为独立的安装单位。

2. 继电保护屏屏面布置图

图 17-5 为继电器的一种布置图。

图中，一些不需经常观察的继电器，皆布置在屏的上部，而运行中需要监视和检查的继电器，应位于屏的中部，离地面高度约为 1.5m。

通常按电流继电器、电压继电器、中间继电器的顺序，由上而下依次排列。下面放置较大的继电器（如时间继电器、重合闸继电器和方向继电器等），以及信号继电器。末排为连接片和试验部件。这样布置基本上符合接线的顺序，而且又便于检查和观察。

课题二　端子排图及屏背面接线图

一、端子的作用、分类及表示方法

在继电保护屏和控制屏的左右两侧侧面，装设了接线端子排（也称端子板），它由各种形式的接线端子组合而成，是二次接线中专用来接线的配件，凡屏内设备与屏外设备及屏顶小母线接连时，必须经过端子排；同一屏内不同安装单位的设备互相连接时，也要经过端子排；而同一屏内同一安装单位的设备互相连接时，不需经过端子排。

接线端子的结构形式很多，根据回路的用途，可以分成下列各种类型。

（1）一般端子。供一个回路的两端导线连接用，是用得最多的端子，其导电片如图 17-6（a）所示。

（2）连接端子。通过绝缘座上部的中间缺口，用导电片把两个端子连在一起，使各种回路并头或分头，其外形如图 17-6（b）所示，导电片如图 17-6（c）所示。

（3）试验端子。用于接入电流互感器的回路中，可不必松动原来的接线，就能接入试验仪表，保证电流互感器的二次侧在工作过程中不会开路，如图 17-6（e）所示。

（4）连接型试验端子。它同时具有试验端子和连接端子的作用，和试验端子相似。所不同的是其绝缘座上部的中间有一缺口，应用在彼此连接的电流试验回路中。

（5）特殊端子。用于需要很方便断开回路的连接端子中，如图 17-6（d）所示。

（6）终端端子。用于固定或分离不同安装单元的端子。

图 17-7 为端子型式符号的表示方法。图中 X 为端子排的文字符号，X 后的数字为端子排的序号。在端子排中，每个端子按排列顺序进行编号。

图中 1 号端子是试验端子，专用于接入电流互感器回路作试验用；2、3 号端子是电流试验连接端子，它除了作试验端子外，两个端子还可以用铜片连接起来；4 号端子为普通端子，作一个回路的两端导线连接用；5、6 号端子为普通连接端子，可使各种回路并头或分开；7 号端子为特殊端子，用于需要很方便地断开回路的连接回路中；PE 表示为保护接地端子；最下面为固定或分离不同安装单元端子排的终端端子。

关于端子排的排列原则如下：

（1）不同安装单位的端子应分别排列，不得混杂在一起。

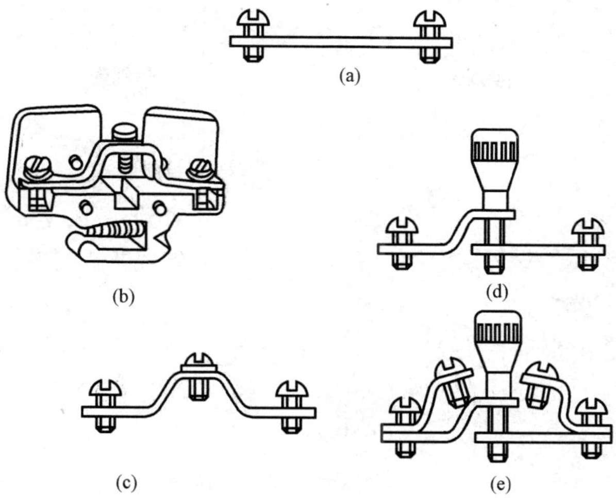

图 17-6　不同类型的接线端子导电片

(a) 一般端子导电片；(b) 连接端子外形；(c) 连接端子导电片；(d) 特殊端子导电片；(e) 试验端子导电片

(2) 端子排一般采用竖向排列，且应排列在靠近本安装单位设备的那一侧。

(3) 每一个安装单位端子排的端子应按一定次序排列，以便于寻找端子。其排列次序为：交流电流回路，交流电压回路，信号回路，直流回路，其他回路。

二、屏背面接线图

屏背面接线图又称安装接线图。它标明屏上各个设备引出端子之间的连接情况，以及设备与端子排之间的连接情况。安装接线图是制造厂生产屏过程中配线的依据，也是施工和运行时的重要参考图纸。它是以展开图、屏面布置图和端子排图为原始资料，由制造厂的设计部门绘制供给的。

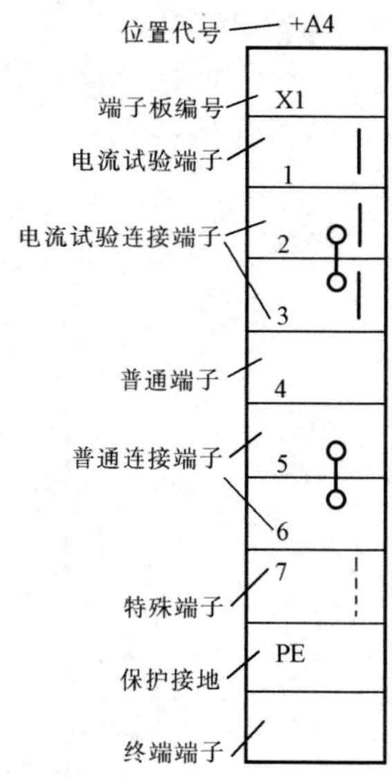

图 17-7　端子排表示方法

1. 项目代号

(1) 项目。在电气图上通常用一个图形符号来表示的基本件、部门、组件、功能单元、设备、系统等。如电阻器、连接片、集成电路、端子排、继电器、发电机、电源装置、开关设备等，都可称为项目。

(2) 项目代号的组成。项目代号在我国是一个新的概念。它和原国家标准中的文字符号在结构上有很大区别，项目代号是以识别图、图表、表格中和设备上的项目种类，并提供项目的层次关系、实际位置等信息的一种特定代码。为便于维护，在设备中往往把项目代号的全部或一部分表示在该项目的上方或附近。

完整的项目代号包括四个具有相关的代号段。每个代号段都用特定前缀符号加以区别。

第一段为“高层代号”，用前缀符号“＝”表示。例如＝T2，表示二号变压器系统。

第二段为“位置代号”，用前缀符号“＋”表示。例如＋D12，表示该设备位置在柜列

D的12号屏。

第三段为“种类代号”，用前缀符号“－”表示。例如－K5，表示设备种类为继电器的第5个继电器。

第四段为“端子代号”用前缀符号“：”表示。例如X1：13，表示端子板X1的第13号接线端子。

各段代号可由拉丁字（如－K）或数字组成（如：13），也可由字母和数字组合而成（如＋D12，－K5），字母一般采用大写。四段代号段的作用是不同的，通常以第三段种类代号用得最多，因此更为重要。

种类代号的作用是识别项目的种类，一般由代号项目种类的文字符号和数字组成，其形式为

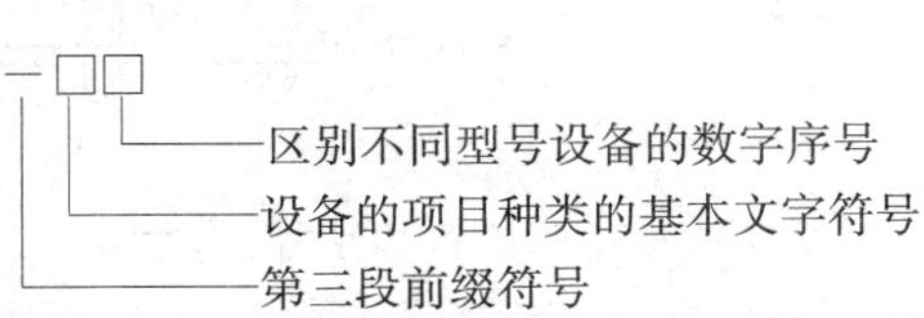

例如－K5，K表示项目种类为继电器、接触器的基本文字符号，5表示同种设备的数字顺序号。

2. 绘制屏背面接线图的基本原则和方法

（1）屏背面接线图是背视图，看图者的位置应在屏后，所以左右方向正好与屏面布置图相反。屏背面接线图应以展开的平面图形表示，各部分之间的相对位置如图17-8所示。

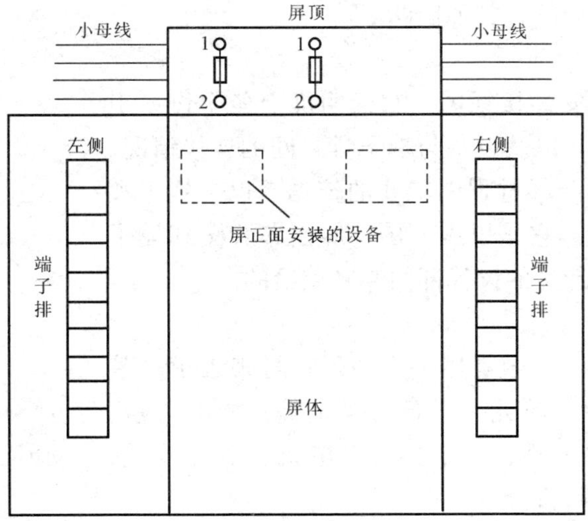

图17-8　屏背面接线图的布置

（2）屏上各设备的实际尺寸已由平面布置图决定，所以画屏背面接线图时，设备外形可采用简化外形，如方形、圆形、矩形等表示，必要时也可采用规定的图形符号表示。图形不要求按比例绘制，但要保证设备间的相对位置正确。各设备的引出端子应注明编号，并按实际排列顺序画出。设备内部接线一般不必画出，或只画出有关的线圈和触点。从屏后看不见的设备轮廓，其边框应用虚线表示。

各设备、仪表、器具等，应标明其项目代号的种类代号。同种类的不同设备，在种类代号后加数字区别。

国家标准中规定的有关设备种类代号的字母号见表 13-2。在种类代号字母前应加前缀“—”，如—K、—T 等，在不致引起混淆时，也可以不加前缀，本教材内容都没加前缀。

(3) 所有二次小母线及连接导线、电缆等，应按国家标准中规定的数字范围进行编号。

上述项目代号、导线编号，应与电路图一致。

(4) 设备与设备、设备与端子排等之间，连接导线的表示方法有两种。

1) 连续线表示法：表示两端子之间导线的线条是连续的，图 17-9 所示。这种表示法线条较多，只适用于较简单接线情况。

2) 中断线表示法：表示两端子之间导线的线条是中断的，在中断处必须标明导线的去向，既“远端标记”法，这种表示法也称为相对编号法。如甲乙两端子相连，则在甲处标乙，在乙处标甲，如图 17-10 所示。由图可见，端子排 X2 的 11 号端子，与继电器 K5 的 2 号端子连接；X2 的 12 号端子，与 K5 的 8 号端子连接等。图中 X2∶11 或 K5∶2 中的“∶”标志，是端子代号的前缀。

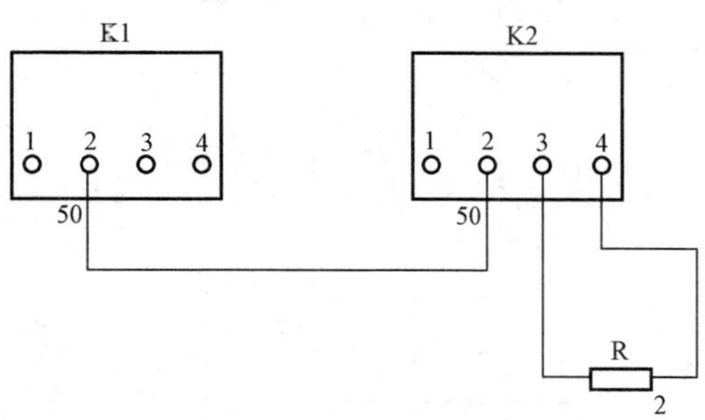

图 17-9 连接导线的连续表示法

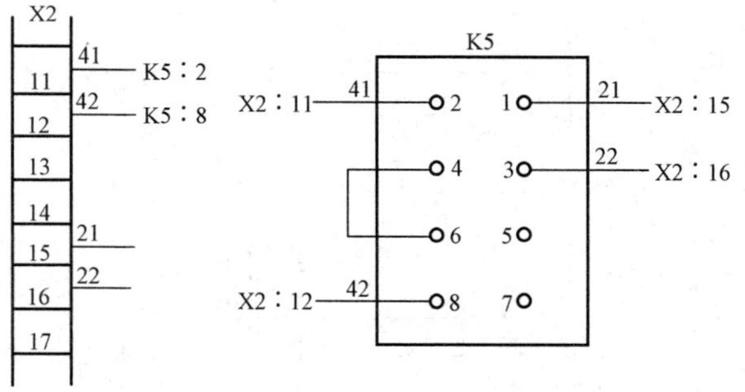

图 17-10 连接导线的中断线表示法

中断线表示法，省略了导线的线条，使接线图清晰，故在工程实际中广泛应用。

导线组、二次电缆及线束等，可用单线表示，并可用加粗的线条，如图 17-11 所示。

(5) 屏上设备间的连接线，应尽可能以最短线连接，不应迂回曲折。

(6) 安装接线图的布置。安装接线图是从屏的后面将它的立体结构向上和左右展开为屏背面、屏侧面、屏右面、屏顶四个部分，一般设备的布置是：

1) 屏背部分是装置各种控制和保护设备的，如仪表、控制开关、信号设备及继电器等。

2) 屏侧部分是装设端子排的，分右侧端子排和左侧端子排。在设备拥挤的情况下，屏两侧亦可安装部分设备，但以不影响端子排的安设为原则。

3) 屏顶部分是各种小母线、熔断器、附加电阻、小闸刀、警铃、蜂鸣器等装设于屏的侧面或背面的顶

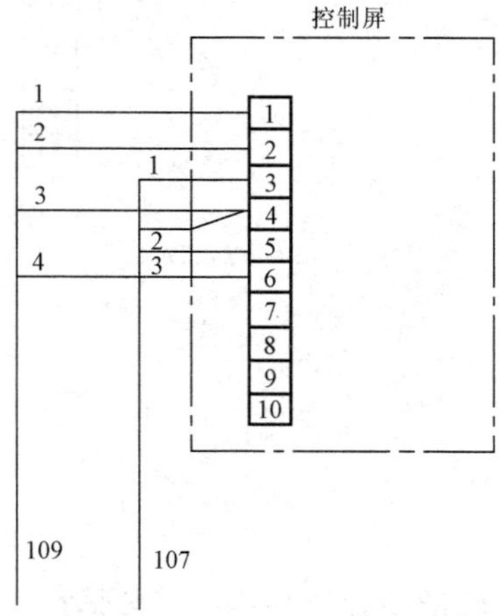

图 17-11 导线组、电缆等表示法

部，以便于操作调整。

4）电缆是屏内设备经过端子排与屏外设备相连的电气通路。一般，用粗实线表示控制电缆，用细实线表示电缆芯线，并在电缆每根芯线的两端标有相同的芯线号。设备各单元之间的布缆情况，由电缆配置图给出。

3. 屏背面接线图举例

下面以110kV线路测量仪表的电流回路为例，说明屏背面接线图的绘制。

110kV线路测量仪表的交流回路的电路图，如图17-12（a）所示。测量仪表的屏面布置图，见图17-4所示。屏背面接线，按图17-4屏面布置图中右侧安装单位绘制。图17-12（b)为屏背面接线图，包括端子排接线和屏体设备的接线。

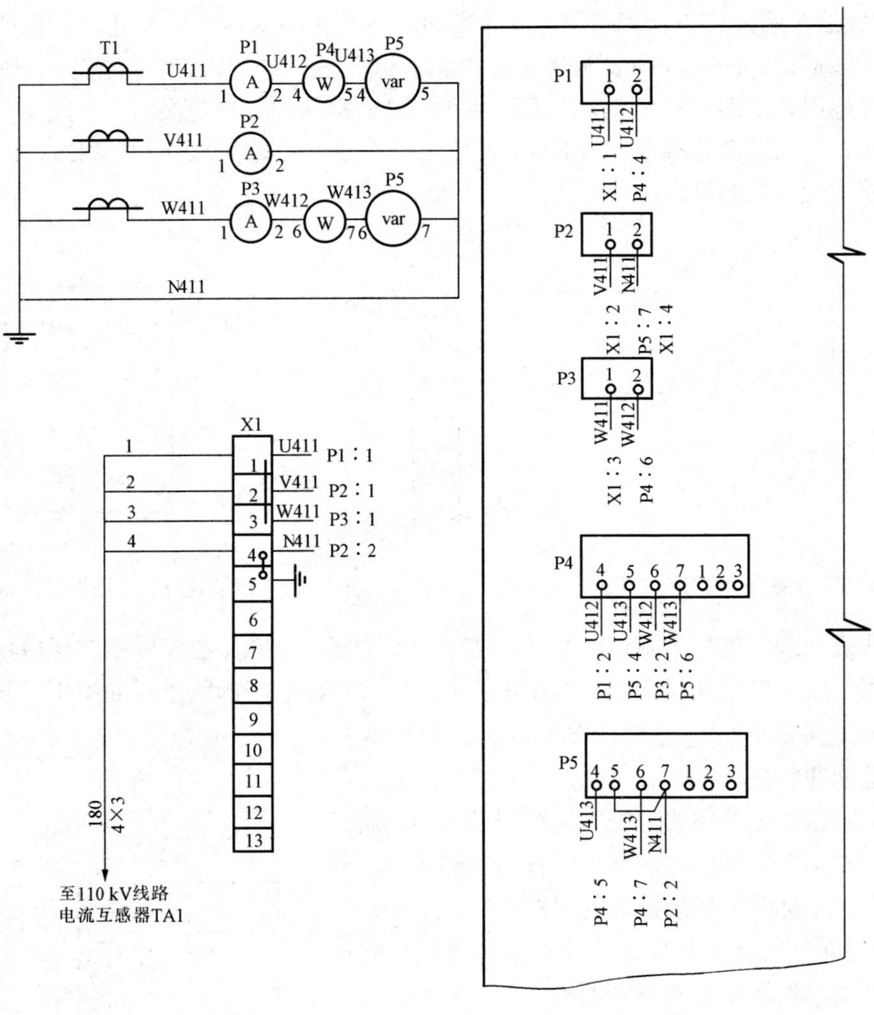

图17-12　屏背面接线图举例

（a）电路图；（b）屏背面接线图

线路电流互感器T1是装在110kV配电装置中，经四芯电缆引至控制室，再经端子排接至控制屏。

4. 安装接线图识图举例

在掌握了原理图、展开图和单元接线图的表达原则后，则可进行安装接线图的识图。

图 17-13 为 10kV 线路定时过电流保护的展开图，图 17-14 为依据该展开图绘制的安装接线图，它包括屏侧端子接线、屏体背面的设备安装接线和屏顶设备的接线。

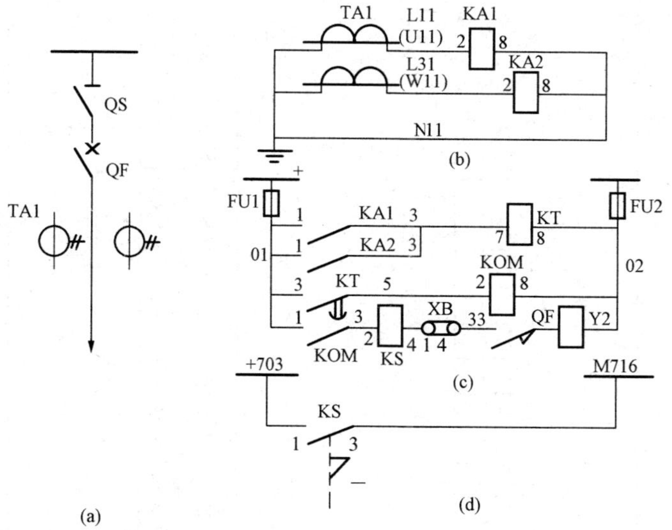

图 17-13　10kV 线路定时过电流保护的展开图

(a) 一次示意图；(b) 交流回路图；(c) 直流控制回路；(d) 信号回路

识图的步骤如下：

(1) 对照图 17-13 展开图，了解该单元接线有哪些设备组成及其动作原理。从图 17-14 端子排和设备标号中看出，此图的安装单元为＋A4 屏，屏上有 7 个项目：熔断器 FU1、FU2，继电器 KA1、KA2、KT、KS 和连接片 XB。设备项目代号分别用简化编号法编为 1、2、3、4、5、6、7。屏顶部分有四条母线，控制回路小母线＋、一，信号回路辅助小母线＋703，“信号未复归”光字牌小母线 M716。控制回路熔断器 FU1、FU2，屏左侧装有 15 个端子组成的端子排 X1。

(2) 参照展开图先看交流电流回路，交流回路有一组电流互感器 TA1，TA1 接成不完全星形，通过控制电缆 112 号的三根芯线 1 号、2 号、3 号连接到端子排的 1、2、3 个试验端子。然后通过连接线号为 L11、L31、N11 导线分别接到 3∶2、4∶2、4∶8 设备端钮上。3∶2 表示连接到屏上项目代号 3 的端钮 2；4∶2 和 4∶8 表示连接到项目代号 4 的端钮 2 和 8 上。

(3) 看直流控制回路，控制电源从屏顶直流控制小母线“＋”、“－”，经熔断器 FU1、FU2 分别引到端子排 X1 的 6、9 端子，其导线编号为 101、102。X1 端子排的 6 号端子与屏上项目代号 3 的端钮 1 连接，在屏上通过项目 3 的端钮 1 和项目代号 4 的端钮 1 标出相对标记 4∶1，而在项目 4 的端钮 1 上相对标记 3∶1。

从原理图上可见，KA1 和 KA2 的触点并联后再和 KT 连接，所以在屏背接线图上，项目 3 和 4 的端钮 3 并联，即在项目 3 的端钮 3 上标 4∶3，项目 4 的端钮 3 旁标出 3∶3。然后由项目 4 的端钮 3 旁标出 5∶7，即与项目 5 的端钮 7 相连，接通了“－”控制小母线。

(4) 看信号回路，从屏顶信号辅助小母线＋703 和光字牌中间辅助小母线 M716 到端子排

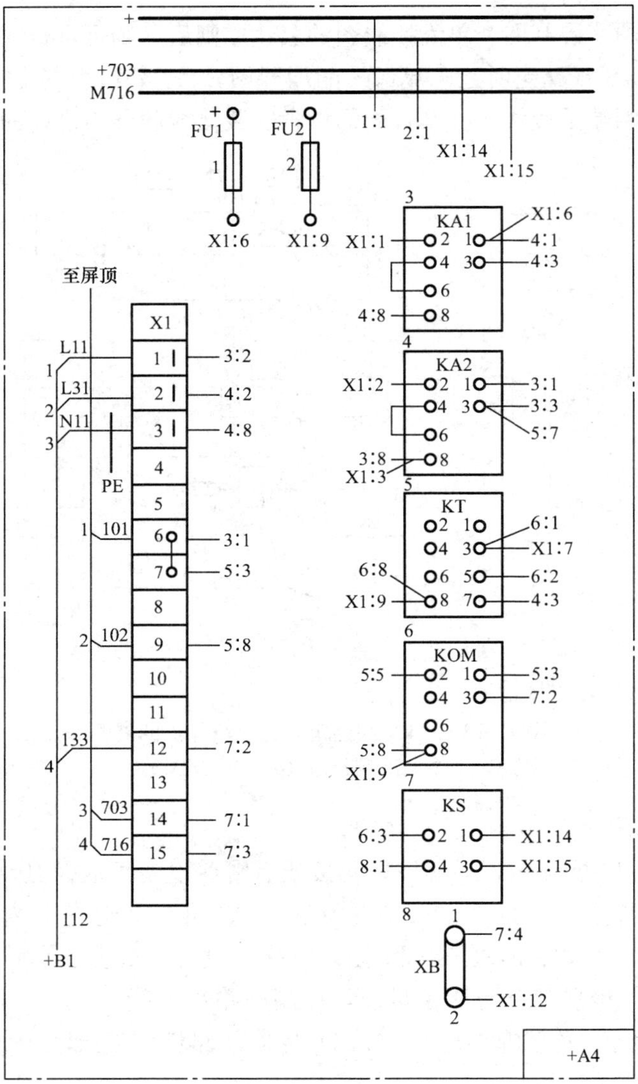

图 17-14　10kV 线路定时过电流的安装接线图

X1 的 14、15 端子和项目 6 端钮 1、3 连接。

图 17-14 采用相对编号法画出的导线连接，由编写的标号可以清楚地找到所需连接的接线端子。在屏上实际安装配线时，远端编号的数字写于特制的胶木套箍或塑料套上，然后套在连接导线的两端，以便在运行和检修时帮助查找设备。

小　结

在发电厂、变电站中，二次回路接线图主要用于安装接线、运行和试验中的维护、检查与故障处理。接线图包括屏面布置图、端子排图及屏背面安装接线图。

在二次接线图中，对于二次回路的设备、端子、导线和电缆等有一套完整的标志与编号，国家对此有统一的规定，对于这些标志和编号应在学习与实践中逐步掌握。

习　题

17-1　二次回路接线图各有什么作用?

17-2　控制屏屏面布置有什么原则?

17-3　接线端子有几种?各有什么用途?

17-4　何谓相对编号法?

17-5　项目代号有什么作用?

17-6　如何利用相对编号法作安装接线图?

参 考 文 献

[1] 郑州工学院与郑州电力学校. 发电厂变电所电气部分. 北京：水利电力出版社，1994.
[2] 于长顺. 发电厂电气部分. 北京：水利电力出版社，1989.
[3] 岳保良. 电气运行. 北京：水利电力出版社，1998.
[4] 中国电力企业家供电分会. 变电运行（初、中、高级工）. 北京：中国电力出版社，1999.
[5] 陈景惠. 发电厂及变电站二次接线. 北京：水利电力出版社，1991.
[6] 广西电力工业局高级工培训教材编委会. 电气设备及其运行（一次部分）. 北京：水利电力出版社，1994.
[7] 卢文鹏、吴佩雄. 发电厂变电所电气部分. 北京：中国电力出版社，2005.